高等职业教育"十四五"规划教材
辽宁省高水平特色专业群建设项目成果教材

园艺植物种苗生产

（园艺专业用）

吴丽敏　左广成　主编

U0219145

中国农业大学出版社
·北京·

内 容 简 介

　　本教材密切联系生产实际,以种苗生产关键技术为主线,把生产上的实用种苗生产技术纳入其中。内容包括实生苗生产技术、无性营养苗生产技术、种子检验、种子加工与贮藏等内容。项目所选任务明确具体,环环相扣,循序渐进。任务前有相关知识,后有任务实施、知识阅读与拓展。可操作性和指导性强,许多生产过程以图解方式呈现,一目了然,便于理解。着重加强学生综合素质与职业能力的培养,符合高职教育特色,适合高职院校师生的教与学。

　　本书适用于高等职业教育院校园艺专业,中等职业学校相关专业也可以选用。同时可供相关从事种苗生产等工作的人员参考,也可作为种植专业的专业课教材和中初级种苗工的考级用书、农村实用技术培训用书。

图书在版编目(CIP)数据

园艺植物种苗生产/吴丽敏,左广成主编. —北京:中国农业大学出版社,2020.12
ISBN 978-7-5655-2505-6

Ⅰ.①园… Ⅱ.①吴…②左… Ⅲ.①园艺作物-作物育种-高等职业教育-教材
Ⅳ.①S603

中国版本图书馆 CIP 数据核字(2020)第 271851 号

书　名	园艺植物种苗生产		
作　者	吴丽敏　左广成　主编		
策划编辑	张　玉　张　蕊	责任编辑	张　玉
封面设计	郑　川		
出版发行	中国农业大学出版社		
社　址	北京市海淀区圆明园西路 2 号	邮政编码	100193
电　话	发行部 010-62733489,1190	读者服务部	010-62732336
	编辑部 010-62732617,2618	出 版 部	010-62733440
网　址	http://www.caupress.cn	E-mail	cbsszs@cau.edu.cn
经　销	新华书店		
印　刷	北京鑫丰华彩印有限公司		
版　次	2021 年 2 月第 1 版　2021 年 2 月第 1 次印刷		
规　格	787×1 092　16 开本　18 印张　445 千字　彩插 2		
定　价	55.00 元		

图书如有质量问题本社发行部负责调换

1. 仙人掌砧木

2. 蟹爪兰接穗

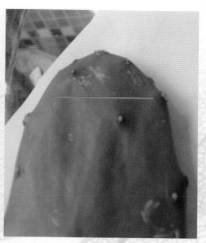

3. 砧木切割位置

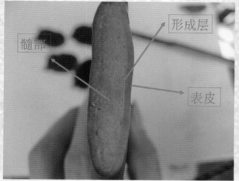

4. 砧木切面结构

5. 仙人掌砧木处理

6. 蟹爪兰接穗处理

7. 嫁接

8. 固定

9. 嫁接成活

1. 黄瓜接穗

2. 消毒

3. 削接穗

4. 扎孔

5. 削砧木生长点

6. 嫁接

大岩桐扦插苗

瓜栗幼苗

虎尾兰扦插苗

草莓吐水现象

桦树种子

黄瓜嫁接苗

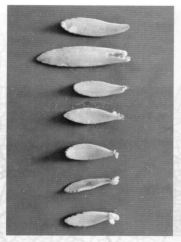

多肉植物叶插形态变化

花粉采集

绿枝扦插插穗

金银花扦插苗

菊花绿枝扦插苗

辣椒花粉制备

立体育苗

葡萄硬枝扦插苗

扦插苗根系

扦插苗愈伤组织

蔷薇种子

全光照喷雾扦插育苗技术

落地生根

无花果扦插成苗

西瓜嫁接苗

陶粒育苗

香石竹扦插苗

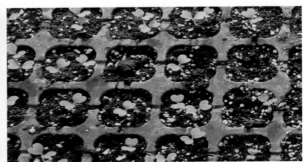

穴盘苗

悬铃木种子

虞美人种子

自制弥雾扦插装置

丛书编审委员会

编审人员 ◆◆◆◆◆

主　编　吴丽敏（辽宁职业学院）
　　　　左广成（辽宁职业学院）

副主编　于小力（辽宁职业学院）
　　　　焦　岩（辽宁职业学院）

参　编　娄汉平（辽宁职业学院）
　　　　王宇博（辽宁职业学院）
　　　　王春光（昌图县傅家农场）

审　稿　吴会昌（辽宁职业学院）
　　　　朱在龙（沈阳市皇姑种苗有限公司）

总　序

　　《国家职业教育改革实施方案》指出,坚持以习近平新时代中国特色社会主义思想为指导,把职业教育摆在教育改革创新和经济社会发展中更加突出的位置。把发展高等职业教育作为优化高等教育结构和培养大国工匠、能工巧匠的重要方式。以学习者的职业道德、技术技能水平和就业质量,以及产教融合、校企合作水平为核心,建立职业教育质量评价体系。促进产教融合校企"双元"育人,坚持知行合一、工学结合。《职业教育提质培优行动计划(2020—2023年)》进一步指出,努力构建职业教育"三全育人"新格局,将思政教育全面融入人才培养方案和专业课程。大力加强职业教育教材建设,对接主流生产技术,注重吸收行业发展的新知识、新技术、新工艺、新方法,校企合作开发专业课教材。根据职业院校学生特点创新教材形态,推行科学严谨、深入浅出、图文并茂、形式多样的活页式、工作手册式、融媒体教材。引导地方建设国家规划教材领域以外的区域特色教材,在国家和省级规划教材不能满足的情况下,鼓励职业学校编写反映自身特色的校本专业教材。

　　辽宁职业学院园艺学院在共享国家骨干校建设成果的基础上,突出园艺技术辽宁省职业教育高水平特色专业群项目建设优势,以协同创新、协同育人为引领,深化产教融合,创新实施"双创引领,双线并行,双元共育,德技双馨"人才培养模式,构建了"人文素养与职业素质课程、专业核心课程、专业拓展课程"一体化课程体系;以岗位素质要求为引领,与行业、企业共建共享在线开放课程,培育"名师引领、素质优良、结构合理、专兼结合"特色鲜明的教学团队,从专业、课程、教师、学生不同层面建立完整且相对独立的质量保证机制。通过传统文化树人工程、专业文化育人工程、工匠精神培育工程、创客精英孵化工程,实现立德树人、全员育人、全过程育人、全方位育人。辽宁职业学院园艺学院经过数十年的持续探索和努力,在国家和辽宁省的大力支持下,在高等职业教育发展方面积累了一些经验、培养了一批人才、取得了一批成果。为在新的起点上,进一步深化教育教学改革,为提高人才培养质量奠定更好基础,发挥教材在人才培养和推广教改成果上的基础作用,我们组织开展了辽宁职业学院园艺技术高水平特色专业群建设成果系列教材建设工作。

　　本套教材以习近平新时代中国特色社会主义思想为指导,以全面推动习近平新时代中国特色社会主义思想进教材进课堂进头脑为宗旨,全面贯彻党的教育方针,落实立德树人根本任务,积极培育和践行社会主义核心价值观,体现中华优秀传统文化和社会主义先进文化,弘扬劳动光荣、技能宝贵、创造伟大的时代风尚。突出职业教育类型特点,全面体现统筹推进"三教"改革和产教融合教育成果。在此基础上,本系列教材还具有以下 4 个方面的特点:

　　1. 强化价值引领。将工匠精神、创新精神、质量意识、环境意识等有机融入具体教学项目,努力体现"课程思政"与专业教学的有机融合,突出人才培养的思想性和价值引领,为乡村振兴、区域经济社会发展蓄积高素质人才资源。

　　2. 校企双元合作。教材建设实行校企双元合作的方式,企业参与人员根据生产实际需求提出人才培养有关具体要求,学校编写人员根据企业提出的具体要求,按照教学规律对技术内容进行转化和合理编排,努力实现人才供需双方在人才培养目标和培养方式上的高度契合。

3.体现学生本位。系统梳理岗位任务,通过任务单元的设计和工作任务的布置强化学生的问题意识、责任意识和质量意识;通过方案的设计与实施强化学生对技术知识的理解和工作过程的体验;通过对工作结果的检查和评价强化学生运用知识分析问题和解决问题的能力,促进学生实现知识和技能的有效迁移,体现以学生为中心的培养理念。

4.创新教材形态。教学资源实现线上线下有机衔接,通过二维码将纸质教材、精品在线课程网站线上线下教学资源有机衔接,有效弥补纸质教材难于承载的内容,实现教学内容的及时更新,助力教学教改,方便学生学习和个性化教学的推进。

系列教材凝聚了校企双方参与编写工作人员的智慧与心血,也体现了出版人的辛勤付出,希望系列教材的出版能够进一步推进辽宁职业学院教育教学改革和发展,促进辽宁职业学院国家骨干校示范引领和辐射作用的发挥,为推动高等职业教育高质量发展做出贡献。

高峰

2020 年 5 月

前　言

　　本教材根据《国家职业教育改革实施方案》提出的"三教"改革任务,以培养适应行业企业需求的复合型、创新型高素质技术技能人才,提升学生的综合职业能力为目的,从产教融合的角度找准突破口,统筹规划教材编写。

　　本教材可供高等职业教育三年制和五年制园艺专业使用,同时适当兼顾相关工种"职业技能鉴定"对高级工理论基础知识的普遍要求。

　　随着设施农业的快速发展,以及国家农业产业政策的调整,各类种苗企业迅速崛起,发展态势迅猛,造成种苗行业的技术人员需求加大,对从事种苗行业的员工要求也越来越高。培养适应生产、管理、服务的第一线高素质技能型人才,适应行业的快速发展,是高职高专学校的首要任务,而教材建设是人才培养的重要环节。编者根据教育部高职高专人才培养相关文件的精神,特编写此教材。

　　本教材紧扣行业与市场需求,打破传统的理论教学为主的课程设置思路与模式,从种苗行业的岗位需求和工作流程出发,以实际情况和工作任务分析入手,形成项目模块和工作任务,体现新的课程体系、新的教学内容和教学方法,以教师为主导,以学生为主体,以任务为中心,兼顾知识教育与能力教育,做到理论知识与实践技能两手抓,侧重技能培养,努力培养学生的团队意识、专业技能、务实精神、创业精神和创业能力;着力体现课程综合性、实践性和创新性的特征。

　　本教材分为育苗模块、种子生产模块、种子检验模块、种子加工与贮藏模块,由 11 个项目40 个任务组成。

　　本教材由辽宁职业学院吴丽敏、左广成任主编,辽宁职业学院于小力、焦岩任副主编。具体编写分工如下:项目一由左广成编写;项目二、三由于小力编写;项目四、五、六由焦岩编写;项目七、十一由娄汉平编写;项目八、九由王宇博编写;项目十由吴丽敏编写;王春光负责行业调研。全书由吴丽敏统稿。本教材承蒙吴会昌、朱在龙审稿。在编写过程得到沈阳市皇姑种苗生产有限公司等单位的大力支持,在此一并表示感谢。

　　由于编者水平有限,加之编写时间仓促,如有错误和遗漏之处,敬请各位同行和广大读者批评指正,并诚恳欢迎提出宝贵建议。编者 E-mail:474030393@qq.com。

编　者

2020 年 5 月

前　言

◆◆◆◆◆ 目 录

项目一

培育实生苗

🍁 知识目标

了解实生苗的概念及利用;了解种子采集的时间及方法;掌握种子的贮藏方法;掌握种子消毒、催芽和播种方法。

🍁 能力目标

能根据种子的形态特征进行种子的采集与贮藏;能正确进行种子生命力的测定;能根据种子特征进行种子处理;能进行苗床准备和播种操作。

🍁 素质目标

培养学生职业态度与职业作风;培养学生应对压力和挫折能力;培养学生团队协作能力。

由种子萌发而长成的苗木,称为实生苗(图 1-1)。实生苗一般具有根系发达、生活力强、可塑性强、寿命长等特点。实生苗形成的林分,能培育大径级用材。实生苗培育符合树木自然生长发育规律,根系完整,在采用科学的育苗技术措施下,苗木生长整齐健壮。实生苗培育可以在较小的面积上,经过较短的时间,获得较多的植株,方法简易,成本低,适合大规模专业生产。

图 1-1 实生苗

实生苗用作繁殖材料时来源丰富,方法简便,成本低廉。因而实生繁殖迄今仍是植物栽培中最主要的育苗方法。在杂交育种中,也需要利用杂种实生苗后代分离的特性来选育新品种。但果树以及橡胶、乌桕、油桐等经济植物和某些观赏植物如碧桃、梅花等用实生苗繁殖时,由于后代个体间性状分离,不能获得品质一致的产品,加之实生苗果树的童期较长,进入结果期较晚,生产上绝大多数用嫁接苗。果树生产中现在只有后代性状比较稳定的少数种类,如番木瓜、榛、板栗、核桃和一些柑橘类果树仍直接利用实生苗,嫁接所用的砧木也大多利用各自近缘种的实生苗。

培育健壮、整齐的实生苗须选择优良的母本树,适时采收充分成熟的种子。贮藏期的种子含水量不能高于 12%,温度以保持 5℃左右为宜。有些不适于干燥贮藏的种子如板栗、荔枝、柑橘等宜在湿沙中低温贮藏。

特点：①繁殖方法简单，易于繁殖。②种子来源多，可进行大量繁殖。③实生苗根系发达，生长健壮，对外界环境条件具有较强的适应性。④实生苗生长较快，寿命较长，产量较高。⑤实生苗进入结果期较晚。⑥实生苗变异性较大，不易保持原品种的优良性状，尤其是异花授粉树种。

利用：果树生产中除核桃、板栗等个别树种有时采用实生繁殖外，一般不采用实生苗作为果树生产的苗木。实生苗在果树生产中的利用主要有两个方面：一是利用实生苗抗逆性强的特点，作为繁殖嫁接苗的主要砧木来源；二是通过杂交育种，得到杂交种子，经实生繁殖后筛选培育新品种。

◆◆◆ 任务一 种子采集 ◆◆◆

种子采集包括选择采种母树、测定种实产量和确定采种期，以及选用适宜的方法和采种工具等。一般供采种的树木应年龄适宜，优树比例高，组成单纯，实生起源，采种母树要求速生、干直、材质优良、无病虫害、壮龄。

一、林木种子的采集

种子成熟期可分成两个阶段：当种子内部的营养物质积累到一定程度、外部形态也有相应变化、胚具发芽能力时为生理成熟。

当种子内部营养物质停止积累，外观具有该树种固有特征，胚完成发育时为形态成熟。

种子的成熟期除受树种本身内在因素的影响外，还受地区、年份、天气、土壤、树冠部位以及人为活动等因素的制约。

确定种子成熟期的方法有多种，最常用的是根据球果或果实的颜色变化来判断。

而胚和胚乳的发育状况则是确定种子成熟期的最可靠指标，可切开用肉眼观察，或不切开用 X 射线检查。

比重法较为简单易行，在野外，可将水、亚麻籽油、煤油等配制成一定比重的混合液，再把果球放入，成熟的飘浮，否则即下沉。

生化指标如还原糖含量和粗脂肪含量等也能说明成熟程度。

种实有的成熟后立即脱落（杨树、柳树、榆树、桦树等），有的较长时间宿存枝头（二球悬铃木、臭椿、楝树、紫穗槐等），有的为中间类型，即种子成熟后经过一段短暂时间才部分脱落（油松、侧柏、桑树、黄栌等）。可根据上述 3 种情况确定采种期，组织采种工作。

种子进入形态成熟期后，种实逐渐脱落，不同树种脱落的方式各不同。有的是整个果实脱落；有的果皮开裂，种子散落，果实并不一同脱落。不同树种种实脱落情况不同，采种时期亦不同。一般分以下几种：一是形态成熟后，果实开裂快，如杨、柳、榆、桦、银桦、木麻黄等，应在未开裂前采种。二是形态成熟后，果实虽不马上开裂，但种粒较小，一经脱落不好收集，如冷杉类、云杉类、水杉、马尾松、湿地松、桉树等，应在种子脱落前采种。三是形态成熟后,在母株上长期不开裂,不会散裂,不受虫害,也不会影响发芽率,如国槐、刺槐、合欢、苦楝、黄檀、悬铃木、女贞、香樟、楠木等,可以延迟采种期。四是成熟后立即脱落的大粒种子,如板栗、七叶树等树种,可在脱落后立即收集并沙藏。成熟后的种子要及时采收,应掌握好采种日期。

采前要准备采种工具,我国采种机具很少,多采用手工操作的简单工具,如高枝剪、剪枝剪、采种镰、竹竿、种钩、采种袋、布、梯子、绳子、安全带、安全帽、簸箕、扫帚等。如有条件的应备有采种车辆及自动升降设备。

二、花卉种子的采集

种植花卉的目的一般为美化环境,大多数花卉不结实,只有少数花卉结实。种子采收时,要确定花卉种子的成熟时间和成熟度,及时采收,防止遇到阴雨天气或者强风导致种子散落。

例如虞美人,花色鲜艳,是绿化环境的常用花卉。虞美人花种子的采收一般是在秋天,主要是因为其花期时间多在5—8月。我国国土面积广阔,气候条件多样,每个地区花卉种子的成熟时间不同,采摘时间也会有所差异。种子采收要因地制宜。由于虞美人的种子非常小,有风吹来很容易就会被刮跑。因此,当种子成熟以后一定要及时地进行采摘。种子采集后注意保存,将它们放在干燥的环境中,有利于提高种子的发芽率。

花卉种子采集关键是掌握花卉种子的成熟期和成熟度。

花卉种类不同,种子的成熟期也不同。有些花卉的种子在秋天成熟,如一年生花卉,以及木本花卉中的月季、玫瑰,宿根花卉中的菊花、玉簪等。也有些花卉种子的成熟期在夏季,如二年生花卉,木本花卉中的桃、李、梅,宿根花卉中的蜀葵、鸢尾等。

花卉的种类不同,其成熟的特征也不同,如文竹果实成熟后为紫黑色,天门冬、南天竹的果实成熟后为鲜红色,君子兰的果实成熟后为深紫色,鸢尾的果实成熟后为黄褐色并且开裂,瓜叶菊的种子在花朵凋谢后出现白色冠毛时便为成熟的特征。一定要在种子出现其固有的成熟形态特征时才能采收,如种子未成熟就进行采收,种子发芽率将显著降低,也不耐贮藏。有些种子成熟后极易脱落,要及时采收,如凤仙花在果皮黄白时就应及时采收,不然果皮爆裂种子脱落,很难采到种子。

种子采收后需尽快进行净种处理,多数草花种子去除杂质后晒干,放入瓶罐内进行干藏,而文竹、天门冬等果实成熟后用清水洗去果皮即可播种。君子兰的果实在冬季成熟,成熟后可将果实剥开,取出种子随即播种,也可连同果柄割下,倒挂在通风处,等春季气温升高时剥出种子即可播种。有的花卉种子种皮较厚,发芽困难,需进行层积处理才能使种子发芽整齐。

三、果树种子的采集

采集的果树种子要求品种纯正,类型一致,无病虫害,充分成熟,子粒饱满,无混杂。要获得高质量的果树种子,必须做好以下几点。

(1)选择母本树 采种母本树应为成年树,品种、类型纯正,适应当地条件,生长健壮,性状优良,无病虫害,种子饱满。

(2)适时采收 绝大部分树种必须在种子充分成熟时采收。这时果实具有树种、品种固有的色泽,种子充实饱满,并具固有的色泽。主要果树砧木种子采收期见表1-1。

表 1-1　主要果树砧木种子采收期、层积天数和播种量

名称	采收时期	层积天数/d	每千克种子粒数	播种量/(kg/hm²)	嫁接树种
山荆子	9—10 月	30～90	15 000～22 000	15～22.5	苹果
楸子	9—10 月	40～50	40 000～60 000	15～22.5	苹果
西府海棠	9 月下旬	40～60	约 60 000		苹果
沙果	7—8 月	60～80	44 800 左右	15～33.75	苹果
秋子梨	9—10 月	40～60	1 600～2 800	30～90	梨
沙梨	8 月	—	20 000～40 000	15～45	梨
杜梨	9—10 月	60～80	28 000～70 000	15～37.5	梨
豆梨	9—10 月	10～30	80 000～90 000	7.5～22.5	梨
山桃	7—8 月	80～100	—	—	桃、李
毛桃	7—8 月	80～100	200～400	450～750	桃、李
山杏	6—7 月	80～100	800～1 400	225～450	杏
李	6—8 月	60～100			李、桃
毛樱桃	6 月	—	8 000～14 000	112.5～150	樱桃、桃
甜樱桃	6—7 月	150～180	10 000～16 000	112.5～150	樱桃
中国樱桃	4—5 月	90～150			樱桃
山楂	8—11 月	200～300	13 000～18 000	112.5～225	山楂
枣	9 月	60～90	2 000～2 600	112.5～150	枣
酸枣	9 月	60～90	4 000～5 600	60～300	枣
君迁子	11 月	30 左右	3 400～8 000	75～150	柿
野生板栗	9—10 月	100～150	120～300	1 500～2 250	板栗
核桃	9 月	60～80	70～100	1 500～2 250	核桃
核桃楸	9 月		100～160	2 250～2 625	核桃
山葡萄	8 月	90～120			葡萄
猕猴桃	9 月	60～90	100 万～160 万		猕猴桃
草莓	4—5 月		200 万		

　　（3）取种　从果实中取种的方法应据果实的利用特点而定。果实无利用价值的,如山荆子、秋子梨、杜梨、山桃、海棠果、君迁子等,多用堆沤取种。板栗种子怕冻、怕热、怕风干(干燥),堆放过程中,要根据堆内的温、湿度适当洒水,待刺苞开裂,即可脱粒,脱粒后窖藏或埋于湿沙中。果肉能利用的,可结合加工过程取种,如山楂等。枣、酸枣取种,可用水浸泡膨胀后,搓去果肉,取出种子,洗净晾干。葡萄、猕猴桃取种,可搓碎果实用水漂去果肉、果皮,洗净晾干。

（4）干燥和分级　大多数果树种子取出后，需要适当干燥，方可贮藏。通常将种子薄摊于阴凉通风处晾干，不宜暴晒。限于场所或阴天时，亦可人工干燥。

种子晾干后进行精选，除去杂物、病虫粒、畸形粒、破粒、烂粒，使种子纯度达 95％以上。净种方法，大粒种子（核桃、板栗等）用人工挑选；小粒种子利用风选、筛选、水选等方法。

精选后，按种子大小、饱满程度或重量进行分级。大粒种子人工选择分级；中、小粒种子可用不同的筛孔进行筛选分级。

◆◆◆　任务二　种子的贮藏　◆◆◆

一、种子的寿命

种子寿命是指种子群体在一定环境条件下保持生活力的期限，即种子从完全成熟到丧失生活力所经历的时间，种子寿命是一个群体概念，指一批种子从收获到发芽率降低到 50％时所经历的天（月、年）数，也称半活期。

种子的寿命因植物种类的不同而不同。可以是几个星期，也可以长达很多年。柳树种子的寿命极短，成熟后只在 12 h 以内有发芽能力。杨树种子的寿命一般不超过几个星期。大多数农作物种子的寿命在一般贮藏条件下为 1～3 年。例如，花生种子的寿命为 1 年；小麦、水稻、玉米、大豆的种子寿命为 3～6 年。在良好的贮藏条件下，种子的寿命可以延长好几倍。不过，作为生产上用的种子，还是以新鲜的为好。即使在适宜的条件下，种子保存过久，也会逐渐失去发芽能力。这是由于种子细胞内蛋白质变性的缘故。在高温和潮湿的情况下，种子呼吸作用加强，这不仅消耗了大量的贮存物质，同时还放出热量，加速蛋白质的变性，从而缩短了种子的寿命。

种子成熟离开母体后仍是生活的，但各类植物种子的寿命有很大差异。其寿命的长短除与遗传特性和发育是否健壮有关外，还受环境因素的影响。有些植物种子寿命很短，如巴西橡胶的种子寿命仅 1 周左右，而莲的种子寿命很长，可生活长达数百年以至千年。

种子寿命的延长对优良农作物的种子保存有重要意义，可以利用贮藏条件延长种子寿命。

二、种子的贮藏

种子的贮藏是指种子收获后至播种前的保存过程。要求防止发热霉变和虫蛀，保持种子生活力、纯度和净度，为农业生产提供合格的播种材料。

种子生活力的主要标志是其萌发性能。发芽性能和寿命主要取决于遗传特性、种子形态结构和生理活性、种子质量和贮藏条件。种子生活力受种子含水量和贮藏的温度、湿度等的影响显著。种子含水量在贮藏期间应控制在安全含水量以下，稻、麦、玉米等粮食作物种子安全含水量为 12％～13％；棉花、豆类、花生等高油量种子为 5％～9％；蔬菜种子为 7％～9％。温度和湿度显著影响种子生活力，应避免高温（＞30℃）和高湿（相对湿度＞75％或种子含水量＞15％）的贮藏条件。温度应保持 10～20℃低温，干燥种子在密闭条件（减少含氧量）下贮藏。贮藏方法因种子用途而异。作物品系、育种材料种子，用麻袋、多孔纸袋、玻璃瓶等包装；大田种子采用散装、围囤或袋装。种子入库前先进行种子清选、干燥和库房消毒;入库后注意通风换气和防潮、防虫、防鼠,并定期检查和测定发芽率。

(一)贮藏原则

许多国家利用低温、干燥、空调技术贮存优良种子,使良种保存工作由种植为主转为贮存为主,大大节省了人力、物力并保证了良种质量。贮存保管种子,应做好以下环节,以确保种子发芽率,为下季生产做好准备。

一要把好水分关。因为种子的含水量过高,在潮湿的环境中很可能造成霉变,所以在储存前要选择晴天反复晾晒,将种子晒干,控制好种子本身所含的水分。一般来说,禾谷类作物种子的含水量为12%～13%,油料作物种子的含水量为8%～9%。玉米、花生、大豆等含淀粉和油脂较多的种子更容易发生霉变,需要特别注意。

二要把好纯度关。种子要单收、单打、单晒、单独贮存。晾晒时要单场晾晒,不要与其他品种同晒一场,以防混杂。结合晾晒,彻底清除其中的茎、叶、杂草、泥沙及秕籽、虫破籽、霉变籽等杂物。

三要把好存放关。种子贮存量大时,要选择清洁、干燥、隔热、通风、防潮条件好的专库储存。种子入库前,将库内其他种子、垃圾等杂物清理干净,用10%石灰水消毒,用农药杀灭库内害虫和老鼠。储存种子时,需要注意不能同农药、化肥等同放,这样会给种子造成危害;不能放置在烟熏处,这样会降低种子活性,降低种子发芽率。贮存时标上标签,标明种子名称、重量、纯度、入库时间等。

四要把好温度关。种子不宜暴晒过度,切忌在水泥地面和铁板上晒种。晾晒过的种子,在傍晚降温后入库。储存种子的室内温度最好在10℃左右,隔段时间将种子摊开或用手搅动。因为温度过高,种子的呼吸作用较为旺盛,会消耗自身储存的营养物质,从而降低发芽率。

五要把好湿度关。种子应存放在干燥通风处。不能把种袋直接放在地面上,并要远离墙壁30 cm,避免潮湿。种子贮藏过程中应经常晾晒,适时通风换气。

六要把好防鼠防虫关。害虫以及老鼠等啮齿类动物会吃掉种子,或是污染种子,使种子变质,因此需要采取措施消灭它们或防止它们吃掉种子。

七要把好管理关。贮藏期间重点检查温度和湿度。入库初期,每周检查1次,中期每10 d检查1次,后期每20 d检查1次。发现种子吸潮或温度过高时,及时通风防湿散湿。如不能解决问题,必须出库晾晒,达到含水量标准时再入库。整个储存期间注意防火。如果无库房条件,种子于室外露天存放,地面围好塑料布,用绳子绑结实,压住四角,防治被雨雪淋湿及大风吹坏。

(二)贮藏方法

根据种子特性和贮藏目的,贮藏方法可分为干藏和湿藏。无论采用哪种方法,种子入库前都必须净种,测定种子含水量。对含水量过高的种子要进行干燥处理,使其符合贮藏标准。为防治病虫害,入库前应对种子进行消毒处理。

1.干藏

将充分干燥的种子,置于干燥环境中贮藏称为干藏(dry storage)。该方法要求一定低温和适当的干燥条件,适合于安全含水量低的种子,如大部分针叶树和杨、柳、榆、桑、刺槐、白蜡、皂荚、紫穗槐等。干藏又根据贮藏时间和贮藏方式,分为普通干藏和密封干藏。

(1)普通干藏 将充分干燥的种子,装入麻袋、箩筐、箱、桶、缸、罐等容器中,置于低温、干燥、通风的库内或普通室内贮藏。适用于大多数针、阔叶树种的种子进行短期(如秋采、冬贮、春播)贮藏。

(2)密封干藏(sealed storage) 将充分干燥的种子,装入已消毒的玻璃瓶、铅桶、铁桶、聚乙烯袋等容器中,密封贮藏。

长期贮藏大量种子时,应建造种子贮藏库。多数研究都表明,低温冷藏是种子贮藏的最佳环境,但是,低温库的建设通常投资较大,技术要求高,电源要有保障,常年运转费用昂贵。

2.湿藏

湿藏是将种子置于湿润、适度低温、通气的条件下贮藏。适用于安全含水量高的种子,如壳斗科、七叶树、核桃、油茶、檫树等树种。一般情况下,湿藏还可以逐渐解除种子休眠,为发芽创造条件。所以一些深休眠种子,如红松、桧柏、椴树、山楂、槭树等,也多采用湿藏。湿藏的具体方法很多,主要有坑藏、堆藏和流水贮藏等。不管采用哪种湿藏法,贮藏期间要求具备以下几个基本条件:①经常保持湿润,以防种子失水干燥;②温度以 0~5℃为宜;③通气良好。

(1)坑藏法 坑的位置应选在地势高,排水良好,背风和管理方便的地方。坑宽 1~1.5 m,长度视种子数量而定。坑深原则上应在地下水位以上,土壤冻结层以下,一般为 1 m左右。贮藏时先在坑底铺一层厚 10~15 cm 的湿砖、卵石或粗沙,再铺一层湿润细沙,在坑中每隔 1 m 距离插一束秸秆或带孔的竹筒,使其高出地面 30 cm 左右,以便通气。然后将种子与湿沙按 1∶3 的容积比混合,或种沙分层放在坑内,一直堆至距坑沿 20~40 cm 为止,上面覆一层湿沙。沙子湿度约为饱和含水量的 60%,即以手握成团不滴水,松手触之能散开的程度。最后覆土成屋脊形,覆土厚度应根据当地气候条件而定,且随着气候变冷而逐渐加厚土层。为防止坑内积水,在坑的周围应挖好排水沟。鼠害严重地区注意防鼠。

(2)堆藏法 可室内堆藏也可露天堆藏。室内堆藏可选空气流通、温度稳定的房间、地下室、地窖或草棚等。先在地面上浇一些水,铺一层 10 cm 左右厚的湿沙。然后将种子与湿沙按 1∶3 的容积比混合或种沙分层铺放,堆高 50~80 cm,宽 1 m 左右,长视室内大小而定。堆内每隔 1 m 插一束秸秆,堆间留出通道,以便通风检查。

(3)流水贮藏法 对大粒种子,如核桃、栎类,在有条件的地区可以用流水贮藏。

一般果树砧木种子贮藏过程中,空气相对湿度 50%~70%为宜,最适温度 0~8℃。

落叶果树的大部分树种充分阴干后进行贮藏,包括苹果、梨、桃、葡萄、柿、枣、山楂、杏、李、部分樱桃、猕猴桃等的种子及其砧木种子,用麻袋、布袋或筐、箱等装好存放在通风、干燥、阴冷的室内、库内、囤内等。板栗、银杏、甜樱桃和大多数常绿果树的种子,必须采后立即播种或湿藏。湿藏时,种子与含水量为 60%的洁净河沙混合后,堆放室内或装入箱、罐内。贮藏期间要经常检查温度、湿度和通气状况,尤其夏季气温高、湿度大,种子易发热出汗,筐、袋上层种子易结露,应及时晾晒散热降温,并通风、换气。

(三)蔬菜种子安全贮藏方法

蔬菜种子种类繁多,种属各异,含水量有高有低,安全贮藏对蔬菜种子的发芽率和播种质量有着重要意义。其贮藏方法及注意事项如下。

1.贮前准备

(1)精选 由于蔬菜种子粒小、重量轻,极易黏附虫卵、杂草籽及残叶、碎秸秆等,这样种子在贮藏期间很容易吸潮,还会传播病虫草害,因此蔬菜种子在入库前必须精选加工,以提高种子净度。为减少病菌、虫卵,应从无病虫株采种。可采用筛选的方法,即选用适宜型号的圆孔或长孔筛子进行过筛,清除秸秆、瘪粒和其他杂质。

(2)晾晒　种子的含水量是影响种子贮藏年限的重要因素。种子的含水量低,其呼吸作用、生理活性就会受到抑制,从而使种子能安全贮藏。选择无风的天气对种子进行晾晒,可使含水量达到安全水平以下。

2.贮藏方法

(1)堆垛贮藏法　留种数量较多的品种可用麻袋包装,按品种堆垛贮藏,每堆下面应有垫板,以利通风。堆垛高度一般不宜超过 6 袋,细小种子不宜超过 3 袋,隔一段时间要翻动一下。否则,底层种子易被压伤,降低发芽率。

(2)高吊贮藏法　如种子带荚或整枝贮藏时,要将收获后的蔬菜种子捆扎成把,挂在阴凉通风处,用时采摘脱粒;种子直接贮藏时,需晾干后用纱布缝制的小布袋盛装,并把布袋吊于通风阴凉的屋顶下,这样不仅增强通透性,便于种子呼吸,而且不易使种子受潮、变质。

(3)密封贮藏法　对留存的少量种子可放在纸袋或布袋里,然后存放于玻璃瓶或塑料桶内。在容器底部要放生石灰、木炭等干燥剂,上放种子袋,加盖密闭,放在阴凉干燥处。

3.注意事项

(1)要用麻袋、编织袋、布袋等包装种子,千万不要用塑料袋包装。

(2)控制好贮藏期间的温湿度。温度以 20～25℃、空气相对湿度保持在 60% 以下为宜。地面上用砖头或圆木等垫高 30 cm 以上,并要远离墙壁 30 cm 左右。夏、秋季节气温过高时,早晚要注意通风,降低室温,阴雨天气要关闭门窗,防止潮气进入。

(3)要防止品种混杂。蔬菜品种繁多,种子外形有的非常相似,尤其是同一种蔬菜的不同品种,它们的种子更是无法区别。因此,在收获、脱粒、翻晒时要防止混杂,包装容器和加工用具均需清理,贮藏时要内外挂标签,分别放置。

(4)蔬菜种子要同农药、化肥等分开贮藏。存放的种子要远离火炉,防止烟气熏蒸。

(5)要进行定期检查,防止霉变,发现问题及时处理。及时查防鼠害和虫害。

三、种子的休眠和层积处理

(一)种子的休眠和后熟

休眠是指有生命力的种子,由于内、外条件的影响而不能发芽的现象。种子成熟后,其内部存在妨碍发芽的因素时处于休眠状态,称为自然休眠。形态上成熟的种子,萌芽前内部进行能导致种子萌发的生理变化叫后熟作用。通过后熟的种子吸水后,由于环境条件不适宜仍处于休眠状态,称为被迫休眠。

落叶果树的种子必须通过自然休眠才能在适宜条件下萌芽。常绿果树的种子多数没有或只有很短的休眠期,采种后稍晾干,立即播种即发芽;少数有休眠期。

种子休眠是由于一种或多种原因综合作用的结果。例如,山楂种子休眠主要是生理原因引起的,但其种皮硬厚、致密,不透性延长了后熟过程。因此,不同种类的种子,完成后熟需要的时间不同,如湖北海棠需 30～35 d,山楂种子一般播种后需经过 2 个冬天才能发芽,如果提前采收或经过破壳处理,或温、湿处理后再行层积,亦可翌年播种后发芽。核桃只需一定低温就可以完成后熟。

生产上使种子完成后熟的方法,一是秋季播种,种子在田间自然条件下通过休眠;二是春季播种,播种前需进行人工处理,最常用的方法是层积处理。

(二)种子的层积处理

层积处理是解除种子休眠的一种方法,即将种子埋在湿沙中置于 $1\sim10℃$ 温度中,经 $1\sim3$ 个月的低温处理就能有效地解除休眠。在层积处理期间种子中的抑制物质 ABA(脱落酸)含量下降,而 GA(赤霉素)和 CTK(细胞分裂素)的含量增加。一般说来,适当延长低温处理时间,能促进萌发。已知有 100 多种植物种子,特别是一些木本植物的种子,如苹果、梨、榛、山毛榉、白桦、赤杨等要求低温、湿润的条件来解除休眠。

准备干净河沙,小粒种子河沙用量为种子量的 $3\sim5$ 倍,大粒种子河沙用量为种子量的 $5\sim10$ 倍。将种子倒入盛有清水的水桶内,充分搅拌,捞出漂浮在水面的瘪种子和杂质。然后用笊篱从内捞取下沉种子,倒入装有河沙的容器内,充分混合,再在表面盖一层厚约 6 cm 的湿沙,上插标签,注明种子名称、层积日期和种子数量,放于冬季无取暖设备的房屋内或地下室及菜窖内,温度最好保持 $2\sim7℃$。

如果层积的种子数量较大,选地形较高、排水良好的背阴处,挖一东西向的层积沟,深度为 $60\sim150$ cm(东北地区深度 $120\sim150$ cm,华北、中原地区 $60\sim100$ cm),坑的宽度为 $80\sim120$ cm,长度随种子的数量而定。层积时,先在沟底铺 $5\sim10$ cm 的湿沙,然后将种子和湿沙混合均匀或分层相间放入,至离地面 $10\sim30$ cm(视当地冻土层厚度而异,冻土深则厚,反之则薄),上覆湿沙与地面相平或稍高于地面,然后覆土 50 cm,高出地面呈土丘状,以利排水。对层积种子名称、数量和日期要做好记录。

层积处理时,沙的湿度以手握能成团但不滴水,一触即散为准。层积期间,应经常检查温度、湿度,春暖时需翻拌,以防下层种子发芽或霉烂,并注意防止鼠害。层积处理的天数与种子完成后熟所需的时间如下:在 $2\sim7℃$ 下海棠所需的层积日数为 $40\sim50$ d;杜梨(大粒)为 80 d、(小粒)为 60 d;八棱海棠为 $40\sim60$ d;枣、酸枣为 $60\sim100$ d;山桃为 $80\sim100$ d;秋子梨为 $40\sim60$ d;山葡萄为 90 d;杏为 100 d;李子为 $80\sim120$ d;核桃为 $60\sim80$ d;板栗为 $100\sim180$ d;山楂为 $200\sim300$ d;猕猴桃为 60 d。

层积过程中的适宜温度为 $2\sim7℃$。层积期间应检查 $2\sim3$ 次,并上下翻动,以便通气散热;如沙子变干,应适当洒水;发现霉烂种子及时挑出;春季气温上升,应注意种子萌动情况,如果距离播种期较远而种子已萌动,应立即将其转移到冷凉处,延缓萌发。在播种前 $1\sim2$ 周(视种子情况而定),取出种子,转移到温暖处(一般 $15\sim25℃$)再催芽,待种子达到催芽强度时,即 1/3 露白为止。

◆◆◆ 任务三 种子处理 ◆◆◆

种子处理是植物病虫害防治中经济有效的方法,使用生物、物理、化学因子和技术来保护种子和作物,控制病虫为害,确保作物正常生长,达到优质高产目的。种子处理包括精选、消毒、浸种、催芽等。

(1)精选 在种子晒干扬净后,采用粒选、筛选、风选和液选等方法精选种子。种子精选目的是消除秕粒、小粒、破粒、有病虫害的种子和各种杂物。

（2）晒种　利用阳光曝晒种子,具有促进种子后熟和酶的活动、降低种子内抑制发芽物质含量、提高发芽率和杀菌等作用。

（3）浸种　作用是促进种子发芽和消灭病原物。方法有:清水浸种、温汤浸种、药剂浸种。应按规程掌握药量、药液浓度和浸种时间,以免种子受药害影响消毒效果。

（4）拌种　将药剂、肥料和种子混合搅拌后播种,以防病虫为害、促进发芽和幼苗健壮。方法分干拌、湿拌和种子包衣。

（5）催芽　播前根据种子发芽特性,在人工控制下给以适当的水分、温度和氧气条件,促进发芽快、整齐、健壮。方法有地坑催芽、塑料薄膜浅坑催芽、草囤催芽、火坑催芽、蒸汽催芽等。

（6）等离子体种子处理　利用等离子体增强种子表面的通透性,激活萌发中的种子及幼苗中 α-淀粉酶、琥珀酸脱氧酶、过氧化物酶和超氧化歧化酶等多种酶的活性,最终提高种子的发芽势、发芽率,提高农作物吸收养分能力和抗旱、抗寒、抗病等抗逆能力。

此外,还有种子的硬实处理和层积处理。硬实处理是用粗沙、碎玻璃擦伤种皮厚实、坚硬的种子(如草木樨、紫云英、菠菜等种子),以利吸水发芽。层积处理是需后熟的种子,于冬季用湿沙和种子叠积,在 0～5℃ 低温下保存 1～3 个月,以促使通过休眠期,春播后发芽整齐。

一、种子精选

将挑选出的纯度好、发芽率高、饱满成实的种子用 20～30℃ 的温水淘洗。番茄种子上的绒毛、茄子种子上的黏膜、辣椒种子上的辣味以及黄瓜和西葫芦种子上的黏液都可洗掉,以免影响出芽。

二、种子消毒

种子是传播病原菌最重要的途径之一,种子带有的病菌可以直接侵染种芽和幼苗,造成毁种死苗,并且为后期发病提供菌源,是引起作物田间发病的祸根。病原菌包括真菌、细菌和病毒,这些病原体以孢子、菌丝体、菌体等形式混杂于种子中间、附着于种子表面,甚至潜伏于种皮组织内或胚内。因此,种子播前消毒是减少病害传播、预防田间病害发生的一项必不可少的措施。由于种子处理用药量很少,而且离作物收获期时间长,几乎不存在农药残留的问题,因此也是生产无公害蔬菜提倡使用的一项重要的措施。种子消毒方法有以下几种:

（一）热水烫种

将种子投入 5 倍于种子重量的一定温度的热水中浸烫,并不断搅动,使种子受热均匀;待水温降至 30℃ 时停止搅动,转入常规浸种催芽。因各种蔬菜种子的耐热能力不同,烫种时水温要有差别,如水温过高,会烫死种子;水温过低,则杀菌效果不佳。

番茄、辣椒、十字花科(青菜,大白菜等)蔬菜的种子用 50℃ 左右的热水浸烫,可防猝倒病、立枯病、溃疡病、叶霉病、褐纹病、炭疽病、根肿病、菌核病。

黄瓜和茄子种子用 75～80℃ 的热水烫种 10 min,能杀死枯萎病和炭疽病,并使病毒失去活力。

西瓜种子用 90℃ 的热水烫 3 s,随即加入等量冷水,使水温立即降至 50～55℃,并不断搅动,待水温降至 30℃ 时,转入常规浸种催芽,能杀死多种病原物。

（二）干热消毒

干热消毒是将种子置于恒温箱内进行消毒处理的一种方法。此法几乎能杀死种子内所有的病菌,并使病毒失活,但在消毒前一定要将种子晒干,否则会杀死种子。各种种子要求处理的温度和时间不同,如番茄、辣椒和十字花科种子需要 72℃ 处理 72 h;茄子和葫芦科种子需75℃ 处理 96 h;豆科种子耐热能力差,不能进行干热消毒。

(三)药剂消毒

用药剂溶液浸渍种子,使之吸收药液,经一定时间后取出,用清水洗涤干净,然后晾干催芽或直接播种。浸种必须严格掌握药液浓度、浸种时间、药液温度等,否则将会影响药效或出现药害。浸种药液必须是溶液或乳浊液,不能用悬浮液。药液用量一般为种子体积的 2 倍左右。常用药剂有多菌灵、甲基托布津、福尔马林、磷酸三钠等。用此法处理种子,药剂可渗入种子内部,所以能够杀死种子内部病菌。例如,72.2% 普力克水剂 800 倍液或 25% 甲霜灵可湿性粉剂 800 倍液浸种 30 min,可防治黄瓜疫病;冰醋酸 100 倍液浸种 30 min 或 50% 福美双可湿性粉剂 500 倍液浸种 20 min,可防治黄瓜炭疽病、蔓枯病。

常用药剂和使用方法如下。

(1)多菌灵 用 0.1% 的溶液浸泡瓜类种子 10 min,可防枯萎病;浸泡茄科类种子 2 h,可防黄萎病。

(2)甲醛 用 100 倍稀释液浸种 10 min,可防早疫病、褐纹病、豆类炭疽病、瓜类霜霉病和细菌性角斑病。

(3)高锰酸钾 用 0.1% 的药液浸种 20 min,可防治茄科类病毒病和溃疡病。

(4)磷酸三钠 用 10% 的溶液浸种 20 min,可防治茄科和豆科病毒病。

(5)福美双 用种子重量的 0.3% 拌种,可防治辣椒疮痂病和番茄枯萎病。

(6)硫酸铜 用 1% 的溶液浸种 5 min,可防治辣椒疮痂病和番茄枯萎病。

不管用哪种药剂消毒后,都要将种子冲洗干净(拌种除外),方可转入常规浸种催芽或直播。

(四)复方消毒

复方消毒即指热水烫种与药剂消毒相结合,或干热消毒与药剂消毒相结合。如黄瓜、番茄用热水烫种后,再用 500 g 水加 1 g 50% 多菌灵浸 1 h,可防治黄瓜枯萎病、蔓枯病、炭疽病、菌核病,番茄灰霉病、叶霉病、斑枯病、溃疡病;将热水烫过的茄子种子,再放到 0.2% 的高锰酸钾溶液中浸 20 min,对防治黄萎病、病毒病、绵疫病和褐纹病效果良好;将干热消毒后的种子,再用磷酸三钠消毒,其杀菌效果更好。从实践看,复方消毒优于单一方法消毒。

种衣剂中包含杀灭种传病害和地下害虫的杀菌剂、杀虫剂,以及能促进种子发芽和生长的微量元素肥料和植物生长调节剂。现在部分商品种子在出厂前已经包衣,使用这样的种子不需要再进行消毒处理。

三、浸种催芽

浸种是指对于发芽较慢的种子,用清水或各种溶液在播种前浸泡处理的栽培技术方法。浸种的目的是为了促进种子较早发芽,同时杀死虫卵和病毒。

浸种的目的是使种子较快地吸水,达到能正常发芽的含水量。干燥的种子含水量通常在15% 以下,生理活动非常微弱,处于休眠状态。种子吸收水分后,种皮膨胀软化,溶解在水中的氧气随着水分进入细胞,种子中的酶也开始活化。由于酶的作用,胚的呼吸作用增强,胚乳贮藏的不溶性物质也逐渐转变为可溶性物质,并随着水分输送到胚部。种胚获得了水分、能量和营养物质,在适宜的温度和氧气条件下,细胞才开始分裂、伸长,突破种皮(发芽)。可见,要使种子萌发,首先必须使它吸足水分。不过,种子并不是有水就能发芽,它至少必须吸收相当于自身重量15%～18%的水分才能开始发芽。吸水量达到自身重量40%时才能正常发芽。浸种所需要的时间与种子的种皮厚薄、透性强弱、浸种前种子的含水量以及浸种的水温等有关(表1-2)。

表 1-2 瓜类蔬菜种子的浸种时间与催芽的温度和天数

蔬菜种类	浸种时间/h	催芽温度/℃	催芽时间/d
黄瓜	6～8	25～30	1～2
西瓜	6～10	26～30	3～4
甜瓜	3～4	26～30	1～2
西葫芦	8～12	25～30	2～3
丝瓜	6～12	25～30	4～5
苦瓜	10～24	30	6～8

浸种方法有如下一些:

(一)药剂浸种

药剂浸种是种子处理中最常用技术,方法简便,省工省本,效果明显,但如果操作不当,不仅效果甚微,而且还会产生药害,对此生产上要注意以下几点:

(1)注意选择药剂的剂型　药剂浸种用的是药剂的稀液,所用药剂一定要溶于水,药剂浮于水面或沉入水底,均达不到灭菌效果。

(2)掌握药剂浓度和浸种时间　药剂浓度一般是以药剂的有效成分含量计算,具体浸种时间要根据药品使用说明进行操作,浓度过高或过低,时间过长或过短,都会容易发生药害或降低浸种效果。

(3)充分搅拌,药液面要高出种子　种子放入药液中要充分搅拌,使种子和药液充分接触,提高浸种效果,在浸种时,药液面要高出种子,以免种子吸水膨胀后露出药液外影响浸种效果。

(4)浸种后是否需要冲洗和摊晾　要严格按照药剂浸种使用说明正确掌握,以免产生药害。如要求用清水冲洗,一定要在浸种后进行冲洗;如不要求,就不必冲洗;但浸种后应该摊开晾干,有的根据要求也可以直接播种。

(二)温汤浸种

温汤浸种是一种物理的消毒方法,即借助一定温度在恒温或变温的条件下,杀死潜伏或沾附在种子内外的病菌。种子在播前,利用一定温度的热水进行浸种叫作温汤(热水)浸种。它是种子消毒处理的常用方法之一。在种子消毒方法中,以温汤浸种方法较为简易、经济、有效。

(三)高温烫种

一般用于难以吸水的种子。通常种子要经过充分干燥,水量不宜超过种子量的5倍,水温一般为70～75℃,甚至更高一些。具体操作:烫种时要用2个容器,将热水来回倾倒,最初几次动作要快,使热气散发并提供氧气。一直倾倒至水温降到55℃时,再改为不断地搅动,并保持该温度7～8 min。以后的步骤同温汤浸种法。冬瓜种子有时可用100℃沸水烫种,但对于种皮薄的喜凉蔬菜,如白菜类、莴苣等,不宜采用此法。

蔬菜种子在播种前进行高温烫种,能增进种子活力,提高发芽率,缩短萌发时间,而且能使其发芽整齐,杀死表面的病原菌和虫卵,从而提高蔬菜产量和品质。

(四)催芽

能引起芽生长、休眠芽发育和种子发芽,或促使这些提前发生的措施,均称为催芽。催芽是保证种子在吸足水分后,促使种子中的养分迅速分解运转,供给幼胚生长的重要措施。根据不同的种子生长发育的条件,主要满足适宜的温度、氧气和空气湿度等条件就会促进种子发芽。催芽的方法有多种。可以用纱布将种子包好,种子厚度不超过 1.7 cm,放在催芽箱内。催芽温度见表 1-3,开始稍低,以后逐渐升高,当胚根将要突破种皮时再降低,促使胚根粗壮。种子每 4～5 h 翻动 1 次。当 75% 左右的种子破嘴或露根时,停止催芽,等待播种。

有些蔬菜种子如西瓜、丝瓜、苦瓜等因种壳厚硬不易发芽,在浸种前夹破种壳,能提高种子的发芽率和使种子发芽整齐。

催芽期间要掌握一定的温、湿度和通气条件。春季蔬菜为 25～30℃,催芽初温度可以偏低,以免消耗过多养分。个别种子开始见芽提高温度,促使迅速出芽,普遍见芽后要防止徒长,以使种子出芽快,芽粗壮。催芽期间还要经常翻动种子,且每天用温水淘洗 1～2 次,每次淘洗种子后要晾干种子,然后继续催芽,以免水分过多引起腐烂。在适宜温度下黄瓜 36 h,茄子、辣椒 5～6 d,番茄 2～3 d 即可出芽。当有 80% 左右种子见芽,即可停止催芽,等待播种。

表 1-3　主要蔬菜种子浸种和催芽的时间温度

蔬菜种类	浸种时间/h	适宜催芽温度/℃	催芽时间/d
番茄	6～8	25～27	2～4
茄子	24～36	30 左右	6～7
辣(甜)椒	12～24	25～30	5～6
油菜	2～4	20 左右	1.5
菜花	3～4	18～20	1.5
甘蓝	2～4	18～20	1.5
球茎甘蓝	2～4	18～20	1.5
菠菜	10～12	15～20	2～3
茼蒿	8～12	20～25	2～3
芹菜	36～48	20～22	5～7
香菜	24		浸种后播种
茴香	8～12		浸种后播种
莴笋	3～4	20～22	
洋葱	12		浸种后播种
大葱	12		浸种后播种
韭菜	12		浸种后播种

高温期番茄种子催芽容易出现的问题:

(1)种子落干　该问题产生的主要原因是温度较高时,番茄种子失水太快,失水后又不能及时地补充水分,而造成种子落干。避免种子落干,一是要用湿布包裹种子,并把种子包放到空气湿度较大的地方进行催芽;二是在催芽过程中,要定期地淘洗种子,给种子补充水分;三是在催芽过程中,要经常检查种子包,发现包布变干时,要及时洒水保持湿润;发现种子变干燥时,要及时地用清水淘洗种子。

(2)种子发芽不整齐 该问题产生的主要原因是番茄种子的大小或饱满度差异太大,种子间的发芽力相差太大所致。番茄种子发芽的一般规律是,大粒种子或饱满度较好的种子发芽较快,小粒种子以及饱满度较差的种子发芽较慢。在高温下,两者间的发芽差异尤为明显。

避免或减少种子间在出芽上的差异,一是要在催芽前对种子进行挑选,选出种粒过小以及饱满度较差的秕种子,用大种子以及饱满度较高的种子催芽。二是用赤霉素浸种后再进行催芽。三是在条件许可时,尽可能地采取变温催芽处理,也即在种子萌芽前,用25~30℃的高温催芽,当种子开始萌动时,用18~20℃的低温催芽,直到催芽结束。变温催芽处理是利用大芽对低温反应敏感、小芽对低温反应不甚敏感的原理,用低温来减缓大芽的生长速度,通过大芽等小芽来达到种子出芽整齐的目的。该法虽然能够减少大小种子间的种芽大小差异,但却延长了催芽的时间,管理不当时,也容易引起其他问题,因此在选择此项措施时还应当加强其他方面的管理。四是将先出芽的种子拣出,用湿布包好,送入电冰箱的冷藏室内,用低温抑制种芽的生长,待播种时再从冰箱内取出。选择该法时应注意:种子包从电冰箱内取出后,应立即用厚被包住,让种子缓慢地升温解冻,大约需要经过半个小时,再打开棉被,取出种子进行播种。

(3)种子芽尖变色 一般来讲,正常催出的番茄种芽,其芽尖的颜色呈现白色,如果种子包内的温度偏高或湿度太大透气不良,则容易引起芽尖变褐色。因此,在种芽长出后,要严格控制催芽的环境,同时也要注意催芽的时间不宜过长,当种芽长度接近种子长时,就要结束催芽。

◆◆◆ 实训一 果树砧木种子催芽处理 ◆◆◆

1. 实训目的

(1)为了保证种子播种后的正常发芽和提高出苗率,对层积过的种子在播种前要进行催芽处理。

(2)通过实训使学生熟悉主要果树砧木种子播种前的催芽处理方法,并掌握具体的操作技术。

2. 实训器材

经过层积处理后的果树种子,锯末或细沙,纱布,发芽皿或小磁盘,温箱和温度计等。

3. 实训步骤

(1)种子播种前的催芽处理 播种前催芽是将层积过的种子,在播种前移到温度较高的地方使其发芽,是提高出苗率的有效措施。一般大量播种时,多在火炕上铺一层2~3 cm厚的湿沙(或湿锯末),其上再铺上一块湿纱布,将用清水泡过的种子均匀地放在湿纱布上,其厚度一般为3～4 cm,种子上再盖上一块湿纱布,其上再撒一层湿锯末,以保持湿度。炕温要保持在25～28℃,经1～2 d,小粒种子即可发芽,大粒种子时间略长一些。待种子胚根刚突破种皮,即将露白时,即可播种。

催芽时要注意掌握好温度和湿度。温度过低,湿度过小,催芽时间延长,温度过高,湿度过大,易使种子死亡而发霉腐烂。

播种量少时,也可以将种子放在木箱(或瓦盆、筐等)中,处理方法同上。将盛存种子的容器放在温室中或火炕上,保持上述温度即可。也可以将层积过的种子在播种前5～10 d移到室内(保持一般室温),任其自然催芽。

(2)厚壳种子的处理　对具有厚壳和难以发芽的种子,可采用以下方法进行处理。

①浸水法　有些厚壳种子,如核果类和坚果类种子,层积处理后种皮硬壳仍未裂开的,在催芽前可先浸水4～5 d。每日换水或置于流水中,使其充分吸水,然后再催芽播种。

②外壳破碎法　对于一些难以发芽的种子,也可以采用将外壳打碎的办法,但要注意不要伤及种仁,以免影响其发芽。

③冷冻法　对于没有来得及层积处理的小粒种子(如山荆子、山梨等)可在播前进行冷冻处理。其方法是先将种子放在清水中泡1～2 d,将泡过的种子,放于温度低于5℃的冷凉处,有冰箱或冷冻库的地方,可将种子放于其内,把温度调到1～5℃处理15～20 d,然后取出催芽播种。

在进行催芽处理的同时,可将层积过的种子分别放入磁盘(或发芽皿)中,然后分别放到3个温箱里。将温箱分别调到10～15℃、25～28℃、40～50℃,每1 h观察一次种子萌芽情况,并将观察结果记入实验报告中。

4.实训思考题

常见果树种子播种前的处理技术有哪些?

实训二　植物种子生命力的快速测定

一、TTC法

1.原理

TTC(2,3,5-氯化三苯基四氮唑)的氧化态是无色的,可被氢还原成不溶性的红色三苯基甲替(TTF)。应用TTC的水溶液浸泡种子,使之渗入种胚的细胞内,如果种胚具有生命力,其中的脱氢酶就可以将TTC作为受氢体使之还原成为三苯基甲替而呈红色,如果种胚死亡便不能染色,种胚生命力衰退或部分丧失生活力则染色较浅或局部被染色,因此,可以根据种胚染色的部位或染色的深浅程度来鉴定种子的生命力。

2.材料、仪器设备及试剂

(1)材料　水稻、小麦、玉米、棉花、油菜等待测种子。

(2)仪器设备　小烧杯、刀片、镊子、温箱。

(3)试剂　0.12%～0.5% TTC 溶液(TTC 可直接溶于水,溶于水后,呈中性,pH 7±0.5,不宜久藏,应随用随配)。

3. 实训步骤

(1)将种子用温水(约30℃)浸泡 2～6 h,使种子充分吸胀。

(2)随机取种子 100 粒,水稻种子要去壳,豆类种子要去皮,然后沿种胚中央准确切开,取其一半备用。

(3)将准备好的种子浸于 TTC 试剂中,于恒温箱(30～35℃)中保温 30 min。

(4)染色结束后要立即进行鉴定,因放久会褪色。倒出 TTC 溶液,再用清水将种子冲洗1～2 次,观察种胚被染色的情况,凡种胚全部或大部分被染成红色的即为具有生命力的种子。种胚不被染色的为死种子,如果种胚中非关键性部位(如子叶的一部分)被染色,而胚根或胚芽的尖端不染色都属于不能正常发芽的种子。

二、染料染色法

1. 原理

具有生命力的种子胚细胞的原生质膜具有半透性,有选择吸收外界物质的能力,一般染料不能进入细胞内,胚部不染色。而丧失生命力的种子,其胚部细胞原生质膜丧失了选择透过性,染料可自由进入细胞内使胚部染色。所以可根据种子胚部是否被染色来判断种子的生命力。

2. 材料、设备及试剂

(1)材料　水稻、玉米、大豆、棉花、小麦及一些树木种子。

(2)设备　小烧杯、刀片、镊子。

(3)试剂　0.02%～0.2%靛红溶液或 5%红墨水(酸性大红 G)。

3. 实训步骤

参见 TTC 法。

4. 结果与分析

根据种胚的染色情况判断种子活力并统计死活种子的百分比。

5. 注意事项

(1)染色的浓度要适当,染色时间不能太长(如用红墨水染色,只需 5～10 min 即可),否则不易区别染色与否。

(2)染色法测定种子生命力,以靛红染色法应用较广,它适用于禾谷类、豆类、麻类、瓜类、十字花科类、棉花、果树、乔灌木种子的生命力测定。

三、碘化钾反应法

1. 原理

某些种子在发芽过程中,胚内会形成和积累淀粉。淀粉在碘试剂作用下产生蓝色反应,从而可根据胚中产生蓝色反应的程度来判断种子的生活力。

2.材料、设备及试剂

云杉、松和落叶松的种子,玻璃板,培养皿,滤纸,其余用品同 TTC 法。

碘-碘化钾溶液:把 1.3 g 碘化钾溶解在水中,再加入 0.3 g 结晶碘,然后定容至 100 mL。

3.实训步骤

(1)将种子在水中浸泡 18 h。

(2)取出放在垫有湿滤纸的培养皿内,将培养皿置于 30℃恒温箱中。松和云杉种子置放 48 h,落叶松置放 72 h。

(3)用刀片把胚部切下,然后浸入碘-碘化钾溶液中,20～30 min 后取出胚,用水冲洗 12 min,然后在垫有白纸的玻璃板上进行观察。

(4)鉴别种子生活力的标准是:有生活力种子的胚部全部染成不同程度的黑色至灰色,或者胚根部呈褐色,子叶为黄色。无生活力种子的胚部全部染成黄色,或子叶呈灰色或黑色,胚根呈黄色,或胚根末端呈黑色或灰色,而其他部分呈黄色。

(5)此法适于松属、云杉属和落叶松属种子生活力的测定。

四、荧光法

1.原理

植物种子中常含有一些能够在紫外线照射下产生荧光的物质,如某些黄酮类、香豆素类、酚类物质等,在种子衰老过程中,这些荧光物质的结构和成分往往发生变化,因而荧光的颜色也相应地有所改变;而且这些种子在衰老死亡时,内含荧光物质虽然没有改变,但由于生命力衰退或已经死亡的细胞原生质透性增加,当浸泡种子时,细胞内的荧光物质很容易外渗。因此,可以根据前一种情况采用直接观察种胚荧光的方法来鉴定种子的生命力,或根据后一种情况通过观察荧光物质渗出的多少来鉴定种子的生命力。

2.材料及设备

待测的植物种子,紫外光灯,白纸(不产生荧光的),刀子,镊子,培养皿,烧杯。

3.实训步骤

(1)直接观察法　这种方法适用于禾谷类、松柏类及某些蔷薇科果树的种子生命力的鉴定,但种间的差异较大。用刀片沿种子的中心线将种子切为两半,使其切面向上放在无荧光的白纸上,置于紫外光灯下照射并进行观察、记载。有生命力的种子在紫外光的照射下将产生明亮的蓝色、蓝紫色或蓝绿色的荧光;丧失生命力的死种子在紫外光照射下多呈黄色、褐色以至暗淡无光,并带有多种斑点。随机选取 20 粒待测种子按上述方法进行观察并记载有生命力及丧失生命力的种子的数目,然后计算有生命力种子所占百分数。与此同时也做一平行的常规发芽试验,计算其发芽率作为对照。

(2)纸上荧光　随机选取 50 粒完整无损的种子置烧杯内加蒸馏水浸泡 10～15 min 令种子吸胀,然后将种子沥干,再按 0.5 cm 的距离摆放在湿滤纸上(滤纸上水分不宜过多,防止荧光物质流散),以培养皿覆盖,静置数小时后将滤纸(或连同上面摆放的种子)风干(或用电吹风吹干)。置紫外光灯下照射,可以看到摆过死种子的地方周围有一圈明亮的荧光团,而具有生命力的种子周围则无此现象。根据滤纸上显现的荧光团的数目就可以测出丧失生命力的种子的数量,并由此计算出有生命力种子所占的百分率。此外,可与此同时做一平行的常规种子萌发试验,计算其发芽率,作为对照。这个方法应用于白菜、萝卜等十字花科植物种子生命力的鉴定上效果很好。但对于一些在衰老、死亡后减弱或失去荧光的种子便不适用此法,因此,对它们只宜采用直接观察法。

 # 实训三　种子的层积处理

1.目的要求

掌握种子层积处理、催芽的基本操作方法。

2.材料用具

一定数量的大粒种子(毛桃或山桃)和小粒种子(海棠或山荆子),洁净的河沙,水桶,清水,铁锹,大缸,纤维袋等。

3.实训操作

(1)层积时期　一般在当地土壤封冻之前进行,同时考虑砧木种子所需的层积日数及当地的播种时期;如毛桃所需的层积日数为 100 d,当地的播种日期为 3 月 30 日,则开始进行层积的日期应为 3 月 30 日前 100 d。一些树种的种子(李、杏、樱桃、板栗)采收后可用湿种子进行层积,不必干燥。

(2)浸种　将大粒种子放入大缸之中,加清水淹没种子,浸泡 2～3 d,小粒种子浸泡 24 h,使种子充分吸水。

(3)挖层积沟　在背阴、高燥处挖一宽 100 cm、深 80 cm,长度依种子数量多少定的层积沟。

(4)拌沙　将种子体积 5～10 倍(大粒种子)、3～5 倍(小粒种子)洁净的河沙拌水。沙子的湿度以手握成团、一触即散为宜。随后将充分吸水后的种子与湿沙混合均匀。

(5)层积　在沟底铺 5～10 cm 厚的湿沙(湿度同前),再将混好沙子的大粒种子填入沟内,填至距地面 30 cm 左右时,覆一层纤维袋,最后上面覆土并高出地表 30 cm 左右即可。小粒种子混沙后,装入适当大小的容器(如花盆、木箱)或纤维袋中,放入沙藏沟中。

(6)播种　第二年播种前注意经常检查种子的发芽情况,以便准确确定播种时期。小粒种子 80% 的种子的胚根突破种皮(露白尖)为最佳播种时期。大粒种子的种壳全部开裂时播种最好。如果临近播种期尚未达到上述标准,将种子与沙子一起放在背风向阳处,用塑料布覆盖保湿增温催芽,温度保持在 20℃ 左右,经常翻动,待达到上述发芽标准后进行播种。

4.注意问题

①各种砧木种子的层积处理时间;②注意河沙的湿度与比例;③注意浸种的时间与程度。

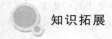 知识拓展

常见蔬菜浸种催芽方法

一、美国蛇豆

4月中旬在日光温室内播种,也可在大棚内播种育苗。蛇豆的种子属木质种,较难发芽,所以播种前将种子浸泡6~8 h,充分揉洗后扎开脐孔,继续泡16 h,沥干表面水分用湿布包好,放在25~28℃条件下催芽。注意常翻动,使其受热均匀。每隔4~6 h用清水漂洗1次。3~4 d后,种子露白,此时可选芽播种,未出芽的种子继续催芽,经7~10 d有发芽能力的种子都可萌发。发芽的种子播于营养钵中,规格6~8 cm。每钵1株,覆土2~2.5 cm,白天保持25~30℃,夜间保持15~20℃,每隔7~10 d浇1次水,定植前1周应进行炼苗,条件应接近于田间,注意控水。

发芽温度	发芽天数	生长适宜温度	播种季节	开花季节	播种到开花
18~25℃	30~40 d	18~35℃	1—12月	1—12月	约90 d

二、苦瓜

催芽播种。3月中旬左右开始催芽。先将瓜种置45~50℃温水中浸泡,冷却后浸种24 h,膨胀后放到30℃条件下催芽,待种子露白尖达50%时播种育苗;采用营养钵阳畦育苗。用纸卷成直径8 cm,高10 cm的圆筒,装灌营养土,排列在苗床内。每个营养钵内播1粒种子,随即浇水,水渗透后,上撒1 cm厚的细土,然后盖塑料布。

发芽温度	发芽天数	生长适宜温度	播种季节	开花季节	播种到开花
20~25℃	8~12 d	15~35℃	1—12月	1—12月	约70 d

三、丝瓜

因早春气温低,丝瓜直播发芽率低,必须催芽露白后才能播种。丝瓜播前将种子用55~60℃的水处理15 min,再用25℃的水浸泡4 h,漂洗去种皮表面黏液后,把种子用湿纱布包好放在温箱中催芽。选出芽好的种子每钵播种1~2粒,一般亩用种500 g左右。出苗前保持温度28~33℃,出苗后适时通风降温,以免造成秧苗徒长,温度掌握在23~25℃为宜。关键是丝瓜苗一定要在长出第一片真叶前移栽,否则会影响成活率。

夏季温度高,出苗快,一般直播就可以,播种前浸种3~4 h或浸种后催芽24 h再播。单行双株,穴距30~40 cm,每穴放3~4粒种子,盖土1.5 cm,盖上纱网,淋水。出苗后,每穴留苗2株。

发芽温度	发芽天数	生长适宜温度	播种季节	开花季节	播种到开花
18~25℃	10~15 d	18~35℃	1—12月	1—12月	约90 d

四、辣椒

浸种催芽:浸种前2~3 d在室外曝晒6~8 h,用1%高锰酸钾溶液中浸泡30 min,捞出后反复冲洗。然后用兑好的55%温水(相当于种子量5~6倍),进行温烫浸种,并不停搅拌,10~15 min后水温降至30℃时泡8 h。捞出用清水洗净种子上黏液和辣味,再将种子掺上用开水烫过的细沙进行催芽。先放在20~23℃环境下,24 h后温度提高到25~34℃,待露白后再降至20~25℃蹲芽。催芽的前1~2 d宁干勿湿,使氧气充足。

从第 3 天起,每天用温水冲洗 1~2 遍,控去多余的水分催芽,每 4~5 h 翻动一次,一般 6~7 d 即可出芽。

甜椒种子的种皮为革质,吸水较慢,育苗前须浸种催芽,胚根露出时播种。多于冬春育苗,即 11 月中、下旬至 2 月上旬。整个苗期宜控制较高的温度。2~3 片真叶时,按株行距 10 cm 双株分苗,改善幼苗的土壤营养和光照条件,以利于培育壮苗。也可采用营养袋穴盘育苗,营养土等播种方法可参照辣椒播种育苗方法。

(1)种子处理 先把种子浸入 55℃的温水中,浸种 15 min,并不断搅拌,待水温降至 30℃时停止搅拌,然后浸泡 8 h,使种子吸足水分,然后将浮于水面的成熟度不够的种子除去,再放入硫酸铜 100 倍液浸泡 5 min,然后用清水洗 2~3 遍,捞出催芽。

(2)催芽 将浸完的种子捞出后,拌上 2 倍于种子体积的细沙,用纱布包好,外面再包上浸湿的麻袋片,放于瓦盆中催芽。催芽的温度为 25~30℃,每 2 h 翻动一次种子包,使之均匀受热,出芽整齐。每天往麻袋片上少量淋 30℃的温水,使种子保持湿度,既不能过干又不能过湿,可把瓦盆放在炕上,或加温温室的火道上,如遇天气等原因不能播种,要将种子袋的温度保持在 5~10℃,否则种子发芽过长,不利于培育壮苗。

五、茄子

种子在太阳下晒几小时,再放入 55℃的热水中浸种 15 min,不断顺一个方向搅动,使之均匀受热。降至常温再浸泡 20~24 h,然后彻底清洗,消除水膜,捞出晾干,控水一夜,这时种子不黏不滑,开始催芽。先用湿纱布或湿毛巾包好种子,放入中间有"井"字架的纸箱或瓦盆中,将种子袋摊平在架两边,上下有空间透气,中间吊上 15 W 灯泡。纸箱四周和底部用稻草、棉絮等保温材料铺垫,用箱盖的启闭大小调温,白天保持 30℃ 16 h,夜间保持 20~25℃ 8 h,使种子接受 5~10℃的变温差,每天取出翻动两次换气补氧。第 3 天种子将要萌动时,彻底清洗 1 次补湿,出水后仍控水 1 夜,并继续如以上方法变温催芽。每天清洗种子会形成水膜,影响种子呼吸和出芽。经浸泡的种子 2 d 内不会缺水;在催芽过程中氧气、空气畅通,无水膜和黏液阻碍,4 d 就会出芽,效果良好。

六、番茄

(1)温水浸种 温水浸种就是用 55~60℃的温水浸泡番茄种子 15 min 左右。用温水浸种时要不断搅动,直到水温不烫手为止。

(2)热水烫种 用一个盆盛种子,再取一个同样大小的盆备用,先将开水迅速倒入放有种子的盆里,然后紧接着把水和种子倒入空盆,这样反复地倒几次,10 min 后用冷水将种子冲凉。

(3)硫酸铜溶液浸种 用硫酸铜溶液浸种可防治辣椒炭疽病。先将辣椒种子放入冷水中浸泡 6~8 h,然后再放入 100 倍的硫酸铜溶液中浸泡 5 min,浸泡完毕后将种子洗净催芽。

(4)福尔马林溶液浸种 用福尔马林溶液浸种可防治猝倒病、茄子褐纹病、西红柿轮纹病。先将种子用 100 倍的福尔马林溶液浸泡 15 min,取出并用湿纱布包好,过 2 h 后洗净即可。

(5)高锰酸钾溶液浸种 用高锰酸钾溶液浸种可防治西红柿花叶病毒病。播种前将西红柿种子放入 100 倍的高锰酸钾溶液中浸泡 30 min,取出、洗净后催芽或播种。

七、茄果类蔬菜壮苗标准

番茄 冬季大棚冷床育苗苗龄 90~100 d,夏秋季苗龄 30 d 左右。株高 8~12 cm,茎粗 0.5~0.8 cm,节间短,呈紫绿色;叶片 7~8 片,叶色深绿带紫,叶片肥厚;第一花穗现花蕾,根系发达,植株无病虫害,无机械损伤。

茄子 冬季大棚冷床育苗苗龄 130 d 左右,夏秋季育苗 35 d 左右。株高 10~15 cm,长 7~8 片真叶,叶片大而厚,叶色浓绿带紫,根系多无锈根,全株无病虫害,无机械损伤。

辣椒 冬季大棚冷床育苗苗龄 60~80 d;株高 15 cm 左右,茎粗 0.4 cm 以上,叶片 8~10 片真叶,颜色浓绿,90%以上的秧苗已现蕾,根系发育良好,无锈根,无病虫害和机械损伤。

◆◆◆ 任务四　播　种 ◆◆◆

一、播种量的确定

育苗时要选择高产、优质、抗病的作物品种,还要考虑产品面对的消费群体、消费习惯、消费区域对蔬菜产品的不同要求,依据各地的自然条件和市场,选取相应的种类和品种。如果是订单育苗,通常由顾客选择品种类型。

播种期受到品种、栽培茬口、栽培设施、天气和市场需求等多种因素的影响,各茬次适宜播种期的推算方法如下:

把盛果期安排在市场上刚进入价高而畅销的日期,例如瓜类蔬菜从始收商品瓜日期到进入盛果期需 15 d 左右,所以已知某品种的始收期,就可由盛果期往回推算适宜的播种期。一般中熟品种比早熟品种要提前 10 d 播种,晚熟品种比早熟品种提前 20 d 播种。

播种量是在计划基本苗数确定之后,根据所用品种的千粒重、发芽率和田间出苗率计算出来的。在保证有充足用苗的前提下,适宜播种量不仅可以减少种子成本,还可以节省土地,便于管理,降低管理成本。

播种量计算公式:

播种量(kg/亩)＝基本苗(万株/亩)×[千粒重(g)÷100÷发芽率÷田间出苗率]

田间出苗率是指具有发芽能力的种子播到田间后出苗的百分数。试验中的田间出苗率是一个经验数据,由于土壤墒情、质地、整地情况、播种质量等因素的影响,田间出苗率会有一定差异。一般播种质量好的田间出苗率可在 80% 以上;有些田块整地质量差、坷垃多、土壤墒情差或土壤过湿,都可能使田间出苗率下降到 60%～70%,甚至更低。因此,播期正常,墒情合适,整地质量较好时,一般田间出苗率按 80% 计算。

为了保证有足够的秧苗供大田蔬菜生产的需要,必须明确蔬菜作物的播种量。育苗时种子量的计算方法比较多,较简单的方法是考虑下列因素:每亩地的秧苗数、种子千粒重、种子发芽率及 20% 安全系数(即增加 20% 的秧苗)。计算方法为:

种子用量(g/hm²)＝(每公顷秧苗数＋安全系数)×种子千粒重÷种子发芽率

播种量的确定要根据品种分蘖特性、播期早晚、土壤质地、肥力和生态区域等条件综合分析,然后确定基本苗,再计算播种量。

确定合理的播种量可以获得适宜的基本苗数,建立合理的群体结构,处理好群体与个体的矛盾。掌握的原则:一是品种特性;二是播种期早晚;三是土壤的肥力水平。一般分蘖力强、成穗率高的品种,播期较早和土壤肥力较高的条件下,基本苗宜稀,播种量宜少些。

按播种量公式计算的播种量,只是理论数据,实际操作时需要增加用种量。因为实际播种时,种子发芽率比室内发芽试验的发芽率低,而且能发芽的种子不一定能出苗,出苗的由于种种原因不一定能长成壮苗,长成壮苗的也不一定百分之百能在定植大田前不受病虫、人为或家禽、家畜等的碰伤或损害,所以实际播种量一般要比理论播种量高 20%～30%。

二、蔬菜播种育苗技术

蔬菜适宜的播种期要根据当地气候条件、蔬菜种类、栽培方式、苗期是否分苗,以及适宜的苗龄、苗床种类和定植期等条件全面考虑。

(一)播种期

(1)播种期的确定原则 确定蔬菜播种期的根本条件是各种蔬菜的生物学特性,在此前提下,根据销售的需要,进行适期播种。不同的自然环境条件,不同的生产水平(施肥、设备)都在一定程度上影响蔬菜的播种期,因此同一种类也很难确定一个统一的播种期。在露地栽培中,自然的温度条件是主要的决定因素。所以决定露地蔬菜播种季节的原则是按各种蔬菜对温度的适应能力,把蔬菜的生育期安排在其所能适应的温度季节,并使蔬菜产品器官的形成期安排在温度最适宜的月份。例如,耐寒性蔬菜有一定的耐霜力,一般在春季解冻后进行播种,冻害发生前收获,或进行秋季播种,有的可在秋播后越冬生长。而喜温蔬菜则要在无霜期栽培,在晚霜过后,才能在露地栽培,秋季早霜来临前必须收获完毕。

(2)分期播种 为了解决蔬菜的周年供应,除按上述原则适时播种外,还须分期播种,但必须改进栽培技术,选用适宜品种并与各种保护地设施相结合。

(二)播种量

播种量因蔬菜种类、种植方式、栽培目的、种子大小、生活力强弱、营养面积的不同变化很大。如豆科种子大,营养面积小,播种量大;瓜类种子大,营养面积也大,播种量就较大;菠菜种子虽小,但密度大,播种量也大。生活力弱的种子用量要多;育苗栽植比直播的用量少,条播比撒播用种量少,而点播的用种量更少。计算播种量可按下列公式计算:

$$种子使用价值(\%)=纯度(\%)×发芽率(\%)$$

$$播种量(g/亩)=\frac{每亩株数×每穴粒数}{每克粒数×使用价值}$$

例如:番茄每公顷栽种 45 000 株,种子千粒重 3.25 g,发芽率为 85%。则:
种子用量(g/hm^2)=(45 000+45 000×20%)×3.25÷85%=206(g/hm^2)
即需要番茄种子 206 g。

在实际播种时,为了保证苗全、苗壮,便于去杂去劣,应在理论播种量的基础上,考虑播种的具体情况,增加一定数量的种子。

(三)播种技术

1.播种方式

撒播 在平整好的畦面上均匀地撒上种子,然后覆土镇压。撒播多适用于绿叶菜类、香辛菜类。其优点是植株密度大,单产高。缺点是种子用量多,管理费工。

条播 在平整好的土地上按一定行距开沟播种,然后覆土镇压。其形式常见有垄作单行条播,畦内多行条播和宽幅条播等,条播便于机械化的耕作管理。一般用于生长期较长和营养面积较大的蔬菜,如小萝卜、胡萝卜、大蒜等。

点播(穴播) 按一定株行距开穴点种,然后覆土镇压。多应用于生长期较长的大型种子以及大粒种子。如瓜、豆、白菜、薯芋类等。其优点是植株营养面积均衡,节省种子,出苗率高,管理方便。

2.播种方法

分湿播和干播两种。湿播为播种前先灌水，待水渗下后播种，覆盖干土。湿播质量好，出苗率高，土面疏松而不易板结，但操作复杂，工效低。干播为播前不灌水，播种后覆土镇压。干播操作简单，速度快，但如播种时墒情不好，播种后又管理不当，容易造成缺苗。

3.播种深度

即覆土的厚度，主要依据种子大小、土壤质地及气候条件而定。种子小，贮藏物质少，发芽后出土能力弱，宜浅播；反之，大粒种子贮藏物质多，发芽时的顶土力强，可深播。疏松的土壤透气好，土温也较高，但易干燥，宜深播；反之，黏重的土壤，地下水位高的地方播种宜浅。高温干燥时，播种宜深；天气阴湿时宜浅。此外，也应注意种子的发芽性质，如菜豆种子发芽时子叶出土，为避免腐烂，则宜较其他同样大小的种子浅播。瓜类种子发芽时种皮不易脱落，常会妨碍子叶的开展和幼苗的生长，播种时除注意将种子平放外，还要保持一定的深度。

三、果树播种育苗技术

(一)播种育苗

播种时期分为秋播和春播，秋播是在秋末冬初，土壤冻结前进行，它不需要种子的层积和催芽措施，而且出苗早，扎根深（如山楂、酸枣、核果类等）气候寒冷干燥，土壤又解冻晚，鸟兽害严重的地区，不宜采用秋播，层积处理的种子春播较好。春播是在开春后进行，当然利用现代科技、地膜覆盖、地膜拱棚、温室里育苗等可适当早播，有利于早出苗，早嫁接，早出圃。播种方法：培育实生果苗，一般采用等行条插，行距 40～50 cm，定苗后株距为 10～15 cm，每畦四行，培育实生砧苗多采用宽窄行条播，有利于嫁接时操作。一般宽行为 50～60 cm，窄行为 20～25 cm，株距不要，每畦 4 行，播沟深 2～3 cm，覆土厚度为种子大小的 2～4 倍，沙土略深，黏土略浅。大粒种子进行点播，行距 50 cm，株距 15 cm，每畦四行，如山杏一般覆土为 3～4 cm。种子播种后适当的镇压，可使种子与土壤密接，防止幼苗根系悬空，太阳直射时可用草帘覆盖，防止水分过量蒸发，土壤板结，及时洒水，有利于种子顺利出苗。

(二)播后管理

播种后一般不浇水，以免降低地温，影响种子萌发，并造成地面板结，妨碍幼苗出土，待幼苗 1/3 出土后及时揭去覆盖物。当幼苗长到 8～10 cm 时，及时进行间苗(移栽)增加营养面积，培育壮苗，一般仁果类的株距为 10～15 cm，核果类 15～20 cm 定苗。当砧木高达 30～40 cm 时，应摘除尖端的幼嫩部分，(掐尖)主要是抑制高生长，减少养分的消耗，增加砧木的粗度，并抹除苗干基部距地面 5～7 cm 下的萌芽，使嫁接位形成一个光滑面，为嫁接打下基础。

在幼苗生长过程中，应保持土壤疏松，湿润，无杂草(禁止使用除草剂)，根据苗情及时灌水、打权。常规培育苗木需要 3 年才能完成，第一年培养砧木(种子层积处理)，第二年移栽(春天进行)，8 月中旬嫁接，第三年春剪去砧木培养成苗。

四、花卉播种育苗技术

(一)种子发芽的条件

种子有了适宜的温度、水分和氧气，一般都容易发芽。但也有些种子因为某些原因休眠不易打破,因而延迟发芽。

(1)水分　种子发芽必须有适当的水分。有的种子像文殊兰,本身胚乳中含有大量的水分和空气,且有厚壳保护;但也有的种类其种子完全干燥、种皮坚硬、吸水困难,而称为硬实种子,这主要出现在豆科植物中,像香豌豆,一般有 10% 左右是硬实种子,这类种子在播种后要一个月才能发芽。另外,还有一些外面带绵毛的种类,如白头翁,因吸水困难而不易发芽,应去除绵毛后播种。

(2)温度　种子发芽的适温因种类而异,热带花卉多需高温,温带北部的木本花卉,不经一定期间的低温,则不易发芽。热带花卉中,椰子类种子的发芽,需高温多湿,故播后除了充分灌水外,还应将播种箱置于加温铁管上加温。多数的一、二年生草本花卉,在 20~25℃ 即能发芽。一般春播的一年生花卉以 20℃ 以上的温度为佳。秋播的二年生花卉则以 15℃ 左右为好。

(3)光照　一般花卉的种子发芽与光照关系不大。也有些花卉发芽期间必须有光照的,称好光性种子,如蚊母草、瓶子草等;反之,照光时不发芽的,称嫌光性种子,如黑种草。

(二)营养土的配制

1.配制营养土的材料

配制培养土的材料很多,建议因地制宜选择材料,以降低育苗成本。常用的培养土材料有:草炭、腐叶土、田园土、珍珠岩、蛭石、河沙、炉渣以及一些有机肥、无机肥等。

2.优良营养土的特性

花卉种类繁多,对土壤的要求差别很大,在进行不同的花卉育苗时,应根据其具体要求配制。对于绝大多数花卉来说,配制培养土不必拘泥于某种特定的材料,只要具有以下的特性就可以:具有高度的持水性(保水)和良好的通透性(疏松),营养土应肥沃,具有较高的速效氮、磷、钾含量;不带使花卉秧苗致病的病菌和虫卵。

3.营养土的配制方法

(1)材料过筛　大多数花卉的种子都比较小,播种用的培养土,要求材料细碎。因此配制材料,除了珍珠岩、蛭石、炭化稻壳(砻糠)以外,都要过细筛。

(2)消毒　除了草炭、珍珠岩、蛭石、炭化稻壳(砻糠)、新的炉渣外的培养土最好进行消毒。可在太阳光下暴晒几天,每天翻动。也可用药物消毒,少量的可用蒸汽消毒。

(3)播种用的培养土配方　播种对培养土的要求高,应疏松、通透性好。可用草炭土 2 份、河沙 1 份;或腐叶土 5 份、园土 3 份、河沙 2 份;或腐叶土 3 份、河沙 1 份、充分腐熟的马粪(或骡粪,驴粪,下同)1 份;或园土 3 份、充分腐熟的马粪 2 份;或草炭 2 份、珍珠岩(或蛭石)1 份等进行配制。根据确定的配方将配制营养土的材料量好,一般按体积计算,充分拌匀。

(4)培育成苗用的培养土　培育成苗用的培养土可以适当增加旱田土、菜田土、塘泥等的比例,减少草炭土、腐叶土、腐熟的马粪,或珍珠岩、蛭石等的用量,以降低育苗成本。

(三)播种前种子处理

不同花卉的种子发芽时间不同。一般种子播后数天或半月即可发芽,但有些种子要经数月或数年才能发芽,这样就必然长期占用播种器皿或场地,并增加管理上的困难。所以,需要针对不同的发芽延迟原因,采用不同的处理方法,使种子发芽整齐。常用的方法有以下几种:

1.种子层积与沙藏

某些花卉种子具有一定的休眠期,这种休眠的特性是长期受外界环境条件影响而获得的。

休眠的种子必须经过低温才能发芽。在自然条件下,它们是在秋季及春季经受低温而获得的,所以有些种子在播后往往须经过一年或更长时间才能发芽。如梅花、野蔷薇等属于这一类。为使种子在播种前通过低温阶段,应进行层积处理。方法是在秋季或初冬将种子与湿沙混合,种子与沙的比例一般为1∶3。沙的湿度以手握能成团但不滴水,一触即散为准。将层积的种子贮于容器内,也可露地挖沟贮藏。用盆、箱层积的,先放在温暖室内,待种子膨胀后移入冷藏地点,温度为0~5℃。每隔半月左右将种子翻动一次,必要时洒些水保持湿润。不同种类种子层积催芽期的长短也不同。核果类如桃、李等,皮厚而坚硬,发芽较难,应在秋季开始层积,仁果类种子可在1月份进行,春季取出播种。

2.浸种催芽

对于容易发芽的种子,播种前用30℃的温水浸泡,一般浸泡2~24 h,可直接播种,如翠菊、半支莲、牵牛花、旱金莲等。

发芽缓慢的种子,播前用30~40℃的温水浸泡,待种子吸水膨胀后去掉多余的水,用湿纱布包裹放入25℃的环境中催芽。催芽过程中需要每天用水清洗一次,待种子萌动露白后可播种,如文竹、仙客来、君子兰、天门冬、冬珊瑚等。

3.机械处理

种皮坚硬的种子,如棕榈、美人蕉、荷花,可锉去部分种皮,令其吸水发芽;对于果壳坚硬不易发芽的种子,需要将果壳剥除后再播种,如黄花夹竹桃等。

4.药物处理

对于种皮坚硬的花卉,如荷花可采用药物处理,通常采用盐酸、硫酸等溶液浸泡种子,浸到种皮软为止,然后取出种子用清水充分冲洗干净再播种,处理时间视种皮的质地而定。

5.拌种

对于小粒或微粒花卉种子,如半支莲、虞美人、四季海棠等,播种不易均匀,播种时可用颗粒与种子大小相近的细土或沙拌种,以利于均匀播种。对于外壳有油蜡的种子,如玉兰等,可用草木灰加水呈糊状拌种,借草木灰的碱性脱去蜡质,以利于种子吸水发芽。

(四)播种时期

春播　露地一年生花卉、宿根花卉、木本花卉适宜春播。南方地区在2月下旬至3月上旬,华中地区约在3月中旬,北方地区约在4月或5月上旬。

秋播　露地二年生花卉和部分木本花卉适宜秋播。南方地区约在9月下旬至10月上旬,华中地区约在9月份,北方地区约在8月中旬,冬季需在温床或阳畦中越冬。

随采随播　有些花卉种子含水量多,寿命短,不耐贮藏,失水后容易丧失发芽力,应随采随播,如君子兰、四季海棠等。

周年播种　热带和亚热带花卉及部分盆栽花卉,常年处于恒温状态,种子随成熟,如果条件合适,种子随时萌发,可周年播种,如中国兰花、热带兰花等。

(五)传统播种育苗技术

1.床播

(1)苗床准备　露地播种前,先选择地势高燥、平坦、背风、向阳的地方设置苗床,土壤要疏松肥沃,既利于排水,又有一定的蓄水能力。床土经翻整后耙细、去除杂物,然后再整地做畦,床宽一般为1.2 m左右,床面必须整平。

花卉育苗基质要求床土细致,具有良好的土壤结构。花卉育苗基质的选择要因地制宜,通常选用园土、腐叶土、有机肥等作为花卉育苗基质的主要组分。

育苗基质的消毒可以采用药剂、蒸汽或微波等方法。化学药剂消毒方法可用0.5%福尔马林喷洒床土,拌匀后用薄膜密封5~7 d,揭膜晾晒无味后即可使用。此外也可以使用50%多菌灵粉剂消毒,用量50 g/m³,或用70%代森锰锌40 g/m³,拌匀后用薄膜密封2~3 d,揭膜晾至无味。

(2)播种 根据种子大小,可采取点播、条播或撒播。点播也称穴播,用于大粒种子,以一定株行距开穴将种子播下,每穴2~4粒。条播用于中、小粒种子,在苗床上进行横条播。撒播则用于大量而较粗放的种子,将种子均匀地撒于床面。条播管理方便,通风透光好,利于生长,撒播出苗量大,占面积小,但在管理时较为麻烦。

播种量依种子的发芽率、气候、土质及幼苗的生长速度而定。如温暖、土质肥沃、种子发芽率高、幼苗生长快,播种宜稀。播种深度为种子直径的2~3倍。十分细小的种子,不必覆盖细土,只需覆草保温。

(3)镇压和覆盖 播种后将床面压实,使种子与土壤密切结合,便于种子从土壤中吸收水分而发芽。一般多用平板压紧,也可用木制滚筒滚压。

苗床镇压后可覆草,以保持土壤水分,利于发芽,还可防止雨水冲刷,或浇灌时冲开覆盖细土,致使种子暴露而影响发芽,同时也可减少杂草生长。

(4)浇水 镇压覆盖后,需立即浇水,特别是浸水处理过的种子,必须立即浇水,一般露地苗床用细眼喷壶喷水,或自动喷雾机喷雾,使整个苗床吸透水。

2.盆播

一般温室花卉种子、细小种子和珍贵种子,都用浅盆播种。通常用直径30 cm、深度5 cm的播种盆或木箱,装好播种用培养土,将盆土压实,刮平土面。再将种子袋口张开,使种子徐徐均匀撒下,播好后视种子大小覆一层薄薄的细土,用镇压板镇土,并用喷壶喷水,或用浸水法将播种盆置于水槽中,下面垫一倒置空盆,水分由底部向上渗透,直浸至整个土面湿润为止。然后将盆面盖以玻璃,以减少水分蒸发,将盆置于背阴处或于玻璃上盖报纸,等待种子萌发(图1-2)。

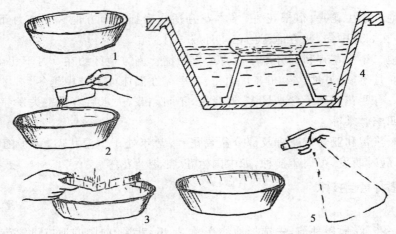

图1-2 盆播操作程序

1.盆土准备 2.播种 3.覆土 4.浸盆 5.播后喷水处理

3.播种出苗障碍

草本花卉从播种到齐苗,在温度适宜的情况下,大多数种类只需要几天的时间,只有少数种类(如君子兰、楼斗菜等)需要的时间长些。在这短短的时间里容易发生出苗障碍,严重时需要重新播种。

(1)死苗 籽苗出土后很快死亡一部分或者全部。死苗主要有以下原因:猝倒病、立枯病导致死苗;地下害虫咬食根系,或蝼蛄、蚯蚓等在土壤中活动造成纵横交错的隧道,使根系脱离土壤;个别花卉的陈种子出苗后也可能造成死苗;农家肥在温室内迅速发酵产生的有害气体和煤烟达到一定浓度时能熏死幼苗;在育苗的土壤里或水里误混入除草剂,或者使用过除草剂的工具没清除干净又继续使用;土壤里的肥太多或没发酵(尤其禽粪太多或没发酵)很容易导致死苗。

(2)不出苗或出苗很少 多是种子本身的问题,尤其陈种子。花卉种子良莠不齐,播种前要做发芽试验;用含有油、盐、酸、碱的容器浸种,或水里含有种子不能忍受的上述物质都可能造成不出苗;在出苗前就已经感染上病菌,在土中就可能丧失出苗能力;环境条件恶劣,如地温太低、土壤水分太少或太多、土壤盐类浓度过高等。

(3)出苗不整齐 主要有两种情况:一是苗床上有的地方出苗多,有的地方出苗少,原因可能是浇水不匀,或播种不匀,或在电热温床上放育苗盘时,出苗需要较高温度的种类如小丽花、一串红、观赏南瓜等靠近电热温床四周的开始出苗少,里侧的出苗多,此时只要将育苗盘旋转180°就可以解决;二是出苗时间不一致,断断续续地出苗,先出苗的都开始现真叶了,后出苗的才拱土,这是由于种子的发芽势不好,如新陈种子混在一起、种子的成熟度不一致或陈种子造成的。

(4)籽苗带种皮出土 是指子叶带种皮出土,也叫"带帽"出土。出土时,种子的两个种皮夹住子叶,使子叶不易张开,生长量小。造成籽苗带种皮出土原因是种子上面覆土太薄,细土的重力不足以脱去种壳,另外将种子垂直播种在土壤中也容易发生这种现象。葫芦科的花卉、百日草、小丽花、蜀葵、观赏辣椒、乳茄等种子都容易"带帽"出土。看见有"带帽"出土的情况发生,应马上覆盖细土,如已长高了则不宜再覆土,可早晨用喷雾器喷雾,使种皮湿润后用手轻轻地脱去。

(5)出苗过密或过稀 出苗过密是单位面积内播种量太多所致。出苗过稀与以下原因有关:播种量太少;种子发芽率太低;出苗条件不适,如温度太低、土壤水分太多或太少;病虫害所致。

五、穴盘播种育苗技术

穴盘育苗技术是采用草炭、蛭石等轻基质无土材料做育苗基质,机械化精量播种,一穴一粒,一次性成苗的现代化育苗技术(图1-3)。

穴盘育苗是欧美国家20世纪70年代兴起的一项新的育苗技术,已成为许多国家专业化商品苗生产的主要方式。我国对基质研究起步较晚,"就地取材、因地制宜研究与发展"已成共识,如长江以南加强对稻壳炭化后的合理使用研究;华北加强炉渣,并配合草炭、蛭石、锯末等材料混合使用的研究;东北加强对草炭、锯末等的研究;大西北则加强对沙培技术的研究等。而在山东、江苏、河南信阳一带因地制宜地研究出了以珍珠岩、蛭石、草炭等材料混合的育苗基质产品,得到了比较广泛的推广,在蔬菜育苗、花卉育苗、林业育苗、水稻育

二维码1
穴盘播种

图 1-3　不同规格的穴盘

苗等领域取得了丰硕的成果。而在南方,椰糠是育苗基质的主要成分之一。我国是椰子主产区之一,在热带和亚热带部分地区如海南省、广东西部沿海地区、台湾南部、云南西南部均有栽培,椰糠来源广泛。

(一)优势

(1)穴盘育苗在填料、播种、催芽等过程中均可利用机械完成,操作简单、快捷,适于规模化生产。

(2)种子分播均匀,成苗率高,降低了种子成本。

图 1-4　穴盘苗

(3)穴盘中每穴内种苗相对独立,既减少相互间病虫害的传播,又减少小苗间营养争夺,根系也能充分发育。

(4)增加育苗密度,便于集约化管理,提高温室利用率,降低生产成本。

(5)由于统一播种和管理,使小苗生长发育一致,提高种苗品质,有利于规模化生产。

(6)种苗起苗移栽简捷、方便,不损伤根系,定植成活率高,缓苗期短。

(7)穴盘苗便于存放,运输(图1-4)。

(二)基质的选择

好的基质应该具备以下几项特性:理想的水分容量;良好的排水能力和空气容量;容易再湿润;良好的孔隙度和均匀的空隙分布;稳定的维管束结构,少粉尘;恰当的 pH,一般为 5.5～6.5;含有适当的养分,能够保证子叶展开前的养分需求;极低的盐分水平,EC 要小于 0.7(1∶2 稀释法);基质颗粒的大小均匀一致;无植物病虫害和杂草;每一批基质的质量保持一致。无机基质一般很少含有营养,包括沙、陶粒、炉渣、泡沫(聚苯乙烯泡沫、尿醛泡沫)、蛭石、岩棉、珍珠岩等。

1. 基质种类

使用较多的基质材料有泥炭、岩棉、蛭石、珍珠岩、蔗渣、菇渣、沙砾和陶粒等。岩棉和泥炭在全球应用最广泛,是世界上公认的较理想的栽培基质。有机基质栽培是指采用有机物如农作物秸秆、菇渣、草炭、锯末、畜禽粪便等,经发酵或高温处理后,按一定比例混合,形成一个相对稳定并具有缓冲作用的全营养栽培基质原料。为了改善栽培基质的理化性质,也可将河沙、煤渣、蛭石、珍珠岩等无机物按一定比例与其混合,组成无机型栽培基质。

(1)椰衣纤维　又称椰壳纤维或椰糠,是椰子加工业的副产品。与泥炭相比,椰衣纤维含有更多的木质素和纤维素,松泡多孔,保水和通气性能良好。pH 为酸性,可用于调节 pH 过高的基质或土壤。P 和 K 的含量较高,但 N、Ca、Mg 含量低,因此使用中必须额外补充 N 素,而 K 的施用量则可适当降低。

(2)树皮　不同的树种差异很大,作为基质最常用的树皮是松树皮和杉树皮。树皮含有无机元素但保水性较差,并含有树脂、单宁、酚类等抑制物质,需充分发酵使之降解。松树皮基质对于凤梨、草莓的营养器官的干物质积累和分蘖有利。树皮、草炭为 7∶3 时对于生菜的生长最为有利。以腐烂的树皮或泥炭为重要成分制作的人造土壤,具有良好的排水性、保水能力和保肥能力,不仅是花卉无土栽培的适宜基质,而且特别适合作高尔夫球场果岭区草坪土壤。

(3)蔗渣　是制糖业的副产品,最主要的成分是纤维素,其次是半纤维素和木质素。新鲜甘蔗渣由于 C/N 比太高,不经处理植物根系难在其中正常生长,所以在使用前必须经过堆沤处理。在自然条件下其堆沤效果较差,需经过添加氮肥并堆沤处理后,方可成为与泥炭种植效果相当的良好无土栽培基质。

(4)稻壳　稻壳是水稻加工时的副产物,其通透性好,不易腐烂,持水能力一般,可与其他基质材料配合使用,一般用于花卉的扦插基质。通常使用方法是通过暗火闷烧将其炭化,形成炭化稻壳即砻糠。通过室内理化性状分析和温室内蔬菜作物栽培实验表明,以生稻壳作为有机生态型无土栽培基质的主要配方是可行的,能够满足番茄作物的正常生长发育需要。

(5)锯末屑　以黄杉和铁杉的锯末为最好,有些侧柏的锯末有毒,不能使用。较粗锯末混以 25% 的稻壳,可提高基质的保水性和通气性。另外锯末含有大量杂菌及致病微生物,需经过适当处理和发酵腐熟才能使用。其碳素含量较高,经过发酵腐熟分解后还需加入一定量的氮源以利于碳素的降解。用于栽培番茄、辣椒等均取得良好效果。

(6)草炭　来自泥炭藓、灰藓、苔草和其他水生植物的分解残留体。到目前为止,西欧许多国家仍然认为草炭是园艺作物最好的基质。尤其是现代大规模机械化育苗,大多数都是以草炭为主,并配合蛭石、珍珠岩等基质。

(7)蛭石　蛭石是由云母类矿物加热至 800～1 100℃ 时形成的。园艺上用它作育苗和栽培基质,效果都很好。蛭石很轻,每 1 m³ 约为 80 kg,呈中性或碱性反应,具有较高的阳离子交换量,保水保肥力较强。使用新的蛭石时,不必消毒。蛭石的缺点是当长期使用时,结构会破碎,孔隙变小,影响通气和排水。

(8)珍珠岩　珍珠岩由硅质火山岩在 1 200℃ 下燃烧膨胀而成,色白,质轻,呈颗粒状,直径为 1 mm 左右,其容重为 80～180 kg/m³。珍珠岩易于排水,易于通气,在物理和化学上比较稳定。

(9)沙　沙是沙培的基质。中东地区、美国亚利桑那州以及其他富有沙漠地的地区,都用沙作无土栽培基质。主要优点是价格便宜,来源广泛,栽培应用的效果也很好,缺点是比较重,搬运和更换基质时比较费工。

由于颗粒较小的蛭石的作用是增加基质的保水力而不是孔隙度。要增加泥炭基质的排水性和透气性,选择加入珍珠岩而不是蛭石。相反,如果要增加持水力,可以加入一定量的小颗粒蛭石。

图1-5 各种基质育苗

2.基质选择原则

无论是生产蔬菜还是花卉苗木,育苗基质都是生产高质量产品的关键因素。育苗基质的功能应与土壤相似,这样植株才能更好地适应环境,快速生长。在选配育苗基质时,应遵从以下几个标准:

(1)从生态环境角度考虑 要求育苗基质基本上不含活的病菌、虫卵,不含或尽量少含有害物质,以防其随苗进入生长田后污染环境与食物链。为了符合这个标准,育苗基质应经发酵剂快速发酵,达到杀菌杀毒、去除虫卵的目的。

(2)育苗基质应有与土壤相似的功能 从营养条件和生长环境方面来讲,基质比土壤更有利于植株生长。但它仍然需要有土壤的其他功能,如利于根系缠绕(以便起坨)和较好的保水性等。

(3)育苗基质以配制有机、无机复合基质为好 在配制育苗基质时,应注意把有机基质和无机基质科学合理组配,更好地调节育苗基质的通气、水分和营养状况。

（4）选择使用当地资源丰富、价格低廉的轻基质 在应用穴盘育苗技术时，如何选择育苗基质是关系到育苗成本和育苗质量的首要问题。在通常情况下，应充分挖掘和利用当地适合穴盘育苗的轻基质资源，降低育苗基质成本，从而降低穴盘苗的销售价格。根据各地实际情况，选用炭化稻壳、棉籽壳、锯末、蛭石、珍珠岩等价格低廉基质作穴盘育苗基质。

（三）穴盘播种育苗

1. 基质装填

按栽培面积计算出所用穴盘数，选用合适的穴盘，苗龄长的选用 50 穴育苗盘，苗龄短的用 72 穴育苗穴盘。

（1）首先对拌料场地进行整理消毒，将足够的育苗基质倒在消毒的场地上，可加入杀菌剂，然后搅拌均匀，再淋水搅拌，直到手轻握成团手指间有滴水，最后要充分混合均匀。将拌好的育苗基质装入育苗穴盘中用木板刮平，不宜压得太紧实。

（2）基质在填充前要充分润湿，一般以 60% 为宜，用手握一把基质，没有水分挤出，松开手会成团，但轻轻触碰，基质会散开。如果太干，将来浇水后，基质会塌沉，造成透气不良，根系发育差。

（3）各穴孔填充程度要均匀一致，否则基质量较少的穴孔干燥的速度比较快，从而使水分管理不均衡。

（4）播瓜类等大粒种子的穴孔基质不可太满。

（5）避免挤压基质，否则会影响基质的透气性和干燥速度。而且如果基质压得过紧，种子会反弹，导致种子最终发芽时深浅不一。

2. 播种

将装好育苗基质的育苗盘每个穴轻按一个 0.5 cm 左右的小坑，将干种子或催芽的种子放入坑中，大粒种子须平放，上盖一层拌好的育苗基质或园艺蛭石（粒径 0.3 cm 以下）至穴平为好，然后将播好种的育苗盘搬到育苗棚内，适当位置留出间隔以便操作人员管理时来回走动，冬季应在育苗盘上覆盖一层地膜便于保温保湿，晚上盖白天揭开，苗出到 60% 左右撤除地膜。

注意：打孔的深度要一致，保证播种的深度也一致。一般种子越大，播种的深度就越深。

3. 覆盖

常见的几种蔬菜种子都需要在黑暗条件下才能顺利萌发，所以选择恰当的覆盖物也很重要。覆盖物的选择要考虑几个方面：可以提高种子周围的湿度、保持良好的透气能力，以给种子提供足够的氧气。推荐使用大颗粒的蛭石作为覆盖物。而珍珠岩覆盖容易滋生青苔。

4. 初次浇水

有两种方法：种子在苗床上萌发，要先浇少量的水，待穴盘全部移至苗床后，再浇一下次透水。若种子在催芽室或简易催芽空间（草苫覆盖保湿后），那么在进入催芽室之前要浇透水。建议用雾化喷头或喷水细密的喷头。穴盘播种流程见图 1-6。

5. 苗期管理

播种工作完成之后，即进入日常管理阶段。

（1）水分管理 在种苗生产过程中最重要的工作是水分管理。在不恰当的时间或者用错

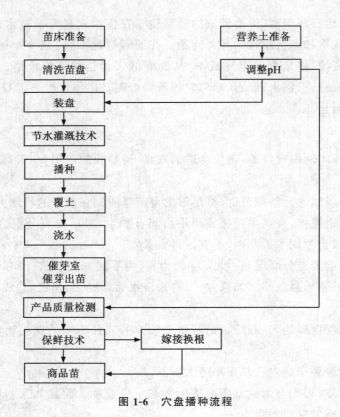

图 1-6　穴盘播种流程

误的方式浇水,会严重影响穴盘苗的生产。穴盘苗不能完全干燥;反之,基质中水分过于饱和也不行,会造成根系缺氧。

穴盘苗生产水分管理一般以子叶展开为分界线。

在子叶展开之前的水分管理比较简便,即只要穴孔基质的下半部一直保持湿润,仅仅控制穴孔上半部分基质的干湿交替即可。子叶展开之后要根据环境变化和植株长势,控制穴孔基质下半部见干见湿。在浇水前挖起一部分基质,观察下半部分是否有一定的湿度。托起穴盘估计它的重量,以此判断基质的湿度也是一种较为理想的测试方法。通过浇水,让10%的水渗出穴盘外,便可进入湿周期。当施肥或灌药的时候,必须浇透。而浇清水时则只需浇至水流出穴盘。

基质中的水是通过蒸发和根对水的吸收而损失的,前者在子叶展开前起主要作用;而在子叶展开之后,受到蒸腾作用所主导的根对水的吸收起到主要作用。这时我们要根据环境气候的变化对植物蒸腾作用的影响来判断该如何浇水。比如遇到以下状况,水只到穴孔一半比较合适:

①天气由晴转阴、转冷,或者温室内湿度特别高。水分蒸发较慢,蒸腾作用较低,穴盘不易变干。

②穴孔下半部仍旧有一定湿度。

③第二天需要对幼苗进行施肥。

(2)肥料和养分　一般来说,好的商品育苗基质能够提供子叶完全展开之前所需的所有养分。由于穴盘容积小,淋洗快,基质的 pH 变化快,盐分容易累积而损伤幼苗的根系。所以我们要选择品质优良而且稳定的水溶性肥料作为子叶完全展开后的养分补充。

选择肥料要重点考虑两个因素:

①肥料自身氮肥的组成:氮素有 3 种类型,对植物生长有不同的影响(表 1-4)。

②视地域环境状况和气候的不同,选择不同的肥料配方(表 1-5)。

表 1-4　不同氮素类型对植物生长的影响

氮素类型	特点	优缺点
硝态氮	最容易被作物吸收利用 使植物的株型紧凑,根的生长超过枝条的生长,节间短,叶片小但厚,呈浅绿色,茎秆比较粗壮 硝酸钾能使生殖生长超过营养生长	使植物生长健壮、坚硬 硝态氮超过 75%,铵态氮低于 25%
铵态氮	一般必须被硝化细菌转化成硝态氮才能被植物利用 温度低于 15℃ 时,细菌转化的速度会变慢,导致铵中毒,促进地上部分生长,但不会促进根系生长 对营养生长的促进作用超过生殖生长	容易使植物徒长,枝叶茂盛,但比较软弱,低温和低 pH 时慎用
尿素态氮	必须先转化成铵,再转化成硝态才能氮被植物利用	
备注	交替使用各种氮素类型的肥料或混合使用效果更好	

表 1-5　不同地区对肥料的需要

	肥料选择
北方硬水区	水中钙镁离子偏多,碱度偏高,影响磷肥的有效性,所以要适当加大磷肥用量和其他微量元素的使用量,并适当选择生理酸性肥
南方软水区	水的碱度偏低,需要加大钙、镁肥的使用,并减少磷肥的用量,适当选择生理碱性肥

(3)环境湿度对蔬菜育苗的影响　湿度较大,而且通风不良的条件下,容易诱发病害。反过来,如果环境湿度过低,那么在高温、强光的环境下,植株的蒸腾作用会过于旺盛,植物通过根部吸收的水分不足以补充叶片失去的水分,则气孔会关闭以保护植物不致失水过多。由于气孔的关闭,同样也阻止了二氧化碳进入植物体内,所以光合作用同样会停止,植物也将停止生长。

高湿度对于幼苗的不利影响在于以下方面:造成植物节间过长,茎段过细、分枝少、产生的根也少。同时,高湿度条件下根系对于钙的吸收会降低,因为穴盘苗在低湿度条件下,蒸腾作用加快,促进了植物对钙镁的吸收。在缺水的状态下,气孔会关闭。停止生长,因此低湿度会使茎秆更粗壮,抗逆性更强,根系发育更好。所以持续连阴天要防备缺钙、缺镁症状的出现,及时用叶面肥进行补充。

正常叶色应该是纯绿色,若低位叶变黄说明植物养分不够或根系受伤。深绿色的叶子表示氮肥太多。浅绿色的叶子表示缺氮,铵中毒或缺镁。

(4)病虫害防治　穴盘苗的时间较短,所以很少受到病虫害的威胁,但是由于生长过于密集,而且数量众多,如果对环境控制不力或管理不当,也会有病虫害的问题(表 1-6)。

（5）株型控制　穴盘苗整齐矮壮是最佳状态,很多育苗者在生产实践中会选择用化学生长调节剂来调控植株的高度。这是一种虽然效率较高但比较危险的做法。首先我们不赞成在食物类园艺植物上使用化学激素,再次使用激素有很多的后遗症,而且对使用方法和环境条件有一定的要求。比如说矮壮素只有在叶片湿的时候才可以慢慢进入叶内,所以最好在傍晚使用才好。在植物缺水的时候一定不要使用激素,否则很容易产生药害。

表 1-6　病虫害类型及防治措施

病虫害名称	感染病菌	防治方法
猝倒病	腐霉、疫霉、丝核菌、镰刀菌和葡萄孢菌都能单独或共同起作用引起猝倒病	1. 使用排水良好的基质 2. 掌握正确的浇水技术 3. 正确地使用蛭石覆盖 4. 防止出现露滴或雨滴以及聚水处 5. 合理施肥,避免 EC 过高造成盐害,特别是铵态盐害 6. 减少幼苗的密度,并增加空气流通 7. 控制杂草、清除植物残骸 8. 经常消毒设备和温室,确保循环使用的穴盘充分消毒,推荐使用季铵盐消毒剂 9. 不要重复使用基质 10. 不要让塑料水管的喷头端贴到地面 11. 清除滞留在地面的水
根腐病和茎基腐病	腐霉、丝核菌和根串珠霉菌都会引起根腐与茎基腐病	同上
叶斑病	真菌性叶斑病一般有炭疽、链格孢菌和葡萄孢菌 细菌性叶斑病一般由假单孢杆菌和黄单孢杆菌引起	不要让植物过度拥挤,避免溅水,每天在早晨浇水,使植物快速变干,创造良好的通风条件来降低叶片的湿度,会减少叶斑病的发生
病毒病	病毒病一般由人工作业或蚜虫、粉虱、蓟马等害虫传播	注重机械消毒工作和害虫防治
虫害	穴盘苗主要的虫害是蕈蚊和沼泽蝇。大量的成虫会制造麻烦,在叶上留下斑点。成虫和幼虫能传播一些真菌根腐病如葡萄孢菌病。幼虫以植物根为食物,会损伤根系从而感染病害	减少水的流量和用量,防止在苗床地部或地面上积水,减少湿度,减少肥料的淋失,保持苗床和地面的清洁、清除植物残渣,保证温室内没有杂草,控制青苔的发生
备注	在使用化学药剂防治病虫害时,为避免幼苗产生药害,注意应在基质湿润和植物无水分胁迫的情况下喷施或浇灌。在初次使用化学药剂时一定先要做小面积试验,确认无药害等不良反应时方可大面积使用	

几种激素以外控制株高的方法:

①负的昼夜温差(夜间温度高于白天温度 3～6℃,3 h 以上)对控制株高非常有效,生产上的做法是尽可能降低日出前后三、四小时的温度。

②降低环境的温度、水分或相对湿度,用硝态氮肥来取代铵态氮肥和尿素态肥,或整体上

降低肥料的使用量、增加光照等方法都可以抑制植物的生长。

③另外还有一些机械的方法如拨动法、振动法和增加空气流动法,都可以抑制植物的长高。例如每天对番茄植株拨动几次,可使株高明显下降,这种做法要注意避免损伤叶片,辣椒等叶片容易受伤的作物就不适合这样做。

如果使用激素特别是矮壮素过度,导致药害出现,除可喷施相反作用的激素来解除药效,并适当增加水分和铵态氮来促进生长之外,还可以尝试向叶面喷施海藻精的办法,会收到明显的效果(表1-7)。

表 1-7　株型调控措施

现象	症状	生产措施
地上部分生长过量	苗子徒长,叶片大而软,根系较差	1.降低温度或者采用负的昼夜温差 2.使用透气透水性好的基质,减少喷水压力,防止基质过于密实 3.避免浇水过多 4.使用硝酸钙或其他高硝态氮肥并补充钙 5.增加光强,也可以促进钙的吸收 6.使用激素调控
根系生长过盛	叶小、颜色浅、节间过短且顶端小,根多,一般在光照强、湿度低的季节或地区容易碰到	1.提高温度,并加大昼夜温差 2.提高环境湿度、加大水分用量 3.使用保水力较强的基质 4.降低光照水平,遮阴 5.多用铵态氮和尿素态氮,增加磷的用量,少用硝态氮和含钙高的肥料 6.使用 Peiters20-20-20 和大汉海藻精提苗
生产滞后	穴盘苗的生长晚于计划出苗的时间	需要加速穴盘苗的生长: 1.提高环境温度,加大昼夜温差 2.要选择干湿交替浇水法 3.提高光照水平(保证在 16 000～20 000 lx) 4.使用铵态氮或尿素态氮含量高的肥料 5.检查基质的 pH 和 EC 水平,确保根系活力
生产超前	穴盘苗的生长早于计划出苗的时间	需要延缓穴盘苗的生长: 1.降低环境温度,减少昼夜温差 2.浇水前使基质干一些 3.降低氮素水平至<100 mg/kg,使用硝态氮含量高和含钙的肥料 4.增加光照水平至更高(保证在 26 000～43 000 lx)

若位于基质外侧和穴盘底部的根长的细长(通常被称为水根),这表明浇水过度,基质不透气,即使有根毛产生,遇到高盐和干旱情况,它还会损失掉,根毛的损失会阻止幼苗的生长,移栽后延长缓苗期,并使植株容易感染病菌导致根系腐烂。

任务五 花卉播种育苗实例

一、矮牵牛

(一)生物学习性

矮牵牛,茄科矮牵牛属,多年生草本植物,别名碧冬茄、灵芝牡丹、王子观灯、杂种撞羽朝颜、洋牡丹等(图1-7)。

图1-7 矮牵牛

(二)种子

矮牵牛的种子非常小,千粒重0.1g左右。种子使用寿命3年左右。矮牵牛的蒴果成熟后自动开裂,应在果实尖端发黄时采收,清晨采收最为适宜。

(三)播种育苗技术

1. 育苗天数

北方早春育苗时,如果在终霜后定植露地,每株至少有1朵花开放并且秧苗生长量较大,大多数品种用90～110 d育出。若育苗环境条件不好或日照时间过长,可能使秧苗过早地以生殖生长为主,开花时间能大大地提前,如果在4月份播种,60 d左右可开花,但苗期的茎叶生长量小,开花数量少,不符合生产需要。如果营养充足、温度适宜,秧苗的生长量大,用90 d左右可培育出有6～8个大的分枝、叶片数50枚以上(有的品种可达上百枚)、并且至少开了1朵花的较大秧苗。

2. 播种

用疏松肥沃的营养土播种,并应消毒。每平方米苗床播种量1.2 g左右,将种子与30～50倍的细土或细沙混合后播种。建议播后覆盖细土0.2 cm左右。种子发芽出土期间控温20～24℃,不能超过25℃。未浸种处理的种子播种后单瓣品种4～5 d出苗。当有1片真叶(矮牵牛下部叶片多互生)时用穴盘移植。如果需要定植已经开花并且生长量很大的秧苗,将穴盘苗再移入直径13～15 cm的塑料盆培育盆花。如果用大苗定植,用直径8 cm左右的育苗钵成苗。

3. 管理

保护地育苗时应把矮牵牛放在光线最好的地方,光照充足叶片平展。在低温短日照条件下,茎叶生长繁茂,株形紧凑,在长日照条件下茎叶顶端会很快着生花蕾,有的品种到8叶期长日照处理能促进开花。矮牵牛根系较弱(尤其部分杂交种),育苗的营养土应疏松、肥沃,最适宜的土壤pH 5.8～6.5。土壤应保持湿润,但忌湿度太大。

二、四季秋海棠

(一)生物学习性

四季秋海棠,秋海棠科秋海棠属,多年生常绿草本植物,别名四季海棠,在北方多作一、二年生栽培。

(二)种子

四季秋海棠种子非常细小,千粒重 0.013 g 左右。我国目前生产上多使用进口的丸粒化种子(图 1-9)。包衣有两种:一种是经过吸水后在中间出现一条裂缝,根及芽都从裂缝中长出来;另一种包衣在吸收水分时不会出现裂缝,种子在包衣中发芽,发芽后根系慢慢生长。育出开花的秧苗,培育出生长量较大的盆花,如在直径 13 cm 的容器里培育,当叶片盖满盆口时,需要 150 d 左右。

图 1-8 四季秋海棠

图 1-9 四季秋海棠丸粒化种子

(三)播种育苗

采用 2 份泥炭与 1 份河沙混合作播种基质,播种基质应消毒。每平方米苗床可播种 10 000 粒丸粒化的种子。为了播种均匀,可将种子拌 30~50 倍细沙。工厂化育苗直接在 288 孔穴盘点播,每孔 1 粒,用牙签蘸种子播于穴盘孔中心,有条件的最好采用真空播种机播种,播种后不用覆土或轻轻地覆盖 1~2 mm 的细土。

播种出苗期间温度控制在 20~24℃,未浸种处理的种子播种后 7 d 左右出苗。四季秋海棠籽苗生长十分缓慢,从播种到第 1 片真叶长出需 21 d 以上(图 1-10)。1~2 片真叶时分苗,用穴盘移苗。穴盘播种的 3~4 片叶时移苗。

四季秋海棠根系脆嫩,移苗所用基质忌黏重,可以使用 3 份草炭加 1 份蛭石或珍珠岩配制,蛭石粒径 3~5 mm;或用草炭土或腐叶土 1 份、园土 1 份、沙 1 份配制,并加入适量的厩肥、过磷酸钙及复合肥。

长出第 1 片真叶时,控温 18~25℃;长出 2~3 片真叶时(图 1-11)。温度控制在 18~22℃;3~5 片真叶时,温度控制在 16~20℃。出苗期间需要较高的空气湿度和基质湿度,长出真叶后应降低空气和基质的湿度,以免因湿度过大引起茎、根腐烂,甚至引起死苗。第 1 片真叶的叶面积达到 1~2 cm^2 时,可开始间断控水,促进长根,前期主根明显增多。

四季秋海棠长到 30 d 时同一盘苗大小不一,应将相同大小的苗移到同一规格穴盘中(图 1-12),以免大苗欺小苗,也方便管理。移盘后要及时浇水。

播种 45 d 后,四季秋海棠已长出 2~3 对真叶时,小苗已经很拥挤,应及时分苗(图 1-13)。

移苗后土壤或基质应保持间干间湿,湿度不宜过大,以免叶片腐烂,不发须根。工厂化育苗生产使用草炭和蛭石作为基质的,苗齐后需要施肥,要薄肥勤施,逐渐增加用量,以硝态氮为

图 1-10 四季秋海棠第一片真叶

图 1-11 四季秋海棠第二片真叶

图 1-12 移盘

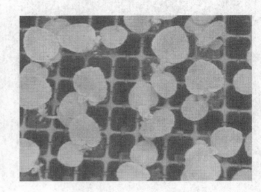

图 1-13 稀苗

主,增加磷、钾肥比例,选晴天上午 9—10 时施肥。当子叶长大时,可用 50 mg/kg 硝酸钾溶液和 50 mg/kg 的过磷酸钙溶液向基质上喷洒,或施氮、磷、钾复合肥溶液,每周 1 次。

45 d 后四季秋海棠就会出现花苞,达到壮苗标准。

三、君子兰

(一)生物学习性

君子兰,石蒜科君子兰属,多年生常绿草本植物,别名大花君子兰、达木兰、剑叶石兰、达摩兰等。

(二)播种育苗技术

1.采种

利用人工辅助授粉进行采种。君子兰的果实较多而大,成熟的果实色泽鲜红(图 1-14)。此时将果实及花箭从根部剪下,放在见光通风处,再后熟 10～20 d。将种子取出洗净,合格种子应籽粒饱满、有芽眼。种子千粒重 800 g 左右。采种后应马上播种,长期贮藏发芽率降低。

2.播种

温水浸泡种子 24 h,然后置于落叶松的树叶(松

图 1-14 君子兰果实及种子

针)中,或洗净的沙中催芽(图 1-15)。控温 20～25℃,15 d 左右出芽,出芽后播种(图 1-16),播种过迟会造成胚根较长。冬春季节可以选用的基质较多,如蛭石;河沙;2 份蛭石与 1 份珍珠岩混合;蛭石与河沙混合;有机基质;珍珠岩、锯末、河沙等量混合等。将长出胚根的种子,点播在开好的沟内,按 2～3 cm 距离点播,播种时注意根垂直向下,保证生长点向上,避免幼苗第

图 1-15 君子兰催芽

1 片叶弯曲向上生长。覆盖基质 1.5 cm 左右,然后浇灌混有杀虫剂和杀菌剂的溶液,出苗期间基质不能太湿,否则种子容易腐烂。君子兰幼芽见光后变红。当幼苗第 1 片叶长 2～3 cm 时(图 1-17),移植于直径 13～15 cm 的容器里,每盆移植 6 株左右,有 2～3 片叶的每盆移 3～4 株,或移到直径 16.7～20 cm 的花盆里,每盆移 10～15 株。有 5～6 片叶时每盆移栽 1 株(图 1-18)。有 8 片叶以上的换泥盆或塑料盆培养。所用营养土应肥沃、疏松,可用草炭土或腐叶土加适当的河沙配制。

图 1-16 君子兰播种

图 1-17 君子兰幼苗

图 1-18 君子兰成苗

三、荷花

(一)生物学习性

荷花,睡莲科莲属,地下具膨大根茎的水生多年生草本植物,别名莲花、芙蓉、水芙蓉、六月春等。

需要处理的一端

图 1-19　莲子种子

(二)播种育苗技术

1.种子处理

荷花的种子是植物学上的果实,俗称莲子(图 1-19)。莲子无休眠期,随采随播,虽然放置多年都能萌发,但以 1～2 年的种子最好。莲子千粒重 1 388 g 左右。莲子在不破损时不发芽,需要用锋利的芽接刀平削种子凹进处那一端,削去垂直高度 2 mm 左右,不可过多,也可磨去或锉去。

破壳后的种子用 35～45℃ 水浸泡(图 1-20),在夏季可用凉水浸泡放在阳光处,每天换清水 1～3 次。当种皮变软、胚乳膨胀时,沿破壳处剥去种皮的 1/3 以显露胚乳,促使胚芽伸长。一般 3～5 d 发芽(图 1-21)。

图 1-20　浸泡

图 1-21　莲子发芽

2.水培

发芽后继续水培,水深约 10 cm。见光,长出 2～3 片幼叶时定植(图 1-22)。按行距 15 cm、株距 10 cm 定植在苗床上,覆泥土 1～2 cm,灌水漫过土面。生长季节也可在池塘播种。或直接定植在无孔容器里(如碗、无孔花盆等)(图 1-23),盛肥沃稀塘泥,泥深为盆高的 2/3 左右。定植于容器后,保持水深 5 cm 左右,放于阳光处,当长出 7～13 片浮叶时即可抽生立叶,当抽生 5～7 片立叶后现花蕾(图 1-24)。苗期要光照充足,不宜常换水或翻动。

图 1-22　长出幼叶

二维码 2　荷花播种

图 1-23 定植

图 1-24 开花

雨 后 池 上

（宋·刘攽）

一雨池塘水面平，淡磨明镜照檐楹。

东风忽起垂杨柳，更作荷心万点声。

 知识拓展

为什么一般不用实生苗建果树园？

在果树栽培中，将果树的种子种入土壤所长成的果苗叫作实生苗，这种繁殖的方法叫作实生繁殖。实生繁殖虽然种子来源丰富，方法简便，苗木主根强大，根系发达，对环境的适应能力、抗逆性较强，成本低，但其仍为一种原始的繁殖方法，不适于现代果树生产的需要，这是因为：

（1）实生苗结果晚　实生苗的阶段发育是从种胚开始的，有童期阶段存在。在此阶段，实生苗发育不成熟，无论采取什么农艺措施也不能使其成花，因此，实生苗结果晚。而从已结果树上取材，采用分株、压条、扦插、嫁接等无性繁殖的方法繁殖的苗子，繁殖材料没有童期阶段，结果比实生苗早。

（2）实生苗杂合性强　绝大多数果树是异花授粉的作物，种子的遗传因子复杂，实生后代有明显的分离现象，母本植株的优良经济性状也不易在后代植株中得到保持，且单株之间表现不一致，不整齐。而采用无性繁殖方法所形成的苗木，能保持原品种的优良特性，很少会发生变异。由于以上两点原因，实生苗不符合现代果树业的要求，所以现代果树栽培都用嫁接苗或自根苗（分株苗、扦插苗）建园。

思考与练习

一、名词解释

1.浸种　2.催芽　3.种子处理　4.热水烫种　5.干热处理

二、填空题

1.种子发芽的适温因种类而异，热带花卉多需_____，温带北部的木本花卉，不经一定期间的_____，则不易发芽。

2.实践中层积处理时，沙的湿度以手握能_____但不_____，一触即_____为准。

3.点播也称穴播，用于_____种子，以一定株行距开穴将种子播下，每穴 2～4 粒。条播用于_____的种类,在苗床上进行横条播;撒播则用于_____的种类,将种子均匀地撒于床面。

4.播种量依种子的_____、_____、_____及_____的生长速度而定。如温暖、土质肥沃、种子发芽率高、幼苗生长快,播种宜_____。

5.播种深度为种子直径的_____倍。十分细小的种子,不必_____,只需_____。

6.穴盘育苗是设施栽培中最常用的育苗方法。穴盘育苗具有节约种子、_____、幼苗生长健壮、_____、成苗率高等优点,而且可以缩短生产周期、提高效率。

7.种苗滞留穴盘期间,即穴盘苗已达到培育大小却因种种原因无法及时移栽或出售,需通过_____、_____、施用硝酸钾、硝酸钙、调整 pH 等措施缓滞种苗生长。

8.君子兰播种时注意根垂直_____,保证生长点_____,避免幼苗第 1 片叶弯曲向上生长。

9.莲子在不受破损时不发芽,需要用锋利的芽接刀平削种子_____那一端。

10.西瓜嫁接的砧木主要是_____、_____、_____。

三、简答题

1.育苗基质的一般特性是什么?

2.某些果树砧木种子为什么要进行层积处理后才能发芽?

3.为什么失去生活力的种子在染色剂中能着色?

4.说明黄瓜育苗播种的程序。

5.西瓜嫁接苗应如何管理?

6.番茄壮苗标准是什么?

项目二

培育嫁接苗

🍁 知识目标

了解嫁接苗的概念及特点;了解嫁接苗成活的原理;掌握影响嫁接成活的因素;掌握嫁接生产方法。

🍁 能力目标

能正确选用适合的嫁接方法;能合理运用提高嫁接成活率的技术措施;能完成嫁接苗的生产;能合理进行嫁接苗后抚育。

🍁 素质目标

培养学生踏实肯干、任劳任怨的工作态度;培养学生逆向思维能力;培养学生团结协作、开拓创新工作作风。

◆◆◆ 任务一　嫁接基础 ◆◆◆

一、嫁接的概念

嫁接属于营养生殖,是人工繁殖方法之一,即把一种植物的枝或芽,嫁接到另一种植物的茎或根上,使接在一起的两个部分长成一个完整的植株。嫁接是利用植物受伤后具有愈伤的机能来进行的。嫁接时应当使接穗与砧木的形成层紧密结合,以确保接穗成活。接上去的枝或芽,叫作接穗;被接的植物体,叫作砧木或台木。接穗一般选用具 2～4 个芽的苗,嫁接后成为植物体的上部或顶部,砧木嫁接后成为植物体的根系部分。

二、嫁接的原理

嫁接成活的原理主要是依靠接穗与砧木结合部位的形成层薄壁细胞的再生能力,形成愈合组织,接穗与砧木密切结合形成接合部,使接穗和砧木原来的输导组织相连接,并使两者的养分、水分上下沟通,形成一个新的植株。

形成层是介于木质部与韧皮部之间再生能力很强的薄壁细胞层,在正常情况下薄壁细胞层进行细胞分裂,向内形成木质部,向外形成韧皮部,使树木加粗生长,在树木受到创伤后,薄壁细胞层还具有形成愈伤组织,把伤口保护起来的功能。所以,嫁接后砧木和接穗结合部位各自的形成层薄壁细胞进行分裂,形成愈伤组织,逐渐填满接合部的空隙,使接穗与砧木的新生细胞紧密相接,形成共同的形成层,向外产生韧皮部,向内产生木质部,两个异质部分从此结合为一体。这样,由砧木根系从土壤中吸收水分和无机养分供给接穗,接穗的枝叶制造有机养料输送给砧木,二者结合而形成了一个能够独立生长发育的新个体。

三、嫁接影响因素

影响嫁接成活的主要因素是接穗和砧木的亲和力,其次是嫁接的技术和嫁接后的管理。所谓亲和力,就是接穗和砧木在内部组织结构上、生理和遗传上,彼此相同或相近,从而能互相结合在一起的能力。亲和力高,嫁接成活率高。反之,则成活率低。一般来说,植物亲缘关系越近,则亲和力越强。例如,苹果接于沙果;梨接于杜梨、秋子梨;柿接于黑枣;核桃接于核桃楸等亲和力都很好。

四、嫁接的意义

嫁接对品种的改良,经济价值的提高都有非常重要的意义。嫁接对一些不产生种子的果木(如柿、柑橘的一些品种)的繁殖意义重大。嫁接既能保持接穗品种的优良性状,又能利用砧木的有利特性,达到早结果、增强抗寒性、抗旱性、抗病虫害的能力,还能经济利用繁殖材料、增加苗木数量。嫁接常用于果树、林木、花卉的繁殖上;也用于蔬菜育苗上。嫁接分枝接和芽接两大类,前者以春秋两季进行为宜,尤以春季成活率较高。后者以夏季进行为宜。

五、嫁接的作用

(1)增强植株抗病能力 用黑籽南瓜嫁接的黄瓜,可有效地抗黄瓜枯萎病,同时还可推迟霜霉病的发生期;用 CRP(刺茄)、番茄作砧木嫁接茄子后,基本上可以控制黄萎病的发生。

(2)提高植株耐低温能力 由于砧木根系发达,抗逆性强,嫁接苗明显耐低温。如用黑籽南瓜嫁接的黄瓜在低温下根的伸长性好,在地温 12～15℃、气温 6～10℃时,根系仍能正常生长。

(3)有利于克服连作危害 黄瓜根系脆弱,忌连作,日光温室栽培极易受到土壤积盐和有害物质的伤害,换用黑籽南瓜根以后,可以大大减轻土壤积盐和有害物质的危害。

(4)扩大了根系吸收范围和能力 嫁接后的植株根系比自根苗成倍增长,在相同面积上可比自根苗多吸收氮钾 30％左右,磷 80％以上,且能利用土壤深层中的磷。

(5)有利于提高产量 嫁接苗茎粗叶大,可使产量增加 4 成以上。番茄用晚熟品种作砧木,早熟品种作接穗,不仅保留了早熟性,而且可以大大缩小结果期,提高总产量。

六、嫁接场所

嫁接最好在温室内进行,高温季节要用遮阳网或草帘遮阴、避免强光直射使幼苗过度萎蔫影响成活。如深冬茬茄子 7 月嫁接正值高温期,防暑降温是关键。低温季节(如黄瓜、番瓜越冬茬的嫁接在 9 月底 10 月初)要以保温为主,温度低不利于伤口愈合。嫁接时适宜的温度应当为 24～28℃,空气相对湿度 75％以上,湿度不够时要用喷雾器向空中或墙壁喷水增加湿度。

七、嫁接用具

（1）刀片　即一般剃须的双面刀片，嫁接时将其一掰两半，既节省刀片，又便于操作。

（2）竹签　一种是插接时在砧木上插孔用的，其粗细程度与接穗苗幼茎粗细一致，一端粗细要求不严，另一端削成单面楔形，靠接时用它挑去南瓜生长点。

（3）嫁接夹　用来固定接穗和砧木，市面上销售的嫁接夹有两种：一种是茄子嫁接夹，一种是瓜类嫁接夹。旧嫁接夹事先要用 200 倍甲醛溶液泡 8 h 消毒。操作人员手指、刀片、竹签用 75％酒精（医用酒精）涂抹灭菌，间隔 1～2 h 消毒一次，以防杂菌感染伤口。但用酒精棉球擦过的刀片、竹签一定要等到干后才可用，否则将严重影响成活率。

（4）嫁接机器　由于瓜类连作障碍问题越来越突出，蔬菜嫁接技术受到人们的重视。育苗专业户、育苗公司也应运而生。对于育苗专业户和育苗公司，如果靠人工嫁接，由于工作效率低和嫁接技术水平低，容易耽误嫁接时机，因此他们希望采用嫁接机作业。小型和半自动式嫁接机，由于售价低廉，在市场上受到欢迎。

◆◆◆ 任务二　果树嫁接育苗 ◆◆◆

一、砧木的类型与选择

选择砧木时首先要考虑最适应当地条件的砧木和类型，一般宜将当地所产的类型作为首选砧木；应选择与品种亲和力强，对品种生长和结果有良好影响的种类。

（一）苹果常见的砧木类型与选择

苹果属中有一些种可用作苹果砧木，一个种内还有较多变种或类型。苹果砧木可分为实生砧和营养系砧两大类。

（1）实生砧的类型　生产上主要采用实生砧（多数为乔化类型，又称乔化砧）作苹果砧木，应用比较广泛的有下列 6 个种和类型。

①山定子（Malus. baccata）　又名山荆子、山丁子等。本种风土适应性较广，抗寒性很强，根系发达，耐瘠薄，较耐干旱，但在酸碱度 7.5 以上土壤上易得缺铁黄叶病，生长不良。通常，山定子与仁果类品种嫁接亲和良好；但与部分品种嫁接表现较明显的小脚现象，在黄河故道以南地区表现更为明显，在陕西渭北还有遭风折现象；与 M_9 矮化砧嫁接亲和较差。山定子适用于东北、西北、京、津、河北、山东和四川等土壤 pH 5.3～7.2 的地区。此外，各地还选出了适宜当地的砧木类型，如山西太原地区和上党盆地区适用沁源山定子，晋南地区适用浦县山定子，陕西榆林地区适用黄龙山定子等。

②楸子（M. prunifolia）　又名海棠果。分布较广，是一种根系深，抗旱，耐涝，耐盐碱（富平小楸子和莱芜茶果在 pH 8.6 土壤上无不良反应），对土壤适应性强又比较抗寒的砧木。此种有较多优良类型已广为生产利用。如富平小楸子（陕西、甘肃、青海）、烟台沙果、莱芜茶果（山东）、冷海棠、牛妈妈海棠、小海棠（河北、北京）、奈子（山东、河南）和黄海棠（吉林、新疆）等。这些类型与仁果类嫁接亲和良好，有些类型如莱芜茶果、崂山奈子等还有一定的矮化作用。

③西府海棠(M. micromalus) 又名小果海棠等。适应性较广,根系发达,抗旱,抗盐碱,耐瘠薄;耐涝力中等。此种优良类型有八棱海棠、平顶海棠(河北、北京)、果红(陕西)等。八棱海棠能耐全盐量 $0.27\%\sim0.3\%$,果实还可鲜食和加工制脯等;平顶海棠比较抗涝,华北、西北和黄河故道地区使用反映良好;果红抗锈果病,是干旱瘠薄山丘地区的优良砧木。本种与仁果类嫁接亲和良好。

④河南海棠(M. hoanensis) 有一定抗寒、抗旱能力,对土壤要求严格,喜肥沃壤土,抗盐碱力较差,在 pH 8 以上土壤上有黄化现象。抗白粉病,但立枯病和叶斑病重。苗木分离现象较明显,不整齐。嫁接仁果类接合部牢固。此种已从武乡海棠中选出矮化类型,如 S_{20}(矮化)、S_{63}(半矮化)可作为矮化中间砧利用,在肥水管理良好条件下,嫁接树结果早,品质好。

⑤湖北海棠(M. hupehensis) 根系浅,喜温耐湿,抗旱和耐盐碱力一般,抗白绢病、白纹羽病和白粉病强,此种中具有无融合生殖(不经受精也能产生具有发芽能力种子的现象)的类型,如平邑甜茶,其后代(苗木)生长整齐,嫁接树树体高大,抗根腐病能力强,适应性和抗逆性强。这类砧木敏感病毒病,宜采用不带病毒的仁果类品种接穗嫁接。本种类型复杂,与仁果类嫁接亲和性不一致,有待进一步选优。

⑥塞威氏苹果(M. sieversii) 又名新疆野苹果类。根系发达,耐旱,抗寒,喜光,耐盐碱力较强,在 pH 8.6 土壤上无黄化现象,耐瘠薄,对土壤要求不严,抗白粉病力较弱。与仁果类亲和力强,嫁接树健壮高大,是新疆、甘肃、陕西栽培仁果类的主要砧木。

除上述 6 个种及其类型为仁果类常用砧木外,三叶海棠、丽江山定子在西南高地、东南沿海一带和中南地区也有采用,但用量不大。

(2)营养系砧木的类型 随着仁果类矮化密植栽培的发展,我国从世界各国引入多种型号的矮化砧木(营养系砧)进行研究鉴定、区域试验。全国矮化砧研究协作组从中筛选 5 种型号用于我国仁果类生产。

①M_4 属半矮化砧 根多而粗,分布浅,多在 $30\sim50$ cm 土层中,耐湿,较耐瘠薄,抗旱,抗寒力中等,不抗盐碱,在地下水位较高地块栽植易倒伏和患黄叶病。压条繁殖生根较易。嫁接树 $3\sim4$ 年始果,丰产,果实品质较好。

②M_7 属半矮化砧 适应性广,较抗旱、抗寒和耐瘠薄,但不耐涝。抗花叶病。压条繁殖生根容易。嫁接树 $3\sim4$ 年始果,丰产,果实品质得到提高。

③M_{106} 属半矮化砧 根系较发达,固地性强,较抗旱和抗寒,耐瘠薄。抗棉蚜,较抗病毒病,对茎腐病和白粉病敏感。压条繁殖生根容易,繁殖系数高。嫁接短枝型品种,3 年生开花株率达 90%,果实可溶性固形物也有一定提高。植株产量介于 M_9 和 M_7 嫁接树之间。

④M_9 属矮化砧 嫁接树树体矮小,结果早,早期丰产。根系分布较浅,固地性差,易倒伏。不抗寒、不抗旱,耐盐碱,较耐湿。压条繁殖生根较困难,繁殖系数低。可用作自根砧或中间砧,但嫁接植株分别有"大脚"或"腰粗"现象。

⑤M_{26} 属矮化砧 适应性广,是 5 种矮化砧中应用最多的一种。目前,陕西、山东、河北和黄河故道地区都有一定面积应用。较抗寒,抗旱力较差。抗花叶病和白粉病,不抗棉蚜和茎腐病。压条繁殖生根较易,繁殖系数较高。作自根砧嫁接树有"大脚"现象,作中间砧有"腰粗"现象。嫁接树矮化程度介于 M_9 和 M_7 嫁接树之间,比 M_9 嫁接树丰产,固地性强,比 M_7 嫁接树结果早。

上述 5 种矮化砧,在我国除少数土壤、管理条件较好的仁果类园用作自根砧外,多数用于作中间砧。生产中 M_{26} 应用较普遍。

(二)梨常见的砧木类型与选择

(1)实生砧的类型

①杜梨($P.betulaefolia$ Bge.) 又名棠梨、灰梨,生长旺盛,根深,适应性强,抗旱,耐涝,耐盐碱,为我国北方梨区的主要砧木。

②褐梨($P.phaeocarpa$ Rehd.) 又名棠杜梨,根系强大,嫁接后树势生长旺盛,产量高,但结果晚,华北、东北山区应用较多。

③豆梨($P.calleryana$ Dcne.) 又名山棠梨、明杜梨,根系较深,抗腐烂病能力强,抗寒能力不及杜梨,能抗旱,抗涝,与沙梨及西洋梨亲和力强。

④秋子梨($P.ussuriensis$ Max.) 又名山梨。耐寒性强,对腐烂病,黑星病抵抗能力强,丰产,寿命长,我国东北地区及华北寒冷干燥的地区常用作梨的砧木。

⑤砂梨($P.pyrifolia$ Nakai.) 抗涝能力强,根系发达,生长旺盛,抗寒,抗旱能力差,对腐烂病有一定的抵抗能力,是我国南方暖湿多雨地区的常用砧木。

(2)矮化砧木类型

①$OHXF_{51}$ 它是美国从故居和法明德尔杂交后代中选出的,作矮化砧木相当于楂楱 A 的矮化程度。较抗寒,抗火疫病和衰退病,产量较高。在我国作中间砧试栽表现不抗腐烂病。

②PDR_{54} 它是中国农业科学院果树研究所新选出的梨属矮砧类型,是香水梨与巴梨杂交单株的自然实生单系。植株生长势弱,枝条细弱,抗寒。以杜梨作基砧,PDR_{54} 作中间砧嫁接早酥梨,5 年生树高仅为 119.3 cm,干截面积 3.6 cm^2,其矮化程度相当乔砧对照的 35.4%,属极矮化砧木类型,产量效率为 0.721 kg/cm^2,是乔砧对照的 3.98 倍。

③S_5 它是中国农科院果树研究所新选出的矮砧类型。为锦香梨的自然实生单系,本身是紧凑矮壮型。以山梨作基砧,S_5 作中间砧嫁接砀山酥梨,5 年生树高 114.5 cm,干截面积为 4.13 cm^2,矮化程度相当于乔砧对照的 53.9%,产量效率为 0.775 kg/cm^2,为乔砧对照的 3.3 倍,属矮化中间砧类型。

④S_2 它是中国农科院果树研究所新选出的矮砧类型。为锦香梨的自然实生单系,本身是紧凑矮壮型。以山梨作基砧,S_2 作中间砧嫁接砀山酥梨,5 年生树高 144.8 cm,干截面积 6.92 cm^2,矮化程度为乔砧对照的 76.0%,产量效率为 0.126 kg/cm^2,属半矮化中间砧类型。

⑤S_3 它是中国农科院果树研究所新选出的矮砧类型。为锦香梨自然实生单系,本身为紧凑矮壮型,以山梨为基砧,S_3 作中间砧嫁接砀山酥梨,5 年生树高 131.6 cm,干截面积 6.75 cm^2,矮化程度为乔砧对照的 71.5%,产量效率为 0.387 kg/cm^2。

目前梨的矮化苗培育尚处于实验推广阶段。

二、砧木苗的繁育

砧木苗因繁殖方法不同,可分为实生砧苗、营养系矮化砧苗和矮化中间砧苗等的繁殖。

(一)实生砧苗的繁殖

通过种子繁殖的砧苗,叫实生砧苗。

(1)种子采集、调制和保存 采种树必须是类型一致、生长健壮、无病虫害的植株。采种树的果实需充分成熟后再采收。采收后,果实无食用价值的,可将果实堆积软化取种。为避免堆积发酵时产生高温和因缺氧伤害种子,堆积厚度以 25～35 cm 为宜。种子取出后,要漂洗干净,以防种子霉烂变质,再放在通风、干燥、阴凉处晾干,置于室温 0～5℃,空气相对湿度 50%～70%条件下保存。

(2)种子生活力的鉴定 为了确保合理播种量,播种前需鉴定种子的生活力。常用的方法有三种:①目测法。一般生活力强的种子种皮有光泽,籽粒饱满,种胚和子叶呈乳白色。②染色法。将被鉴定的种子浸水一昼夜,充分吸水后剥去种皮,放于红墨水 20 倍液中染色 2 h,然后用水洗净,胚着色的是无生活力的种子,胚不着色的是有生活力的种子。③发芽试验,在器皿中铺垫湿润的棉花或软纸,放入一定数量吸过水的种子,在 25℃左右或贴身的口袋中催芽,计算种子的发芽率。

(3)种子层积(沙藏)处理 仁果类砧木成熟的种子,要求在一定低温、湿度和通气条件下,经过一定时间完成后熟过程之后才会发芽。所以,春播的砧木种子必须进行层积处理(或称沙藏处理)。层积处理的具体做法是:选择背阴,干燥,不易积水的地块挖深 80 cm、长宽随种子数量而定。层积时,先在沟底铺一层净沙,然后再按 1 份种子和 4～5 份河沙比例混合均匀平铺在净沙上,最上层再盖一层湿沙。层积过程中温度以 2～5℃为宜,沙的湿度以手握成团,一触即散为度。层积期要注意检查,防止霉烂变质和鼠害,有 10%～20%的种子露白时,即可播种。种子量少时,也可用木箱或花盆层积。

(4)播种

①播种时期 分为秋播和春播。在冬季较短不太严寒,土质较好,土壤湿度较稳定的地区可采用秋播;秋播种子不用层积,在田间自然通过后熟,翌年春季出苗早,生长期长,苗木生长健壮;秋播宜在土壤冻结以前适当早播为好。在冬季干旱、严寒、风沙大、土壤黏重及鸟类、鼠类危害严重的地区,宜采用春播;一般,长江流域地区在 2 月下旬至 3 月下旬春播;华北、西北地区在 3 月中旬至 4 月上旬春播;东北地区在 4 月春播;春播宜早,以增加苗木前期的生长量。

②播种量 单位面积生产一定数量砧苗的用种量。以 kg/hm^2 表示。计算公式如下:

播种量(kg/hm^2)＝计划成苗数÷[每千克种子粒数×种子发芽率(%)×种子净度(%)]

实际播种量应高于计算值,因为还需考虑播种质量、播种方式、田间管理以及自然灾害等因素造成的损失。

③繁殖方法 播种前每公顷苗圃地撒施有机肥料 60 000～750 000 kg 和混拌 50%辛硫磷乳油 1 000 倍液的毒土 3.0～4.8 kg,再耕翻 30 cm 左右,耙碎磨平土壤。雨水较多的地区,做高畦;雨水较少的地区,做平畦。畦向为南北向;畦宽×畦长为 1 m×10 m。双行带状条播,宽行 50～60 cm,窄行为 20～30 cm,每畦 2～4 行,按行距开沟,深 3～4 cm,撒种于沟内,覆土镇压,种子上覆土厚度 1 cm 左右。

④播后管理 播种后,应在畦面覆盖地膜或草帘或稻麦草保墒;北方春季少雨多风地区,还应设风障。当有 20%～30%幼苗出土时,应撤除保墒覆盖物。

幼苗长出 2～3 片真叶时,必须选阴天或傍晚移栽和削断主根。砧木幼苗期间,易受蚜虫、立枯病、白粉病危害。蚜虫可喷 40%氧化乐果乳油 1 000 倍液防治,立枯病可在苗根处浇灌 50%多菌灵可湿性粉剂 600 倍液预防,白粉病可喷 0.2°Bé 石硫合剂防治。

移栽和削断主根后,要注意灌水,提高砧苗成活率。砧苗开始生长后,要经常保持土壤疏松无草;结合灌水,每公顷追施 46%尿素 75 kg。6 月末以前,应完成间苗工作,砧苗的行株距以 60 cm×12 cm 或 50 cm×14 cm 为宜,每公顷保留砧苗 138 888～142 857 株,以后每公顷出圃嫁接苗为 112 500 株左右,保留砧苗数和出圃嫁接苗数过多,则出圃的一、二级苗比率将低于 70%,不利于提高苗木质量。6 月里,可间隔 15 d 对砧苗叶面喷 1% 尿素 2 次,促其生长。8 月可叶面喷含磷 0.5% 磷酸二氢钾 1～2 次,促其健壮,并抹除砧苗基部 10 cm 范围的萌芽,以利于进行芽接。

(二)矮化砧木苗的繁殖

仁果类营养系矮化砧苗有 3 种繁殖方法,即分株、扦插和压条繁殖。苹果矮化砧木主要采用压条繁殖,而梨多采用扦插繁殖。

1. 压条繁殖

M 系的苹果矮化砧木常用压条繁殖。将未脱离母体的枝条埋入土中,借助母体提供的养分,促使压入土中的部分发根,然后将其剪离母体成为独立砧苗的方法。该种繁殖方法有直立压条和水平压条两种,后者应用较普遍,其繁殖速度快,繁殖系数大,砧苗根系好。用水平压条繁殖仁果类无病毒矮化砧苗的具体做法如下。

(1)整地和栽植 整地前,将拌有过磷酸钙(0.75 kg/m²)、1.5% 乐果粉剂(1.5 g/m²)的土粪(7.5 kg/m²)的 70% 量撒施于土壤表面,然后全园耕翻平整。以南北行向按 1.5 m 的行距挖宽、深各 30 cm 的栽植沟,将剩余 30% 的肥土施入沟内。春季树液活动前,选株干充实、芽眼饱满的矮砧母株,对株干剪留 60 cm 长度,用泥浆浸根后,按 40 cm 株距,株干向北与地面呈 30°～45°夹角倾斜栽入栽植沟内,填土踏实,充分灌水,水渗下后封土。注意封土后栽植沟内的土面低于地表 3～5 cm,以便于矮砧株干水平压条和培土保墒生根。

(2)压倒 母株栽植成活后,待株干多数芽萌发,将株干向北压倒在栽植沟内,其株干顶部用邻株株干基部压住,为防株干中部凸起,需用枝杈将其固定。压倒株干时,要抹去其基部和向下的芽及过密的芽,使株干上萌生的新梢距离为 3～5 cm。

(3)培土 压倒的水平株干上萌生的新梢高约 15 cm 时,对水平株干及其新梢基部进行第一次培土,培土厚度和宽度分别超过 5 cm 和 10 cm,以后每隔 10 d 培土一次,7 月上中旬为最后一次培土,并在培土垅上覆盖地膜,以利于保墒,促进生根,培土总厚度和总宽度约 25 cm 和 30 cm。每次的培土均需用松软、通气与保水良好的营养土,其配制比例是表土、腐熟锯末、细沙各占 30%,再加腐熟细土类 10% 混匀;如能全用腐熟锯末培土更为理想。培土的厚度、宽度、覆膜和营养土的质量直接关系到新梢基部生根优劣及以后扒开培土的难易,必须按要求严格进行。

(4)管理 生长期内要保持栽植沟内及培土的土壤湿润,除每次培土前灌水外,旱时还需适时灌水。6 月结合灌水于培土前可按每平方米追施 46% 尿素 6～10 g。7 月间隔 10～15 d 喷 2 次 0.5% 磷酸二氢钾,促进生长健壮。注意防治病虫害;母株基部直接长出的新梢,可留 1～2 个健壮枝(翌春作为新株干进行水平压条),其他的及早抹除。

(5)分株 根据当地气候条件在春季或土壤结冻前分株。较寒冷的地区宜在土壤结冻前分株。分株时,将栽植沟内的全部培土扒开,露出水平压倒的株干和株干上面 1 年生枝基部的根系,将每个生根的 1 年生枝在基部留 1 cm 短桩剪下成为矮砧砧苗,砧苗分级后,窖藏并在根部培湿沙越冬,翌春栽植。压倒的株干、株干上面留下的有根短桩和株干上未生根的 1 年生枝留在原处不剪,适当培土、灌水后越冬。翌春萌芽时,适当扒开培土,隐约露出株干和短桩,短桩上长出的新梢会穿土而出;年前母株基部保留的 1～2 个健壮枝,冬剪都剪留 50 cm 长度,待多数芽萌发时,扩宽压条沟,将新株干与老株干保持 10 cm 间距平行压倒,新、老株干上的新梢高约 15 cm 时,重复上年的培土、管理和分株。据国外报道,矮砧母株的株干,可连续使用 15 年以上,随着株干的加粗和生长健壮,生产的砧苗数量与质量,分别有所增加与提高,在我国营养系矮化砧苗的繁育中有较高的应用价值。

2. 扦插繁殖

梨矮化砧木繁殖常用。春季将土壤深翻、耙平、起垄,垄距 50 cm。用地膜覆盖垄台。将楙桲枝条剪成 15~20 cm 长,基部呈马耳形,顶端截口封蜡,按 15 cm 距离把插条斜插入覆盖地膜的垄台上。待楙桲发根,地上部开始生长后,将地膜去掉,按一般育苗方法管理。

此外,梨树矮化中间砧和亲和中间砧都可以采用在 5~6 年生树上高接的方法,增加枝条的繁殖系数。对母本树每年采取较重的修剪方式,多施肥、多灌水,促进母本树旺盛生长。

3. 营养系矮化中间砧苗的繁殖

以实生砧作基砧(又称根砧),其上嫁接矮化砧并留有一定长度的枝段作中间砧,在中间砧上嫁接仁果类品种的成苗,称为矮化中间砧果苗;尚未嫁接仁果类品种的砧苗,称为矮化中间砧苗。矮化中间砧苗的繁殖方法有常规繁殖法、分段嫁接法、双重枝接法 3 种。苹果矮化中间砧砧段长度以 20~35 cm 为宜,但同一苗圃的变幅不超过 5 cm,即可分别为 20~25 cm 或 25~30 cm 或 30~35 cm,以利于栽后树相较一致。无病毒矮化中间砧仁果类苗生长旺盛,其中间砧段长宜为 30~35 cm。中间砧段长度短于 20 cm,矮化效应太差。

梨中间砧的长度以 15~20 cm 为宜。

果树砧木种类很多,各地又有各自适宜的树种。果树的主要砧木见表 2-1。

表 2-1 北方落叶果树常用砧木

树种	砧木名称	砧 木 特 性
苹果 矮化砧木	楸子	抗旱,抗寒,抗涝,耐盐碱,对苹果棉蚜和根头癌肿病有抵抗能力。适于河北、山东、山西、河南、陕西、甘肃等地。
	西府海棠	类型较多,比较抗旱,耐涝,耐寒,抗盐碱,幼苗生长迅速,嫁接亲和力强。适于河北、山东、山西、河南、陕西、甘肃、宁夏等地。
	山定子	抗寒性极强,耐瘠薄,抗旱,不耐盐碱。适于黑龙江、吉林、辽宁、山西、陕西(北部)、山东(北部)。
	新疆野苹果	抗寒,抗旱,较耐盐碱,生长迅速,树体高大,结果稍迟。适于新疆、青海、甘肃、宁夏、陕西、河南、山东、山西等地。
	M_9	矮化砧。根系发达,分布较浅,固地性差,适应性较差,嫁接苹果结果早,适合作中间砧,在肥水条件好的地区发展。
	M_{26}	矮化砧。根系发达,抗寒,抗白粉病,但抗旱性较差。嫁接苹果结果早,产量高,果个大,品质优,适合在肥水条件好的地区发展。
	M_7	半矮化砧。根系发达,适应性较强,抗旱,抗寒,耐瘠薄,用作中间砧在旱地表现良好。
	MM_{106}	半矮化砧。根系发达,较耐瘠薄,抗寒,抗棉蚜及病毒病。嫁接树结果早,产量高,适合作中间砧,在旱原地区表现良好。
	MM_{111}	半矮化砧。根系发达,根蘖少,抗旱,较耐寒,适应性较强,嫁接树结果早,产量高,适合作中间砧,在旱原地区表现良好。

续表 2-1

树种	砧木名称	砧木特性
梨	杜梨	根系发达,抗旱,抗寒,耐盐碱,嫁接亲和力强,结果早,丰产,寿命长。适于辽宁、内蒙古、河北、河南、山东、山西、陕西等地。
	麻梨	抗寒,抗旱,抗盐碱,树势强壮,嫁接亲和力强,为西北地区常用砧木。
	山梨	抗寒性极强,能耐−52℃的低温。抗腐烂病,不抗盐碱。丰产,寿命长,嫁接亲和力强,但与西洋梨品种亲和力弱。是东北、华北北部,西部地区的主要砧木类型。
	褐梨	抗旱,耐涝,适应性强,与栽培品种嫁接亲和力强,生长旺盛,丰产,但结果稍晚。适于山东、山西、河北、陕西等地。
	矮化砧 PDR$_{54}$	极矮化砧。生长势弱,抗寒,抗腐烂病和轮纹病。与酥梨、雪花梨、早酥、锦丰等品种亲和良好,用作中间砧矮化效果极好。
	矮化砧 S$_5$	矮化砧。紧凑矮壮型,抗寒力中等、抗腐烂病和枝干轮纹病。与砀山酥梨、早酥梨等品种亲和性好,作中间砧矮化效果好。
	矮化砧 S$_2$	半矮化砧。抗寒力中等,抗腐烂病和枝干轮纹病。与砀山酥梨、早酥、鸭梨、雪花梨等亲和性良好,作中间矮化砧效果好。
葡萄	山葡萄	极抗寒,扦插难发根,嫁接亲和力良好。
	贝达	抗寒,结果早,扦插易发根,嫁接亲和力良好。
桃	山桃	抗寒,抗旱,抗盐碱,较耐瘠薄,嫁接亲和力强。为华北、东北、西北等地桃的主要砧木。
	毛桃	根系发达,生长旺盛,抗旱,耐寒,嫁接亲和力强,生长快,结果早,但树体寿命较短。在华北、西北、东北各地使用较广泛。
	毛樱桃	抗寒力强,抗旱,适应性较强,生长缓慢,可作桃的矮化砧木,嫁接亲和力强。适应华北、东北、西北等地。
杏	山杏	抗寒,抗旱,耐瘠薄,适于华北、东北、西北等地。
	山桃	与杏嫁接易成活,结果早,为华北、东北、西北等地杏的主要砧木。
李	山桃	与中国李嫁接易成活。
	山杏	与中国李及欧洲李嫁接易成活。
	毛樱桃	与李嫁接亲和力强,有明显的矮化作用,结果早,丰产。
樱桃	考特	甜樱桃矮化砧木。根系发达,抗风能力强,扦插或组织培养容易,与甜樱桃品种嫁接亲和力强,与接穗品种的生长发育一致。嫁接甜樱桃品种结果早,花芽分化早,果实品质优良,产量高。易感根癌病,抗旱性差,适宜在比较潮湿的土壤中生长,不宜栽植在土壤黏重、透气性差及重茬地块上。
	山樱桃	根系发达,较抗寒,生长旺盛,嫁接亲和力强,抗抽条能力好,抗旱性好。但有小脚现象发生,易患根癌病。
柿	君迁子	抗寒,抗旱,耐盐碱,耐瘠薄,结果早,亲和力强。适于北方地区。
枣	酸枣	抗寒,抗旱,耐盐碱,耐瘠薄,亲和力强。适宜北方地区。
核桃	核桃	抗寒,抗旱,适应性强。
	核桃楸	抗寒,抗旱,耐瘠薄,嫁接成活率不如共砧,有"小脚"现象,适于北方各省。
板栗	普通板栗	共砧。
	茅栗	抗湿,耐瘠薄,适应性强,结果早。

三、接穗准备

接穗要选择品种纯正、发育健壮、丰产、稳产、优质、无检疫对象和病毒病害的成年植株作采穗母树。一般剪取树冠外围生长充实、光洁、芽体饱满的发育枝或结果母枝作接穗,以枝条中上段为宜。

(1)接穗采集 要从良种母本园或采穗圃采集接穗,无母本园时,应从经过鉴定的优良品种成树上采取。严禁从疫区采集或调运接穗。

春季嫁接多采用1年生枝,个别树种也用多年生枝,如枣可用1~4年生枝。接穗采集应在秋季落叶后至春季萌芽前的休眠期内进行,最好结合冬季修剪采集,选择树冠外围发育健壮、木质化程度高,芽体饱满的1年生营养枝。收集好后,剪去穗条两端芽体不饱满的枝段,每50~100根一捆,标明品种、数量,贮藏备用。

夏季嫁接多用当年成熟的新梢,也可用贮藏的1年生枝或多年生枝;秋季嫁接选用当年生长充实的新梢作接穗。生长季嫁接用的接穗,选择树冠外围中上部生长健壮的当年生枝。接穗在清晨或上午采取。

(2)接穗处理 接穗采集后,剪去枝条上下两端芽眼不饱满的枝段,每50~100根成捆,标明品种名称,存放备用。生长期的接穗采下后立即剪去叶片,留下与芽相连的一小段叶柄,用湿布等包裹保湿。

(3)接穗贮藏 生长季采集的接穗短期贮藏常用水藏的方法:将接穗基部码齐,捆成小捆(50~100根),将其竖立在盛有深5 cm左右清水的盆或桶中,放置于阴凉处,避免阳光照射,每天换水一次,并向接穗上喷水1~2次,这样接穗可保存7 d左右。另外,有沙藏、窖藏、冷藏等方法。

休眠期采集的接穗,应在0~5℃的低温,80%~90%的相对湿度及适当透气条件下存放。我国中部地区,冬季常用露地挖坑埋藏接穗;北方寒冷地区多用窖藏,或室内堆沙、堆土埋藏。

(4)接穗运输 接穗如需远距离调运,应挂好品种标签,50~100根为1捆,用保湿材料如湿纸、湿锯末等填充,用塑料薄膜包好,膜的两端留有空隙以便通气和排除多余水分,装箱寄运。

接穗运转,尽量缩短运输时间。夏、秋时期运输接穗,应特别注意降温、保湿,快装快运,以防腐烂。运到目的地后,立即开包,将接穗用湿沙埋于阴凉处。冬季运输注意保温。运达目的地后,接穗暂时无法使用时,要妥善贮藏,

四、嫁接用具及材料准备

嫁接前要把嫁接使用的工具及材料准备齐全。芽接与枝接的工具和材料主要有以下几种。

(1)芽接用具与材料 修枝剪,芽接刀,磨刀石,小水桶,包扎材料。

(2)枝接用具与材料 修枝剪,枝接刀,手锯,劈接刀,镰刀,螺丝刀,磨刀石,水桶,小铁锤,包扎材料。

五、嫁接时期

(1)春季 在3、4月间进行,多数果树在这时都能用枝条和带有木质的芽片嫁接,当年可培养成合格的嫁接苗。只要接穗保存良好,处于尚未萌发状态,嫁接时间可以延续到砧木展叶以后,一般在砧木大量萌芽前结束为宜。

（2）初夏　5月中旬至6月上旬砧木和接穗皮层都能剥离时进行芽接,亦可用嫩枝进行枝接,当年可培养成苗。

（3）夏秋　在7月至8月间,日均温不低于15℃时进行芽接,我国中部和华北地区可持续到9月中、下旬。接芽当年不萌发,翌年春季剪砧后培养成嫁接苗。

六、嫁接方法

1. 芽接

芽接分为带木质芽接和不带木质芽接两类。在皮层可以剥离的时期,用不带木质芽片嫁接,也可用带有少许木质部的芽片嫁接;皮层不易剥离,只能进行带木质嵌芽接。

（1）丁字形芽接　又称"盾状"芽接,是芽接中应用最广的一种方法。多用于1年生砧木苗上,在砧木及接穗离皮时进行。其操作程序如图2-1所示。

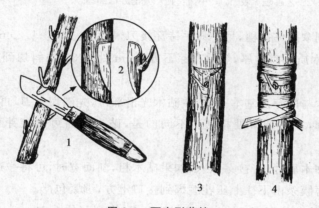

图2-1　丁字形芽接
1. 削取芽片　2. 取下的芽片　3. 插入芽片　4. 包扎
引自:朱立新,朱元娣. 园艺通论. 5版. 北京:中国农业大学出版社,2020.

削芽片　一手顺拿握住接穗,另一只手持芽接刀,先在被取芽上方0.5～1 cm处横切一刀,深达木质部,宽度为接穗粗度的1/3～1/2,再在芽的下方1～1.5 cm处斜削入木质部,由浅入深向上推刀,纵刀口与横刀口相遇为止。用拿刀的手捏住接穗两侧,轻轻一掰,取下一个盾状芽片。

切砧木　在砧木苗基部离地面5 cm左右处,选择光滑无疤部位,用芽接刀切一个"T"字形切口(即先横切一刀,宽1 cm左右,再从横切口中央往下竖切一刀,长1.5 cm左右),深度以切断皮层而不伤木质部为宜。

插芽片　用刀尖或嫁接刀的骨柄将砧木切口皮层向左右一拨,微微撬开皮层,用左手捏住削好的芽片左右两侧,芽片尖端紧随撬砧木皮层的刀尖,迅速插入砧木皮层,紧贴木质部向下推进,直至芽片上方与"T"形横切口对齐。

捆绑　用塑料条从接芽的下部逐渐往上压茬缠绑到横切口上方,芽和叶柄外露(要求当年萌发)或不外露(来年萌发)均可,但伤口一定要包扎严密,捆绑紧固。

（2）嵌芽接　也是芽接中应用较多的一种方法,不管皮层是否容易剥离,一年中都能进行。其操作程序如图2-2。

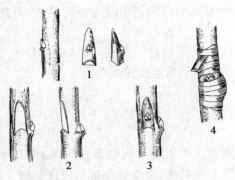

图 2-2 嵌芽接

1.削接芽　2.削砧木接口　3.插入接芽　4.绑缚

引自：朱立新，朱元娣.园艺通论.5 版.北京：中国农业大学出版社，2020.

削芽片　一手倒拿握住接穗，另一只手持芽接刀，从芽上方 1～1.2 cm 处向下斜削入木质部，长约 2 cm，略带木质不宜过厚，然后在芽下方 1 cm 处呈 30°角斜切到第一刀口底部，取下带木质盾状芽片。

切砧木　切砧木与削芽片基本一样，在砧木光滑部位，先斜切一刀，再在其上方 2 cm 处由上向下斜削入木质部，至下切口处相遇。不同的是，砧木削面可比接芽稍长，但宽度应保持一致。

插芽片　取掉砧木盾片，将接芽嵌入，如果砧木粗，削面宽时，可将一边形成层对齐。

捆绑　用塑料薄膜条由下往上压茬缠绑到接口上方，绑紧包严。

（3）贴芽接　先从芽的下方 1.5 cm 左右处下刀，推到芽的上方 1.5 cm 左右，稍带木质部削下芽片，芽片长 2.5 cm 左右。再在砧木上削相同的切口，但比芽片稍长。将芽片贴到砧木上，最后用塑料薄膜条绑扎。

2.枝接

（1）劈接　是应用广泛的一种枝接方法，在砧木离皮、不离皮的情况下都可进行。其操作程序如图 2-3 所示。

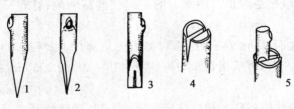

图 2-3 劈接

1.接穗正面　2.接穗反面　3.接穗侧面　4.砧木劈口　5.插入

引自：朱立新，朱元娣.园艺通论.5 版.北京：中国农业大学出版社，2020.

削接穗　剪截一段带有 2～4 个饱满芽的接穗，在接穗的下端削一个 3 cm 左右的斜面，再在这个削面背后削一个相等的斜面，使接穗下端呈长楔形，插入砧木的内侧稍薄，外侧稍厚些，削面光滑、平整。

劈砧木　先将砧木从嫁接处剪(锯)断,修平茬口。然后在砧木断面中央劈一垂直切口,长约 3 cm 以上。砧木如果较粗,劈口可偏向一侧,位于断面 1/3 处。劈砧时,不要用力过猛,以免劈口过长失去夹力。

插接穗　将接穗厚的一面朝外,薄的一面朝内插入砧木垂直切口,务必对准砧木与接穗的形成层,不要把接穗削面全部插入砧木切口内,削面上端露出切面 0.3~0.5 cm,俗称露白,使砧、穗紧密接触,有利于伤口愈合。较粗砧木可插入两个接穗,劈口两端各 1 个。

捆绑　将砧木断面和接口用塑料薄膜条缠绑严密。较粗砧木要用薄膜方块覆盖伤口,或罩套塑料袋,以免漏气失水,影响成活。

(2)插皮接(图 2-4)。

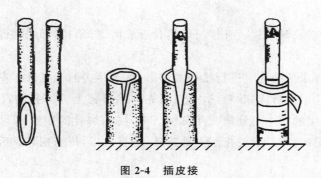

图 2-4　插皮接

引自:朱立新,朱元娣.园艺通论.5 版.北京:中国农业大学出版社,2020.

削接穗　剪一段带有 2~4 个芽的接穗,在接穗下端斜削 1 个长约 3 cm 的长削面。先在砧木近地面处选光滑无疤部位剪断,削平剪口,然后在砧木皮层光滑的一侧纵切 1 刀,长度约 2 cm,不伤木质部。

插接穗、捆绑　用刀尖将砧木纵切口皮层向两边拨开。将接穗长削面向内,紧贴木质部插入,长削面上端应在砧木平断面之上外露 0.3~0.5 cm,使接穗保持垂直,接触紧密。然后用塑料条包严绑紧。

(3)腹接(图 2-5)

削接穗　在接穗下端先削 1 个长 3~4 cm 的斜面,在再其背后削 1 个 2 cm 左右的短斜面,呈斜楔形。

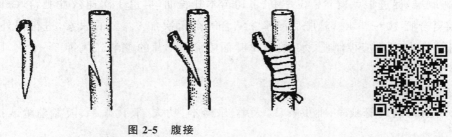

图 2-5　腹接

引自:朱立新,朱元娣.园艺通论.5 版.北京:中国农业大学出版社,2020.

二维码 5　腹接

切砧木　在砧木离地面 5 cm 左右处,或待接部位,呈 30°角斜切 1 刀。

插接穗、捆绑　轻轻掰开砧木斜切口,将接穗长面向里,短面向外斜插入砧木切口,对准形成层,用塑料条绑紧。

四、嫁接后管理

1.检查成活

大多数果树芽接后 10～15 d 即可检查是否成活,春季温度低时间长些。凡接芽新鲜,叶柄一触即落,表明已成活。如果芽片萎缩,颜色发黑,叶柄干枯不易脱落,说明没有接活。

枝接一般需 1 个月左右才能判断是否成活。如果接穗新鲜,伤口愈合良好,芽已萌动,表明已成活。

2.补接

嫁接未成活的,要及时补接。补接一般结合查成活、剪砧、解绑同时进行。

3.解绑

生长季芽接检查成活的同时进行松绑或解绑,秋季芽接的也可来年春季解绑;枝接在新梢萌发并进入旺盛生长以后解绑;较粗砧木枝接,先解除接穗上的绑扎物,接口愈合后再解除砧木上的绑扎物,特别粗的砧木可到第二年解绑。嵌芽接,绑扎时应露出芽体,待新梢旺长后再解绑。枝接套袋保湿的,萌芽后先把袋上部撕破,进行放风,待新梢旺长后再去袋解绑。

4.剪砧

芽接成活之后,剪除接芽以上的砧木部分叫剪砧。

秋季芽接,在第 2 年春季萌芽前剪砧为宜。7 月以前嫁接,成活后立即剪砧,接芽可当年萌发。

剪砧时,剪刀刃应迎向接芽一面,在芽片以上 0.3～0.5 cm 处下剪,剪口向接芽背面稍微下斜。

5.除萌和抹芽

剪砧后,砧木上长出萌蘖,应及时去掉,并且要多次进行。但桃嫁接后要保留部分萌蘖,尤其砧木苗夏季嫁接剪砧后,更需保留基部 3～5 个砧木苗副梢,以利于嫁接枝芽的生长,但要控制其长势。

6.土肥水管理

春季剪砧后及时追肥、灌水。一般每亩追施尿素 10 kg 左右。结合施肥进行春灌,并锄地松土提高地温,促进根系发育。5 月中、下旬苗木旺长期,再追 1 次速效性肥料,每亩追施尿素 10 kg 或复合肥 10～15 kg,施肥后灌水。结合喷药每次加 0.3% 的尿素,进行根外追肥,促其旺盛生长。7 月以后应控制肥、水供应,可叶面喷施 0.5% 的磷酸二氢钾 3～4 次,以促进苗木充实健壮。

7.病虫害防治

(1)蚜虫　选用蚜虱净、吡虫啉、蚜灭净、乐斯本、功夫、氧化乐果、溴氰菊酯或抗蚜威等药剂防治。

(2)红蜘蛛　用尼索朗、扫螨净、克螨特、三环锡、霸螨灵、蛾螨灵、螨死净或力克螨等药剂。

(3)卷叶虫　用菊酯类、敌百虫、杀螟松、辛硫磷、来福灵等药剂。

（4）潜叶蛾　用灭幼脲 3 号、蛾螨灵、甲氰菊酯、桃小灵、氰戊菊酯、杀螟松或辛脲乳油等药剂。

（5）白粉病　用波尔多液、石硫合剂、粉锈宁、甲基托布津等药剂。

（6）斑点落叶病　选用波尔多液、多氧霉素、大生 M-45、喷克、多菌灵、退菌特、甲基托布津或代森锰锌等药剂防治。

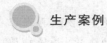
生产案例

猕猴桃苗木培育技术

猕猴桃属猕猴桃科，落叶缠绕藤木，又名中华猕猴桃。猕猴桃是一种起源于我国、兴起于新西兰的绿色保健水果，因其营养丰富，味道甜美，逐渐受到人们的青睐。目前在湖北、湖南、陕西、河南、江西等地发展较快。猕猴桃育苗技术难度较大，可采用播种和扦插法繁殖。

1.砧木类型与选择

中华猕猴桃（*Actinidia ehinensis* Planeh）属猕猴桃科猕猴桃属落叶性藤本果树。猕猴桃的别名很多，如杨桃、羊桃、仙桃、山桃、毛桃、鬼桃、绳梨、藤梨等。我国猕猴桃的种类很多，根据全国各地特别是广西植物研究所的调查研究，中国猕猴桃属共有 52 个种。目前，开发利用的主要有 4 个种：

（1）中华猕猴桃（*A. chinensis* Planch），这是一个最重要的种，分布面积大，产量高，果实大，品质好。目前国内外栽培的以这个种最好。中华猕猴桃为藤本，浆果卵圆形或圆柱形，9—10 月成熟。一般单果重 30～50 g，最大的达 130 g。

广西植物研究所梁畴芬等，将中华猕猴桃分为 3 个变种——软毛猕猴桃、硬毛猕猴桃和刺毛猕猴桃。

（2）软枣猕猴桃［*A. arguta*（Sieb. et Zucc.）Planeh ex Miq.］，又名软枣子、藤瓜等。大藤本，枝蔓长可达 30 m 以上。树皮淡褐色，有光泽。一年生枝灰色或淡灰色，具有长圆形灰白色皮孔。小枝螺旋状缠绕。叶卵圆形到长卵形，花腋生，聚伞花序，雌雄异株，花白色，萼片 5，花瓣 6。浆果成熟时暗绿色，椭圆形，生食有辣味，霜后果味变甜。果实小而光滑。单果重 8～6 g，最大的达 13 g。

主要分布于东北、西北及长江流域。山东、河北、北京、天津等地也有分布，多生于山坡灌木丛或林内。能生长在海拔高达 1 900 m 的地区。抗寒性较强。

（3）狗枣猕猴桃［*A. kolomikta*（Maxim. et Rupr.）Maxim.］，又名深山木天蓼、狗枣子等。藤本，生长较弱。一年生的枝条多呈紫褐色，具有圆形或椭圆形皮孔，嫩枝有毛。叶卵形，叶片薄，表面无光泽，梢端新叶往往呈白色或淡红色。花序腋生，具小梗。雌雄异株。雄花大多数是 3 个，无花柱。雌花单生，子房不发达。花白色，有香味。浆果椭圆形，酸甜适口，有芳香。种子暗褐色。果实小，单果重 8 g 左右。多分布于东北、河北、陕西、湖北、江西、四川及云南等省区。生于林中或灌木丛中，能生长在海拔高达 3 600 m 的地区。抗寒性最强。

（4）葛枣猕猴桃［*A. polygama*（Sieb. et Zucc.）Maxim.］，又名木天蓼。藤本，生长较弱，树体较小。枝条呈褐色，有稀疏浅色皮孔。芽先端微露于叶痕之外。嫩梢有细毛。叶互生，广卵圆形，叶片薄，叶面疏生粗毛，梢部叶表面为白色。花腋生，雄花无花柱，花药橘红色。浆果椭圆形，成熟时呈淡橘红色，具有绿色的宿存萼片。种子淡褐色。果实小，直径约 1 cm。

分布于东北、西北、山东、湖北、四川及云南、河南、湖南、浙江等地。生于林中海拔高达 3 200 m 的地区。抗寒性强。

以上种类均可作猕猴桃砧木。

2. 砧木苗的培育

(1)种子采集与播种　将充分成熟的野生果或等外果采回后,放在阴凉处软熟后剥除果皮,装在干净纱布袋中搓洗,洗去果肉只剩种子。将种子摊放晾干,用塑料袋封装后在4～5℃低温下贮藏备用。

(2)沙藏　播种前一个半月左右,将干藏好的种子取出用50～70℃热水浸1～2 h,再在凉水里浸1～3 d,捞出用5～10倍的湿润河沙拌匀装入盆或桶中,每隔一周翻动1次,并保持适宜湿度,手捏成团松手即散。

(3)播种　元月中、下旬即可播种。选择光照充足、土壤肥沃疏松、排灌方便、呈微酸性或中性的沙壤土做苗床,整畦前施基肥和杀虫剂。深翻耙细整平做畦,在南方地区需做高畦。将沙藏好的种子带沙均匀撒在苗圃上,盖一层厚2～3 mm的细土,最后盖上塑料薄膜。

(4)苗期管理

①浇水　苗床需长期保持湿润,晴天早晚喷水一次,为防止土壤板结和冲出种子,喷水应做到勤、细、匀。播后20 d左右,即有部分拱土出苗,这时需将塑料薄膜拱起来做成小拱棚,晴天中午揭开两头通风。当有80%出苗时,揭去塑料薄膜。

②间苗移栽及栽后管理　幼苗出土后,一般过密,为保证苗齐苗壮,2～3片真叶时适当间苗,去弱留壮、除病留强、除歪留正。长到4～5片真叶时即可选择阴天或小雨天带土移栽,株行距10 cm×20 cm。猕猴桃幼苗细弱,需要防干、防旱、防雨水冲渍,移栽后在晴天、白天、大雨天遮盖,夜晚、阴天、小雨天揭开遮阴网。当幼苗长出5～6片真叶时即可逐步撤去遮阴网。3～4片真叶后,每隔15 d左右喷施0.1%～0.3%尿素或稀粪水,促进幼苗生长。苗高15～25 cm、10～15片叶时摘心,并及时抹去腋芽,促使幼苗增粗,以便及早嫁接。

③病虫防治　猕猴桃幼苗期易遭受立枯病、蝼蛄和地老虎的侵害。立枯病:受害幼苗的基部初呈水渍状,以后逐渐加深,后变黑缢缩腐烂,上部叶片萎蔫逐渐全株枯死。可结合喷水喷施2～3次50%多菌灵1 000倍液或50%甲基托布津1 000倍液防治。蝼蛄:幼虫昼伏夜出,啃食嫩叶咬断茎秆,使幼苗枯死。可用10:1炒熟麸皮拌敌百虫粉剂撒于植株周围或灯光诱杀。地老虎:3龄后幼虫昼伏夜出咬断幼苗茎秆,造成苗木缺损。可在清晨人工捕杀,也可结合喷水喷施1%敌百虫液或用菜叶拌1%敌百虫液洒于苗圃内诱杀。

3. 嫁接

(1)嫁接时期　6月下旬至7月中旬气温稳定在20℃以上,砧木苗粗达0.5 cm以上时,即可开始嫁接。

(2)接穗选择与嫁接方法　接穗要求选择优良品种母树外围长势中庸、芽饱满、已木质化的春梢。嫁接方法有枝接和芽接等,以单芽枝腹接最好,成活率高达90%以上。接穗选取饱满芽的枝段,从芽的背面选呈30°角斜削一刀,削面长3～4 cm微露木质部,再在其对面削成50°角的短斜面。选取粗达0.5 cm以上的砧木,在离地面6～8 cm处选一平滑面,从上向下切削,削面刚露木质部,削开的外皮切除2/3保留1/3,将削好的接穗插入砧木的切口,对准形成层,用嫁接薄膜绑紧,露出接穗芽。嫁接时尽量做到随采随接,以提高成活率。

(3)嫁接苗的管理

①水、肥管理　7—9月正值高温干旱季节,对猕猴桃嫁接成活影响非常大,所以在晴天的

上午、下午各浇水一次,以浇湿叶面、中午观察叶片不萎蔫为准。当接芽萌发后,结合喷水每隔10～15 d喷施0.1％～0.3％尿素或施充分腐熟的人粪尿、猪、牛、鸡粪等有机肥。

②分次断砧　接芽成活后要分次断砧,每次剪去1～2片叶,当接芽长出5～6片真叶时完全断砧,减少水分蒸发。

③及时除萌　每周检查1～2次,及时抹除砧木萌芽,减少养分竞争,保证接芽迅速生长。

④绑缚摘心　当接芽萌发抽梢有10片以上叶片,长达40～50 cm时,因新梢幼嫩容易被风吹折倒伏,需要用竹竿、树枝等做支柱绑缚使苗木直立向上,并不断摘心使苗木增粗,芽饱满充实。

4.苗木出圃

(1)起苗分级　冬季落叶后将苗木起回室内,沙藏护苗,防止冻伤嫩枝,有条件的地方可以现起现卖。起苗前应对田间苗木情况作一调查并做好标记,防止苗木混杂。土壤干燥宜在起苗前2～3 d灌水。苗木分级对定植后果园整齐度有很大影响,必须严格按国家优质苗木的标准进行分级。

(2)苗木检疫　检疫对象有根结线虫、根腐病、溃疡病。

(3)苗木包装、运输　每20株捆为一包,根颈和茎干间填充湿润的苔鲜、锯屑,外用塑料袋包裹。每包苗木内置一标签,注明品种、砧木、等级、株数、产地、单位、包装日期、人员等项目。运输苗木要持"苗木质量合格证""苗木检验合格证"。苗木运输应按鲜活物运输之规定执行,长途运输苗木根部应蘸上泥浆,注意防晒、防冻。

劝学诗/偶成

（宋·朱熹）

少年易学老难成,一寸光阴不可轻。

未觉池塘春草梦,阶前梧叶已秋声。

◆◆◆　任务三　蔬菜嫁接育苗　◆◆◆

一、黄瓜嫁接育苗

(一)砧木和接穗的选择

嫁接的砧木应具备与黄瓜亲和力强,生长旺盛,生长期长,耐低温、高温、耐贫瘠能力强,根系吸收能力强,耐湿、耐旱,抗黄瓜主要病害,特别是枯萎病等土传病害的特点。我国目前冬、春季栽培黄瓜嫁接砧木主要选用美国黑籽南瓜、南砧1号(即云南黑籽南瓜)等,其中选用最普遍的是云南黑籽南瓜。夏秋季栽培用的砧木除抗病外,还要耐热,砧木可选用日本的金刚、云龙1号等。白籽南瓜嫁接黄瓜,果实鲜而亮,商品性好,且不发生黑籽南瓜嫁接后易发生的根腐病,但长势较黑籽南瓜苗弱,耐低温能力不如黑籽苗,所以低温阶段产量低一些。如果当地市场两种果实价格相同,可用黑籽南瓜嫁接。如果白籽南瓜价高,棚室保温性能又很好,就可栽白籽南瓜的嫁接苗。

接穗可选择各地区设施主栽黄瓜品种。

(二)嫁接前的准备

1.育苗

(1)砧木 先将南瓜种子曝晒 1~2 d,然后倒入 55℃的热水中,水量为种子的 4~5 倍,不断搅动,浸种 15 min 后,加入凉水,水温降到 25~30℃,浸种 7~8 h。接下来搓洗种皮上的黏膜,捞出后晾干种皮上的水分,包入毛巾中,放在 25~30℃条件下进行催芽 36~48 h 后,将露白或开口的种子选出播种。

南瓜直接播种到营养钵或 50 孔穴盘中(图 2-6),这样以后不用分苗,嫁接后仍保留在营养钵或穴盘中。园土 7 份,粪肥 3 份配成育苗土,过筛后每立方米育苗土加入多菌灵 180 g 和甲霜灵·锰锌 50 g,过磷酸钙 1~1.5 kg。将配制好的营养土装入营养钵或穴盘中,浇透水(水从容器下面流出),用小棍插孔,将催芽后的种子平放在孔边,露白处贴在孔边。如采用穴盘,可先将穴盘摞起来,从最上面用平板下压,下面的穴盘就会被压出播种坑,将催芽后的种子平放在浅坑里即可。之后盖 1 cm 厚营养土,还要盖地膜,保持水分。

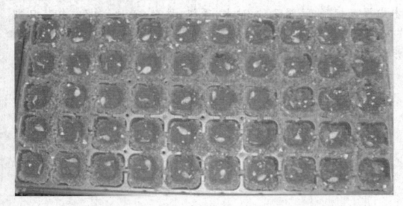

图 2-6 南瓜穴盘播种

砧木出苗后,及时除去"带帽"苗的种皮。夜间温度降低到 12~14℃,白天保持在 18~22℃,营养土含水量 50%~65%,培育健壮的幼苗。为防止猝倒病的发生,可喷施 72.2%银法利 1 000 倍液。夏天气温高、温差小,砧木苗易徒长,出苗后可根据长势强弱喷施 20%矮壮素 250~500 倍液或 15%多效唑可湿性粉剂 3 000~7 000 倍液。嫁接前 3~4 d 砧木不可喷洒抑制剂,以免影响接穗的正常生长。冬季可降低夜间温度利用温差控制幼苗长势。

(2)接穗 砧木子叶展开,第一片真叶开始长出时播种催完芽的黄瓜种子。插接法接穗比砧木晚播 5~10 d;靠接法接穗比砧木早播 5~7 d。营养土的配制可同砧木,播种可采用 54 cm×26 cm 的平盘。黄瓜播种后盖 1 cm 育苗土。从播种到开始出苗,应控制较高的床温,一般床温为 25~30℃,约 2 d 就开始出苗。从出苗到第一片真叶显露,控制较低的温度,一般白天 20~22℃,夜间 12~15℃。

2.嫁接用具的准备

操作台、刀片、竹签、嫁接夹和营养钵等。

(三)嫁接

1.靠接法(图 2-7)

(1)靠接法嫁接时期 砧木第一片真叶刚显露,接穗第一片真叶半展开时。

1.适合靠接的黄瓜苗

2.适合靠接的南瓜砧木

3.黄瓜苗削接口

4.切除南瓜苗心叶

5.南瓜苗削接口

6.接口嵌合

7.接口固定

8.栽苗浇水

图 2-7 黄瓜苗靠接法

（2）靠接法操作流程

①带土挖出黄瓜与南瓜幼苗。

②去掉南瓜的生长点和真叶，用刀片在南瓜幼苗上部距生长点 0.5～1 cm 处向下斜切一刀，角度为 35°～40°，深为茎粗的一半。

③将黄瓜幼茎距生长点 1.2～1.5 cm 处向上斜切一刀，角度为 30°左右，深度为茎粗的 3/5。

④把两株幼苗在切口处接合，使黄瓜子叶压在南瓜子叶上面，用嫁接夹固定。

⑤将嫁接苗栽在营养钵内，把两株苗根茎分开一段距离，便于以后黄瓜断根，摆在准备好的苗床内，及时浇水并扣小拱棚保湿。

2. 插接法（图 2-8）

（1）插接法嫁接时期　砧木第一片真叶半展开，接穗子叶展平。

1. 适合插接的黄瓜苗

2. 适合插接的南瓜苗

3. 南瓜苗除心

4. 南瓜苗插孔

5. 黄瓜苗削接穗

6. 黄瓜苗茎插入砧木插孔

图 2-8　黄瓜苗插接法

| 7.插接苗 | 8.南瓜苗带心叶插接 |

续图 2-8

（2）插接法操作流程

①要求接穗较小些，将砧木和接穗从苗床挖出。

②把砧木生长点及真叶去掉，用同接穗茎粗细相同的竹签，从右侧子叶的主叶脉开始，向另一侧子叶方向朝下斜插 5～7 mm 深，竹签尖端不插破茎的表皮。

③选适当的接穗，在子叶下 8～10 mm 处下刀斜切至茎粗 2/3，切口长 5 mm 左右，接着从对面下第 2 刀，使茎断开，接穗呈楔形。

④拔出竹签，插入接穗。

（四）嫁接苗的管理

（1）嫁接后 1～3 d　嫁接完成后要立即将营养钵整齐地摆放在铺有电热线、扣有小拱棚的苗床内保温保湿。保证小拱棚内相对湿度达 90%～95%，日温保持 25～28℃，夜温 18～20℃，苗床全面遮阳。

（2）嫁接后 4～6 d　棚内的相对湿度应降低至 90% 左右，日温保持在 25℃ 左右，夜温 16～18℃，可见弱光。小拱棚顶部每天可通风 1～2 h，早晚可揭开覆盖物，使苗床见光。如管理正常，接穗的下胚轴会明显伸长，第一片真叶开始生长。

（3）嫁接后 7～10 d　棚内湿度应降至 85% 左右，湿度过大，易造成接穗徒长和叶片感病。小拱棚全天开 3～10 cm 的缝，进行通风排湿，不再遮阳。日温 22～28℃，夜温 16～18℃。接穗真叶半展开时，标志着砧木与接穗已完全愈合，应及时将已成活的嫁接苗移出小拱棚。

（4）嫁接后 10～15 d　移出小拱棚后的嫁接苗，经 2～3 d 的适应期，进行大温差管理，促进嫁接苗花芽分化。注意随时去除砧木萌蘖，靠接法应及时给接穗断根。嫁接苗长出 3～4 片真叶时即可定植。

二、西瓜嫁接育苗

（一）育苗时期

露地种植西瓜，可在设施内 3 月中旬播种，4 月上旬嫁接，5 月 10 日前后晚霜过后定植。

（二）嫁接前的准备工作

（1）营养土的配制　选中上肥力土壤，消毒后，按 2∶1 比例与腐熟的堆厩肥混合均匀，配制营养土，分装于营养钵内。

（2）砧穗的培育　砧木主要是瓠瓜，也可用南瓜、葫芦。选择成活率高，抗逆性强，对果实品质无不良影响的砧木种子。种子经消毒催芽后，按每穴 1 粒播入苗床营养钵内，播期比常规播期提早 5～10 d。砧木苗刚出土时，播已催芽的西瓜种子，当砧木第一片真叶全展，西瓜两子叶展平时，开始嫁接。

（三）嫁接方法

（1）插接法　将砧木顶心摘除，用直径小于砧木胚轴直径的带尖竹签，从砧木顶心处正中向下插入 0.5 cm 深，再将西瓜苗自子叶下 0.5～1 cm 胚轴处削成圆尖形，把竹签自砧木中拔出后立即将接穗（西瓜苗）插入，使接穗与砧木的子叶交叉紧贴呈"十"字。嫁接后 10 d 除去遮光物，秧苗接口即愈合转入正常生长，嫁接成活率可达 75%～95%。

（2）靠接法　将砧木顶心摘除，在子叶下 0.5～1 cm 处用刀片自上而下割成 40°～45°角斜面，割去 1/2 茎粗，刀口约 0.5 cm 长。西瓜苗从子叶下 1～1.5 cm 处用刀片自下而上割成 40°～45°角斜面，割去 2/3 茎粗，刀口长 0.5 cm。将两种苗的刀口对接，用夹子固定好。嫁接后 10 d，将接穗在靠近切口处切断，以后 2～3 d 内的中午要注意遮光。

（3）劈接法　将砧木顶心摘除，子叶下方 0.5～1 cm 处自上而下切成 40°角斜面，长度 0.5 cm，切深至胚轴 1/2。在西瓜苗子叶下方 0.5～1 cm 处切成楔形，将砧木插入切口内，用夹子固定好。

（4）斜切接法　将长出 3～4 片真叶的砧木在第一片真叶的下方切 1 cm 长斜面，接穗在子叶上方按与砧木不同的角度削成 1 cm 左右长的斜面，然后将两斜面对接，有夹子固定。

（四）嫁接苗管理

（1）温度管理　白天温度控制在 20～25℃，夜间不低于 18℃，温度过高或过低不利于嫁接苗的成活。

（2）湿度管理　采取靠接法的嫁接苗，在移植后浇 1 次透水。采取其他嫁接法的嫁接苗，在嫁接前 3～4 h 给砧木浇 1 次透水。嫁接后的苗床要适当密闭遮阳，第 3 天以后适当通风，但仍要保持高湿条件。如果空气湿度过低，可适量喷雾补充。

（3）遮光管理　嫁接后的 2～3 d，在苗床上白天覆盖草帘，避免阳光直射。3 d 后逐步增加光照时间，7 d 后接口部位愈合后不再遮光。靠接苗在切断接穗根部后的 2～3 d 内，仍需继续进行遮光管理。

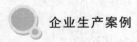 企业生产案例

黄瓜嫁接技术

1. 嫁接时间安排

春季保护地种植，黄瓜砧木一般在 4 月中旬开始播种；待南瓜砧木的子叶刚刚露出一心时，开始播种黄瓜，大约时间为南瓜播种后的 1 周；嫁接后高温高湿环境中 4～5 d 放风见光，即缓苗期；待两叶一心时，便可移栽。

2. 嫁接步骤

（1）播种　以南瓜作为砧木，首先要播南瓜砧木的种子，可先用 55～60℃的温开水（两开对一凉）中浸泡 15 min，不断搅拌，待温水降到 35℃时，在温水中浸泡 4 h，取出放入温水浸湿

的毛巾中,包好后,放在地热线的苗床上催芽,有条件的可用恒温培养箱。到第二天早晨,温水冲洗种子,部分种子已经开始发芽。冲洗后再次包好,待种子出芽在 $1\sim2$ mm,便可以播种。播种可采用营养钵,便于嫁接移动。

作为接穗的黄瓜种子接种不能心急,讲究的是"可晚,不易早",等砧木的子叶展开刚刚露出一心时,开始播种,黄瓜种子可选用中农 16 或中农 12 作为接穗,也可根据当地情况种植。播前同时可进行催芽处理,播种一般在平盘播种,密度要大,目的是使其徒长,便于插接。

(2)嫁接前期准备　南瓜砧木的第一片真叶展开时,同时黄瓜接穗的子叶也相应地展开,便可以嫁接。嫁接前一天应先把南瓜砧木的生长点去除,并用多菌灵或百菌清消毒处理,待第二天嫁接使用。同时在地面做 1 m 左右宽的平畦,松土浇足水,做成小拱棚,内同样用多菌灵或百菌清处理。

(3)嫁接　用酒精消毒的嫁接针将砧木的顶芽处刺孔,方向与砧木子叶张开方向呈十字形,从中间稍向外沿 45°插入,直到接近对面胚轴表皮为止,戳出一个插接孔。然后将削好的接穗沿插入的竹签方向插入,使砧木与接穗紧密吻合。接穗要求子叶下茎长 $4\sim5$ mm,斜面 0.8 ~1 cm 以此插接,嫁接后放入小拱棚内,浇足水,封严,并遮阳。

3.炼苗

嫁接后的黄瓜苗在高温高湿暗环境条件下生长,温度一般维持在白天 30℃,晚上不低于 15℃,湿度在 90% 左右,这样有利于伤口愈合。待 3 d 后,在早晨时分,便可以揭开一侧地膜,开口不要太大,进行放风 0.5 h。0.5 h 后,浇水,维持湿度。这样依次每天放风时间延长 0.5 h,最终完全打开,黄瓜伤口也完全愈合,当看到黄瓜有新叶子长出,便可以像一般苗管理了。控制湿度、温度,使苗适应外界条件,黄瓜长到两叶一心时,便可以定植了。

4.黄瓜嫁接后管理

黄瓜嫁接后,为促进伤口愈合,提高嫁接苗成活率,应重点加强保温、保湿、遮光等管理。将嫁接苗移栽到分苗床上或(把营养钵)集中摆放后扣小拱棚,外盖遮阳网。一般嫁接后的 $4\sim5$ d,苗床内应保持较高温度,白天 $28\sim30$℃,夜间 $18\sim20$℃;空气相对湿度在 95% 以上或接近饱和。嫁接后 $1\sim2$ d,晴天应遮光防晒,$2\sim3$ d 后逐渐见光,$4\sim5$ d 全部去掉遮阳网。5 d 后逐渐从拱棚上部开口放风降温,白天 $25\sim28$℃,晚间 $15\sim18$℃。一周之后,黄瓜接穗明显生长时,即可开始通风、降温、降湿,进入正常苗期管理。注意:及早抹去南瓜砧木萌发的侧芽,以免影响黄瓜接穗生长。黄瓜靠接苗自其接口下切断黄瓜胚根后,需"回苦"$1\sim2$ d,而后再去除遮阳网,避免断根后出现失水萎蔫现象。

误区提醒:黄瓜靠接"断根"再生莫忽视。"断根"是黄瓜靠接后必不可少的操作过程。不断根或断根不彻底都意味着黄瓜嫁接的失败。

菜农在嫁接后都能做到及时断根,但在断根后,就不再复查了,以致断根后的接穗在断根处又发出新根,使嫁接失去意义。因此,黄瓜靠接后一定要及时复查,发现有断根不彻底或又长出新根的一定要再次断根。

那么,怎么做到黄瓜靠接后断根彻底呢?"两刀断根法"效果不错。在黄瓜靠接后 $7\sim8$ d,接穗真叶长至 $4\sim5$ 片(定植后)时采用"两刀断根法",即第一刀先紧贴地面将黄瓜根切断,为防止切口处遇土继续生根,离断根处向上 $2\sim3$ cm 处再割一刀,把黄瓜根茎切彻底,使其离土壤稍远些,以避免和土壤接触。

另外,在黄瓜植株吊蔓前一天,建议菜农进行一次"修根"处理,即对黄瓜靠接苗进行逐一检查,对于接穗黄瓜重新萌发不定根的植株,可用刀片再次断根处理,可弥补第一次断根不彻底的情况。

菜农经验1:穴盘靠接育苗益处多

一般情况,采用黄瓜靠接法育苗,多在苗床上培育砧木苗及接穗苗,如此一来,需提前配制营养土,并整地做床,费工费时,且占用畦面。另外,在进行靠接时,需先出苗后嫁接,易伤根。嫁接后,又需栽植嫁接苗,总体而言,其劳动强度大,嫁接成活率降低。

为克服以上缺点,可以采用穴盘靠接育苗法。该法比传统做法简单省事,无需整地做床,而是购买商品育苗基质,装入(32穴)穴盘内便可,此为其一。播种时,砧木和接穗种子不再是错时播种、分开播种,而是同时播种,即把已装基质的穴盘浇一遍透水后,再开出深1.5~2 cm的穴,最后把砧木和接穗种子同时点播,并覆土。播种的黄瓜种子需经过催芽处理,即以种子露白时播种为宜。而南瓜种子无需催芽处理。这样利于调控两者长势,利于嫁接,此为穴盘基质育苗的关键所在。由于砧木和接穗播在同一穴内,只要待黄瓜的子叶展开,第一片真叶长至5分硬币大小时便可进行靠接。方法同常规做法类同,但省略了拔苗这一步骤,避免了伤根、嫁接、定植后,缓苗快。另外,采用该法育苗,方便搬运,便于集中管理。

菜农经验2:嫁接前药液"洗苗"防病效果好

在实际生产中,因"苗带病"而导致黄瓜减产的例子比较普遍,其中原因之一是嫁接传病。即黄瓜接穗在感染病后,通过顶接而导致嫁接苗发病。

那么,如何避免嫁接传病?除了做好种子处理、营养土杀菌消毒外,通过洗苗嫁接,可有效预防"苗带病"。

第一步,采集接穗苗。在黄瓜顶接前2 h,用刀片在黄瓜接穗子叶下3 cm左右处割断,取下接穗,放入事先准备好的竹筐内。第二步,配制"洗苗液"。用一水桶盛15 kg水,而后加入苗菌敌30 g,搅拌均匀即可。第三步,洗苗。将采集的黄瓜接穗苗放入药液内浸泡清洗,约1 min后捞出再放回竹筐内,以备嫁接之用。

菜农经验3:黄瓜靠接提前断根好

黄瓜嫁接采用靠接法操作简单、成活率很高,但就是断根比较麻烦。为此,可以改进靠接方法,直接断根靠接,这样黄瓜嫁接后就省去再次断根的麻烦了,而且植株根系比传统靠接法嫁接根系发达、植株长势旺、产量高。

改进了的嫁接方法具体操作如下:一般先育黄瓜苗,等黄瓜出露地面时,开始下南瓜苗。当黄瓜第一片真叶已半展开(即一心一叶期)开始嫁接,用刀片在南瓜子叶下0.5~1 cm处,按30°~40°角向下斜切一刀,深度为茎粗的1/2,然后在黄瓜子叶下1~1.5 cm处按30°角向上斜切断,直接把下面的黄瓜根一同切除,然后把两个口互相嵌入,用夹子固定。这点区别于靠接法,靠接法斜切黄瓜深度为茎粗2/3左右,而不直接把黄瓜根直接切除。

长茄嫁接技术

茄果类蔬菜嫁接主要以长茄为主。下面我们就以长茄为例谈一下茄果类蔬菜嫁接中的技术环节和应注意的问题。

1.砧木和接穗的培育

常规做法:错开砧木和接穗的育苗时间。

由于长茄嫁接育苗要求砧木茎秆的直径要大于接穗茎秆的直径，为了使接穗和砧木苗的嫁接适期协调一致，必须在播期上进行调整。砧木和接穗的播期还要考虑出苗和生长速度的差异。菜农常实行错期播种。

由于对砧木的茎秆的直径要求大一些，所以菜农多是先播砧木，待茄子砧木露出子叶时，再播种接穗。茄子砧木一般要比接穗提前 30 d 播种育苗。

菜农经验 1：赤霉素＋变温处理促进砧木种子发芽

砧木种子播前用赤霉素处理催芽，把包好的种子用 $100\sim200$ mg/kg 浓度的赤霉素浸泡 24 h，取出后用清水洗净，再用清水浸泡 24 h，然后放入恒温箱内变温催芽，温度开始调到 20℃处理 16 h，再调到 30℃处理 8 h，每天如此反复调温两次，同时每天用清水洗种子一次，约 8 d 开始发芽，$10\sim12$ d 后芽基本出齐，芽长 $1\sim2$ mm 播种最为适宜。用赤霉素处理砧木种子可以打破种子的休眠，提高种子的发芽率和缩短催芽时间。

菜农经验 2：新芽嫁接 接穗及时摘心促进侧枝萌发

使用新芽进行嫁接时，为提高新芽的利用率，多是给新育的幼苗早摘心，促其多萌发侧枝，这样一棵新育的幼苗就可以采多个接穗。

促发侧枝，幼苗需要的空间就大。所以想要采多个接穗的新芽育苗时，幼苗的株行距要增大，由一般育苗的株行距 12 cm×15 cm 增加至 15 cm×20 cm。

菜农一般从每棵新育的幼苗上采 3 个接穗，这要求在幼苗长至 $40\sim50$ cm 高时及时摘心，然后每棵选留 3 个长势健壮的侧枝，其余侧枝全部抹除，以促进这些侧枝生长健壮。待这些侧枝长至 15 cm 左右时进行嫁接。

菜农经验 3：老芽嫁接 病虫害防治是关键

使用老芽嫁接可节约成本，但采用老芽嫁接，由于原来的植株生长中后期病虫害较多，所以一旦防病不及时致使接穗带病，而嫁接后一段时间不能给嫁接苗喷药，容易造成嫁接苗病虫害多发，影响成活率。

菜农的经验是，棚室拔园前半个月左右，把需要留下做接穗的植株上的果实全部摘除，并不再点花。及时给这些植株浇水施肥，并重点喷药，如阿维菌素、多杀菌素等防治蓟马、螨虫、蚜虫等。待植株侧枝萌发新芽，叶片长至鸡蛋大小时，把原来的老叶全部摘除，选留长势健壮的枝条，其余侧枝全部剪除。这样，新萌发的侧枝长势健壮，病虫害少，而且木质化程度符合要求。

2.嫁接及嫁接后的管理

常规做法：长茄多实行劈接

嫁接适宜时间主要决定于砧木苗茎的直径，当砧木茎直径达到 $3\sim5$ mm，接穗长到 $5\sim7$ 片真叶时，为嫁接最佳时期。嫁接部位一般是在砧木第 2 和第 3 片真叶之间，所以要特别注意砧木这一节的长度和直径。同时为确保嫁接部位远离地面，加强防病效果，一般要求砧木上的接口离地面的高度不小于 10 cm。

长茄的嫁接方法很多，其中劈接和靠接均成活率很高，因茄子大多茎秆带刺，给靠接造成一定困难，菜农常用的是劈接法。嫁接时，砧木基部留 $1\sim2$ 片真叶，将其上部茎切断，从切口茎中央向下直切深约 1.2 cm。接穗留 $2\sim3$ 片真叶后断茎。将切断的接穗基部茎削成楔形，插入砧木切口。若接穗与砧木粗细不一，应将接穗靠近砧木切口一侧插入，使其吻合，并用嫁接夹固定。注意不能太紧或太松。

嫁接后放入温室内的小拱棚中,浇足水,拱棚覆盖塑料薄膜、遮阳网或草帘以保温保湿遮阴。

误区提醒:长茄嫁接时容易忽视的几个细节

长茄嫁接时,总会因一些细节操作不当而导致嫁接苗成活率不高。为提高嫁接成活率,结合一些不当做法,需要注意以下几点:

(1)砧木与接穗亲和力要好。嫁接时砧木与长茄接穗亲合的好与坏,是长茄嫁接成败的关键。当前砧木的品种很多,据菜农反映,采用某些砧木品种,嫁接成活率低很多。因此,其砧木要选择亲和力好的品种,如托鲁巴姆、托托斯加等。

(2)接穗茎秆不可过长。由于嫁接时接穗茎秆长度过长,嫁接苗易出现"头重脚轻",若嫁接夹再夹不紧,就容易出现倒伏现象,而嫁接夹夹得过紧也不利于成活,所以应控制接穗的长度。据了解,接穗的长度控制在 8~10 cm 较合适。

(3)接穗和砧木的茎秆要控制在一定的木质化程度。据了解,若砧木和接穗都过于细嫩,接口处容易出现溃烂,不利于成活。但接穗和砧木茎秆木质化程度太高,接口处相互之间黏着性太低,也不好成活。接穗和砧木的木质化程度,以手捏茎秆,不易捏扁,嫁接时接穗和砧木的切口处均有适量黏液流出为宜。

(4)嫁接后浇水时,注意水不可溅到嫁接口上。长茄嫁接时,多采取先嫁接、后浇水的方法。由于嫁接成活后才可再浇水,而且嫁接畦内要求较高的湿度,所以嫁接后第一次浇水量很大。注意控制浇水速度,否则浇水太急,嫁接畦内积累的水位很高,很容易致使嫁接口沾水。嫁接口一旦沾水,非常容易出现溃烂死苗现象。

菜农经验 4:"扩孔法"管理嫁接长茄苗

长茄嫁接后,覆盖管理是其必需措施,特别是前 7 d 的管理更是保证嫁接苗成活率的关键。7 d 是嫁接苗成活的关键时期,7 d 内温度、湿度的不合适不仅造成了嫁接成苗率低,而且为病菌侵染创造了有利的环境条件。对此,寿光一些菜农采用了在苗床小拱棚膜上"扩孔"的管理方法,管理嫁接长茄苗。

扩孔法,即在大棚覆盖草帘遮阳的前提下,在苗床小拱棚薄膜上打孔,通过孔的大小控温控湿的一种管理方法。

嫁接一般宜在晴天下午进行,嫁接完成后,将苗子摆放在预先建好的苗床(苗床一般长 8~10 m、宽 1.5 m)内,苗床浇透水,支撑小拱棚覆盖薄膜,大棚覆盖草苫,开始进入嫁接后的管理。

第一天:以保湿为主,促进嫁接伤口愈合,原则上全棚密闭,不进行通风。但棚内气温若超过 35℃,可在中午时在小拱棚顶端每隔 2 m 打一直径为 6~8 cm 的小孔,防止高温高湿造成"蒸苗"。

第二天:开始通风,防止苗床湿度过大影响嫁接口的愈合。可将每个孔的直径扩大为 10~12 cm。

第三天:加大通风,并开始让嫁接苗见弱光。将孔径加大到 15~18 cm。同时在早上和晚上揭去棚上草苫,让嫁接苗见弱光。

第四天:继续加大通风,并延长见光时间。此时嫁接伤口基本愈合,为促进砧木生根,提高嫁接苗的成活率可将孔径扩大到 20 cm,并且揭去草苫的时间应适当加长,在发现苗子有萎蔫时,再及时将草苫盖上。

第五、六天:撤去小拱棚膜,草苫也只在中午前后高温强光时覆盖,进行炼苗。

第七天:嫁接苗成活,撤去草苫,进入常规管理阶段;可在第七天的傍晚轻浇一次水,以利于嫁接苗的正常生长。

第八天:可喷施一次保护性杀菌剂预防病害发生。

第九天:后即可进行定植。

上茬作物未拔园棚内育苗注意事项

夏季育苗难,而在上茬作物未拔园的蔬菜棚内育苗则更难,稍有不慎,就会造成种植失败。据了解,现在很多菜农在夏季育苗时不设专门的育苗棚,直接在棚中育苗,很多时候上茬蔬菜未拔园,就在蔬菜行间育苗,或只拔除十几个平方米的植株,腾出空间进行育苗。在作物未拔园的棚内育苗虽节省搭建育苗棚的费用,但出现的问题很多。因此,在上茬作物未拔园的棚内育苗一定要小心谨慎,须注意以下几点:

首先,切忌在蔬菜种植行间育苗。在蔬菜种植行间摆放育苗盘育苗的菜农不在少数,这种做法很不妥。夏季棚室本就高温难降,而种植行间植株郁闭,密不透风,在种植行间育苗往往很难长好。再加上老植株上的病害较多,很容易传染幼苗,因此在未拔园的蔬菜棚内育苗,难度可想而知。

其次,温度管理必须以幼苗为主。棚内未拔园的蔬菜一般大都处于生长后期,即将拔园,温度高点低点无甚大碍,但处于育苗期的蔬菜则不行。夏季一般温度较高,尤其是夜温难降,在这种环境条件下蔬菜幼苗极易出现徒长,形成高脚苗,不利于后期高产。因此,此期棚内温度管理必须以幼苗为主,把温度降到其所需要的温度,以免造成幼苗徒长,必要时可喷洒助壮素控制其生长势。

再是应注意加强病害防治。未拔园的蔬菜是病源,随时会侵染蔬菜幼苗。因此,要想幼苗少染病,首先要消灭病源,未拔园蔬菜,即使没有病,也要喷药预防,做到防患于未然。同时,喷药防病时更要注意对幼苗开"小灶",以免幼苗过早染病。

 知识拓展

葡萄自根苗与嫁接苗哪个更好?

究竟选择嫁接还是自根苗要看当地的具体自然条件,比如最低温度是多少,有无根瘤蚜等特殊病虫害等。

因为葡萄扦插很容易繁殖,几千年来自根苗一直是葡萄主要的繁殖方式,但是到了19世纪因为美洲葡萄的引入,葡萄根瘤蚜也随之而来。欧亚种的葡萄品质好,但普遍不抗根瘤蚜,给当时欧洲的葡萄产业带来了严重的灾难。后来人们发现用美洲葡萄做砧木嫁接欧亚种的葡萄可以抗根瘤蚜,这样就产生了嫁接苗。

在中国,由于天气寒冷,北方葡萄产区冬天需要埋土防寒,因此大大限制了根瘤蚜的发生发展。但我国由于北方天气很冷,经常出现葡萄遭受冻害的现象,于是人们就利用野生的山葡萄与葡萄进行嫁接,在很大程度上解决了葡萄自根苗冬天遭受冻害的问题。砧木可以解决生产中出现的某一问题。但也会给接穗带来一些不良的后果,比如用贝达嫁接的葡萄就会出现品质变差,果个变小的现象。再有,我国南方多阴雨往往因为光照不良而造成欧亚种葡萄生长势弱易得霜霉病,所以南方多用巨峰和藤稔葡萄做砧木来缓解欧亚种生长势弱的问题,但由于它们本身易裂果,所以也会引起接穗较容易裂果。

一般来说,自根苗品质好,但抗性弱。生长速度方面要看用什么砧木,巨峰做砧木肯定比 SO_4 要生长的快,因为 SO_4 大多表现为小脚,而巨峰多为大脚。在结果速度方面差别不大,因为葡萄多是两年见果,三年丰产。

番茄育苗

1.夏、秋番茄育苗

夏、秋番茄要采用遮阳网覆盖防晒、防雨育苗。播种前,先对种子进行消毒,然后选择阴凉、通风、排水良好的地块作苗床,苗床浇透水后待播。播种后盖上黑纱网或稻草保湿防晒,每日清晨或傍晚浇水1次,幼苗出土后及时揭去覆盖物,然后在畦面搭0.7~1 m高的拱棚,上盖塑料薄膜和黑纱网,四周用白纱网罩住,以防大雨冲击和烈日曝晒及蚜虫传播病毒病的现象。随着幼苗长大,逐渐移去黑纱网,增强光照,进行炼苗。夏、秋季育苗,幼苗生长快,苗期25 d左右为宜,当苗高20 cm、具5~6片真叶、颜色淡绿、茎粗苗壮时,即可定植。

2.冬番茄育苗

冬番茄育苗期,气候温暖,适宜幼苗生长,所以要注意防止徒长,且该季节蚜虫较多易传播番茄病毒病,要用白纱网覆盖防蚜。其育苗技术参照夏、秋番茄育苗部分。

3.樱桃番茄育苗

(1)苗床准备 苗床应避风向阳,排水良好。每667 m²需育苗床6~7 m²,移苗床35~40 m²,苗床土底土每667 m²施腐熟人粪尿1 500 kg,其上铺8 cm厚营养土。营养土用充分腐熟的有机肥与未种过茄科作物的肥沃土壤各半,在播前7~10 d拌匀过筛,拌施5 kg过磷酸钙,喷洒多菌灵进行土壤消毒,堆放备用。

(2)播期 适当提前播种,尽可能延长采收期。采用小拱棚育苗既能提早播种,又能减少苗期病害发生。

(3)浸种催芽 每667 m²用种20 g,用高锰酸钾1 000倍液浸10 min后,用清水冲洗并在温水中浸6 h,洗净种子,甩干水,用湿纱布保湿,于25℃左右催芽,露白后播种。

(4)播种及播后管理 樱桃番茄种子价格高,为保证较高的成株率,要求种子分粒摆播,并覆盖营养土0.5 cm。出苗前保持较高温度,出苗后为防止徒长,应注意通风。在幼苗二叶一心期分苗。

茄子嫁接育苗

保护地茄子连作栽培时黄萎病、枯萎病发病率高达30%~50%,已成为制约保护地茄子生产发展的主要障碍。采用抗病性强的野生茄子砧木进行嫁接栽培,较好地解决了这个难题。劈接法是茄子嫁接的最主要嫁接方法,具体操作如下:

劈接的砧木应比接穗早播种5~7 d,当砧木具有5~6片真叶、接穗具有3~4片真叶时即可嫁接。嫁接时,砧木基部留1~2片真叶,切去上部的茎。从茎切口中央向下直切深约1.2 cm的小口。接穗留2~3片真叶,断茎。将切断的接穗基部茎削成楔形,插入砧木切口,使其吻合,并用嫁接夹固定。注意不能太紧或太松。嫁接后,将嫁接苗钵浇足水放温室内的小拱棚内,拱棚上覆盖塑料薄膜、遮阳网或草帘以保温保湿遮阴。拱棚内温度白天28°~30°,夜间20°~25°,相对湿度85%~90%。遮阴2~3 d后,逐步揭除遮阴物,至第六天到第八天,可掀开棚底薄膜放风炼苗。此时伤口已愈合,可同时取下嫁接夹转入正常管理。

任务四　花卉嫁接育苗

一、花卉嫁接育苗基础知识

(一)花卉嫁接的概念、特点

嫁接是把一种植物的枝或芽移接到另一植株上,使之形成新的植株的繁殖方法。用于嫁接的枝条称为接穗,嫁接的芽称为接芽,被嫁接的植株称为砧木,接活后的苗称嫁接苗。

嫁接繁殖可提高植物对不良环境的抵抗力。嫁接还可促进或抑制生长发育,促提早开花结实,使植株乔化或矮化。对于某些不易用其他方法繁殖的花卉,如梅花、桃花、白兰等,用嫁接可大量生产种苗。另外,嫁接可提高特殊品种的成活率,如仙人掌类的黄、红、粉色品种,只有嫁接在绿色砧木上才能生长良好。嫁接可提高植物的观赏价值,如垂榆、垂枝槐等,嫁接在直立的砧木上更能体现下垂的姿态;用黄蒿为砧木的嫁接菊可高达 5 m,开出5 000 多朵花。

(二)花卉嫁接时期

(1)休眠期嫁接　休眠期嫁接可以分为春接与秋接。春接在休眠期采集接穗,低温下贮藏,在春季 3 月上、中旬,砧木体液开始流动以后进行嫁接,嫁接成活率高。秋季嫁接在10—12 月初进行,嫁接后当年愈合,翌年春天接穗再抽枝。

(2)生长期嫁接　生长期嫁接主要是芽接,多在夏季进行,7—8 月是芽接的最适宜时期。

(三)影响花卉嫁接成活的因素

1.砧木与接穗的选择

(1)砧木的选择　砧木与接穗要有良好的亲和力;砧木要求根系发达,生长健壮,适应本地区的气候、土壤条件;对病虫、旱涝、低温、大气污染等有良好的抵抗性;能满足生产上的需求。

(2)接穗的选择　接穗要从优良品种的植株上采集,枝条健壮充实,色泽鲜亮光洁,芽体饱满,最好取枝条的中间部分,春季嫁接采用一年生枝条,生长期芽接和嫩枝接采用当年生新梢。

2.环境因素

(1)温度　一般来讲 12～32℃是嫁接的适宜温度,春季嫁接太晚,会造成温度过高导致失败,温度过低则愈伤组织发生较少。

(2)湿度　在嫁接愈合的过程中,保持嫁接口的高湿度是非常必要的,过度干燥会使接穗失水,切口细胞枯死,嫁接中常用涂蜡、包裹保湿材料来保持湿度。

(3)氧气　细胞旺盛分裂时呼吸作用加强,故需要有充足的氧气,生产上常用透气保湿的聚乙烯薄膜包裹嫁接口和接穗。

(4)其他因素　好的操作技术是嫁接成活的关键因素之一,为了提高嫁接成活率,需要注意刀刃锋利,操作快速准确,削口平直光滑,砧穗切口的接触面大,形成层要相互吻合,砧穗要紧贴无缝,捆扎要牢、密闭等。

(四)花卉嫁接用具

1.嫁接刀

由于嫁接方法不同,所用嫁接刀的形式亦不同。常用的嫁接刀有切接刀、劈接刀、芽接刀、根接刀等。嫁接用的刀必须锋利,才能切出平滑的切口,有利于愈合。

2.缚扎物

缚扎可使接穗与砧木切口密接及防止水分蒸发以保证成活。常用的缚扎物有麻皮、马蔺、塑料布条等。草本植物可用棉线、毛线、沙布条等。也可用套管的办法,即先选择与接口粗细相同的木槿、杨柳等易于剥皮的枝条,切割下其外皮圈,草本植物则可用葱、洋葱、南瓜叶柄等作成套管,嫁接之前先套于砧木上,接合后移套于接口上。

(五)花卉嫁接方法

1.枝接

枝接是用一段完整的枝条作为接穗的嫁接方法。

（1）切接　切接一般在春季3—4月进行,适用于砧木较接穗粗的情况,根颈接、高接均可。选定砧木,将砧木去顶削平,在横切面一侧用嫁接刀稍带木质部纵向下切2 cm左右深,露出形成层。截取接穗5～8 cm长的小段,上有2～3个芽,下部削成正面2 cm左右长的斜面,反面再削一短斜面,长为对侧的1/3～1/4。插入砧木切口,使它们形成层相互对齐。若接穗较砧木细小时,也要使接穗与砧木的形成层一侧对齐。嫁接后用麻线或塑料膜带扎紧不能松动(图2-9)。

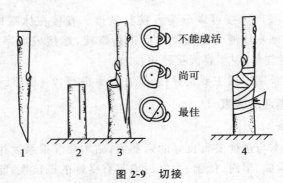

图2-9　切接
1.削接穗　2.劈砧木　3.形成层对齐　4.包扎
引自:朱立新,朱元娣.园艺通论.5版.北京:中国农业大学出版社,2020.

（2）劈接　劈接常用于较大的砧木,一般在春季3—4月进行。将砧木上部截去,于中央垂直切下,劈成约5 cm长的切口。再在接穗的下端两边相对处各削一斜面,形成楔形,然后插入砧木切口中,使接穗一侧形成层密接于砧木形成层,用塑料膜带扎紧即可(图2-10)。菊花中大丽菊嫁接,大丽花、杜鹃花、榕树、金橘的高接换头常用此法。

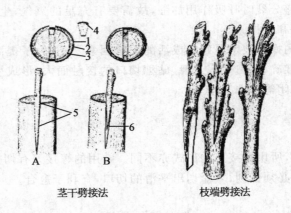

茎干劈接法　　枝端劈接法
图2-10　劈接法
1.韧皮部　2.形成层　3.木质部　4.放大的形成层　5.接口密接　6.接口有空隙

（3）靠接　靠接用于嫁接不易成活或贵重珍奇的种类。为了方便操作,将选作接穗与砧木的两个植株置于一处。靠接应在植物生长期间进行,接时在二植株茎上,分别切出3～5 cm长的切面,深达木质部,然后使二者的形成层紧贴扎紧。成活后,将接穗截离母株,并截去砧木上部枝即可,白兰花常用此法繁殖。

(二)芽接

1.T字形芽接

观赏植物中常用芽接繁殖的有蔷薇、杜鹃、梅花、丁香等。芽接通常在夏季生长期7—9月进行,但在南方也常在春季进行。

接穗(芽)应在健壮枝条上选取,剪去叶身仅留叶柄(以保护芽及以后检查成活用)。削芽时宜倒握枝条,使芽向下,选择枝条中部健壮的距芽1 cm处自上向下(对芽说来则为由芽下向上)稍带木质部纵削至距芽另端2 cm处,再横切一刀即成一盾状芽片。砧木则选择表皮光滑处,切一"T"形深达木质部的切口,用芽接刀柄轻轻把树皮自切口处挑开,以手捏接穗芽片的叶柄将芽片插入,使芽片上部横切口与砧木的横切口平齐并密合,然后缚扎。为检查嫁接后是否成活,于接后7～10 d可检查叶柄,用手轻触即脱落的,则证明已成活。除检查叶柄鉴别是否成活外,又可观察芽是否仍新鲜壮实,若已皱缩,应重行嫁接。芽接一般经一个月左右即可愈合成活。春接的已成活后可去其缚扎物,并截去切口上部砧木的枝干,使新芽充分生长,秋接的则当年休眠至明春发芽生长。如接蔷薇等为使以后不露接口,可尽量在低处接,成活后将接口埋入土中较美观。见图2-11。

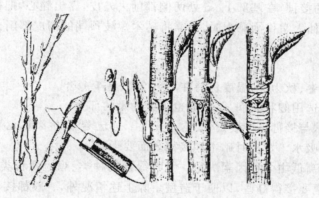

图2-11 T字形芽接

2.嵌芽接

在砧、穗不易离皮时多用此法。先从芽的上方0.5～0.7 cm处下刀,斜切入木质部少许,向下切过芽眼至芽下0.5 cm处,再在此处(芽下方0.5～0.7 cm处)向内横切一刀取下芽片,含在口中。接着在砧木嫁接部位切一个与芽片大小相应的切口,并将切开部分切取上端1/3～1/2,留下部分夹合芽片,将芽片插入切口,对齐形成层,并使芽片上端露一点砧木皮层,最后用塑料膜带扎紧。

(三)仙人掌类髓心接

髓心接是仙人掌类植物的嫁接方式,接穗和砧木以髓心愈合而成的嫁接技术。仙人掌科许多种属之间均能嫁接成活,而且亲和力高。三棱箭特别适于作缺叶绿素的种类和品种的砧木,在我国应用最普遍。而仙人掌属也是好砧木,对葫芦掌、蟹爪兰、仙人指等分枝低的附生型仙人掌类很适宜。髓心接主要有以下两种方法。

1.平接法

适用于柱状或球形种类。先将砧木上面切平,外缘削去一圈皮,平展露出砧木的髓心。接穗基部平削,接穗与砧木接口安上后,再轻轻转动一下,排除接合面间的空气,使砧穗紧密吻合。用细线或塑料条做纵向捆绑,使接口密接。见图 2-12。

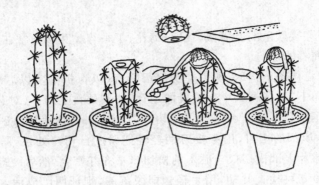

图 2-12　以三棱箭为砧木的平接

2.插接法

适用于接穗为扁平叶状的种类。用窄的小刀从砧木的侧面或顶部插入,形成一嫁接口,再选取生长成熟饱满的接穗,在基部 1 cm 处两侧都削去外皮,露出髓心,把接穗插入砧木嫁接口中,用刺固定。用叶仙人掌作为砧木时,只需将砧木短枝顶端的韧皮部削去,顶部削尖,插入接穗体的基部即可。

3.注意事项

(1)嫁接时间以春、秋为佳,温度保持在 20～25℃易于愈合。

(2)砧木接穗要选用健壮无病,不太老也不太幼嫩的部分。

(3)嫁接时,砧木与接穗不能萎蔫,要含水充足。如已萎蔫的接穗,必要时可在嫁接前先浸水几小时,使其充分吸水。嫁接时砧木和接穗表面要干燥。

(4)砧木接口的高低由多种因素决定。无叶绿素的种类、鸡冠状种类要高接,接穗下垂或自基部分枝的种类也要接得高些,以便于造型。除上述情况外,一般都接得低些,低接后,移栽或换盆 1～2 次后,逐渐使砧木埋入土中,不再露出土表,更显美观。

(5)嫁接后一周内不浇水,保持一定的空气湿度,放到阴处,不能让日光直射。约 10 d 就可去掉绑扎线。成活后,砧木上长出的萌蘖要及时去掉,以免影响接穗的生长。

二、花卉嫁接育苗实例

(一)菊花

菊花(图 2-13)与蒿同属菊科,两者亲和能力较强,嫁接成活率较高,但仍受温度、时间的限制。

1.嫁接时间

阴天是高温季节嫁接菊花的最佳时间,其次是无风天的上午 10 时以前和下午 16 时以后,这段时间温度低于全天最高气温 5～7℃,砧木和接穗失水相对较少。

2.嫁接前准备

(1)浇水　嫁接前两三天对砧木和接穗母株浇一次透水,增加接穗和砧木含水量。

(2)喷水　嫁接前一两个小时(多指高温干燥的下午)对砧木、接穗母株进行喷水,使母株不至于在嫁接过程中因太阳暴晒发生生理萎蔫,但应注意叶面上的水分全部蒸发后再开始嫁接。

(3)备袋　准备好充足的塑料袋(方便面袋即可)。将袋在水中全部浸湿后取出,嫁接后套

图 2-13 菊花

袋用。

3.嫁接方法

嫁接采用劈接法(图 2-14),砧木和接穗均应生长健壮,老嫩适度,无白色髓心,且砧木粗度达 3～4 mm 略大于接穗。随采随接,接穗不要一次采得过多,以免失水影响成活。

选 5～7 cm 长的菊苗顶梢作为接穗。去掉下部较大叶片,顶端留两三片叶。用双面刀片将接穗削成 1.5 cm 长的楔形,削好后含在口中,一定不要沾上唾液,以免影响两者亲和力。然后从嫁接

图 2-14 菊花劈接

部位剪断砧木,用刀从砧木正中劈开,深度比接穗削面稍长或等长(1.5～2 cm)。将接穗插入劈口,两者形成层要对齐,用塑料条将接口自上而下缠绕严密,并在砧木横切面抹泥保湿,最后套上塑料袋,捆好袋口。套袋时应将接穗连同接口下几片蒿叶一起套入袋内,如果接口下蒿叶少或较小,应从别处摘取几片蒿叶,在水中浸湿后再套入袋中。操作时要小心,以防碰掉接穗,整个嫁接过程要快。

4.嫁接后管理

嫁接后立即采取遮阴措施,面积小的用报纸或牛皮纸浸湿后再借助竹竿支架将所有的嫁接部位遮盖住。开始一两天应在报纸或牛皮纸变干时及时喷水,水不宜喷得太多,纸变湿即可,太多易压坏接穗,面积大的可用遮阴网进行遮阴。两三天后,将塑料袋打开一个小口通风,并注意观察,如果接穗无失水萎蔫现象,六七天即可除掉遮阴物。接穗基本成活后去除遮阴物,晴天要注意喷水,每天喷三四次,同时加大袋上通风口,天气特别干热时向袋内少量喷雾,使接穗逐步适应外界环境。如发现袋内接穗萎蔫死亡应及时补接。20 d 左右接穗开始迅速生长,应及时去掉绑在接穗上的塑料条。

(二)金琥

金琥(图 2-15)除高温多湿季节外均可嫁接,在春、秋季最为适宜。砧木选用亲和力较强的量天尺,在砧木的适当高处作水平横切。将接穗(小球直径 0.8～1 cm)的下部水平横切,切后立即贴在砧木的切面上。让接穗和砧木中心的维管束尽量密接,用细线连盆纵向绑缚,使上下切口密切接合。

嫁接后将盆放在稍荫蔽处,用塑料薄膜保湿,7 d 左右解除绑缚。嫁接后的金琥第 1 年直径能长到 4～5 cm,3 年可长到 10 cm 左右。当长到砧木不能支撑时,将金琥球连同 3～5 cm 长的砧木一起切下扦插,生根容易。

(三)令箭荷花

令箭荷花(图2-16)春末夏初时嫁接最好,也可以在夏末秋初进行。用仙人掌作砧木,最好选1年生的单片仙人掌,肉质薄厚适中。在仙人掌顶部中心髓部以外的一侧进行切口,切口深约3.5 cm,宽度略大于接穗。接穗用当年生的嫩枝条,长8～10 cm。将接穗从植株上切下,削成楔形,长3～3.5 cm。然后将接穗轻轻插入砧木接口内,为防止滑落,可用仙人掌的刺或小竹针固定,成活后拔出。还可以在砧木上垫上纸,再用竹夹或木夹固定,嫁接后6～7 d去除。或用仙人球作砧木,将顶端切除,然后将接穗嫁接在球中心的维管束处。

图 2-15 金琥

图 2-16 令箭荷花

(四)牡丹

(1)根接 9月进行最为适宜。用牡丹(图2-17)或芍药根作砧木,芍药根粗短,木质部较软,易操作,接后成活率高;牡丹根较硬,不易操作,接后成活率不如芍药,但生长比芍药根旺盛,发根快并且多。砧木长25 cm左右、直径1.5～2 cm,晾2～3 d。接穗选母株基部当年生萌蘖枝,剪成长5～10 cm,有2～3个芽。将接穗基部腋芽两侧削成2～3 cm的斜面,将砧木上口削2～3 cm的斜面。将接穗插入砧木切口中,使砧木与接穗形成层对准,用绳扎紧,接口处涂抹泥浆或液体石蜡(图2-18)。

图 2-17 牡丹

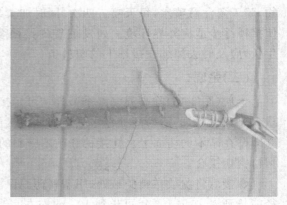

图 2-18 牡丹根接

(2)枝接 在9月进行。用实生牡丹作砧木,选当年生健壮的萌蘗枝作接穗,接穗长5～7 cm,粗0.7～0.9 cm。在砧木当年生枝条基部的第1节和第2节之间的光滑部位,斜切一刀,长1.5～2 cm,深度为枝条直径的1/2,不可过深。在接穗下部芽的背面斜削一刀,削面长1.5～2 cm,再在另一面削0.3～0.5 cm。迅速将接穗插入砧木切口,接穗大削面朝内,使两者形成层互相对准,绑紧并露出接芽,再将砧木枝条上部剪去1/3～1/2。

(3)芽接 一般在5月上旬至7月上旬进行。砧木用牡丹实生苗,接穗用当年生枝条上的充实饱满芽。用切接、单芽贴接、方块芽接均可。

◢ 思考与练习

一、填空题

1.春季嫁接采用_____生枝条,生长期芽接和嫩枝接采用_____生新梢。

2.生长期嫁接主要是_____,多在夏季7～8月进行。

3.好的操作技术是花卉嫁接成活的关键因素之一,为了提高嫁接成活率,需要注意刀刃锋利,操作要快速准确,削口_____,砧穗切口的接触面_____,_____要相互吻合,砧穗要紧贴无缝,捆扎要牢固紧密等。

二、简答题

1.简述仙人掌嫁接的注意事项。

2.简述牡丹根接的方法。

3.菊花嫁接如何套袋?

4.如何提高嫁接成活率?

项目三

培育扦插苗

🍁 知识目标

了解扦插苗的概念及特点;了解扦插苗成活的原理;掌握影响扦插成活的因素;掌握扦插生产方法。

🍁 能力目标

能正确选用适合的扦插方法;能合理使用提高扦插成活率的技术措施;能完成扦插苗的生产;能合理进行扦插苗后抚育。

🍁 素质目标

培养学生职业操守及职业作风;培养学生分析总结归纳能力;培养学生敬业精神及团队意识。

◆◆ 任务一　扦插基础知识 ◆◆◆

扦插是最常见的无性繁殖的一种育苗方法。

扦插时期因植物的种类和性质而异,一般草本植物对于插条繁殖的适应性较好,除冬季严寒或夏季干旱地区不能行露地扦插外,凡是温度合适及有温室或温床设备条件下,四季都可以扦插。木本植物的扦插时期,可根据落叶树和常绿树而决定,一般分休眠期扦插和生长期扦插两类。扦插植物包括葡萄、月季、黄杨树、空心菜等。

一、扦插概念

扦插是一种培育植物的常用繁殖方法。是指剪取植物的营养器官如茎、叶、根、芽等(在园艺上称插穗),插入适宜的基质中,利用其再生能力,使之生根抽枝,成为独立的新植株的繁殖方法。扦插选取的材料叫插条,用扦插方法得到的苗木称为扦插苗。扦插与嫁接是无性繁殖方式,新的个体能全部保留亲本的性状,适宜于品种快速繁殖。所不同的是,扦插苗的根系是品种本身所形成的,也称自根苗,而嫁接则是利用另外不同种或品种(砧木)的根系。在农林业生产中,不同植物扦插时对条件有不同需求。了解和顺应它们的需求,才能获得更高的繁殖成功率。

二、枝条的选取

扦插枝条是采取母体的植株,采取的扦插枝条要求具备品种优良,生长健旺,无病虫危害等条件,生长衰老的植株不宜选作采条母体。在同一植株上,插材要选择中上部,向阳充实的枝条,如葡萄扦插枝条一般是选择节距适合,芽头饱满,枝杆粗壮的枝条。在同一枝条上,硬枝插选用枝条的中下部,因为中下部贮藏的养分较多,而梢部组织常不充实。但树形规则的针叶树,如龙柏、雪松等,则以带顶芽的梢部为好,以后长出的扦插树干通直,形态美观,带踵扦插,剪去过分细嫩的顶部,而菊花等在扦插时,使用的却正是嫩头。

三、插床与基质

扦插的插床可因地制宜,各种盆、木箱、塑料箱、鱼缸等都可以。该类容器作插床时下部都要垫放排水物,底部有孔或裂缝排水的可少放一些。有的温室内有砖砌的扦插床,只要稍加整理就可扦插。有时为了抢救病株,需在任何季节扦插,就必须使用加底温的扦插床。热源用电热丝或电热棒埋在基质内,使基质温度比气温高 3～6℃,这样生根较快。一些易生根的种类如景天科的长寿花,仙人掌类的一些用作砧木的种类,可在温室或塑料大棚内直接插在沙土中。

一般种类使用的扦插基质要求疏松通气,不含未腐熟的有机质,也不要含盐类。常用的基质有河沙、蛭石、珍珠岩、素沙土、砻糠灰和锯末等。无论哪种基质都应干净、颗粒均匀、中等大小,插床内基质一般不要铺得太厚,否则不利于基质温度提高,影响生根。嫁接植株的接穗成形后,有时要从砧木上拿下来扦插发根,可以用比植株略大的花盆直接单株扦插。具体做法是,花盆底部垫放排水物后,先填一层颗粒较粗的培养土。中间放一层较细的培养土,最上面铺一层河沙。植株浅埋在沙层里,生根后可以很快伸展到下面培养土中吸取养料。这样做可避免扦插生根后要立即移植的麻烦,但生长一段时间后最好翻盆完全换培养土栽种,因为上面的沙层常使盆内土壤干湿情况不明,时间一长,易造成植株生长不良,甚至烂根。

1. 温度

插床温度对促进插穗生根起重要作用,而不同种类的花卉要求不同的扦插温度,但大多数花卉软枝扦插的适宜生根温度为 20～25℃,半硬枝扦插的适宜生根温度为 22～28℃,叶插及芽插的适宜生根温度分别与软枝扦插及半硬枝扦插的温度相同。总之,插床温度低于 20℃,插穗基部不易生根;高于 28℃时,插穗叶片萎蔫影响生根,尤其是高温季节,要及时打开覆盖在插床上的塑料薄膜,同时在插条的叶面上喷雾,从而达到保持插床内适宜温、湿度的目的。

2. 湿度

插床周围的空气相对湿度以近于饱和为宜,即覆盖的塑料薄膜上有凝聚的小水珠,覆盖塑料薄膜的插床周围的空气相对湿度应在 80%～90%。插床基质的湿度约为 60%,若基质过度潮湿,易引起插穗腐烂。

3. 光照

扦插初期,强烈的日光会使插穗蒸发失水而影响成活,需在插床上方搭阴棚适度遮阴。插穗生根后,在早晨及傍晚加强通风、透光,以保证插穗的光合作用,促进根系生长。

四、扦插种类

扦插属于无性生殖,按取用器官的不同可分为茎插、叶插和根插三类。

1. 茎插

扦插繁殖中的一种,适用的种类最多,凡是柱状、鞭状、带状和长球形的种类,都可以将枝切成 5～10 cm 不等的小段,待切口干燥后插入基质(图 3-1),插时注意上下不可颠倒。葡萄科的方茎青紫葛和菊科的仙人笔等,其茎分节,可按节截取插穗。球形种类无论是自然滋生还是母株切顶后滋生的仔球,待其长到一定大小后都可以取下扦插。用手轻轻一碰就可掰下的子球可立即扦插;用刀切取的必须待伤口干

图 3-1 茎插

燥后再插。球形种类扦插不要埋入基质太深。多肉植物株形过高时,可截断扦插,基部或叶腋间生出的幼芽也可扦插。

2. 叶插

凡能用于叶插的种类大多具有肥厚的叶片,但很多种类叶片虽然肥厚,但叶柄和叶的任何部位都不能产生不定芽。因此,能进行叶插的仅限于几个科的种类。作为插穗的叶片一定要待其生长充实后取下。

叶插分为全叶插和片叶插;全叶插是用完整的叶片扦插。有的种类是平置于扦插基质上,而有的要将叶柄或叶基部浅埋入基质中,叶片直立或倾斜都可以(图 3-2)。叶片平置于基质中发根的种类主要有风车草、神刀、厚叶草、东美人、褐斑伽蓝、玉米石和翡翠景天等。将叶片插入基质发根的种类主要有鲨鱼掌属和十二卷属、豆瓣绿属种类,还有石莲花属、莲花掌属和青锁龙属的少数种类。

图 3-2 叶插效果图

引自:王伟,江胜德. 花卉生产综合实训教程. 北京:中国农业大学出版社,2019.

片叶插是将叶片分切成数段分别扦插。如龙舌兰科的虎尾兰属种类,可将壮实的叶片截成 7～10 cm 的小段,略干燥后将下端插入基质。景天科的神刀也可以将叶切成 3 cm 左右的小段,平置在基质上也能生根并长出幼株。片叶插能增加繁殖数量,但适用的种类不多。

3. 根插

适用的种类最少,只有掌类中的翅子掌和百合科的截形十二卷、毛汉十二卷等。可将其粗壮的肉质根用利刀切下,大部分埋入沙中,顶部仅露出 0.5 cm,有时也能成功地长出新株,但成功率并不高。

五、扦插时间

大多数种类的插穗在 20～25℃的温度下最易生根,从整体上来说,只要环境温度和基质

温度能满足生根条件,扦插随时都可以进行。

1.春季扦插

春季利用已度过自然休眠期的一年生枝条进行扦插,其枝条营养物质丰富,插穗发芽较快,生根慢,要提高枝条的扦插成活率,扦插前应对插穗进行催根处理,使插穗先发根后萌芽,或生根萌芽同步进行。

2.夏季扦插

夏季利用半木质化新梢带叶扦插,但由于夏季气温高、蒸腾快、新梢易失水而萎蔫死亡,因而夏季扦插要求降温、保湿,以维持插穗水分平衡。扦插地应遮阴和喷雾。

3.秋季扦插

秋季利用已停止生长的当年木质化枝进行扦插,其枝条发育充实、芽体饱满、碳水化合物含量较高,抑制物质还没有完全产生,最适宜期是在尚未落叶生长结束前一个月进行扦插,插穗易形成愈伤组织和不定根,利于安全越冬。

4.冬季扦插

冬季扦插利用打破休眠的休眠枝可直接在地内进行,一般南方常绿树种常在冬季扦插,北方冬季扦插则可在温室内进行。

六、插后管理

扦插后要加强管理,为插条创造良好的生根条件,一般花卉插条生根要求插壤既湿润又空气流通,可以在扦插盆上或畦上盖玻璃板或塑料薄膜制成的罩子,以保持温度和湿度。罩子下面垫上小砖,使空气流入。夏季和初秋,白天应将扦插盆放在遮阴处,晚上放在露天,早春、晚秋和冬季温度不够时,则可放在暖处或温室中,但必须注意温、湿度的调节。以后根据插条生根的快慢,逐步加强光照。

对米兰、金银花、蜡梅、桂花、山茶、杜鹃、白玉兰等花木进行扦插繁殖,为促使插条生根,除使用萘乙酸等生长素处理外,还可用一些简便经济的方法。

(1)用高锰酸钾处理插条 将插条基部 2 cm 浸入 0.1%～0.5% 的高锰酸钾溶液中,浸泡 12～24 h 后取出,立即扦插。

(2)用白糖水溶液处理插条 使用浓度:草本花卉为 2%～5%,木本花卉为 5%～10%。将插条基部 2 cm 浸入上述溶液中,24 h 后取出,用清水将插条外部沾着的糖液冲洗干净后扦插。

(3)用医用维生素 B_{12} 将维生素 B_{12} 的针剂加 1 倍凉开水稀释,将插条基部浸入其中,约 5 min 后取出,稍晾一会儿待药液吸进后扦插。

(4)用生根粉 可用 ABT 生根粉将一年生嫩枝基部浸泡 0.5～1 h,取出后立即插入基质中。ABT 生根粉适用于大量的花木扦插,其生根效果优于用萘乙酸和吲哚丁酸。

七、扦插与嫁接的区别

扦插与嫁接是无性繁殖方式,新的个体能全部保留亲本的性状,适宜于品种快速繁殖。所不同的是,扦插苗的根系是品种本身所形成的,而嫁接,则是利用另外不同种或品种(砧木)的根系。

完整的植株至少需要根、茎及叶片,以某部分的器官为材料长出其他部分的方式叫作扦插,依使用部位不同可分为叶插、芽插、叶芽插、枝插、根插等。扦插过程因为缺乏根系,因此容易遭受水分逆境,需注意空气湿度的维持,必要时要去除大部分的叶片以避免蒸散作用。

嫁接为两个植株通过组织再生的过程相互结合的繁殖方法。提供根系的部分称为砧木,而嫁接其上的枝条称作插穗。除嫁接亲和性外,需注意接合部位的紧密结合,避免摇动,以及插穗部分的保湿。

任务二 果树扦插

将果树部分营养器官插入土壤(基质)中,使其生根、萌芽、抽枝,成为新的植株的方法叫扦插。果树育苗常用的扦插繁殖方法主要有硬枝扦插、嫩枝扦插和根插三种。

一、扦插种类

1.硬枝扦插

利用充分成熟的1~2年生枝条进行扦插称硬枝扦插(图 3-3)。主要用于葡萄、石榴和无花果等果树的繁殖。

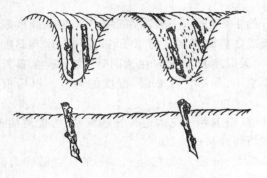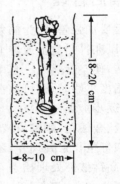

图 3-3　硬枝扦插
1.苗床扦插　2.营养袋扦插

(1)插条的采集　落叶果树硬枝扦插使用的插条在休眠期采集,一般结合冬季修剪进行,也可在春季萌芽前,随采随插,葡萄需在伤流前采集。选发育充实、芽体饱满、无病虫害的一年生营养枝。采集到的枝条应分品种、粗度按 50~100 cm 长度剪截,50~100 根捆成 1 捆,拴挂标签,注明品种、数量和采集日期。

(2)插条的贮藏　插条的保存,一般采用沟藏或窖藏。贮藏沟深 80~100 cm、宽 100 cm 左右,长度依插条数量而定。插条在贮藏沟内要横向与湿沙分层相间摆放。沟底部平铺 1 层湿沙,最上面盖 20~40 cm(寒冷地区适当盖厚)的土防寒。贮藏期间注意检查沙的温度与湿度。在室内或窖内贮藏,通常将插条半截插埋于湿沙、湿锯末或泥炭中,贮藏期温度保持 1~5℃为宜。

(3)扦插时间　硬枝扦插时间在春季发芽前,以 15~20 cm 土层温度达 10℃以上为宜,大约在 3 月下旬。催根处理在露地扦插前 20~25 d 进行。

(4)插条处理　扦插前将冬藏后的插条先用清水浸泡 1 d,使其充分吸水。然后剪成长约

20 cm、带有 1～4 个饱满芽的枝段。节间长的树种,如葡萄留单芽或双芽即可。插条上端剪口在芽上 1 cm 处剪成平面,下端剪成马耳形斜面。剪口要平整光滑,以利于愈合。

对于生根较难的树种和品种,在扦插前 20～25 d 进行催根处理。常用加温催根处理,方式有温床、电热加温或火坑等。在热源之上铺一层湿沙或锯末,厚度 3～5 cm,将插条下端整齐,捆成小捆,直立埋入铺垫基质之中,捆间用湿沙或锯末填充,顶芽外露。插条基部温度保持在 23～28℃,气温控制在 8～10℃以下。为保持湿度要经常喷水。经 2～3 周生根后,在萌芽前定植于苗圃。

另外,还可以用植物生长激素 2,4-D、α-萘乙酸(NAA)、β-吲哚丁酸(IBA)、β-吲哚乙酸(IAA)、ABT 生根粉等处理,促进生根。

(5)整地作畦 扦插前必须细致整地。施足基肥,喷撒防治病虫的药剂,深耕细耙。根据地势作成高畦或平畦,畦宽 1 m,扦插 2～3 行,株距 15 cm。土壤黏重,湿度大可以起垄扦插,行距 60 cm,株距 10～15 cm。

(6)扦插方式方法 扦插方式有直插和斜插。单芽和较短插条直插,多芽和较长插条斜插。扦插时,按行距开沟,将插条倾斜摆放或直接插入土中,顶端侧芽向上,填土踏实,上芽与地面持平。为防止干旱对插条产生的不良影响,插后培土 2 cm 左右,覆盖顶芽,芽萌发时扒开覆土。也可在床面覆盖地膜,将顶芽露在膜上,以保墒增温,促进成活。

(7)插后管理 发芽前要保持一定的温度和湿度。土壤缺墒时,应适当灌水,但不宜频繁灌溉。灌溉或下雨后,应及时松土、除草,防止土壤板结,减少养分和水分消耗。成活后保留 1 个新梢,其余及时抹去。生长期追肥 1～2 次,加强叶面喷肥,防治病虫,促进幼苗旺盛生长。新梢长到一定高度进行摘心,使其充实,提高苗木质量。

2.绿枝扦插

绿枝扦插又称嫩枝扦插,是利用当年生半木质化带叶绿枝在生长期进行扦插。

(1)扦插时间 在生长季进行,时间不晚于麦收后。

(2)插条采集 选生长健壮的幼年母树,于早晨或阴天枝条含水量较高时采集,应采当年生尚未木质化或半木质化的粗壮枝条。随采随用,不宜久置。

(3)插条处理 将采下的嫩枝剪成长 5～20 cm 的枝段。上剪口于芽上 1 cm 左右处剪截,剪口平滑;下剪口稍斜或剪平。除去插条的部分叶片,仅留上端 1～2 片叶。插条下端可用 β-吲哚丁酸(IBA)、β-吲哚乙酸(IAA)、ABT 生根粉等激素处理,浓度一般为 5～25 mg/kg,浸 12～24 h,以利于成活。

(4)扦插方法 绿枝扦插宜用河沙、蛭石等通透性能好的材料作基质。一般先在温室或塑料大棚等处集中培养生根,然后移至大田继续培育。采用直插,宜浅不宜深。插后要灌足水,使插条和基质充分接触。

(5)插后管理 绿枝扦插必须搭建遮阴设施,避免强光直射。扦插后注意光照和湿度的控制,勤喷水或浇水,保持空气湿度达到饱和,勿使叶片萎蔫。生根后逐渐增加光照,温度过高时喷水降温,及时排除多余水分。有条件者利用全光照自动间歇喷雾设备,进行绿枝扦插育苗效果更佳。

3.扦插苗的管理

发芽前要保持一定的温度和湿度,防止土壤板结。成活后一般只保留 1 个新梢,其余及时抹去。新梢长到一定高度进行摘心,使其充实。另外,要加强综合管理。绿枝扦插苗要注意锻炼,促进新梢成熟。

二、葡萄扦插

(一)扦插繁殖

绝大多数葡萄品种茎段的再生能力很强,一般易于生根,故生产上广泛采用扦插繁殖。

1. 插条的准备

(1)插条的采集　选品种纯正,植株健壮,无病虫害的丰产植株,剪取充分成熟、节间适中、芽眼饱满的一年生枝条为种条,细弱枝、徒长枝和有病虫害的枝条不宜选用。将种条剪成长 0.5～1 m 的枝段(粗度 6～12 mm 为宜)。将采集的枝条分开上下端,按 50～100 根集束成捆(捆上下两道),挂上标牌,注明品种和采集日期,以防止混杂。为了防止埋土期间发霉变质,有条件的最好先将插条浸于 5°Bé 的石硫合剂中 1～3 min,取出晾干后贮藏。采集插条可结合冬季修剪进行。

(2)插条的贮藏　葡萄插条冬季贮藏的关键是保证适宜的贮藏条件。即适宜的温湿度,要求温度 −1～2℃,沙子湿度不超过 5% 以手握成团,一触即散为宜,空气相对湿度 80%～85%。在贮藏期间始终要注意防止变干或过湿、防发热、防霉烂。贮藏的方法可分为沟藏和窖藏两类。沟藏最为简单,在冬季不太寒冷的地区,选择高燥背阴处挖沟,沟深约 60 cm、长宽随插条多少而定,将插条捆斜放入沟内,其上覆土 30～40 cm。在冬季较寒冷地方,可挖深 0.8～1.2 m 的贮藏沟,将插条捆平放沟中,放满一层后,上面铺一层(4～5 cm)湿沙,再放一层插条,至离沟沿 40～50 cm 为止,再铺上 10 cm 湿沙,覆盖一层秸秆,然后覆土 30～40 cm。为了防止枝条发热霉烂,可在沟的中心带竖置一束直径约 10 cm 的秸秆,每隔 2 m 放一束,作为通气孔道。

2. 插条的处理

(1)浸水　将湿度不够的插条,全部或下端 1/3 浸入 15～16℃ 的清水中 1～2 昼夜或更长,直至插条吸足水分为止。检查湿度的方法:在插条上端作一新剪口,如截面呈鲜绿色,用刀压表面时有水珠溢出,则停止浸水。

(2)插条剪截　春季取出插条,按 2～3 节长度剪截,上端在芽眼上 1 cm 左右处平剪,下端在基部芽眼下 0.5 cm 下剪成斜面,这样便于扦插入土,以便于分清插条的上下端。上端两个芽眼应饱满,保证萌芽成活。

(3)催根处理　目前提高扦插成活率的关键是催根,其途径可归为两个方面,一是控温催根,对插条下端施以较高的温度(26～28℃)和湿度(85%～90%),同时上端处于低温条件下促进插条基部形成根原基。二是激素催根,实际生产中两者同时运用,效果明显。

①温床催根　利用北方作物育苗的温床进行催根的方法是:放入约 30 cm 厚的生马粪,浇水使马粪湿润,几天后马粪发酵温度可上升到 30～40℃,待温度下降到 30℃ 左右,并趋于稳定时,在马粪上铺约 5 cm 厚的细土,然后将准备好的插条,直立地排列在上面,枝条间填塞细沙或细土,保持湿润。插条上端的芽露在上面,以免受高温影响,过早发芽。温床上面可以覆盖塑料薄膜和草苫,让气温低一些,土温高一些,一般土温保持 22～30℃ 为宜。

②火炕催根　利用地瓜(甘薯)育苗的回龙炕或北方家庭住人的火炕催根,效果也很好。其做法是先在火炕上铺层塑料薄膜,然后在薄膜上均匀地铺 4～5 cm 厚的湿河沙或锯末,再将用清水浸泡和药剂处理过的插条,一捆挨一捆立放排好,插条间隙用湿沙或锯末填平,只微露顶芽,烧炕升温,最后温度要保持 25～28℃,不宜超过 30℃,如炕温达到 30℃,要停火洒水,使温度降至 27℃ 左右,以防烧根。一般经过 15～20 d,插条基部就形成白色愈伤组织,皮层局部开裂,生出白色幼根,顶芽也开始膨大。此时要停止加温,使种条在炕上锻炼 3～5 d 后,再行移植到育苗地。

③电热温床催根　利用埋设在温床下面的发热电线作为热源,并用控温仪或导电表控制

土温,温度控制比较准确,可以随时调节,因此效果比较理想。电热温床多用半地下式,建造方法与一般温床相同,床底铺设电热加温线。先在床底两端各钉一排小木橛,将电热加温线按"S"的方法缠绕,两头引线接 220 V 交流电源,两行电热加温线的间隔距离影响床土的温度,要事先根据床的长和宽计算一条加温线可铺设的行数和间距。铺好后覆盖粗沙并通电,测量距加温线 4~5 cm 处的土温,若温度过高,可以使加温线的间隔加大,否则需缩小,经过调试稳定后方可使用,一般间距约 5 cm,两端因受外界温度影响,要适当密一些。为了有效地控制土温,可加自动控制设备,常用的有控温仪和导电温度表两种方法。控温仪的使用较方便,将控温仪的控头,插在距加温线 4~5 cm 处的沙中,将电热加温线的接头接在控温仪的输出键上即可控制所需的温度,实际使用时,要在安装后调试数日,待温度稳定地达到要求才可使用。调试要用水银温度表进行校正。由于地热的运动有一定规律,自控电热温床的温度会有 2~3℃ 的变化幅度。

④植物生产调节剂应用 促进插条生根的生长调节剂主要有吲哚丁酸(IBA)、吲哚乙酸(IAA)、萘乙酸(NAA)、2,4-D 等。用 50~100 mg/L 的 NAA 溶液将插条基部 3~4 cm 浸泡 12~24 h 或用 50%酒精溶解 IAA、IBA,配成 0.3%~0.5%溶液,浸蘸 3~5 s,都能较好地促进生根。中国林业科学院研制成的 ABT 生根粉,用 100~300 mg/L 溶液,将葡萄插条基部 3~4 cm 浸泡 4~6 h,促进生根效果也很好。但是单用生根药剂催根,不如药剂与加热催根相结合效果好。一般巨峰群品种插条,冬季贮藏枝条芽眼正常的采用药剂和加热措施,可使生根率达 95%以上。

3.扦插方法

(1)垄插法 垄宽 30 cm,高 15 cm,垄距 50~60 cm,株距 12~15 cm,每公顷插 12 000~150 000 株,为了预防黑痘病等危害,插条在扦插前须用药剂消毒处理:用 10%~15%的硫酸铵液或 10%的硫酸亚铁+1%粗硫酸,或者用 3%~5%硫酸铜液或 3~5°Bé 石硫合剂浸泡插条约 3 min,插条全部斜插于垄背土中,并在垄沟内灌水。亦可事先不作垄,先开浅沟,插好灌水后再培土成垄,插条下端距地面近,土温高,通气性好,生根快,根系发达。枝条上端也在土内,比露在地面温度低,能推迟发芽,造成先生根、后发芽的条件,因此垄插比平畦扦插生根,发芽晚,成活率高,生长好,北方的葡萄产区多采用垄插法,在地下水位高,年雨量多的地区,由于垄沟排水好,更有利于扦插成活。

(2)地膜覆盖 按上述的垄插法做好土垄,覆盖地膜,根据株距要求,在地膜上打孔,插入插条,插条的顶端与地面相平,或稍露出,地膜具有保墒和提高地温的作用,北方早春土温较低,每次灌水会降低土温,而地膜覆盖灌水次数减少,土温上升快,还能减少灌水引起的土壤板结,垄内通气良好,利于生根。

4.扦插苗的田间管理

主要是肥水管理、摘心和病虫害防治等项工作。总的原则是前期加强肥水管理,促进幼苗的生长,后期摘心并控制肥水,加速枝条的成熟。

(1)嫩梢出土前的管理 为了减少插条的水分蒸发,扦插时插条顶部芽眼与地面相平,再用细土覆盖成小堆。插后要经常检查顶部是否露出土面,如有露出,要及时湿土盖好,以免干枯,雨后与灌水后,应及时松土,以免板结,阻碍嫩梢的出土,松土要细致,不要碰伤嫩芽。

(2)灌水与施肥 扦插时要浇透水,插后尽量减少灌水,以便提高地温,但要保持嫩梢出土前土壤不致干旱,北方往往春早,一般 7~10 d 灌水一次,具体灌水时间与次数要依土壤湿度而定,6月上旬至 7 月上中旬,苗木进入迅速生长时期,需要大量的水分和养分,应结合浇水追施速效性肥料 2~3 次,前期以氮肥为主,后期要配合磷,钾肥,每次每公顷施入人粪尿

15 000～22 500 kg 或尿素 120～1 500 kg 或过磷酸钙 150～225 kg 或草木灰 600～750 kg。7 月下旬至 8 月上旬,为了不影响枝条的成熟,应停止浇水或少浇水。

(3)摘心　葡萄扦插苗生长停止较晚,后期应该摘心并控制肥水,促进新梢成熟,幼苗生长期对副梢摘心 2～3 次,主梢长 70 cm 时进行摘心,到 8 月下旬长度不够的也一律进行摘心。

(4)病虫害防治　7—8 月多雨季节,葡萄幼苗易感染黑痘病,可喷 3～4 次 160 倍的少量式波尔多液,如发生毛毡病,可喷 0.3～0.5°Bé 的石硫合剂。

(二)快速扦插育苗

主要有阳畦单芽扦插、营养袋育苗和嫩枝扦插三种形式,所谓的工厂化育苗,目前主要是温室营养袋育苗法。

(1)阳畦单芽扦插　由于插条上只有一个芽眼,因此对芽的质量要求较高,多从秋季采集的枝条上剪截,也可以用春季直接从葡萄植株上剪下的刚萌动的芽。秋季采集的枝条成熟程度的差异和芽眼在贮藏期间受损情况对扦插成活的影响很大,扦插前要注意选择。春季剪下的萌动的芽,如果立即扦插在沙盘中,给适宜的温度、水分和充足的光照,成活率很高,短枝生根和嫩梢生长速度比秋天采集的单芽插条快得多。

单芽扦插用的插条,上端离芽眼 1 cm 处平剪,下端离芽眼 1.5 cm 处剪成马蹄形即可。

单芽扦插可以采用方格单芽扦插和营养纸袋单芽扦插法,阳畦一般宽 1.2～1.5 m,长 5～7 m,深 25～30 cm。方格法是用木条做成 1.2 m 见方的方框,四边每隔 6 cm 打一孔,用线绳绑成纵横整齐的 6 cm 见方的四格,阳畦中先铺 2～3 cm 厚的细沙,垫 10 cm 厚的营养土,其比例为菜园土 2 份、细沙 1 份、过筛的腐熟有机肥 1 份。浇足底水,待水渗下后,将木框置于畦中,剪好的单芽插条基部先沾一下 1 000 mg/kg 萘乙酸液,再以 30°左右的角度插在四方格中,每格一株。芽上端剪口要恰好与土面相平,切忌过深,否则嫩芽出土困难。营养纸袋高 16 cm,直径为 6 cm。纸袋中装满营养土,蹾实后,整齐地排列于阳畦中,为了不使纸袋黏土破裂,各纸袋营养土面要在同一平面上,以便于浇水,营养纸袋摆好后充分浇水,将单芽插条按 30°的角度插入袋中,芽的上端剪口与土面相平,一个宽 1.5 m、长 5 m 的阳畦可摆营养纸袋 2 500～2 700 个。

扦插后,阳畦上架设拱形支架,上面覆盖塑料薄膜,以提高温度,保持湿度。晴天棚内气温过高要及时放风,白天保持 20～30℃,最高不应超过 35℃,并经常喷水保持畦内湿度。

扦插后 15～20 d,插条开始愈合,一个月后大部分产生愈伤组织,发生新根,待多数新梢生长到 10～15 cm 时可以移栽到露地苗圃继续培育,浇水方便的,也可以直接定植。用方格法扦插的,可用移植铲将畦土切成四块,带土移植,为了使土壤结成团,移栽前最好先浇一次水。营养纸袋扦插的,注意不要弄破纸袋。为了提高移栽或定植成活率,要加强阳畦内扦插苗的锻炼,移栽前 10 d 应增加放风,降低空气湿度,并逐渐把棚膜撤除。在直射的阳光下叶片不萎蔫,即可移栽或定植,移栽前,苗圃地要施足基肥,灌透底水,可以带水栽植,即挖一小坑,浇上水,水未渗完时即放入带土团的扦插苗,立即覆土,这样成活率较高,移栽后覆盖遮阴,缓苗快,移栽或定植的时期不宜过晚,太晚气温过高,缓苗期长,因此扦插期应根据扦插苗在阳畦内的天数和当地移栽或定植适期,计算决定,栽后要注意浇水和松土。

阳畦单芽扦插,若种条充足,当然可以用双芽,如能应用马粪等酿热物加温或自控热线效果将更好,这样可使土温增高,而气温稍低,有利于扦插苗生根成活。

(2)营养袋育苗　是将育苗分为两个阶段,即先进行激素处理和电热催根,再移栽到营养纸袋或塑料薄膜袋内培育。全部工作可在温室内进行,因此也叫工厂化育苗。

催根的方法,参照控温催根和激素催根进行,一般催根 15～20 d,便开始生根,芽眼萌发,具有 4～5 条 1～5 cm 长的根时,移入袋中继续培养 1 个月左右,即可定植于田间。营养袋用直径 6～8 cm,长 18～20 cm 的塑料薄膜袋,袋内先填 1/4～1/3 的营养土,放好已催出根的插条,再填满营养土,轻轻压实。由于袋的直径只有 6～8 cm,因此根长最好不超过 5 cm,以免装袋时损伤幼根。为了减少伤根,插条从催根床拔出后,最好放在带水的容器里搬运。装袋后立即喷一次水,以后每天喷水 1～2 次,喷水仅使叶片潮湿,增加空气湿度,而土壤湿度不可过高以免使根系窒息、腐烂,装袋后有一缓苗期,等幼嫩梢生长正常,无萎蔫现象以后,可以叶面喷肥,以补充营养,并及时喷药预防霜霉病等真菌性病害的发生。幼苗长出 3～4 叶时,应增加光照,在沙盘中培育的,可以移动沙盘,在温室内培育的,要将受光好的与受光差的幼苗锻炼,降低空气温度和湿度,接受直射阳光,经过锻炼的苗木,才能适应外界条件,提高定植成活率。

容器苗定植,要尽量避免在晴朗的高温天气进行,能够遮阴就更好,以免叶片曝晒失水,定植后应保证土壤水分的供应,前 2～3 d,要在叶片喷水,增加空气湿度,减少蒸发,有利成活。

(3)嫩枝扦插 夏季利用半木质化的新梢和副梢进行扦插,剪留长度一般为 2～3 芽,嫩枝上端留一枚叶片,并剪去一半,以减少蒸发。嫩枝扦插可以在塑料棚内进行,基质可用河沙或蛭石,塑料棚上面要遮阴降温,棚内要经常喷水,增加空气湿度,但基质的湿度不可过高,在室外全光照下,用定时喷雾法保证空气湿度,并在叶片上保持一层水膜降低叶温和局部小气候的温度,可得到比较好的效果,嫩枝扦插成活率很高,而且可以利用夏季修剪时剪下的材料,但有三点要注意:

第一,夏季温度高,蒸发量大,在扦插过程中,关键问题是降温,气温应在 30℃ 以下,以 25℃ 最为理想。

第二,在夏季高温高湿条件下,幼嫩的插条很易感染病害,造成烂条烂根,可用 500 倍高锰酸钾液或 20% 多菌灵悬浮剂 1 000 倍液进行基质消毒,并经常注意防病喷药。

第三,嫩枝扦插宜早不宜晚,8 月以后进行,当年插条发生的枝条不能成熟,根系也不易木栓化,影响苗木越冬。

二维码 6
葡萄绿枝扦插

三、猕猴桃扦插

1. 嫩枝扦插

一般在 6 月上旬至 9 月上、中旬进行为宜。从壮年的优良单株上选取 0.5 cm 左右粗的当年生枝条作接穗,接穗上至少应有 3 个芽,抹去所有叶片。用蛭石或干净的河沙铺成 20 cm 厚的扦插床,再用托布津或代森锰锌进行土壤消毒。扦插前先将插条切口用蜡封住并用 300～500 mg/kg 的吲哚乙酸或萘乙酸浸泡 2～3 h,也可用清水浸泡 4～5 h。最后把扦插条按株距 8～10 cm,行距 15～20 cm 的标准斜埋入苗床内,上端留 2 cm 左右不埋沙。为保持湿润,扦插后苗床应设小拱棚,棚上还应有遮阳网。每天上下午各喷一次水,使棚内相对湿度保持在 85% 以上。在这种高温高湿的环境下,插条 10 d 便能形成愈伤组织,20 d 左右即能生根。

2. 硬枝扦插

在落叶后或萌芽前均可进行,以早春 2 月结合修剪扦插为好。修剪后,将健壮的、粗度在 0.8 cm 左右、芽眼饱满的枝条剪成 15～20 cm 的段,然后捆扎,放在清水中浸泡 24 h。苗床用干净河沙铺成 20 cm 厚,并用多菌灵消毒。扦插时先将插床灌透水,然后紧贴床面铺一层地膜,按 8 cm×8 cm 的密度将枝条插入苗床,留 1～2 个芽在膜上面。插好后在畦上搭拱棚,覆盖厚塑料薄膜。苗床干裂时可在晴天中午揭棚膜喷水补充湿度,一般 45 d 后愈合组织生成。如气温逐渐升高可于中午放风,并注意遮阴。60 d 左右可以形成须根。

◆◆◆ 任务三　花卉扦插育苗 ◆◆◆

一、花卉扦插繁殖的含义与特点

扦插繁殖是无性繁殖的一种方式,指切取花卉植物根、茎、叶的一部分,插入适宜基质中,使之生根发芽,成为独立植株的方法。此法培养的植株比播种苗生长快,开花时间早,能保持原有品种的特性,但无主根。对不易产生种子的花卉多采用此法,是多年生花卉的主要繁殖方法之一。

二、影响花卉扦插生根的因素

1. 内在因素

(1)植物种类　花卉植物不同种类,甚至同种的不同品种间也会存在生根差异,如景天科、杨柳科、仙人掌科普遍容易生根,而菊花、月季花等品种间差异大,所以要针对不同的生根特点采用不同的繁殖方式,易生根的种类适用于扦插繁殖。

(2)母体状况与采条部位　营养良好、生长正常的母株是插条生根的重要基础。有试验表明,侧枝比主枝易生根;硬枝扦插时取自枝梢基部的插条生根较好;绿枝扦插以顶梢作为插条比下部的生根好;营养枝比结果枝更易生根;去掉花蕾比带花蕾者生根好;许多花卉如大丽花属、木槿属、杜鹃花属、常春藤属等,采自光照较弱处的插条比采自强光下的枝条生根好。

2. 花卉扦插生根的环境条件

(1)基质　扦插基质是扦插重要的载体,理想的扦插基质应具有保温、保湿、疏松、透气、洁净、酸碱度呈中性,成本低,便于运输的特点。人工混合基质常优于土壤,可按不同花卉的特性而配制,常用扦插基质有蛭石、珍珠岩、砻糠灰、沙等。

(2)温度　扦插所需温度因不同种类而异。喜温植物需温较高。如温室植物往往在 $25\sim$ 30℃时生根良好,一般植物在 $15\sim20$℃时较易生根。土温较气温略高 $3\sim5$℃时对扦插最有利。因为土温高于气温,可促进插条先发根而后发芽,或使根生长较迅速,吸收大于蒸发而容易成活。所以在生产上往往采用增加土温即加底温的方法以促进生根。露地采用高畦便能多吸收太阳热,温室则在繁殖床或箱下填充酿热物或设置加热管道及电热设备等。此外尚有设有用电热、灯泡、油灯等加温装置的繁殖箱,以繁殖难以发根或珍贵的种类与品种,目的都是保证适当的温度,并使土温略高于气温,以利于发根。

(3)水分与湿度　插条割离母株后在发根前仍不断蒸发,故必须保证适量的水分,否则蒸发过度会失去平衡而凋萎。同时插条为了形成愈伤组织,在伤口周围需要较大的湿度,所以土壤(基质)应经常保持湿润。但土中水分过多(过湿)则通气不良,新根容易腐烂,尤其多浆植物如仙人掌类,土中过湿往往容易腐烂而导致扦插失败。除了保证土壤的一定湿度外,空气中的湿度同样重要,因为四周空气湿度大,则可减少蒸发。一般扦插时对空气湿度要求是越大越好,即要求闷湿的环境,而且要避免急剧的变化。适于扦插的空气相对湿度最好能保持在80%以上,甚至接近饱和才好。为了保证较高的空气湿度,应经常在繁殖用的温室、温床内的各种设备上喷水。最初应每天进行三四次,但在插条已形成愈伤组织后则应减少次数,并注意勿令土壤过分潮湿,因为过湿与过干同样妨碍发根,并易引起腐烂。

(4)光照强度 在扦插期间,白天要适当遮阳,在夏季进行扦插时还应设阴棚、阴帘遮阳。研究表明,扦插生根期间,许多木本花卉,如木槿属、锦带花属、连翘属,在较低光照下生根较好,但许多草本花卉,如菊花、天竺葵等,适当强光照生根较好。

(5)通气 插条生根时细胞分裂旺盛,呼吸作用增强,需要充足的氧气,所以扦插应采用通气良好的土壤(基质)。土中水分和空气是矛盾的因子,水分多则空气少,而一定的湿度与通气却是插条生根所必需的条件,所以在露地扦插时,应选用有一定保水力而排水良好的轻松沙质土,避免潮湿积水的黏重土壤。同时插条不宜入土过深,因为离地表越深则透气情况越差。扦插初期为了保证空气中的湿度,要避免空气过分流通,但在插条已长成愈伤组织开始发根时,则应注意通风换气,促使迅速发根生长。

三、扦插时期

花卉以生长期的扦插为主,在温室条件下,全年保持生长状态的草本或木本花卉均可随时进行,但依花卉的种类不同,各有其最适宜时期。

一些宿根花卉的茎插,从春季发芽后至秋季生长停止前均可进行。多数木本花卉适宜在雨季扦插,因为此时空气湿度大,插条叶片不易萎蔫,有利成活。在露地苗床或冷床中进行时,最适宜时期为7—8月。

四、促进生根的方法

(1)插穗应在处理当时切取 天气炎热时宜于清晨切取,处理前应包裹在湿布里,并在阴凉处操作。早上的花木枝条含水量多,扦插后伤口易愈合,易生根,成活率高。

(2)选花后枝扦插 花后枝内养分含量较高,而且粗壮饱满,扦插后发根快,易成活。

(3)带踵扦插 从新枝与老枝相接处下部2～3 cm处下剪,这类枝条即为带踵枝条。带踵枝条节间养分多、发根容易、成活率高、幼苗长势强。此法适用于桂花、山茶、无花果等。

(4)机械处理 一是剥皮,对较难发根的品种,插前先将表皮木栓层剥去,加强插穗吸水能力,可促进发根;二是纵刻伤,用刀刻2～3 cm长的伤口至韧皮部,可在纵伤沟中形成排列整齐的不定根;三是环剥,剪穗前15～20 d,将准备作为插穗的枝条基部剥一圈皮层,宽5～7 mm,以利插穗发出不定根。还可对枝条进行黄化处理,即将枝条在生长的部位遮光,使其黄化,再作为插条可提高生根能力。

(5)提高插床土温 早春扦插常因土温不高而造成生根困难,人为提高插条下端生根部位的温度,同时喷水、通风,降低上端芽所处环境温度,可促进生根。

(6)生根激素的使用 花卉繁殖中常用生根激素促进扦插早生根、多生根,常用萘乙酸(NAA)、吲哚乙酸(IAA)、吲哚丁酸(IBA)等。它们都是生长素,刺激植物细胞扩大伸长,促进植物形成层细胞的分裂而生根。吲哚丁酸效果最好,萘乙酸成本低。生根激素的应用浓度要控制在一定范围内,过高会抑制生根,过低不起作用。一般情况下,草本花卉浓度 50～500 mg/kg,木本花卉浓度 500～1 000 mg/kg。

(7)杀菌剂使用 杀菌剂常用50%的克菌丹或50%多菌灵可湿性粉剂与生根粉1:1配合。处理前将插条基部纵刻伤,效果更好。生根剂不要使用过量,否则会抑制芽的萌发。

五、扦插设备

(1)露地扦插设备　在插床四周设支架、棚障等进行遮阴。遮阴一般用竹帘、苇帘、秫秸帘或在支架上间隔地钉上薄木板条(宽约3 cm,厚0.5～1 cm)。在初插数天内,为了保证插穗不凋萎,可用草帘进行遮盖保温,在有烈日照射或强风吹袭地点,则应设风障或荫棚进行保护。

(2)繁殖室设备　为了便于控制环境条件提高成活率,在大批繁殖或繁殖珍贵及发根较难种类时,应设繁殖温室。繁殖室在能保证操作方便条件下,面积不宜过大,以便于调节温、湿度。夏季扦插时应有阴帘及充足的通风供水设备。冬季则应有足够的加温设备。如专供繁殖用的电热繁殖床和电热繁殖箱。

(3)繁殖床　在繁殖室中应设繁殖床,以创造利于发根的良好条件。在温室不能全部作为繁殖用时,可在暖气管道或烟道上的部分植床、植台上设置玻璃扇或塑料薄膜棚进行繁殖。植床上设荫帘遮阴,通过开闭玻璃扇或薄膜以调节温、湿度及进行通气。此外,可利用一般温床、冷床进行繁殖。夏季利用冷床进行扦插,能更好地保证湿度,并通过遮阴以控制阳光及温度。为了保证针叶树的插穗生根,可用下面具有空气间层的温床,由于插穗下部经常处于通气良好的状态,所以能促进发根。

六、扦插的种类及方法

扦插依材料、插穗成熟度分为枝插(硬枝插、绿枝插、嫩枝插、单芽插)、叶插(全叶插、片叶插)、根插。

(一)枝插

依所用枝条的木质化程度不同,又可分为硬枝插(休眠枝插)、半熟枝插、软枝插(嫩枝插、绿枝插)三种。

1.硬枝插

硬枝插是用已木质化的一、二年生枝作插穗进行扦插。

(1)落叶树

①插条的采集及贮藏　插条多在秋季落叶后采集,少数可在冬季或早春树液流动前采取。春季树液流动后,所贮的大部分可塑性物质已消耗于发芽生长,再截为插条,不易成活。插条应选自发育良好的枝条,因其分生组织,尤其是形成层发育良好,因而根原始体的生成及发育就容易,生根也较快。正常发育树木的顶部,主轴枝条发育较侧枝为好,一般生长粗壮,生根力较强。相反,采自位置离主茎越远,枝条分枝次数愈多的枝条就越差。采集后的枝条要捆成束,贮藏于室内或地窖的湿沙或水苔锯屑中,温度保持0～5℃,过高则易发芽,过低则易受冻害。另外也可在露天挖沟或坑埋藏,上覆10～14 cm厚的土。冬天截取的枝条,可贮藏在雪中或地窖中,到扦插时再取出截成插穗。

②扦插时期　硬枝插多在露地进行,春季地温上升后即可开始(我国中部地区在3月,东北等地在5月)。需要较高温度始能发芽的种类,扦插过早易受冻害。

③插穗的剪截　一般说来,插穗是愈长愈粗则所含的养分愈多,长出的根系也愈旺。但实际截取的长短,需视种类及土壤条件、材料多少而定。过长时能采取的数量就少,且下端插入

地里较深,温度较低,通气较差,影响生根。一般多截为 20~30 cm 长。节间短的种类可多带芽,在湿润土壤中扦插时宜较短。插穗必须带芽才能生根,因为芽能分泌一种形成不定根时所需的生长激素,如将插穗上的芽去掉,就将阻碍根的形成甚而不能发根(除非用植物生长调节剂处理)。插穗下端应在芽的下方切成斜面,上端则应在顶芽的上部 2~3 cm 处截成水平面。切口离芽有一定距离,是因为切口干枯时,连芽也会枯掉,而影响发芽。

④扦插方法　插时最好斜插,一般与土面呈 45°角,这样可使插穗入土不深,处于通气良好的表层土中。但易生根的种类也可直插,而使发出的根不致偏歪,易于移苗。插穗的地上部分留 2~3 个芽,但在干旱地区则仅留一个芽露出土面。

(2)针叶树　针叶树生长缓慢发根困难,扦插后很久才能开始发根。发根较快的如侧柏、花柏等也需要两个月左右。如龙柏、雪松等往往半年以上才能发根,所以在寒冷地区因越冬困难不宜露地扦插,宜在温室或温床内扦插。针叶树的主枝与侧枝作插穗,成苗后往往仍保持其原枝条的分枝特性,故用侧枝扦插的在成苗后往往树形偏斜,不如用主枝作插条在成苗后可成尖塔形,像云杉、冷杉、落羽松、侧柏、柏木、南洋杉等树种,都有这种特性。故在选取插穗时应予注意。插穗一般长 18~20 cm,在其基部开一纵裂缝,而于缝间嵌入小石粒以增加伤口面积,则能促进生根。插前应将插穗基部浸于温水中约 2 h 使浸出树脂,再修剪切面后扦插。针叶树宜在扦插时剪取插穗,不需贮藏。

2.半熟枝插

许多花卉种类均可在生长期间用当年生而尚未老熟硬化的带叶半熟枝条作插穗进行扦插,一般效果均较好。如针叶树硬枝插时往往当年不能生根,用嫩枝插又很易枯萎,而用半木质化的当年生枝扦插则可得良好效果。硬枝插时一般要两个月以上才生根,但用半熟枝插则一个月左右即可生根。

二维码7　花卉芽插

(1)插穗的选择与扦插时期　半熟枝插是选取当年抽生的生长已充实,基部已半木质化的枝条作插穗,一般常绿树虽常年均可生长,没有显著的休眠期,但每年仍有旺盛的抽枝发叶生长期与生长休止期,落叶树及多数针叶树和山茶、杜鹃、瑞香、桂花、含笑等生长缓慢的阔叶常绿树,春季发芽抽枝,到秋季新枝老熟硬化,即每年仅有 1 次生长期。而其他常绿树则往往一年有 2~3 次生长期。如蔷薇、大叶黄杨等在南方一年有 3 次生长期。可分春梢、夏梢与秋梢。由于种类和环境条件不同,所以扦插的时期也就不同。例如,以温室越冬与在地窖越冬的植株比较,则往往在温室越冬的早春抽枝就早,扦插也可较早。针叶树应选择枝条仍十分柔韧、不易折断、针叶发育良好的进行扦插。常绿树则选其新梢生长已充实,基部由嫩绿转为黄褐,长度达 10~25 cm 时进行扦插,扦插时期在 6—7 月。

(2)插穗的剪截　插穗的长短与粗细与成活发根关系密切,粗壮插穗发根较好。此外,切口的好坏与平滑程度也影响伤口的愈合。不平滑的伤口易于腐烂,所以应当用锋利的刀来截取插穗。半熟枝插不仅依靠枝条本身所含养分发根,而且在插穗上保留的叶片仍能进行同化作用,制造养分供生根用。一般说来,叶面保留越多越好,但是叶面积过大,会使蒸腾量大于吸水量,则插穗凋萎。故应适当去除叶片或将叶片剪去 1/3 或 1/2。在设备较好的条件下,能保持较高湿度时,则宜多留叶面,仅将插入基质部分的叶片去除即可。此外,应将插穗上的花芽全部去掉,以免花芽开放,消耗养分。

(3)扦插方法　半熟枝插因为是用带叶片的枝条进行扦插,蒸发量大,并继续进行同化作用,因此宜在繁殖室或插床内进行。插时应先开沟或扎孔,然后插入插穗,切忌将插穗直接往基质中插,以免损伤切口。插入后用手指在四周压紧,不留空隙,否则基部不接触基质易干枯。扦插的株行距视插穗及叶片的大小而定。在室内扦插,当然应尽量经济利用面积,但也应该注意勿过于密集,致使通风透光不良,导致腐烂或脱叶。一般如夹竹桃等叶较小的株行距为 3~6 cm,而八仙花等叶面较大的可 6~9 cm。插入基质的深度是越浅越好,因表层通风透气条件均好,所以只要能保证插穗不倒,应尽量浅插,用较长的插穗时,可斜插,使插穗插入基质部分较多但又不过深。扦插是否成活关键在于管理。初期为了充分保证湿度,减少蒸发,可完全遮阴,在后期则应注意通风透气,并使插穗接受一定的散射阳光以利于发根。

3. 嫩枝插

大部分温室草本花卉用嫩枝扦插繁殖。许多观赏灌木,多年生花卉及一、二年生花卉为了繁育特殊品种或保存某种特性时也用嫩枝繁殖。毛毡花坛所用的五色草,由于不能用种子繁殖也需用嫩枝插繁殖。嫩枝插在温室内周年均可进行。露地有保护设施时,在夏秋植物生长旺盛时期也可进行。在环境条件适合时,嫩枝很快就能发根,快者 4~5 d,一般 10 d 左右,慢者半个月到一个月也可成苗。插穗宜选择健壮枝梢,所截部分应是未开始老熟变硬的脆嫩部分,否则不仅延迟发根,而且成苗弱。应取枝梢一折即脆断的部分,而不用其弯折时不脆断部分。

插穗一般剪成 6~12 cm 长,至少带一叶,通常多在节下截断,因为大多数种类在节的附近发根。但也有些种类嫩枝插时往往插入基质部分的节上下及节间均可发根,如美女樱、金鱼草、菊花、吊钟花、香水草等可不必一定在节下截断。嫩枝插与半熟枝插同样都是在生长时期用带叶的枝条作插穗,扦插方法及管理都相同,而嫩枝更柔弱,易凋萎,要求操作及管理应更细致。为了能得到大量合适的嫩枝插穗,可对母株进行摘心、短截,或摘去花蕾等,以促使多长新梢。盆栽灌木可在秋季或早春放入温度较高的温室中,促使抽枝以供采取插穗。

多汁植物如仙人掌类、石莲花属、景天属等植物,在生长旺盛期进行扦插极易生根。这类茎叶多汁的植物,本身含有充足的水分和养分。且茎叶外表往往有硬厚的革质或蜡质层保护,减少水分蒸发,耐干旱,只要能保持插穗不腐烂,在适宜的条件下,很容易发根生长。一般仙人掌类植物均能分枝或长出小球,其分出的新茎新球较小的,从基部剥落后就可作为插穗进行扦插,大的可再切分为数段或数块进行扦插。为了促进其分枝及长小球,可将母株截头,截下部分即可进行扦插,母株伤口愈合以后,会长出数个分枝,待新枝长到适合大小时即可剥下扦插;球形仙人掌类,可挖去其球顶生长点部分或切断其顶部,促使长出多数小球供繁殖。

多汁植物在切下后放置数小时或 1~2 d,使切口干燥,插穗呈干萎状时进行扦插,能防止腐烂,促进发根。或在切口处沾已捣碎的木炭粉末,吸收伤口水分,扦插时可避免切口腐烂。插后不必进行覆盖遮阴,基质宜用清洁河沙。插后不易经常浇水,仅在过干或插穗呈干瘪状态时喷水,使基部保持稍干为宜。此类植物扦插失败的主要原因是过湿,插穗下部腐烂。但如蟹爪仙人掌、昙花及令箭荷花等,则要求保持一定湿度。

仙人掌类中的仙人鞭、仙人柱、令箭荷花、昙花等茎较细长的种类,插后易倒伏或摇动,妨碍新根生长,可将插穗缚于小支柱上然后扦插。

嫩枝或半熟枝还可采用水插法繁殖。将插穗插于有孔的木块上,滋生浮于水面或直接插于瓶中,注意保持水的清洁,插后要换水或投入木炭数块,以免水中滋生绿藻,待生根后上盆栽培。可用此法繁殖的植物如夹竹桃、栀子花、常春藤、广东万年青、变叶木、吊钟海棠、石榴、无花果、月季花、海棠花及其他一些扦插易生根的种类。草本植物如一串红、彩叶草、石莲花、鸭跖草等也可用此法繁殖。水插生根后应及时上盆,否则在水中过久,根细弱脆嫩,上盆时易受损伤。秋海棠类中可用叶插的种类,将其叶浮于浅水盆中,也可同样发根长成新株。

(二)叶插法

有些植物其叶有再生机能,切下后能长出不定根及不定芽,人们就利用这种特性,进行叶插繁殖。所选叶片应是生长健壮,充分成熟的,叶插在温室中周年都可进行。

叶插所需环境条件与嫩枝插相同。由于叶插仅为一片叶或部分叶片,所以要求有良好设备以保证温、湿度,否则在发根前叶即枯萎。叶插通常都在温室内进行。虽然许多种类叶插都可以成活,但实际仅用于少数无明显主茎,不能进行枝插的种类,或一时需大量繁殖而又缺乏材料时。常用叶插繁殖的种类及方法如下:

(1)秋海棠类 如虾蟆海棠可叶插繁殖。插时可有两种方法,一是整片叶扦插,即切取叶片后,剪去叶柄及叶缘薄嫩部分以减少蒸发,在叶脉交叉处用刀切断,将叶片平铺于基质上(以草炭与沙各半作基质效果较好),然后用少量沙子或石子铺压叶面,或用小枝条、玻璃片等钩压叶片,使其紧贴基质利于吸收水分以免凋萎。以后在切口处会长出不定根并发芽长成小株,分离后便成新株。秋海棠的另一叶插法为将叶片切成三角形小片,每片应包含一段叶脉,然后直插入基质中,不久,在叶脉基部可发根生芽而成新株。

(2)虎尾兰 虎尾兰叶狭长如剑,肥厚多肉,切下后再横切成长5 cm左右的小段,直插沙中即能在叶段基部长出新根茎,并形成新株。但应注意,叶片也有极性现象,插时如颠倒叶段则发根生芽困难,故操作时应注意上下方向,以免颠倒。有金边或金心变种,用叶插法繁殖不能保持其特性,只能用分株法繁殖才能确保叶色。

(3)大岩桐 大岩桐叶插时,叶片要带一段叶柄。插时将叶柄插入沙土中,以后于叶柄基部形成小球并发根生芽。大岩桐也可用水插法繁殖。

(4)草胡椒 草胡椒能自叶柄及叶脉基部发芽生根,一般均用叶插繁殖。选发育充实的叶,自叶柄与叶身接合点处分割为二,插入沙中,可在切口生根,并自叶脉分枝点发芽。

有些种类,其叶柄或叶脉部虽能长出不定根,但不能发出不定芽,不能长出新株,因此必须使叶的基部附着一个芽,才能长出新株,这种用带芽的叶片扦插的,称叶芽插。如橡皮树就常用此法繁殖。在其茎上切取叶片,每叶基部带一腋芽,插于小盆或木箱中,为防止插穗动摇,可将叶片卷合扎起,中穿小枝、竹片等作支柱固定。另外其伤口常会流出多量乳胶,可用温水浸出或沾以木炭粉吸干后扦插。另如,八仙花、菊花、山茶等,均可用此法繁殖。许多对生叶植物,每节均为一对叶附一对腋芽,故可将其剖为两半,使每叶带一芽作插穗。如茉莉花、夹竹桃及宿根福禄考等均可用此法繁殖。

(三)根插法

有些不易用茎插繁殖而其根能长出不定芽的种类,可用根插法繁殖。于秋季或冬季植物休眠期间,将植株的根掘出保存或假植于沙中,到翌春取出,截成插穗扦插。在温室中冬季也可进行根插。插穗的大小、粗细、长短,对新根的形成关系很大。插穗越长越粗壮,营养物质愈丰富,也就愈易成活,以后生长也较好。根插穗的长度一般为5～20 cm,粗5～10 mm,过细养分缺乏,过粗往往因已衰老而发根缓慢。适于根插的温度为 10~16℃。健壮的种类可春季露地扦插。根插同样有极性现象,故应注意勿颠倒。插时一般以直插或斜插较好。在露地根插可直接插入床土内,在温室内一般用沙或培养土,插于繁殖床、浅木箱或花盆内。

根插法可分为三种:

(1)细嫩根类 将根切成长 3~5 cm,撒布于插床或花盆的基质上,再覆土或沙土一层,为遮阴保温起见,可盖上玻璃或报纸等,置阴凉处,待发根出芽生长后移植。如宿根福禄考、肥皂草、秋牡丹、锯草、牛舌草、钟花、毛蕊花等宿根多年生花卉,均可用此法繁殖。

(2)肉质根类 将根截成 2.5~5 cm 的插穗,插于沙内,上端与沙面齐或稍突出。如有荷包牡丹、东方罂粟、霞草、牡丹等。

(3)粗壮根类 许多乔灌木,根较粗壮,可直接在露地进行根插。插穗一般在 10~20 cm,插时横埋土中,一般深约 5 cm,不宜过深,否则通气不良并影响嫩芽出土。如凌霄、锦鸡儿、金丝桃、紫薇、梅、樱花、桃、蔷薇、丁香、紫藤、文冠果、丝兰等。

七、扦插环境条件的控制

(1)温度 多数花卉生根的适宜温度为 20~25℃,原产热带的花卉要求 25~30℃或更高,在春季用硬枝扦插时一般树种以 15~20℃为宜。地温比气温高 3~5℃对大多数花卉生根有利,尤其菊花表现得十分明显。

(2)光照 多数花卉用软枝扦插,怕强光照(因蒸发过度失水可能使插穗死亡)。在强光照季节扦插应遮阴,防止强光直晒,但夜间增加光照有利于扦插成活。插穗生根后,需要有充足的光照。充足的光照可促进软枝扦插的叶片制造光合产物,有利于生根,为解决蒸发过度失水导致插穗死亡的问题,春夏季可在全光照喷雾扦插床上进行扦插。

(3)空气相对湿度 当空气相对湿度在 80%~90%时有利于大多数插穗生根,软枝扦插要求空气湿度大,空气相对湿度最好在 90%以上,以避免插穗叶片枯萎。用塑料薄膜覆盖能有效地保湿,每天打开 1~2 次塑料薄膜通风换气,防止病害发生。经常喷水,保持插床适度湿润,但喷水不可过量,否则插床过湿,影响插穗伤口愈合、生根。仙人掌类花卉需适当少浇水。

八、插穗生根

当环境条件适宜时,经过一段时间插穗就能生根。即使环境条件处于最适宜生根的情况下,不同的花卉种类生根时间有很大的差异,有的 10 d 左右就能生根(如菊花、随意草、绿萝等),有的则需要几个月(如部分木本花木)。不同种类花卉生根部位不同,有的在插穗下部多处生根,有的只在切口处生根,有的在切口处生根长芽,鳞片插穗扦插后在靠近基部长出球根。

九、移植

插穗生根后要及时从扦插床移出,尤其是在无机基质上扦插的。露地花木移到露地苗圃培育,根系再生能力强的如地被菊可以移到地床上。多数移入容器里继续培育,苗小的可以移到大穴孔的穴盘里,大的移到育苗钵里。较大的扦插苗直接上盆培育。多年生的先在盆底垫上碎瓦片、泥盆片等接着铺一层河沙,然后装入适当的营养土,用小铲分开土层,将生根的扦插苗放入,用土将根部盖好,把容器摆好后浇水。

任务四 花卉扦插育苗实例

一、地被菊

如果白天气温能够达到 10℃左右,大多数品种可随时采芽扦插。扦插的早晚对秧苗生长量影响较大,对植株开花早晚影响较小。

(1)母株的准备 寒地大量繁殖时母株应在保护地内越冬。首先在开花时进行株选,盆栽的原株不动留下作母株,地栽的挖出移到花盆或温室内。有条件的将母株夏季定植在保护地内,在保护地越冬的母株春季萌生许多脚芽,比秋季移入的要多许多。

(2)插穗的准备 用脚芽作插穗,成活率可达 100%。摘去生长旺盛的顶梢后会萌发新的侧枝,侧枝的顶梢可继续作插穗,扦插材料缺乏时或珍稀品种也可用茎段扦插。插穗长 5～8 cm,上有 3～4 节,摘除下端叶片,上端大叶片剪去一半或仅保留上部小叶片,插穗的下端剪平。

(3)扦插 用干净的新河沙作扦插基质,在育苗床里扦插。扦插深度 3 cm 左右,株行距 3 cm 左右,或行距 3～4 cm,株距 2.5～3 cm。

(4)扦插后管理 扦插后及时浇水,根据气温高低每天浇水 1～3 次。在气温 5～20℃,地温 15～22℃的情况下,12～15 d 生根,即使不消毒处理也很少发病;当白天气温 25～30℃并且光照较强时对菊花生根不利,表现为生根时间延迟、容易得病,但全光照喷雾扦插能缓冲上述症状。在高温强光情况下生根前必须遮阴,每次扦插都用新的河沙或基质消毒。

地被菊根系再生能力非常强,可以开沟分苗,定植前 7 d 左右割土坨。水分要适中偏少防止徒长,即使叶片有一定程度的萎蔫,浇水后也能迅速恢复。进行 1～3 次摘心,控制秧苗高度,使地被菊有更多的分支,育苗数量多的可用园林剪枝剪子平剪,能大大地提高摘心效率。第 1 次保留 10 cm 的高度,以后适当增加高度,或用矮化药剂处理。

二、香石竹(康乃馨)(图 3-4)

图 3-4 香石竹

（1）扦插时间 除盛夏外，其他季节均可进行扦插。露地在 4—6 月和 9—10 月、保护地在 1—4 月和 9—11 月扦插最为适宜。

（2）插穗 由于香石竹在栽培过程中很容易感染病毒病，因此最好用组织培养的脱毒苗作母株（如果没有，要选无病毒感染症状、生长健壮的植株作母株）。大量繁殖的最好建立采穗圃，母株长到一定大时摘心 1～2 次，摘下的顶芽发育不整齐的不宜作插穗。当侧枝长到 15 cm 以上、有 8 对左右叶片时，在侧枝的第 2～3 个节的上面剪下作插穗。保留插穗顶端 2～3 对叶，其余去掉，将插穗放在水中浸泡 30 min，或采后立即扦插。母株多的直接掰取侧芽扦插，长 4～6 cm，基部要带有踵状部分，有利于生根。

（3）扦插为提高扦插成活率，可用 50 mg/kg 吲哚丁酸溶液浸泡 6～8 h。扦插基质用河沙，或森林腐叶土，或珍珠岩与草炭等量。扦插行距 3～6 cm，株距 2～3 cm。在基质上用竹签打孔扦插，扦插深度 1～1.5 cm。保持湿润，适当遮阴。控温 21℃左右，20～30 d 生根。经过 1～2 次的移植，培养成大苗。

三、大岩桐（图 3-5）

（1）用叶作插穗 叶扦插正确的成活率可达 100%。从叶腋处剪下叶片，横切去 1/2 叶片或不切，将叶柄插于沙床上，或将叶片的 1/3 插入沙床，适当遮阴，保持一定湿度，生根容易。一般 20～25 d 能长出直径 0.5～1.5 cm 的小块茎，此时如果将沙上面的部分切除，能促进新生成的块茎发出新叶。切除的叶柄可再用来扦插，或不切去叶片，而在叶片中间部位切断主叶脉，在被切断处也能长出小球茎。扦插生成的块茎能长出芽和叶片形成新的植株，第 2 年开花。

（2）用芽作插穗 成年大岩桐的块茎上常长出几个新芽，当芽生长到 4～5 cm 时，留 1～2 个芽，其余的作插穗。在沙床上扦插，控温 21～25℃，空气相对湿度 60% 左右，遮阴约 50%，15～20 d 生根。用芽扦插的当年能开花。

（3）用花柄作插穗 花柄扦插的成活率只有 20% 左右。将开花后的花柄剪下扦插在沙床上，尽量选用较老的花柄，新开花的幼嫩花柄水分含量高，扦插腐烂。扦插后用塑料袋或小杯

图 3-5 大岩桐

引自：唐义富.园艺植物识别与应用.北京：中国农业大学出版社，2013.

扣住插穗,减少水分散发,如不套袋花柄扦插不能成活。适量浇水,如浇水过多扦插材料容易腐烂。30 d 左右能长出小块茎。

四、百合(图 3-6)

现在主要栽培的百合品种群都可以用鳞片扦插繁殖,1 个大的种球一般可以繁殖 60~90 个小鳞茎。

(1)种球的准备　花落后至叶枯黄时挖取成熟的大鳞茎,取出的鳞茎不要在太阳光下晒,防止外层鳞片变色和失水。阴干数天后,即可扦插,或将鳞茎贮藏春季扦插。有冷库的冻藏效果好,亚洲百合品种群和麝香百合品种群的鳞茎进入休眠后,在 −2℃ 下冻藏,东方百合品种群在 −1.5℃ 下冻藏是最适宜的。种球在 2~4℃ 的低温处理及切去鳞片顶端处理均有利于提高鳞片繁殖系数,冷贮处理还可促进鳞片所生子球抽生地上叶。

(2)鳞片的准备　剥去种球表面腐烂或干枯的鳞片,再将鳞片逐一剥下。使用鳞片较肥厚的中、外层鳞片扦插生的小鳞茎数量明显比内层多,速度也较快。用刀切鳞片比手掰整片鳞片生小鳞茎多。鳞片的中、下段比较容易繁殖出小鳞茎,所以无论如何剥离鳞片,必须带上基部。鳞茎年龄大的鳞片繁殖的小鳞茎数多。用 0.1% 升汞溶液消毒 10 min,然后用无菌水冲洗,可以防止鳞片腐烂。

图 3-6　百合

(引自:唐义富.园艺植物识别与应用.北京:中国农业大学出版社,2013.)

(3)扦插基质　以珍珠岩与腐殖土等量、草炭与珍珠岩等量或草炭与沙等量混合后,作为扦插基质是最适合的。也可只用河沙作扦插基质,不足之处是无法提供营养。使用基质要进行消毒。

(4)扦插方法　斜插入基质中,扦插深度为鳞片的 1/2~2/3,注意鳞片内侧面(凹面)朝上。

(5)管理　控温 22~25℃,不同种类的百合对温度的要求略有差异,如麝香百合 23℃ 形成的小鳞茎最多。保持较高的空气湿度,有利于鳞片生小鳞茎。避光,见光鳞片变红。

(6)小鳞茎的低温处理　秋季扦插繁殖出的小鳞茎在我国大部分地区,经过冬季自然通过低温阶段,通过低温阶段后才能抽生地上叶。

五、月季(图 3-7)

扦插是月季最主要的繁殖方法,用一年生的硬枝或当年生半木质化的枝条作插穗。

硬枝扦插的插穗长 15 cm 左右,有 3 个芽。秋季落叶后结合修剪选择健壮的枝条作插穗,当时扦插,或

图 3-7　月季

沙藏第 2 年春天扦插。在河沙或沙土上扦插,扦插深度一般 5 cm 左右。扦插后经常喷水保湿是生根成活的关键措施。为了扦插后容易生根和成活,可在一年生枝条上剪下一小段二年生枝。

在生长旺季,于枝条基部第 3～4 节叶的下部,进行宽度 3 mm 的环状剥皮,15～20 d 后环切部位形成愈伤组织。然后剪下作插穗,长 6～8 cm,保留 2～3 片小叶。扦插深度 2～3 cm,扦插后 15 d 左右生根。扦插数量少的用开花后的顶枝作插穗,一般在花落 2 d 前后腋芽还没萌动时最好,生根容易。

月季也可水插,容器应不透光以防止藻类生长。将插穗插入水中 2/3 左右,容器口塞以棉花或泡沫塑料块固定插穗,使其不触及瓶底,放置在通风良好的地方,稍见阳光,忌曝晒。2～3 d 换 1 次清水,水质要清洁,温度适宜时,一般 25 d 后长出新根。月季插穗扦插后先在基部切口形成愈伤组织,然后在愈伤组织上生根。大量繁殖时,无论用哪种插穗,都可以用 50 mg/kg 吲哚丁酸溶液处理插穗基部 8～12 h,能加速生根。

中华文明源远流长,孕育了中华民族的宝贵精神品格,培育了中国人民的崇高价值追求。自强不息、厚德载物的思想,支撑着中华民族生生不息、薪火相传,今天依然是我们推进改革开放和社会主义现代化建设的强大精神力量。
——2013 年 9 月 26 日,习近平总书记在会见第四届全国道德模范及提名奖获得者时的讲话

思考与练习

一、填空题

1. 花卉扦插时_____较气温略高时对扦插最有利。因为土温高于气温,可促进插条先发根而后发芽,或使根生长较迅速,吸收大于蒸发而容易成活。所以在实用上往往采用_____即加底温的方法以促进生根。

2. 花卉繁殖中常用生根激素促进扦插早生根、多生根,常用_____、_____、吲哚丁酸(IBA)等。

3. 插条多在_____采集,少数可在冬季或_____采取。

4. 针叶树一般用_____枝作插穗。

5. 半熟枝扦插应适当去除叶片或将叶片_____或_____。

6. 当空气相对湿度在_____时有利于大多数插穗生根,软枝扦插要求空气湿度大,空气相对湿度最好在 90% 以上,以避免插穗叶片枯萎。

二、简答题

1. 简述香石竹采穗母株如何选择及准备。

2. 简述大岩桐叶插的方法。

3. 百合鳞片扦插时鳞片如何准备?

项目四

培育分生苗

❀ 知识目标

　　了解分生苗的概念及特点；了解分生苗成活的原理；掌握分生生产方法。

❀ 能力目标

　　能正确选用适合的分生方法；能完成分生苗的生产；能合理进行分生苗后抚育。

❀ 素质目标

　　培养学生的独立性和责任心；培养学生的换位思考能力；培养学生的时间观念及互助精神。

　　分生繁殖是指将丛生的植株分离，或将植物营养器官的一部分与母株分离，另行栽植而形成独立新植株的繁殖方法。

　　分生方法简便，所产生的新植株能保持母株的遗传性状，易于成活，成苗较快；缺点是繁殖系数较低，植株切面较大，易感染病毒病等病害。

　　分生方法有如下几种。

　　1. 分株

　　分株是将根际或地下茎上发生的萌蘖切下栽植，使其形成独立植株。适于分株的园林树种有刺槐、蜡梅、南天竹等；果树有木瓜、枣等；花卉有萱草、玉簪等。禾本科中一些草坪植物也可用此法繁殖。

　　2. 分吸芽

　　某些植物根际或地上茎的叶腋间自然发生的短缩、肥厚呈莲座状的短枝（短匍茎），其下部可自然生根，可从母株上分离而另行栽植。在根际发生吸芽的有芦荟、景天等；地上茎叶腋间发生吸芽的有菠萝等。

　　3. 分珠芽或零余子

　　珠芽或零余子是某些植物所具有的特殊形式的芽，生于叶腋（如卷丹、薯蓣）或花序上（如葱类），脱离母株自然落地后即可生根长成新的植株。

　　4. 分走茎

　　走茎指自叶丛抽出的节间较长的茎（长匍茎）。节上着生叶、花和不定根，也能产生幼小植株。分离小植株另行栽植即可形成新株。以走茎繁殖的植物有草莓、虎耳草、吊兰等。匍匐茎与走茎相似,但节间稍短,横走地面并在节处生不定根和芽,多见于禾本科的草坪植物,如狗牙根等。

5.分根茎

有些多年生植物的地下茎肥大呈粗而长的根状。根茎与地上茎在结构上相似,均具有节、节间、退化鳞叶、顶芽和腋芽。用根茎繁殖时,将其切成段,每段具 2～3 个芽,节上可形成不定根,并发生侧芽而分枝,继而形成新的株丛。莲、美人蕉等多用此法繁殖。

6.分球茎

有的植物地下变态茎短缩肥厚而呈球状。老球侧芽萌发基部形成新球,新球旁常生子球。繁殖时可直接用新球茎和子球栽植,也可将较大的新球茎分切成数块(每块具芽)栽植。唐菖蒲和慈姑等可用此法繁殖。

7.分鳞茎

有些植物的变态地下茎有短缩而扁盘状的鳞茎盘,上面着生肥厚的鳞叶,鳞叶之间发生腋芽,每年可从腋芽中形成一个或数个子鳞茎。生产上可将子鳞茎分出栽种而形成新植株,如水仙、郁金香等。为加速繁殖,还可创造一定条件分生鳞叶促其生根,这在百合的繁殖栽培中已广泛应用。

8.分块茎

多年生植物有的变态地下茎近于块状。根系自块茎底部发生,块茎顶端通常具几个发芽点,块茎表面也分布一些芽眼,内部着生侧芽,如马铃薯、马蹄莲。这类植物可将块茎直接栽植或分切成块繁殖。

 # 任务一 花卉分生育苗基础知识

一、分生繁殖的概念

一些花卉植株上能产生新的幼小植株体,将其与母株分离或者将营养器官的某一部分与母株分离后,另行栽植都能成为新的植株,这种繁殖方法就是分生繁殖。

二、常用分生育苗的花卉

(1)宿根花卉 许多宿根花卉都有很强的分生能力,栽培一年或几年后发生萌蘖,能够分生出许多幼株,如菊花、荷包牡丹、报春花、景天类、金光菊、君子兰等。可将全株分割为数丛,有的只将萌蘖另行栽植,母株不动。

(2)花灌木 许多木本花卉的母株根际能发生萌蘖,可以将它们带根分割另行栽植,母株不动。萌蘖力强的有牡丹、棣棠花、绣线菊类、丁香、连翘、迎春花、榆叶梅、玫瑰等。

(3)球根花卉 球根花卉栽培后母株能长出许多子球,是繁殖的最主要方法之一,如朱顶红、韭莲、马蹄莲等。把它们掰开或切开,分别栽种后培育成新植株。仙客来、大岩桐、球根秋海棠等块茎扁圆形,不能分生小块茎,但可进行切割,分成数块繁殖。

三、分生育苗时间

(1)露地宿根花卉 大多数花卉种类最好在春季进行分株,因为春季植株的生长势强,容易适应新环境。秋季分株应在植物的地上部分进入休眠,而根系仍未停止活动时进行,以保证入冬前必须长出一些新根,如芍药。春季开花的草本花卉宜于秋冬休眠期分株。

(2)室内盆栽宿根花卉　最好结合换盆进行分株,秋季开花的花卉宜在早春分株。

(3)球根花卉　大部分在秋季收获时进行分球,或在春季栽培前进行(如晚香玉)。

(4)室内常绿花木　分株最好在春季旺盛生长前进行。生长快的每年进行 1 次分株,生长缓慢的数年进行 1 次分株(如苏铁等)。

(5)露地常绿花木　到了冬季大多停止生长而进入半休眠状态,这时树液流动缓慢,因此宜在春季分株。

(6)露地落叶花木　在华南地区可在秋季落叶后进行,因为南方的空气湿度较大,土壤一般不冻结,有些花木可在入冬前长出一些新根,冬季枝梢也不容易抽干,而北方一般在早春进行分株比较适宜。

四、分株育苗

(1)用手直接将母株分开成为新株,这是最简单的分生繁殖方法,许多宿根花卉都可以这样做,如羽叶蔓绿绒、萱草、肾蕨等。

(2)分生的新株与母株长在一起,可用手掰开,不能掰开的需要用利刃(如剪子、刀、铁锹等)切开才行。没有根系或根系很少的先切离母株,然后在苗床上培育,当根系长好后再定植,如芦荟科的一些种类、凤梨科植物、君子兰、石莲花等。

大型的木本花卉分株时要将植株从容器里倒出,用手敲击土坨,用剪子剪开根系,然后用手扒开,有的需要用铁锹或锋利的刀切开,必要时两人合作分株。

(3)一些萌蘖力很强的花灌木和藤本植物,如蔷薇、月季、凌霄及一些绣线菊类等在母株的四周常萌发出许多幼小株丛,在分株时不必挖掘母株,只挖掘分蘖苗。用锋利的刀、剪、斧、铁锹等将萌蘖切开,切口处最好涂抹草木灰或硫黄粉消毒。多数花卉分株时需尽量少伤根系,分株苗栽植后及时浇水,有的需要遮阴,缓苗后见光。

五、分球育苗

利用球根花卉的地下变态茎产生的子球进行种植的繁殖方法叫作分球繁殖。主要在春季和秋季进行,球根掘取后将大小球按级分开,置于通风处,使其经过休眠后进行种植。图 4-1 为自然分球。

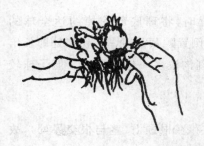
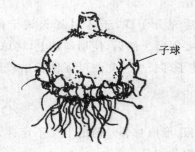

子球

二维码 8　睡莲分株

图 4-1　自然分球

1.球茎

如唐菖蒲,其地下茎为短缩而肥大的球茎。顶部二芽较大,球茎栽培后待全部养分耗尽即干枯,并于其新茎基部逐步膨大长成新球,在新球茎部四周长出许多小球(子球)。秋季掘取后晒干,除去干枯老球,将新球与子球剥离,分别贮藏,春季栽植。

2.鳞茎

鳞茎一般都采用自然分球法,待鳞茎自然分化形成数个新鳞茎后,分离栽培。一般鳞茎分化较慢,仅能分出数个新球,所以大量繁殖时,对有些种类如百合、风信子,可进行人工处理,促使长出子球供繁殖。百合的鳞片,可剥下进行扦插。在百合开花后(6—7月)掘起鳞茎,带少许鳞茎盘剥下进行扦插。在百合开花后数日,待表面稍皱缩时剥下,鳞片基部向下,斜插于松土内,覆土约 3～4 cm,以后在鳞片基部长出一到数个小球。这种子球一般经 3～4 年培养就可开花。另如风信子,其鳞茎可通过人工刻伤刺激其长出多量子球(图 4-2)。

图 4-2 风信子鳞茎人工刻伤处理

(1)刻沟法 在 6 月掘起鳞茎后使充分阴干,约经一个月后,在鳞茎基部切割成放射形或十字形切口,深度约 1 cm,切后可敷上一些硫黄粉以防腐。然后将鳞茎倒置(切口向上),放于贮藏架上,到秋季伤口间及发根部分会长出极小的小球。将此生有小球的鳞茎栽植于排水良好的圃地。经处理的鳞茎因花芽已被切伤,故不再开花,生长亦不健旺,但小球可继续长大。次年掘起,母球则枯死,但可得 20～30 个子球,子球培养 3～4 年即可开花。

二维码 9 仙客来分株

(2)挖孔法 母球掘起后充分干燥,于 8 月择天晴干燥时,将球底部挖掉约达全球的 1/3～1/4,切口应光滑,根盘要保留。然后,使切口朝上,将球倒置贮藏,到秋季,伤口处即长出小子球。栽时可将球倒栽,使子球长大。此法可促使长出较刻沟法多一倍的子球。但子球较小,须经 4～5 年培养方能开花。

3.块根

大丽花的地下部分是块根,形似甘薯。但根上无不定芽,芽在根颈上(茎与根交界处),故分割繁殖时必须每块根连带着芽切分。

任务二 花卉分生育苗实例

一、芍药

(一)分株时间

分株繁殖是芍药(图 4-3)最常用的繁殖方法。一般观赏栽培 6～8 年分株 1 次,药用栽培 3～5 年结合采根分株。我国从北往南依次应在 9—10 月中旬分株最为适宜,此时芍药的新芽已经形成,分株后天气转冷凉,但地温又不太低,分株后根系还有一段时间恢复生长,而芽又不会伸出地面,为第 2 年春天生长奠定了基础。分株太晚根系恢复时间短,一般不在春天分株,如果春季进行分株宜早不宜迟,最好在出土前分株。

图 4-3 芍药

(二)分株方法

将母株全部挖出,根部朝天。按大小和芽的多少,顺其自然生长情况用利刃切开母株,剪除腐朽的根部,保留健壮的根部。药用栽培的植物分株时,在根颈部以下 5～6 cm 处切断,下部粗根作药用。一般每丛带 3～5 个芽,为了扩大繁殖可带 2 个芽,为了早见效果可带 6～7 个芽或更多(图 4-4)。分株后可马上栽植,栽植的土壤不要太湿,防止根系腐烂。为防止腐烂也可以阴干,当伤口愈合后栽植,或者伤口涂上草木灰或硫黄粉。按芍药芽的大小分别栽植,便于管理。如不能及时栽种,应马上贮藏,可在室内选阴凉通风干燥处,地上铺湿润的细沙土,将芽向上堆放,再盖湿润沙土。

如果要保持母株在原地继续开花,可将被分的母株切除 1/2～5/6,剩下母株不动,这样做除了株丛变小外,根系基本未受太大的伤害,秋季分株或春季早分株均不影响母株开花。

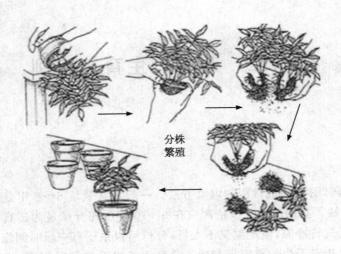

图 4-4　分株繁殖

二、鹤望兰

鹤望兰(图 4-5)生长季节分株,或结合换盆进行分株,花落后分株更为适宜。地栽的鹤望兰植株生长过密的可将一部分植株挖出,或将整个株丛挖出。尽量多带根系,不要使茎、叶受到伤害。用刀从根茎的空隙处将母株分成几丛,或将母株侧面的幼株用刀切成几丛,这样对原母株的生长和开花影响较小。在切口处蘸上草木灰,在通风处风干 3 h 左右,过长的根可适当剪短,然后栽植,根的周围多加粗沙可防止烂根,或将母株侧面的小植株用快刀切下,或掰下根部 10 cm 以上的幼芽,栽入盆土内。一般母株叶片数越多,幼芽越多。

图 4-5　鹤望兰

三、香雪兰

(一)球根生长特点

香雪兰(图 4-6)的母球茎有着生若干个子球的特点,将这些子球单独培育 1 年后能长成大球。有些植株还能在花茎叶片的叶腋部位形成珠芽,称为空中子球,空中子球也可以培养成开花种球。

经过 2～5℃低温贮藏的球根栽培后能明显增加子球的数量,当贮藏的温度低于 13℃就有增加子球的效果,但远不如 2～5℃的低温。香雪兰需要高温解除休眠,球茎的形成需要低温诱导。

> 岁不寒无以知松柏,事不难无以见君子。
>
> ——荀子

图 4-6 香雪兰
引自:唐义富.园艺植物识别与应用.北京:中国农业大学出版社,2013.

(二)球根的贮藏

开花后加强管理,促使球根迅速增长肥大。叶片开始枯黄时收获球根,抖掉球根上的泥土,除去球根上的须根,晾干,按球根大小分别贮藏。贮藏在阴凉、干燥的地方,如直接放在2～5℃的地方贮藏,9—10月栽培时要用30℃的高温处理30 d左右解除休眠,在常温越夏后自然解除休眠。

(三)小球的培育

将球根小的按5 cm左右的行距,3～4 cm株距栽培,覆土2～3 cm。栽后浇透水,控温15～20℃,10 d左右发芽生长。追肥3～4次,及时去掉花枝。直径1 cm以上的大球栽培后可开花,室内可以用花盆栽培。

四、大花美人蕉

(一)根茎的贮藏

在北方,大花美人蕉(图 4-7)繁殖的关键是根茎的贮藏。大花美人蕉的根茎贮藏比蕉芋根茎、大丽花块根、唐菖蒲球茎、晚香玉鳞茎等都要难一些,若没有适宜的环境条件和细心的管理,一般情况下经过贮藏后总有一些根茎因黑腐而不能发芽,如果条件不适宜又管理不善,可能全部黑腐。

冬季土壤出现冻层的地方,于初霜前后及时挖出根茎,挖前5～7 d不要浇水。先在茎基部割去茎叶,然后小心挖起,不要碰伤根茎。晾晒一段时间,这样能够减少根茎的一些水分有利于贮藏。为了便于贮藏,将整墩的根茎分割开,根茎的伤口

图 4-7 大花美人蕉

处最好抹草木灰消毒。在窖里或冷凉的室内用湿沙埋好贮藏，或放在容器里，如用育苗盘，可将容器堆积起来以增加贮藏量。无论如何贮藏上面都要盖上湿润河沙，在环境潮湿的情况下整个贮藏期间不浇水，温度在 1～5℃ 时贮藏效果最好。

有条件的初霜前选健壮植株，带大土坨将全株移入温室或拱棚内，可相邻密植，或盆栽作留种母株。初霜前移入室内，让其继续生长开花。一般来说，进入严寒天气后大花美人蕉不能再继续生长开花，此时将地上部分割去，但保护地的条件足可以不让根茎完全休眠。到了早春提早分株繁殖，能早开花 15～20 d，也没有根茎出现坏死现象。

(二)分株

(1)贮藏的根茎分株　在终霜前 60～70 d 将贮藏的根茎放在 15～25℃ 的地方催芽。用沙子或细沙土盖好，保持湿润。要经常检查，当芽眼萌发时就分割根茎，把它们切成带有 1～2 个芽眼的小块，已经分割的根茎不切。然后在直径 10～12 cm 的容器中培养，在地床上培养的定植时需要缓苗。

(2)在露地宿存的根茎分株　南方春季把在露地宿存的根茎分开。在华南地区，大花美人蕉一年四季生长，栽培 3～4 年后生长衰退，必须更新复壮。把整个根茎挖出，选生长健壮的无病虫害的根茎分株栽培。

(3)矮化处理　在苗期长出第 1 片叶时，开始用 50 mg/kg 多效唑溶液处理，每隔 7 d 喷 1 次药，连续处理 6～7 次，能使株形矮化，提高观赏效果。

五、散尾葵

散尾葵(图 4-8)分蘖力强，生长正常的每丛可分蘖数十株。在春季气温稳定回升且温度较高时进行分株。南方地栽的散尾葵株丛进行分株时，从株旁挖起小丛，另行栽植，母株原地不动。盆栽的结合换盆进行分株，每隔 3 年左右分株 1 次。选分蘖多、生长健壮的植株，从容器里取出，去掉部分宿土。用利刃从基部将连接处切开，每丛最少要有 3 株。注意保持株形完整、优美。伤口涂以草木灰、木炭粉或硫黄粉消毒。以每丛为 1 盆栽植，置于 20℃ 左右的地方养护。

六、苏铁

苏铁(图 4-9)可用蘖芽(吸芽)繁殖。在苏铁成株树干的中下部有分蘖，从母株上取下繁殖，具体分以下 3 种情况。

(1)有多片叶和少量根系的分蘖　多长在靠近土中的根际处，从树干上切取后直接栽种，不需做特殊养护。

(2)有 1 至数片叶但无根系的分蘖　它在茎干的中下部和根颈处均有着生。将其从茎干上切取下来，埋栽于干净的湿沙中，如果叶片超过 4～5 片，可先剪去 2～3 片后埋栽。遮阴 50% 左右，当蘖芽基部生根后移栽。

(3)既无羽叶又无根系的蘖芽　多生长于苏铁树干的中下部。春季用利刃切下蘖芽，切割时要尽量少伤及茎皮。当蘖芽切口干后，扦插在含有较多粗沙的培养土中，或扦插于干净的湿沙中。

　　后两种没有根系的蘖芽也可直接栽在装有营养土的花盆里。遮阴50%左右,控温在25~
30℃,保持较高的空气湿度,2个月左右蘖芽生根。

图 4-8　散尾葵

图 4-9　苏铁

项目五

培育压条苗

🍁 知识目标

　掌握压条繁殖的方法；掌握花卉育苗各种方法的程序及技术要点。

🍁 能力目标

　能准备压条育苗用具，会压条育苗；能制定花卉育苗方案，能生产花卉压条苗。

🍁 素质目标

　培养学生踏实肯干、任劳任怨的工作作风；培养学生团结协作、开拓创新的工作态度；培养学生精益求精的工匠精神。

◆◆◆ 任务一　压条基础知识 ◆◆◆

压条是对植物进行人工无性繁殖（营养繁殖）的一种方法。与嫁接不同，枝条保持原样，即不脱离母株，将其一部分埋于土中，待其生根后再与母株断开。对桑、葡萄等已实际应用，木瓜等的压条也比较容易。

一、概念

压条是将未脱离母体的枝条压入土内或在空中包以湿润材料，待生根后把枝条切离母体，成为独立新植株的一种繁殖方法。此法简单易行，成活率高，但受母株的限制，繁殖系数较小，且生根时间较长。因此，压条繁殖多用于扦插繁殖不易生根的树种，如玉兰、桂花、米仔兰等。

二、压条时期

压条时期因植物种类和当地气候条件而异。一般落叶植物的压条适期多在冬季休眠期，或在早春 2—4 月刚开始生长时。秋季 8 月以后，亦可进行压条。因为此时枝条已发育成熟，枝条内养分充足，最容易发根。常绿植物则以雨季为宜，因为此时压条容易生根，并有充分的生长时期,可以满足压条的伤口愈合、发根和生长。但应注意在树液流动旺盛时进行压条,以不施行切割、刻伤等为宜。

压条的时期依压条的方法不同而异,可分为休眠期压条和生长期压条。

(1)休眠期压条 在秋季落叶后或早春发芽前,利用一、二年生的成熟枝条进行。休眠期压条多采用普通压条法。

(2)生长期压条 一般在雨季进行,北方常在夏季,南方常在春、秋两季,用当年生的枝条压条。在生长期进行的压条多采用堆土压条法和空中压条法。

三、压条前期准备

除了一些很容易产生不定根的种类,如葡萄、常春藤等,不需要进行压条前处理外,大多数植物为了促进压条繁殖的生根,压条前一般在芽或枝的下方发根部分进行创伤处理后,再将处理部分埋压与基质中。

这种前期处理有环剥、绞缢、环割等,是将顶部叶片和枝端生长枝合成有机物质和生长素等向下输送的通道切断,使这些物质积累在处理口上端,形成一个相对的高浓度区。

由于枝条的木质部又与母株相连,所以能继续得到源源不断的水分和矿物质营养的供给,再加上埋压造成的黄化处理,使切口处像扦插生根一样产生不定根。常用以下方法:

1. 机械处理

机械处理主要有环剥、环割、绞缢等。一般环剥是在枝条节、芽的下部剥去部分枝皮;绞缢是用金属丝在枝条的节下面进行环缢;环割则是环状割1～3周。以上都深达木质部,并截断韧皮部的筛管通道,使营养和生长素积累在切口上部。

2. 黄化处理

又叫软化处理,用黑布、黑纸包裹或培土包埋枝条使其黄化或软化,有利于根原体的生长。在早春发芽前将母株地上部分压伏在地面,覆土2～3 cm。待新梢黄化长至2～3 cm再加土覆盖。待新梢长至4～6 cm时,至秋季黄化部分长出相当数量的根,将它们从母株切开就可供嫁接用。

3. 激素处理

促进生根的激素处理(种类和浓度)与扦插基本一致。IBA、IAA、NAA 等生长素能促进压条生根。为了便于涂抹,可用粉剂或羊毛脂膏来配制或用50％乙醇液配制,涂抹后因乙醇立即挥发,生长素就留在涂抹处,尤其是空中压条法用生长素处理对促进生根效果很好。

4. 保湿通气

不定根的产生和生长需要一定的湿度和良好的通气条件。良好的生根基质,必须能保持不断的水分供应和良好的通气条件。尤其是开始生根阶段。松软土壤和锯木屑混合物,或泥炭、苔藓都是理想的生根基质。若将碎的泥炭、苔藓混入在堆土压条的土壤中也可以促进生根。

四、主要方法

1. 高压法(空中压条法)

高压法为我国繁殖花木果树最古老的方法,约有3 000年的历史,亦称中国压条法,适用于木质坚硬不易弯曲的枝条,或树冠较高枝条无法压到地面的树种。园林上还常用于繁殖一些珍贵花木,如含笑、米兰、杜鹃、山茶、月季、榕树、广玉兰、白兰花、红花紫荆等。

高压法在整个生长期都可进行,但以春季和雨季为好。一般在3、4月选直立健壮的2~3年生枝,也可在春季选用上一年生枝,或夏末在木质化枝上进行。方法是将枝条被压处(距基部5~6 cm左右)进行环状剥皮,剥皮长度视被压部位枝条粗细而定。花灌木一般在节下剥去1~1.5 cm,乔木一般剥去3~5 cm。注意刮净皮层、形成层,然后在环剥处包上保湿的生根材料,如苔藓、椰糠、锯木屑、稻草泥,外用塑料薄膜包扎牢。3~4个月后,待泥团中普遍有嫩根露出时,剪离母树。为了保持水分平衡,必须剪去大部分枝叶,并用水湿透泥团,再蘸泥浆,置于庇荫处保湿催根。一周后有更多嫩根长出,即可假植或定植,有些植物应该过两个生长期,如丁香、杜鹃及木兰。进行空中压条,一般常绿树是在生长缓慢期进行分株移植,落叶树是在休眠期进行分株移植。为防止生根基质松落损伤根系,最好在无光照弥雾装置下过渡几周,再通过锻炼成活更可靠。高压法成活率高,但易伤母株,大量应用有困难。

2.培土压条法

培土压条法亦称堆土法(图5-1),是在春季萌芽前,在地面上2 cm左右将母株枝条短截,促发萌蘖。当新梢长达20 cm时,在新生枝条上刻伤或环状剥皮,并将行间土壤松散地培在新梢基部,高约10 cm,宽约25 cm。一个月后新梢高达30~40 cm时,进行第二次培土。培土时注意用土将各枝间距排开,不致使苗根交错。一般培土后20 d左右开始生根,休眠期可扒开土堆进行分株起苗。分株时从新梢基部2 cm处剪下枝条,剪完后对母株再立即覆土保湿。翌春发芽前再扒开覆土,促使母株继续发枝,重复进行压条。母株利用多年后,为控制其生长高度以利培土,应进行更新修剪。此法适用于萌蘖性强及丛生性强的树种,如悬钩子、杜鹃、红叶李、贴梗海棠、栀子、八仙花等。

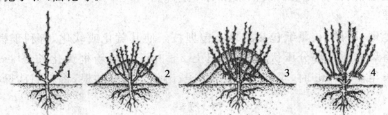

图5-1　培土压条法

1.短截促萌　**2.**第一次培土　**3.**第二次培土　**4.**扒土分株

3.单枝压条法

单枝压条法是最常用的一种地面压条法,适用于枝条离地面近,并易弯曲的树种,如桂花、蜡梅、夹竹桃、迎春、连翘、玉兰、夹竹桃等。方法是选择母株近地面的一、二年生长健壮的枝条,在准备生根处进行刻伤或环状剥皮,弯曲埋入土中,沟深约15~20 cm。近母株一侧为一斜面,以使枝条与土壤密切接触,外一侧则为垂直面以引导新梢垂直向上生长。顶端露出地面,用钩状竹叉、树杈或铁丝等固定其位置。生根后自母株切离,成为独立的植株。一般一根枝条只能繁殖一株幼苗。

常绿树种的名贵品种,往往将枝引入有缺口的花盆、竹筐或塑料营养袋中,然后依法埋土,待生根后切离母株,可连同容器一同取出移栽,由于根际带有宿土,移栽易成活。

4.枝顶压条法

枝顶压条法也是一种地面压条法亦称枝尖压条法,适用于连翘、醋栗、悬钩子、杨、柳、四照花等枝条细软又容易生根的植物。

通常在夏季植物新梢尖端已不再延长,叶片小面卷曲如鼠尾状时即可将其新梢先端埋入土中。试验表明,新梢生根能力在新梢停止生长后最大。当年便在叶腋处发出新梢和不定根,一般在年末可剪离母株,成为新植株。植株包括一个顶芽、大量的根和一段 10～15 cm 的老茎。因为枝梢压条苗弱,容易受伤和干燥,最好在栽植之前不久掘起。

5.连续压条法

连续压条法是地面压条法的一种,又名水平压条法(图 5-2),适于葡萄、紫藤、连翘、黄荆、铺地蜈蚣等藤本、蔓性植物。

在春季萌发前,选择生长健壮的近地面的长枝,截去顶端和抹去向下的芽,将枝条整个埋在事先挖好的沟内,用竹钩固定位置,待向上的芽萌发新梢伸长后分次覆土,使每节的芽萌发成幼枝,并于基部生根后把幼枝间相连的地下母株切断,挖起带根的幼株分栽,此法虽然能在一枝上获得多数新植株,一般以 3 枝为宜。对未压的枝条应行短剪,促发新枝供下年备用。但其操作不如单枝压条法简单,且新株较多,养料消耗大,易致母株衰弱。

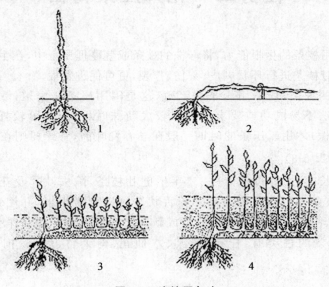

图 5-2　连续压条法
1.待压枝条　2.枝条拉平　3.第一次培土　4.第二次培土

五、压条后管理

压条以后必须保持土壤湿润,随时检查埋入土中的枝条是否露出地面,如已露出必须重压。对被压部位尽量不要触动,以免影响生根。分离压条时间,以根的生长情况为准,必须有良好的根群才可分割,一般春季压条要有 3～4 个月生根时间,待秋凉后切割。初分离的新植株应特别注意养护,结合整形适量剪除部分枝叶,及时栽植或上盆。栽后注意及时浇水、遮阴等工作。

六、应用

对于压条繁殖,其应用范围要次于种子繁殖与扦插繁殖,因为其费时、繁殖效率较低。当无法用种子或扦插繁殖时,才使用压条繁殖。

在植物领域,压条繁殖主要应用于桂花、石榴、夹竹桃、葡萄、梅、白兰、迎春花、紫荆、樱花、玫瑰、连翘、蔷薇、八仙花、栀子花、紫檀、何首乌、茶花、薄荷、金雀花、桑、木瓜、仙丹花、苎麻属、铺地柏、吊钟、素方花、素馨花、榕属、马兜铃、金鸡纳树、月橘、金橘、变叶木、琼花、莲雾、玉兰、葛藤、蔓荆子、含笑等。

七、优点

繁殖速度快,可以在短时间内大批量地培育出所需要的植物新个体;可以防止植物病毒的危害。

◆◆◆ 任务二　花卉压条育苗 ◆◆◆

压条繁殖是利用枝条的生根能力,将母株的枝条或茎蔓埋压土中,在生根后再从母株割离成独立新株。如能对枝条进行环状剥皮、刻伤、拧裂,更可促进发根。

凡扦插易生根的种类,均不用压条法繁殖,这是因用压条法繁殖,数量受限制,所以此法往往在用其他方法不易成功或要求分殖出较大新株时(用压条可较扦插用较大枝条,生根后即分成较大新株)才用。压条的时期一般在早春发叶前,常绿树则在雨季进行。

1. 偃枝压条法(图 5-3)

于早春植株生长前,选择母株上一、二年生健壮枝条,除去叶片及花芽,弯压枝条中部埋入土内,并可在枝条入土部分用刀割一斜舌状缺刻以刺激生根,并用铁丝钩或砖石等压住枝条,使固定于土内。待生根后即可分离成新株。一般压条后经一个生长季节即可生根分离。可用偃枝压条的种类有:桂花、棣棠、八仙花、南天竹、虎刺、枸杞、迎春、探春、连翘等。

2. 波状压条法

藤木或蔓性植物可将其近地面枝条弯成波状,连续弯曲,而将着地部分埋于土内使之生根,突出地面部分发芽、生根后,逐段切分成新株。此法称为波状压条。蔓性种类如:紫藤、蔓性蔷薇、大丽花、木通、络石、金银花、扶芳藤、铁线莲、地锦等都可用此法。

3. 壅土压条法

适用于由根部能发生萌蘖的种类,如柳杉、日本金松、杉木、海桐、月桂、杜鹃、瑞香、大八仙花、黄杨、栀子、牡丹、连翘、蜡梅、玉兰、绣线菊等。方法是将母株进行重剪,促使发生多量新枝,并在母株基部进行壅土。壅土时,应把枝条分开,待新根发生后即可分离成新株。

1.选择一、二年生健壮枝条

2.将枝条刻伤或环剥

3.固定枝条

4.盖土

图 5-3　偃枝压条法

4.高压法（空中压条法）

此法是繁殖花木的一种良好方法。我国很早就用此法,故又称中国压条法,用于较高大或枝条不易弯曲的植株。将枝条皮剥去一半或剥成环状,或纵刻成伤口,然后用对开的竹筒、花盆、厚纸筒、塑料布等包合于刻伤处固定,里面充以水苔、草炭或培养土,并经常浇水使保持湿润,待生根后即可切离而成新株。可用空中压条法繁殖的种类有:变叶木、夹竹桃、柠檬、柑橘、杜鹃、橡皮树、八角金盘、松树、朱蕉、千年木、槭树、红瑞木、扶桑、绣球花、紫藤等。图 5-4 为桂花空中压条法。

2017 年 5 月 3 日,习近平总书记在中国政法大学考察时说:"青年在成长和奋斗中,会收获成功和喜悦,也会面临困难和压力。要正确对待一时的成败得失,处优而不养尊,受挫而不短志,使顺境逆境都成为人生的财富而不是人生的包袱。"

1. 选一年生健壮枝条,在中部环剥

2. 用水苔包裹伤口

3. 用塑料袋绑紧,并在干旱时解开浇水

4. 生根后将新株剪下

5. 将新株上盆

图 5-4　桂花空中压条法

任务三 花卉压条育苗实例

一、桂花(图 5-5)

图 5-5 桂花

(一)空中压条

春天萌芽时,在 1～2 年生枝条上进行环状剥皮,宽 1～1.5 cm。剥皮处用塑料薄膜包上,南方可用毛竹筒一分为二。经常浇水保持湿润,2 个月左右形成新根,秋季与母株分离。

(二)地压法繁殖

春季选丛生状或低分支的母株进行地面压条繁殖,在母株的四周,沿着枝条自然伸展的方向,挖一条深、宽各 20 cm 的小沟,然后将下部一、二年生枝条环状剥皮处理后顺势压入沟中,并用肥土将沟填满踩实,浇足水后再将压枝部位的土培成馒头状,一般每株母本可压 4～5 个枝条,对被压的枝条要进行固定。大量压条繁殖的可将母株卧倒压条繁殖。

二、白玉兰(图 5-6)

(一)普通压条

压条最好在 2—3 月进行,将所要压取的枝条基部割进一半深度,再向上割开一段,接着轻轻压入土中,不使折断,用"U"形的粗铁丝插入土中,将其固定,防止翘起,然后堆上土。春季压条,待发出根芽后即可切离分栽。

图 5-6　白玉兰

(二)高枝压条

入伏前在母株上选择健壮和无病害的嫩枝条(直径 1.5～2 cm 的),于分叉处下部切开裂缝,然后用竹筒或无底瓦罐套上,里面装满培养土,外面用细绳扎紧,小心不去碰动,经常少量喷水,保持湿润,次年 5 月前后即可生出新根,取下定植。

思考与练习

一、名词解释

1.偃枝压条法　2.壅土压条法

二、填空题

压条的时期一般在_____前,常绿树则在雨季进行。

三、简答题

简述空中压条的方法。

项目六

种子检验技术

🍁 知识目标

了解种子检验技术要求与规程；掌握扦样、净度分析、发芽试验、水分测定等检验指标的操作程序。

🍁 能力目标

能独立完成种子扦样、种子净度分析、发芽率试验和水分测定；能正确填报检验报告。

🍁 素质目标

培养学生良好的心理素质；培养学生精益求精的工匠精神；培养学生踏实肯干、任劳任怨的工作态度。

种子质量的高低决定了农业生产的优质和高产水平。而种子质量的高低可以通过种子检验工作来评价，并且在生产中实施质量监督和管理。种子检验源自种子经营贸易对种子质量的需求，并随着种子产业科技的进步而发展，其检验的理论和技术不断得到更新，但整个过程还是分成扦样、检测和结果报告三部分。

种子检验（seed testing）是指应用科学、先进和标准的方法对种子样品的质量进行正确的分析测定，判断其质量的优劣，评定其种用价值的一门科学技术。

种子检验的对象是农业种子，主要包括：植物学上的种子（如大豆、棉花、洋葱、紫云英等），植物学上的果实（如水稻、小麦、玉米等颖果，向日葵等瘦果），植物的营养器官（马铃薯块茎、甘薯块根、大蒜鳞茎、甘蔗的茎节等）。因此，要根据不同农业种子的质量要求进行检验。

《国际种子检验规程》引言中这样写道："农业上最大的威胁之一是播下的种子没有生产潜力，不能使所栽培的品种获得丰收。开展种子检验工作是为了在播种前评定种子质量，使这种风险降低到最低程度"。

种子检验通过对品种的真实性、纯度、净度、发芽力、生活力、活力、种子健康、水分和千粒重等项目进行检验和测定，评定种子的种用价值，以指导农业生产、商品交换和经济贸易活动。种子检验的目的就是保证农业生产使用符合质量标准的种子播种，减少甚至杜绝因种子质量低劣所造成的缺苗减产的风险，降低盲目性和冒险性，控制并减少有害杂草的蔓延和危害，充分发挥栽培品种的丰产特性，为农业丰收奠定基础，确保农业生产安全。

总之,种子检验的最终目的就是要测定种子的种用价值。

一、种子质量的含义

种子质量(seed quality)是由种子不同特性综合而成的一种概念。农业生产上要求种子具有优良的品种特性和种子特性,通常包括品种质量和播种质量两个方面的内容。品种质量(genetic quality)是指与遗传特性有关的品质,可用"真、纯"两个字概括。播种质量(sowing quality)是指种子播种后与田间出苗有关的质量,可用"净、壮、饱、健、干、强"6个字概括。

(1)真 是指种子真实可靠的程度,可用真实性表示。如果种子失去真实性,不是原来所具有的优良品种,小则不能获得丰收,大则延误农时,甚至导致颗粒无收。

(2)纯 是指品种典型一致的程度,可用品种纯度表示。品种纯度高的种子因具有该品种的优良特性,故可获得丰收;相反品种纯度低的种子由于其混杂退化,因此会导致明显减产。

(3)净 是指种子清洁干净的程度,可用净度表示。种子净度高,表明种子中杂质(无生命杂质及其他作物和杂草种子)含量少,可利用的种子数量多。净度是计算种子用价的指标之一。

(4)壮 是指种子发芽出苗齐壮的程度,可用发芽力、生活力表示。发芽力、生活力高的种子发芽出苗整齐,幼苗健壮,同时可以适当减少单位面积的播种量。发芽率也是种子用价的指标之一。

(5)饱 是指种子充实饱满的程度,可用千粒重(或容重)表示。种子充实饱满表明种子中贮藏物质丰富,有利于种子发芽和幼苗生长。种子千粒重也是种子活力的指标之一。

(6)健 是指种子健全完善的程度,通常用病虫感染率表示。种子病虫害直接影响种子发芽率和田间出苗率,并影响作物的生长发育和产量。

(7)干 是指种子干燥耐藏的程度。可用种子水分百分率表示。种子水分低,有利于种子安全贮藏和保持种子的发芽力和活力。因此,种子水分与种子播种质量密切相关。

(8)强 是指种子强健,抗逆性强,增产潜力大。通常用种子活力表示。活力强的种子,可早播,出苗迅速整齐,成苗率高,增产潜力大,产品质量优,经济效益高。

种子检验就是对品种的真实性和纯度、种子净度、发芽力、生活力、活力、健康状况、水分和千粒重进行分析检验。在种子质量分级标准中是以品种纯度、净度、发芽率和水分4项指标为主,作为必检指标,也作为种子收购、种子贸易和经营质量分级和定价的依据。

二、种子质量标准要求

我国于1984年曾颁布过粮食、蔬菜、林木和牧草种子的质量标准。随着我国农业的不断发展和种子检验规程的重新修订,我国于1996年、2000年、2008年、2010年等几次重新修订和颁布了粮食作物(禾谷类与豆类)、经济作物(纤维类与油料类)、瓜菜作物等主要农作物种子质量标准,其目的是为了保护种子生产、经营和种子使用者的利益,以避免不合格种子用于农业生产而造成损失。为使栽培的优良品种能获得高产、优质和高效的收益,必须有一个统一而科学的种子质量标准进行规范。

目前,我国常见农作物种子质量指标基本上都是以纯度、净度、发芽率和水分4项指标对种子质量进行分级定级。其中以品种纯度指标作为划分种子质量级别的依据。其他三项中若有一项达不到指标的,则为不合格种子。具体标准详见以下国标:

GB 4404.1—2008;GB 4404.2—2010;GB 4404.3—2010;GB 4404.4—2010;

GB 4406—84(部分有效);GB 18133—2012;GB 4407.1—2008;GB 4407.2—2008;GB 19176—2010;GB 16715.1—2010;GB 16715.2—2010;GB 16715.3—2010;GB 16715.4—2010;GB 16715.5—2010;GB 8080—2010。(详见附录)。

二维码10 附件

三、种子检验的内容

种子检验就是对种子质量的检验,其技术内容主要包括五个方面:

(1)物理质量的检测 包括 7 个检测项目,即净度分析、其他植物种子数目测定、重量测定、水分测定、小型清选测试、种子批异质性测定、X 射线测定。

(2)生理质量的检测 包括发芽试验、生活力测定、活力测定。

(3)遗传质量的检测 包括品种真实性和品种纯度的检测。

(4)卫生质量的检测 即种子健康测定。

(5)种子质量的若干特性的检测 包括称重重复测定、包衣种子检验等。

我国目前应用最普遍的主要还是净度、水分、发芽率和品种纯度等特性。

四、种子检验的特点

1. 具有一定的连贯性和顺序性

种子检验的每个项目都按"样品→检测分析→计算及结果报告"这样一个顺序进行。如果样品没有代表性,其检验结果就不能采用。一个项目测定后的样品可能作为下一个项目的分析样品。因此,某个环节的失误将导致整个检验工作的失败,某个环节测定结果不准确,有时会影响到下一个环节的测定结果。

2. 必须严格按照技术规程进行,结果才有效

在国际贸易中,必须按照国际种子检验规程进行测定。在国内贸易中,必须按照国家种子检验规程进行测定。或者按贸易双方合同允许的方法进行检验。

3. 必须借助大量先进的仪器和设备进行。

才能提高检验的准确性和工作效率。种子检验是一项很严肃的工作,决定了种子质量等级及其使用价值,直接关系到种子生产者和使用者的经济利益,必须认真对待,严格按照技术规程进行,其结果才可信、有效。

五、种子检验的程序

种子检验必须按规定的程序进行操作,不能随意改变。无论田间检验还是室内检验都按规定的检验程序进行,也都遵循"扦样(取样)→检测→结果报告"这一步骤。

扦样(取样)是种子检验的第一步,由于种子检验是破坏性检验,不可能将整批种子(田)全部进行检验,只能从种子批中随机抽取一小部分相当数量的有代表性的样品供检验用。

检测就是从具有代表性的供检样品中分取试样,按照规定的程序对包括水分、净度、发芽率、品种纯度等种子质量特性进行测定。

结果报告是将已检测质量特性的测定结果汇总、填报和签发。

我国种子检验程序如图 6-1 所示。

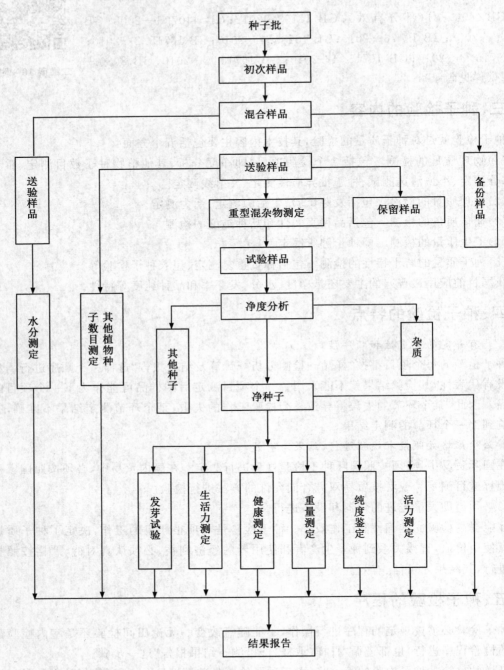

图 6-1　种子检验程序

引自:胡晋.种子检验技术.2016.

任务一 种子扦样

扦样是种子检验工作的第一步。扦取的样品是否具有代表性,直接关系到检验结果的准确性,扦样工作须由经过训练富有实践经验的扦样员完成,并严格执行扦样技术要求。

种子批是指同一来源、同一品种、同一年度、同一时期收获和质量基础一致、在规定数量之内的种子。扦样就是从种子中随机取得一个重量适当、有代表性的供检样品。样品应从种子批的不同部位随机扦取若干次。样品按其组成和作用,分为初次样品、混合样品、送验样品、试验样品四种。

初次样品是指从种子批的一个扦样点上所扦取的少量样品;

混合样品是指由种子批内扦取的全部初次样品混合而成的样品;

送验样品是指从混合样品中随机分取的、送到种子检验机构检验的规定数量的样品;

试验样品是指从送验样品中分出的供测定某一项目(如净度、水分、纯度、发芽率等)用的规定重量的样品,包括试样和半试样两种,后者的质量一般为前者质量的一半;

种子扦样包括扦取初次样品、形成混合样品和送验样品。

一、扦样前的准备

应先查看田间检验证书,弄清扦样种子的基本信息(来源、产地、作物种类和品种繁育世代、田间品种纯度和病虫害);其次,查问种子仓储、熏蒸药剂处理以及种子混合等问题;最后,观察整批种子堆放的情况,如有无飞蛾、变味或发现种子明显不均匀的迹象,注意记录异常现象,可拒绝扦样。

二、划分种子批

GB/T 3543.2—1995《农作物种子检验规程 扦样》中明确规定了农作物种子批的最大重量(如大豆、花生分别为 25 000 kg,西瓜为 20 000 kg,黄瓜、番茄为 10 000 kg,详见表 6-1)。一批种子不得超过这一规定,容许差距为 5%。当一批种子超过规定重量时,须作分批处理并分别给予批号。

表 6-1　种子检验结果报告单

种子批检验报告

No：

样品编号		作物种类		品种(组合)名称	
商标		生产日期		产地	
批号		批重		包装形式及规格	
扦样日期		扦样单位			
样品数量/g		接样日期		检验完成日期	
送检单位名称		送检单位地址			
受检单位名称		受检单位地址			
生产单位名称		生产单位地址			
任务来源		检验项目			
检验依据		判定依据			
检验结论					

（盖章）签发日期：　　　年　　月　　日

批准人：　　　　　审核人：　　　　　编制人：

种子批检验报告

净度分析	净种子(%)	其他植物种子(%)		杂质(%)

发芽试验	正常幼苗(%)	不正常幼苗(%)	硬实(%)	新鲜不发芽种子(%)	死种子(%)

发芽床:_____;温度:_____;

持续时间:_____;发芽前处理和方法:_____。

品种纯度

品种纯度(%):_____;检验方法:_____。

水分

水分(%):_____;检验方法:_____。

真实性

通过_____个引物,采用_____电泳检测方法进行检测:

a)与标准样品比较检测出差异位点数_____个,差异位点的引物编号为_____。

b)经与DNA指纹数据比对平台筛查并鉴定,检测样品属于_____品种,或者_____、_____其中的一个,或者与_____无明显差异。

其他测定项目

备注

净度:标签标注值(标准规定值)_____;容许误差_____。

发芽率:标签标注值(标准规定值)_____;容许误差_____。

纯度:标签标注值(标准规定值)_____;容许误差_____。

水分:标签标注值(标准规定值)_____;容许误差_____。

CASL 标识　　　　　　　　　　　　　CMA 标识

(　)中种检字(　)第(　)号　　　(　)量认(　)字(　)号

表 6-2　种子批的最大重量、样品最小重量及发芽技术规定

种(变种)名	种子批的最大重量/kg	样品最小重量/g			发芽床	温度/℃	初/末次计数/d	附加说明,包括破除休眠的建议
		送验样品	净度分析试样	其他植物种子计数试样				
洋葱	10 000	80	8	80	TP;BP;S	20;15	6/12	预先冷冻
葱	10 000	50	5	50	TP;BP;S	20;15	6/12	预先冷冻
韭菜	10 000	70	7	70	TP;BP;S	20;15	6/14	预先冷冻
细香葱	10 000	30	3	30	TP;BP;S	20;15	6/14	预先冷冻
韭菜	10 000	100	10	100	TP;BP;S	20;15	6/14	预先冷冻
苋菜	5 000	10	2	10	TP	20~30;20	4~5/14	预先冷冻;KNO₃
芹菜	10 000	25	1	10	TP	15~25;20;15	10/21	预先冷冻;KNO₃
根芹菜	10 000	25	1	10	TP	15~25;20;15	10/21	预先冷冻;KNO₃
花生	25 000	1 000	1 000	1 000	BP;S	20~30;25	5/10	去壳;预先加温(4℃)
牛蒡	10 000	50	5	50	TP;BP	20~30;20	14/35	预先冷冻;四唑染色
石刁柏	20 000	1 000	100	1 000	TP;BP;S	20~30;25	10/28	
紫云英	10 000	70	7	70	TP;BP	20	6/12	机械去皮
裸燕麦(莜麦)	25 000	1 000	120	1 000	BP;S	20	5/10	
普通燕麦	25 000	1 000	120	1 000	BP;S	20	5/10	预先加温(30~35℃);预先冷冻;GA₃
落葵	10 000	200	60	200	TP;BP	20	10/28	预先洗涤;机械去皮
冬瓜	10 000	200	100	200	TP;BP	30	7/14	
节瓜	10 000	200	100	200	TP;BP	20~30;30	7/14	
甜菜	20 000	500	50	500	TP;BP;S	20~30;30	4/14	预先洗涤(复胚 2 h,单胚 4 h),再在 25℃下干燥后发芽
叶甜菜	20 000	500	50	500	TP;BP;S	20~30;15~25;20	4/14	
根甜菜	20 000	500	50	500	TP;BP;S	20~30;15~25;20	4/14	
白菜型油菜	10 000	100	10	100	TP	15~25;20	5/7	预先冷冻

续表 6-2

种(变种)名	种子批的最大重量/kg	样品最小重量/g			发芽床	温度/℃	初/末次计数/d	附加说明,包括破除休眠的建议
		送验样品	净度分析试样	其他植物种子计数试样				
不结球白菜(包括白菜、乌塌菜)	10 000	100	10	100	TP	15~25;20	5/7	预先冷冻
芥菜型油菜	10 000	40	4	40	TP	15~25;20	5/7	预先冷冻;KNO$_3$
根用芥菜	10 000	100	10	100	TP	15~25;20	5/7	预先冷冻;GA$_3$
叶用芥菜	10 000	40	4	40	TP	15~25;20	5/7	预先冷冻、GA$_3$;KNO$_3$
茎用芥菜	10 000	40	4	40	TP	15~25;20	5/7	预先冷冻、GA$_3$;KNO$_3$
甘蓝型油菜	10 000	100	10	100	TP	15~25;20	5/7	预先冷冻
芥蓝	10 000	100	10	100	TP	15~25;20	5/10	预先冷冻;KNO$_3$
结球甘蓝	10 000	100	10	100	TP	15~25;20	5/10	预先冷冻;KNO$_3$
球茎甘蓝(苤蓝)	10 000	100	10	100	TP	15~25;20	5/10	预先冷冻;KNO$_3$
花椰菜	10 000	100	10	100	TP	15~25;20	5/10	预先冷冻;KNO$_3$
抱子甘蓝	10 000	100	10	100	TP	15~25;20	5/10	预先冷冻;KNO$_3$
青花菜	10 000	100	10	100	TP	15~25;20	5/10	预先冷冻;KNO$_3$
结球白菜	10 000	100	4	100	TP	15~25;20	5/7	预先冷冻;GA$_3$
芜菁	10 000	70	7	70	TP	15~25;20	5/7	预先冷冻
芜菁甘蓝	10 000	70	7	70	TP	15~25;20	5/14	预先冷冻;KNO$_3$
木豆	20 000	1 000	300	1 000	BP;S	20~30;25	4/10	
大刀豆	20 000	1 000	1 000	1 000	BP;S	20	5/8	
大麻	10 000	600	60	600	TP;BP	20~30;20	3/7	
辣椒	10 000	150	15	150	TP;BP;S	20~30;30	7/14	KNO$_3$
甜椒	10 000	150	15	150	TP;BP;S	20~30;30	7/14	KNO$_3$
红花	25 000	900	90	900	TP;BP;S	20~30;25	4/14	
茼蒿	5 000	30	8	30	TP;BP	20~30;15	4~7/21	预先加温(40℃,4~6 h)预先冷冻;光照

续表 6-2

种(变种)名	种子批的最大重量/kg	样品最小重量/g			发芽床	温度/℃	初/末次计数/d	附加说明,包括破除休眠的建议
		送验样品	净度分析试样	其他植物种子计数试样				
西瓜	20 000	1 000	250	1 000	BP;S	20~30;30;25	5/14	
薏苡	5 000	600	150	600	BP	20~30	7~10/21	
圆果黄麻	10 000	150	15	150	TP;BP	30	3/5	
长果黄麻	10 000	150	15	150	TP;BP	30	3/5	
芫荽	10 000	400	40	400	TP;BP	20~30;20	7/21	
柽麻	10 000	700	70	700	BP;S	20~30	4/10	
甜瓜	10 000	150	70	150	BP;S	20~30;25	4/8	
越瓜	10 000	150	70	150	BP;S	20~30;25	4/8	
菜瓜	10 000	150	70	150	BP;S	20~30;25	4/8	
黄瓜	10 000	150	70	150	TP;BP;S	20~30;25	4/8	
笋瓜(印度南瓜)	20 000	1 000	700	1 000	BP;S	20~30;25	4/8	
南瓜(中国南瓜)	10 000	350	180	350	BP;S	20~30;25	4/8	
西葫芦(美洲南瓜)	20 000	1 000	700	1 000	BP;S	20~30;25	4/8	
瓜尔豆	20 000	1 000	100	1 000	BP	20~30	5/14	
胡萝卜	10 000	30	3	30	TP;BP	20~30;20	7/14	
扁豆	20 000	1 000	600	1 000	BP;S	20~30;25;30	4/10	
龙爪穄	10 000	60	6	60	TP	20~30	4/8	
甜荞	10 000	600	60	600	TP;BP	20~30;20	4/8	
苦荞	10 000	500	50	500	TP;BP	20~30;20	4/7	
茴香	10 000	180	18	180	TP;BP;TS	20~30;20	7/14	
大豆	25 000	1 000	500	1 000	BP;S	20~30;20	5/8	
棉花	25 000	1 000	350	1 000	BP;S	20~30;25;30	4/12	

续表 6-2

种（变种）名	种子批的最大重量/kg	样品最小重量/g			发芽床	温度/℃	初/末次计数/d	附加说明,包括破除休眠的建议
		送验样品	净度分析试样	其他植物种子计数试样				
向日葵	25 000	1 000	200	1 000	TP;BP	20～25;20;25	4/10	预先冷冻;预先加温
红麻	10 000	700	70	700	BP;S	20～30;25	4/8	
黄秋葵	20 000	1 000	140	1 000	TP;BP;S	20～30	4/21	
大麦	25 000	1 000	120	1 000	BP;S	20	4/7	预先加温（30～35℃）;预先冷冻,GA$_3$
蕹菜	20 000	1 000	100	1 000	BP;S	30	4/10	
莴苣	10 000	30	3	30	TP;BP	20	4/7	预先冷冻
瓠	20 000	1 000	500	1 000	BP;S	20～30	4/14	
兵豆（小扁豆）	10 000	600	60	600	BP;S	20	5/10	预先冷冻
亚麻	10 000	150	15	150	TP;BP	20～30;20	3/7	预先冷冻
棱角丝瓜	20 000	1 000	400	1 000	BP;S	30	4/14	
普通丝瓜	20 000	1 000	250	1 000	BP;S	20～30;30	4/14	
番茄	10 000	15	7	15	TP;BP;S	20～30;25	5/14	KNO$_3$
金花菜	10 000	70	7	70	TP;BP	20	4/14	
紫花苜蓿	10 000	50	5	50	TP;BP	20	4/10	预先冷冻
白香草木樨	10 000	50	5	50	TP;BP	20	4/7	预先冷冻
黄香草木樨	10 000	50	5	50	TP;BP	20	4/7	预先冷冻
苦瓜	20 000	1 000	450	1 000	BP;S	20～30;30	4/14	
豆瓣菜	20 000	25	0.5	5	TP;BP	20～30	4/14	
烟草	10 000	25	0.5	5	TP	20～30	7/16	KNO$_3$
罗勒	20 000	40	4	40	TP;BP	20～30;20	4/14	KNO$_3$
稻	25 000	400	40	400	TP;BP;S	20～30;30	5/14	预先加温（50℃）;在水中或 HNO$_3$ 中浸渍 24 h
豆薯	20 000	1 000	250	1 000	BP;S	20～30;30	7/14	

续表 6-2

种(变种)名	种子批的最大重量/kg	样品最小重量/g			发芽床	温度/℃	初/末次计数/d	附加说明,包括破除休眠的建议
		送验样品	净度分析试样	其他植物种子计数试样				
黍(糜子)	10 000	150	15	150	TP;BP	20～30;25	3/7	
美洲防风	10 000	100	10	100	TP;BP	20～30	6/28	
香芹	10 000	40	4	40	TP;BP	20～30;20	10/28	
多花菜豆	20 000	1 000	1 000	1 000	BP;S	20～30;20;25	5/9	
利马豆(菜豆)	20 000	1 000	1 000	1 000	BP;S	20～30;25;20	5/9	
菜豆	25 000	1 000	700	1 000	BP;S	20～30	5/9	
酸浆	10 000	25	2	25	TP	20～30	7/28	KNO_3
茴芹	10 000	70	7	70	TP;BP	20	7/21	
豌豆	25 000	1 000	900	1 000	BP;S	20～30;30	5/8	
马齿苋	10 000	25	0.5	25	TP;BP	20～30	5/14	预先冷冻
四棱豆	25 000	1 000	1 000	1 000	BP;S	20～30;30	4/14	
萝卜	10 000	300	30	300	TP;BP;S	20～30;20	4/10	预先冷冻
食用大黄	10 000	450	45	450	TP	20～30	7/21	
蓖麻	20 000	1 000	500	1 000	BP;S	20～30	7/14	
鸦葱	10 000	300	30	300	TP;BP;S	20～30;20	44	预先冷冻
黑麦	25 000	1 000	120	1 000	TP;BP;S	20	4/7	预先冷冻;GA_3
佛手瓜	20 000	1 000	1 000	1 000	BP;S	20～30;20	5/10	
芝麻	10 000	70	7	70	TP	20～30	3/6	
田菁	10 000	90	9	90	TP;BP	20～30;25	5/7	
粟	10 000	90	9	90	TP;BP	20～30	4/10	
茄子	10 000	150	15	150	TP;BP;S	20～30;30	7/14	
高粱	10 000	900	90	900	TP;BP	20～30;25	4/10	预先冷冻
菠菜	10 000	250	25	250	TP;BP	15;10	7/21	预先冷冻
黎豆	20 000	1 000	250	1 000	BP;S	20～30;20	5/7	
番杏	20 000	1 000	200	1 000	TP;BP	20～30;20	7/35	除去果肉;预先洗涤
婆罗门参	10 000	400	40	400	TP;BP;S	20	5/10	预先冷冻

续表 6-2

| 种(变种)名 | 种子批的最大重量/kg | 样品最小重量/g | | | 发芽床 | 温度/℃ | 初/末次计数/d | 附加说明,包括破除休眠的建议 |
		送验样品	净度分析试样	其他植物种子计数试样				
小黑麦	250 000	1 00	120	1 000	TP;BP;S	20	4/8	预先冷冻;GA₃
小麦	250 000	1 000	120	1 000	BP;S	20	4/8	预先加温(30～35℃);预先冷冻;GA₃
蚕豆	250 000	1 000	1 000	1 000	BP;S	20	4/14	预先冷冻
箭舌豌豆	250 000	1 000	140	1 000	BP;S	20	5/14	预先冷冻
毛叶苕子	20 000	1 000	140	1 000	BP;S	20	5/14	预先冷冻
赤豆	20 000	1 000	250	1 000	BP;S	20～30	4/10	
绿豆	20 000	1 00	120	1 000	BP;S	20～30;25	5/7	
饭豆	20 000	1 000	250	1 000	BP;S	20～30;25	5/7	
长豇豆	20 000	1 000	400	1 000	BP;S	20～30;25	5/8	
矮豇豆	20 000	1 000	400	1 000	BP;S	20～30;25	5/8	
玉米	40 000	1 000	900	1 000	BP;S	20～30;20;25	4/7	

三、扦取初次样品

1.袋装扦样法

常用的扦样器为单管扦样器和双管扦样器(图 6-2)。扦样时根据种子批袋数(以 100 kg 袋装种子作为扦样的基本单位,若是 50 kg 袋装种子则 2 袋作为扦样的基本单位)来确定扦样袋(表6-3)。扦样时根据扦样的要求,扦取初次样品。用扦样器的尖端先拨开包装物的线孔,再将扦样器的凹槽向下,自袋角处尖端成 30°角向上倾斜地插入袋内,直至到达袋中心,再把凹槽旋转向上,慢慢拔出,将样品装入容器中。

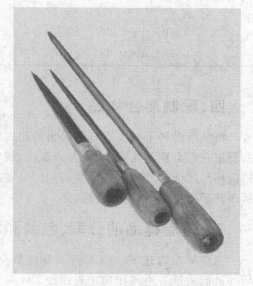

图 6-2 扦样器

表 6-3　袋(容器)装种子的扦样数

种子批袋数(容器数)	扦取的最低袋数(容器数)
1～5	每袋都扦取,至少扦取 5 个初次样品
6～14	不少于 5 袋
15～30	每 3 袋至少扦取 1 袋
31～49	不少于 10 袋
50～400	每 5 袋至少扦取 1 袋
401～560	不少于 80 袋
561 以上	每 7 袋至少扦取 1 袋

2.散装种子扦样法

常用的扦样器为双管扦样器、长柄短筒圆锥形扦样器、圆锥形扦样器和气吸式扦样机等。扦样点数应根据种子批的数量来确定(表6-4)。散装扦样时,应随机从各部位及深度扦取初次样品,每个部位扦取的数量应大体相等。

表 6-4　散装种子的扦样点数

种子批大小/kg	扦取点数
50 以下	不少于 3 点
51～1 500	不少于 5 点
1 501～3 000	每 300 kg 至少扦取 1 点
3 001～5 000	不少于 10 点
5 001～20 000	每 500 kg 至少扦取 1 点
20 001～28 000	不少于 40 点
28 001～40 000	每 700 kg 至少扦取 1 点

四、配制混合样品

将从一批种子各个点扦取出来的初次样品充分混合后即配制成混合样品。取得的初次样品要把它们分别倒在桌上、纸上或盘内,观察比较这些样品在形态上是否一致。无明显差异的初次样品才能合并成混合样品。如样品在品质上有明显差异,应把差异明显的这一部分种子从该种子批中分出,另做处理。

五、送验样品的分取、包装和发送

送验样品约有 25 000 粒种子就能具有代表性,将此种子数量折算成的重量,即为平均样品的最低重量。不同作物种类因种子子粒大小和检测项目不同,送验种子样品的数量也不同。如西瓜、大豆、花生等的平均样品最低重量为 1 000 g。若混合样品与送验样品规定的数量相等时,混合样品即可作为送验样品。

当混合样品数量较多时,应进行分样。分样的主要方法有:

1.分样器分样

常用的分样器有圆锥形分样器和横格式分样器(图 6-3)。分样前应先检查分样器是否干净,并将分样器水平放置。

2.四分法分样

将混合样品种子倒入干净的工作台面上,纵向混合 3 次,再横向混合 3 次,将种子铺成厚度不超过 1 cm 的正方形种堆,然后用分样板(木板或塑料板)在种堆上画对角线,将两个对顶的三角形种堆留下,舍去另外两个三角形种堆。当混合样品较多时,可用同样的方法进行几次,直至达到送验样品的数量。

送验样品分为两份,一份立即放入密闭的容器内,供检验水分、病虫害并作为保留样品用;另一份则放在消过毒的布袋或清洁的纸袋内并封口,供净度分析及发芽试验用。送验样品在 24 h 内送检验室。

图 6-3 钟鼎式分样器

(六)样品的保存

送验样品应于当天就进行检验。如果不能当天检验,就将样品放置在阴凉干燥处,不致种子发生变化。为了便于当发生种子质量纠纷时进行复检和田间小区种植鉴定,应保留一份送验样品。种子样品的保存期限为农作物的一个生长周期或一年,保存温度 15℃以下。种子质量监督检验站检验工作流程见图 6-4。

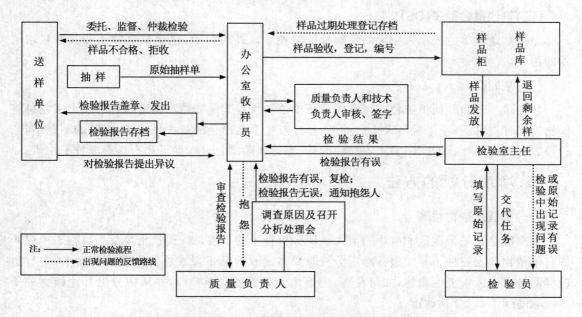

图 6-4 种子质量监督检验站检验工作流程

◆◆◆ 任务二 种子净度分析 ◆◆◆

种子净度是指供检样品中除去各类杂质和废种子后的本物种净种子的重量占样品总重量的百分率。

净度分析的目的是通过对样品的分析，推断该批种子的组成情况，为种子清选和分级提供依据，同时为种子检验的其他环节提供合格的样品。

一、种子净度的分析标准

试验样品分成三种成分：净种子、其他作物种子和杂质。

(一)净种子(P)

在种子构造上凡能明确地鉴别出属于所分析的种(已变成菌核、黑穗病孢子团或线虫瘿的除外)，即使是未成熟的、瘦小的、皱缩的、带病的或发过芽的种子，都称为净种子。净种子通常包括完整的种子单位和大于原来种子大小一半的破损种子单位。在个别属或种中有一些例外：如豆科、十字花科其种皮完全脱落的种子单位应列为杂质；即使有胚芽和胚根的胚中轴，并超过原来种子大小一半的附着种皮，豆科种子单位的分离子叶也列为杂质；甜菜属复胚种子超过一定大小的种子单位列为净种子；在高粱属、燕麦属中，附有的不育小花不须除去而列为净种子。主要园艺植物净种子的鉴定标准见表6-5。

(二)其他植物种子(OS)

是指除送验单位或个人指定的作物种类的种子以外的种子，包括杂草种子和其他栽培植物的种子。

(三)杂质(I)

包括净种子和其他植物种子以外的种子单位和所有其他物质和构造，如豆科、十字花科等作物的无种皮种子；小于规定大小的种子；易碎灰色至乳白色的菟丝子种子、脱落的不育小花、护颖、内外颖、茎叶、鳞片等；害虫、虫瘿、菌核、黑穗病菌团、土块、沙子和石块等非种子物质。

二、净度分析的方法

(一)重型混杂物检测

重型混杂物是指重量和大小明显大于所分析种子的杂质，如石块、土块及小粒种子中混入的其他植物的大粒种子等。进行净度分析时要将送验样品平摊在检验台或检验盘中，查看送验样品是否混入重型混杂物，如果存在，应捡出这类物质称重(m)，并从中分出其他植物种子(m_1)和杂质(m_2)分别称重。

(二)试样分取

从去除重型混杂物的送验样品中独立分取规定重量的试样两份称重。园艺植物净度试验的试样最低重量见表6-2。有时也可以按照规定试样质量的一半分取两份半试样进行分析。

分取试样时,在分取了第一份试样(半试样)后,应将所有剩余部分重新混匀后再分取第二份试样(半试样)。

试样称重的精确度(指小数保留位数)因试样(半试样)重量而异,试样(半试样)重量(g)<1.000 0,保留 4 位小数;1.000~9.999,保留 3 位小数;10.00~99.99,保留 2 位小数;100.0~999.9,保留 1 位小数;≥1 000,保留整数。此精度要求也适用于试样、半试样组成成分的称重。见表 6-4。

表 6-5　主要园艺植物净种子的鉴定标准

属名	净种子
茼蒿属、菠菜属、菊属、大麻属	(1)瘦果,明显无种子的除外; (2)大小超过原来一半的破损瘦果,明显无种子的除外; (3)果皮或种皮部分脱落或全部脱落的种子; (4)果皮或种皮部分或全部脱落,而大小超过原来一半的破损种子。
荞麦属、大黄属	(1)带有或不带花被的瘦果,明显无种子的除外; (2)大小超过原来一半的破损瘦果,明显无种子的除外; (3)果皮或种皮部分脱落或全部脱落的种子; (4)果皮或种皮部分或全部脱落而大小超过原来一半的破损种子。
向日葵属、莴苣属	(1)带有或不带喙的瘦果、带有或不带冠毛的瘦果,明显无种子的除外; (2)大小超过原来一半的破损瘦果,明显无种子的除外; (3)果皮或种皮部分脱落或全部脱落的种子; (4)果皮或种皮部分或全部脱落而大小超过原来一半的破损种子。
茄属、番茄属、辣椒属、南瓜属、丝瓜属、冬瓜属、苦瓜属、西瓜属、甜瓜属、胡麻属、亚麻属、黄麻属、葱属、苋属、甘薯属、百合属、烟草属、木槿属、石刁柏属	(1)带有或不带种皮的种子; (2)带有或不带种皮而大小超过原来一半的破损种子。
花生属、大豆属、菜豆属、豌豆属、豇豆属、扁豆属、兵豆属、巢菜属、紫云英属、苜蓿属、草木樨属、三叶草属、锦鸡儿属、鹰嘴豆属、山蚂蟥属、百脉根属、猪屎豆属、羽扇豆属、山黧豆属、葫芦巴属、岩黄芪属、田菁属、芰莨属、萝卜属	(1)附着部分种皮的种子; (2)附着部分种皮而大小超过原来一半的破损种子。
旱芹属、芫荽属、胡萝卜属、茴香属、欧洲芹属	(1)带有或不带有果梗(任何长度和数目)的分果,明显无种子的除外; (2)大小超过原来一半的破损分果,明显无种子的除外; (3)果皮部分脱落或全部脱落的种子; (4)果皮部分脱落或全部脱落而大小超过原来一半的破损种子。

(引自 1996 国际种子检验规程)

(三)试样分析

依据分析标准,将试样区分为净种子、其他作物种子和杂质三个部分,并分别称重。

为了容易地将净种子和其他成分分开,可以借助筛子对样品进行必要的筛理。筛子应选用筛孔大小不同的筛子,筛孔大于种子,用于分离较大的杂质,筛孔小于种子,用于分离细小杂质。筛理后,可按照分析标准对各种成分进行进一步分离,并分别称重。

(四)结果计算及报告

(1)核查分析过程中试样的重量增失　分析结束后,应将各种成分重量之和与原始重量比较,核对分析期间试样重量有无增失。若增失差距超过原始重量的 5%,则必须重做,并填报重做的结果。

(2)计算各成分的重量百分率　净种子、其他植物种子和杂质的重量百分率精确到 1 位小数(半试样分析时保留 2 位小数),并计算各成分的平均百分率。计算百分率时,分母必须采用分析后各种成分重量的总和,而不是试样的原始重量。

(3)检查重复间的误差　分析后任一成分时,重复间的误差不得超过容许差距。若所有成分的实际误差都在容许范围内,则计算每一成分的平均值。反之,需再分析一份试样。在第二次分析时,若最高值和最低值差异没有大于容许误差的两倍,填报三者的平均值。

(4)修约　各种成分的最后填报结果保留 1 位小数。各种成分之和应为 100%,小于 0.05% 的微量成分在计算中应除外。如果其和是 99.9% 或 100.1%,那么在净种子的数值中增加或减少减 0.1%,修正为 100%。如果修约值大于 0.1%,那么应检查计算有无差错。

(5)有重型混杂物的结果计算

$$净种子:P_2 = P_1 \times \frac{M-m}{M} \times 100\%$$

$$其他植物种子:OS_2 = \left(OS_1 \times \frac{M-m}{M} + \frac{m_1}{M}\right) \times 100\%$$

$$杂质:I_2 = \left(I_1 \times \frac{M-m}{M} + \frac{m_2}{M}\right) \times 100\%$$

式中:M—送验样品的重量(g);

m—重型混杂物的重量(g);

m_1—重型混杂物中的其他植物种子重量(g);

m_2—重型混杂物中的杂质重量(g);

P_1—除去重型混杂物后的净种子重量百分率(%);

I_1—除去重型混杂物后的杂质重量百分率(%);

OS_1—除去重型混杂物后的其他植物种子重量百分率(%)。

最后应检查 P_2(%)、I_2(%)、OS_2(%)三者之和是否等于 100.00%。

(6)结果报告　净度分析结果保留一位小数,各种成分的百分率总和必须为 100%。成分小于 0.05% 的填报为"微量",如果一种成分的结果为零,须填"—0.0—"。

当测定某一类杂质或某一种其他植物种子的重量百分率达到或超过 1% 时,该种类应在结果报告单上注明。进行其他植物种子数目测定时,将测定种子的实际重量、学名和该重量中找到的各个种的种子数应填写在结果报告单上,并注明采用完全检验、有限检验或简化检验。

(五)计算举例

1. 不含重型混杂物的净度分析

某蔬菜作物种子的两份试样重量及分析结果如下:第一份试样重量为 40.13 g,其中净种子重量为 38.89 g,其他植物种子重量为 0.423 6 g,杂质重量为 0.816 4 g。

表 6-6 同一实验室内同一送验样品净度分析的容许差距 (5% 显著水平的两尾测定)

两次分析结果平均		不同测定之间的容许差距			
		半试样		试样	
50%以上	50%以下	无稃壳种子	有稃壳种子	无稃壳种子	有稃壳种子
99.95~100.00	0.00~0.04	0.20	0.23	0.1	0.2
99.95~100.00	0.00~0.04	0.20	0.23	0.1	0.2
99.90~99.94	0.05~0.09	0.33	0.34	0.2	0.2
99.85~99.89	0.10~0.14	0.40	0.42	0.3	0.3
99.80~99.84	0.15~0.19	0.47	0.49	0.3	0.4
99.75~99.79	0.20~0.24	0.51	0.55	0.4	0.4
99.70~99.74	0.25~0.29	0.55	0.59	0.4	0.4
99.65~99.69	0.30~0.34	0.61	0.65	0.4	0.5
99.60~99.64	0.35~0.39	0.65	0.69	0.5	0.5
99.55~99.59	0.40~0.44	0.68	0.74	0.5	0.5
99.50~99.54	0.45~0.49	0.72	0.76	0.5	0.5
99.40~99.49	0.50~0.59	0.76	0.80	0.5	0.6
99.30~99.39	0.60~0.69	0.83	0.89	0.6	0.6
99.20~99.29	0.70~0.79	0.89	0.95	0.6	0.7
99.10~99.19	0.80~0.89	0.95	1.00	0.7	0.7
99.00~99.09	0.90~0.99	1.00	1.06	0.7	0.8
98.75~98.99	1.00~1.24	1.07	1.15	0.8	0.8
99.50~98.74	1.25~1.49	1.19	1.26	0.7	0.9
99.25~98.49	1.50~1.74	1.29	1.37	0.9	1.0
98.00~9824	1.75~1.99	1.37	1.47	1.0	1.0
97.75~97.99	2.00~2.24	1.44	1.54	1.0	1.1
97.50~97.74	2.25~2.49	1.53	1.63	1.1	1.2
97.25~97.49	2.50~2.74	1.60	1.70	1.1	1.2
97.00~97.24	2.75~2.99	1.67	1.78	1.2	1.3
96.50~96.99	3.00~3.49	1.77	1.88	1.3	1.3

续表 6-6

两次分析结果平均		不同测定之间的容许差距			
		半试样		试样	
50%以上	50%以下	无稃壳种子	有稃壳种子	无稃壳种子	有稃壳种子
96.00~96.49	3.50~3.99	1.88	1.99	1.3	1.4
95.50~95.99	4.00~4.49	1.99	2.12	1.4	1.5
95.00~95.49	4.50~4.99	2.09	2.22	1.5	1.6
94.00~94.99	5.00~5.99	2.25	2.38	1.6	1.7
93.00~93.99	6.00~6.99	2.43	2.56	1.7	1.8
92.00~92.99	7.00~7.99	2.59	2.73	1.8	1.9
91.00~91.99	8.00~8.99	2.74	2.90	1.9	2.1
90.00~90.99	9.00~9.99	2.88	3.04	2.0	2.2
88.00~89.99	10.00~11.99	3.08	3.25	2.2	2.3
86.00~87.99	12.00~13.99	3.31	3.49	2.3	2.5
84.00~85.99	14.00~15.99	3.52	3.71	2.5	2.6
82.00~82.99	16.00~17.99	3.69	3.90	2.6	2.8
80.00~81.99	18.00~19.99	3.86	4.07	2.7	2.9
78.00~79.99	20.00~21.99	4.00	4.23	2.8	3.0
76.00~77.99	22.00~23.99	4.14	4.37	2.9	3.1
74.00~75.99	24.00~25.99	4.26	4.50	3.0	3.2
72.00~73.99	26.00~27.99	4.37	4.61	3.1	3.3
70.00~71.99	2800~29.99	4.47	4.71	3.2	3.3
65.00~69.99	30 00~34.99	4.61	4.86	3.3	3.4
60.00~64.99	35.00~39.99	4.77	5.02	3.4	3.6
50.00~59.99	40.00~49.99	4.89	5.16	3.5	3.7

注:本表列出的容许差距适用于同一实验室来自相同送验样品的净度分析结果重复间的比较,适用于各种成分。使用时先按两次分析结果的平均值从栏1或栏2中找到对应的行,根据有、无稃壳类型和半试样或试样,从栏3或栏4之一行,查出其相应的容许差距。

第二份试样重量为 40.22 g,其中净种子重量为 39.25 g,其他植物种子重量为 0.421 6 g,杂质重量为 0.820 2 g,试计算该批种子三种成分的百分率。

首先检查分析过程三种成分总和是否为 100.0%。

第一份试样三种成分重量总和 $= 38.89 + 0.423\ 6 + 0.816\ 4 = 40.13(g)$

第二份试样三种成分重量总和 $= 39.25 + 0.421\ 6 + 0.820\ 2 = 40.49(g)$

第一份试样分析后三种成分重量之和与试样原重量相同,但第二份试样分析后三种成分重量之和比试样原重增加 $40.49 - 40.22 = 0.27(g)$,其百分率为 $\dfrac{0.27}{40.22} = 0.7\%$,小于规定的

5%,则可继续计算各种成分的重量百分率:

第一份试样:净种子＝96.91%,其他植物种子＝1.06%,杂质＝2.03%。

第二份试样:净种子＝96.94%,其他植物种子＝1.04%,杂质＝2.03%。

求出三种成分的平均值:净种子＝96.93%,其他植物种子＝1.05%,杂质＝2.03%。

然后核查容许差距表。该蔬菜种子为有稃壳种子,这次分析采用的是试样,查得容许差距在 96.50～96.99 为 1.3%,两份试样分析误差为 96.94－96.91＝0.03%,不超过容许误差,表明这次分析是正确的。其他成分也可用同样方法查对容许差距。

本次分析各种成分百分率之和＝96.9%＋1.1%＋2.0%＝100.0%,不需要修约。

最后得出结论:该批蔬菜种子的净种子 $P_1＝96.9\%$,其他植物种子 $OS_1＝1.1\%$,杂质 $I_1＝2.0\%$。

(二)含有重型混杂物送验样品净度分析

如从上述蔬菜种子送验样品 402.8 g 中分拣出重型混杂物石块和玉米种子 1.005 g(m),其中分别有玉米种子 0.503 7 g(m_1)和石块 0.501 3(m_2)。从上面的分析已知 $P_1＝96.9\%$,$OS_1＝1.1\%$,$I_1＝2.0\%$。则:

净种子: $P_2＝P_1×\dfrac{M-m}{M}×100\%＝96.9\%×\dfrac{402.8-1.005}{402.8}×100\%＝96.7\%$

其他植物种子:

$$OS_2＝\left(OS_1×\dfrac{M-m}{M}+\dfrac{m_1}{M}\right)×100\%＝\left(1.1\%×\dfrac{402.8-1.005}{402.8}+\dfrac{0.503\ 7}{402.8}\right)×100\%＝1.2\%$$

杂质:

$$I_2＝I_1×\dfrac{M-m}{M}+\dfrac{m_2}{M}×100\%＝\left(2.0\%×\dfrac{402.8-1.005}{402.8}+\dfrac{0.501\ 3}{402.8}\right)×100\%＝2.1\%$$

然后检查: $(P_2+I_2+OS_2)＝96.7\%＋1.2\%＋2.1\%＝100.0\%$,不需要修约。

最后得出结论:该批蔬菜种子的净种子 $P_2＝96.7\%$,其他植物种子 $OS_2＝1.2\%$,杂质 $I_2＝2.1\%$。

三、其他植物种子数目测定

(一)测定方法

其他植物种子数的测定可采用完全检验、有限检验和简化检验三种方法。

(1)完全检验　试验样品不得小于 25 000 个种子单位的重量(详见表 6-2)。借助于放大镜、筛子和吹风机等器具,按规定逐粒进行分析鉴定,取出试样中所有的其他植物种子,并数出每个物种的种子数。当发现有的种子不能准确确定所属种时,允许鉴定到属。

(2)有限检验　只限于从整个试验样品中找出送验者指定的其他植物的种子,即只需从样品中找出 1 粒或数粒种子即可。检验方法同完全检验。

(3)简化检验　简化检验是用规定试样重量的 1/5(最少量)对该种进行鉴定,方法同完全检验。如果送验者所指定的种难以鉴定时,可采用这种方法。

(二)结果计算

其他植物种子数的计算公式为:

$$其他植物种子数（粒/kg）=\frac{其他植物种子粒数}{送验样品的重量（g）}\times 1\,000$$

(三)核查容许误差

当需要核查同一检验站或不同检验站对同一批种子的两个测定结果之间是否一致时,可查表。核查时,先计算两个测定结果的平均数,再按平均数从表 6-7 中查出相应的允许误差。

表 6-7　其他植物种子数的容许差距（5%显著水平的两尾测定）

两次测定结果的平均值	容许误差	两次测定结果的平均值	容许误差	两次测定结果的平均值	容许误差
3	5	76～81	25	253～264	45
4	6	82～88	26	265～276	46
5～6	7	89～95	27	277～288	47
7～8	8	96～102	28	289～300	48
9～10	9	103～110	29	301～313	49
11～13	10	111～117	30	314～326	50
14～15	11	118～125	31	327～339	51
16～18	12	126～133	32	340～353	52
19～22	13	134～142	33	354～366	53
23～25	14	143～151	34	367～380	54
26～29	15	152～160	35	381～394	55
30～33	16	161～169	36	395～409	56
34～37	17	170～178	37	410～424	57
38～42	18	179～188	38	425～439	58
43～47	19	189～198	39	440～454	59
48～52	20	199～209	40	455～469	60
53～57	21	210～219	41	470～485	61
58～63	22	220～230	42	486～501	62
64～69	23	231～241	43	502～518	63
70～75	24	242～252	44	519～534	64

任务三 种子发芽试验

种子发芽力是指种子在适宜条件下发芽并长成正常植株(幼苗)的能力,通常用发芽势和发芽率表示。

种子发芽势是指种子发芽初期正常发芽种子数占供试种子数的百分率。

种子发芽率是指在发芽试验终期全部正常发芽种子数占供试种子数的百分率("初期""终期"的具体天数参见表6-1)。

种子发芽率高,则表示有生活力种子多,播种后出苗数多;而发芽势高,则表示种子活力强,发芽整齐一致。

发芽试验须在净度分析后进行,用净度分析后的净种子在发芽技术条件下进行试验,到幼苗适宜评价阶段后,按结果报告要求检查每个重复,计数不同类型的幼苗,并计算百分率。

一、发芽试验的设备及用品

(一)发芽箱

提供种子萌发所必需的温度、水分、光照、氧气等条件,要求发芽箱调温和控温方便、箱内不同部位温度均匀一致、保湿和通气性能好。目前常用的发芽箱有电热恒温发芽箱、变温发芽箱、光照培养箱和人工气候箱等。

(二)数种设备

包括活动数种板、真空数种器和电子自动数种仪等。也可以手工数种,要求准确无误。

(三)发芽皿和发芽床

发芽皿是用来安放种子的容器。发芽皿要求透明、保湿、无毒,具有一定的种子发芽和发育空间,并确保一定的氧气供应。常用的发芽皿是圆形玻璃发芽皿和方形或长方形塑料发芽皿等。发芽床是用来安放种子并为种子提供水分的衬垫物。发芽床应具备良好的保水供水性能,无毒无菌,pH在6.0~7.5范围内。标准发芽试验规定的发芽床是纸床和沙床。

(1)纸床 用于发芽试验的纸床要求具有一定的强度、质地好、吸水性强、保水性好、无毒无菌、不含可溶性色素和其他化学物质,一般采用发芽纸、滤纸或吸水纸。在发芽试验时,纸床的使用方法有纸上(TP)和纸间(BP)。纸上即直接将种子摆放在湿润的发芽纸的上方;纸间则是将种子摆放在湿润的两层发芽纸的中间。

(2)沙床 用于发芽试验的沙床要求沙粒大小均匀、直径在0.05~0.80 mm,无毒无菌,持水力强。使用前,必须先用水洗涤沙粒,并进行高温消毒(一般在130℃温度下烘2 h),清除污染和有毒物质。在发芽试验时,沙床的使用方法有沙上(TS)和沙中(S)。沙上是将种子压入沙的表面;沙中是将种子播放在一层平整的沙上,然后在其上加盖1~2 cm的湿沙。小粒种子一般用沙上,而大粒种子则多用沙中。

二、破除种子休眠的方法

大多数园艺种子有休眠的特性,新收获的种子不能马上发芽,在发芽前或置床后应进行破除休眠处理。具体方法有:

(一)破除生理休眠的方法

(1)预先冷冻　试验前,将种子放在湿润的发芽床上,在 5~10℃ 进行预冷处理,如麦类种子在 5~10℃ 处理 3 d,然后在规定温度下进行发芽。

(2)硝酸钾处理　适用于茄科、结球甘蓝、苋菜、芹菜等种子。发芽开始时,可用质量浓度 0.2% 的硝酸钾溶液湿润发芽床。在试验期间,水分不足时可加水湿润。

(3)赤霉素(GA₃)处理　如芸薹属种子可用 0.01% 或 0.02% 质量浓度的赤霉素溶液湿润发芽床。

(4)去秤壳处理　如菠菜可采用剥去果皮或切破果皮,瓜类可采用嗑开种皮等方法处理种子。

(5)加热干燥　将发芽试验的各重复种子摊放在通气良好的条件下干燥。主要农作物种子加热干燥的温度和持续时间参见表6-8。

表 6-8　主要农作物种子加热干燥处理的温度和时间

名称	温度/℃	时间/d	名称	温度/℃	时间/d
洋葱、黄瓜、甜瓜、西瓜	30	3~5	向日葵	30	7
胡萝卜、芹菜、菠菜	30	3~5	大豆	30	0.5
花生	40	14	烟草	30~40	7~10

(二)破除硬实种子的方法

(1)机械损伤　在发芽前小心地把种皮刺穿、削破、挫伤或用砂纸磨破种皮。

(2)开水烫种　发芽试验前,先用开水烫种 2 min,再进行发芽。这种方法适用于豆类和棉花等作物的硬实种子。

(三)除去抑制发芽物质的方法

甜菜、菠菜等种子单位的果皮或种皮内有发芽抑制物质时,可将种子在温水或流水中预先洗涤。洗涤时间:甜菜复胚种子 2 h,单胚种子 4 h;菠菜种子 1~2 h。洗涤后将种子进行干燥处理,干燥时最高温度不得超过 25℃。

三、发芽试验的程序及方法

(一)发芽器皿及发芽床准备

根据种子的种类、大小和数量选择适宜的发芽器皿。一般小粒种子选用纸床;大粒种子选用沙床或纸间;中粒种子选用纸床或沙床均可。如用纸床,可将发芽纸裁成与发芽皿底部面积相适宜的纸块,并平铺在发芽皿底部,每个发芽皿用 2~4 张发芽纸;如用沙床,将适宜湿度的沙子平铺在发芽皿底部,厚度约 1~2 cm。

(二)数取种子

从净种子中,用数种设备或手工随机数取 100 粒作为 1 份,重复数取 4 份,即 4 次重复。大粒种子也可以采用 50 粒或 25 粒为一份试样,但重复的次数应相应增加到 8 次或 16 次。为防手指接触种子造成污染,手工数种时应用镊子夹取种子。复胚种子单位可视为单粒种子进行试验,不需弄破分开,但芫荽除外。

(三)置床

先往发芽床中加入适宜的水分湿润纸床或沙床,加水量以发芽皿倾斜 30°不出现余水为宜,大粒或吸水量多的种子还可适当多加一点。用镊子将种子均匀摆放在发芽床上,种子之间留有足够的距离,以确保每粒种子都有足够的生长空间,并能均匀吸收水分,达到发芽一致。

(四)贴标签

在发芽皿的显著位置上贴标签,标签上注明发芽日期、样品编号、品种名称及重复次数等,然后盖好盖子或套上塑料袋保湿。

(五)发芽培养和管理

发芽培养期间,要保持适当的温度和光照。表 6-2 中"发芽技术规定"栏明确规定了不同栽培植物的发芽温度:一类是恒温,即在整个发芽试验期间保持恒定的温度,如耐寒作物一般在 20℃,喜温作物一般在 25℃或 30℃,大多数蔬菜为 20℃或 25℃;另一类为变温,即在发芽试验期间一天内较高温度保持 8 h,较低温度保持 16 h,变温范围多为 20℃和 30℃。当规定用变温发芽时,对非休眠种子应在 3 h 内完成变温,对休眠种子应在 1 h 或更短时间内完成变温。对于大多数种子,最好在光照条件下培养,可以抑制霉菌的繁殖生长,易于区分黄化苗和白化苗等不正常幼苗,有利于正常幼苗鉴定。

在种子发芽期间,还要定期检查。发芽床应始终保持湿润,不能干燥,适时加水。要注意监测发芽箱温度,防止因发芽箱损坏、故障、短路等造成温度失控。如发现种子有发霉迹象,应及时取出洗去霉菌;发霉种子数超过 5%,就应调换发芽床。如发现有腐烂、硬实种子,应及时除去并记录。当种子幼芽长到超过发芽皿的高度时,要将发芽皿的盖子或覆盖的塑料袋去掉,并注意及时补充水分,防止种子缺水。

(六)幼苗鉴定和记载

(1)计数时间 在发芽试验过程中,大多数农作物初次计数时间为 4 d,此时计算数值为发芽势,末期计数时间为 8 d,此时计算数值为发芽率。对于需要破除休眠的种子用于破除休眠处理的时间不作为发芽试验时间计算;如果样品在规定试验时间内只有几粒种子开始发芽,试验时间可延长 7 d 或延长规定时间的一半;若在规定试验时间结束前样品已达到最高发芽率,则该试验可提前结束。

(2)正常幼苗和不正常幼苗的判断 种子发芽后长成的幼苗(植株)可划分为正常幼苗和不正常幼苗。正常幼苗包括完整幼苗、带有轻微缺陷的幼苗和次生感染的幼苗。完整幼苗是指主要器官生长良好、完全、均匀和健康,具有良好的根系和幼苗中轴,具有特定数目的子叶,具有展开、绿色的初生叶,具有一个顶芽或苗端的幼苗;带有轻微缺陷的幼苗是指构造出现某些缺陷,但在其他方面能均衡生长,并与同一试验中的完整幼苗相当;次生感染的幼苗是指由真菌或细菌感染引起的使幼苗主要结构发病和腐烂,但有证据表明病源不来自种子本身的幼苗。不正常幼苗是指在适宜的条件下,不能继续生长发育成为正常植株的幼苗,包括受损伤的幼苗、畸形和不匀称的幼苗以及腐烂的幼苗。受损伤的幼苗是指由于机械处理、加热干燥、昆虫损害等外部因素引起的,构造残缺不全或严重受损,以至不能均衡生长的幼苗;畸形和不匀称的幼苗是指由于内部因素造成生理代谢紊乱,生长细弱或存在生理障碍,或主要构造畸形或不匀称的幼苗;腐烂的幼苗是指由初生感染引起的,使主要构造发病和腐烂,并妨碍其正常生长的幼苗。

(3)鉴定与记载 在规定的发芽时间,每株幼苗均应按上述规定的标准进行鉴定和记载。在初次计数时,发育良好的正常幼苗进行记载后可以从发芽床中捡出。种子发霉或幼苗严重腐烂时,应及时从发芽床中捡出,并随时进行记载。末次计数时,按正常幼苗、不正常幼苗、新鲜不发芽种子或硬实种子、死种子分类计数和记载。

(七)重新试验

当出现下列情况时,应重新试验:

(1)当发现有较多的新鲜种子不发芽,怀疑种子有休眠时,应在进行破除休眠的处理后重新试验。

(2)当种子或幼苗受真菌或细菌严重感染而使试验结果不一定可靠时,可采用沙床重新进行试验,并注意增加种子之间的距离。

(3)当正确鉴定幼苗数有困难时,可采用发芽技术规程中规定的一种或几种方法进行重新试验。

(4)当发现试验条件、幼苗鉴定或计数有差错时,应采用同样方法进行重新试验。

(5)当100粒种子重复间的差距超过表6-9规定的最大容许差距时,应采用同样方法进行重新试验。

(八)结果报告

试验结果用粒数的百分率表示。当一个试验的4次重复(每个重复以100粒计,相邻的副重复合并成100粒的重复,即将50粒的8次副重复或25粒的16次副重复分别合并成4次重复)的正常幼苗百分率都在最大容许差距内,则以其平均数表示发芽百分率。不正常幼苗、硬实、新鲜不发芽种子和死种子的百分率按4次重复平均数计算。平均数百分率修约到最近似的整数。正常幼苗、不正常幼苗、新鲜不发芽种子和死种子的百分率的总和必须为100%。

当100粒种子重复间的差距超过表6-9规定的最大容许差距而进行重新试验时,若第二次试验的结果与第一次试验的结果之间的差异不超过表6-10规定的容许差距,则将两次试验结果的平均数填报在结果单上;若第二次试验结果与第一次试验的结果之间的差异超过规定的容许差距,则采用同样的方法进行第三次试验,然后填报不超过规定误差的两次试验结果的平均数。

在填报结果时,须填报正常幼苗、不正常幼苗、硬实、新鲜不发芽种子和死种子的百分率。若其中任何一项结果为零,则将符号"—0—"填入该格中。同时还须填报采用的发芽床和温度、试验持续时间以及促进发芽所采取的处理方法。

表6-9　同一发芽试验四次重复间的最大容许差距(2.5%显著水平的两尾测定)

平均发芽率		最大容许差距
50%以上	50%以下	
99	2	5
98	3	6
97	4	7
96	5	8
95	6	9
93~94	7~8	10
91~92	9~10	11
89~90	11~12	12
87~88	13~14	13
84~86	15~17	14
81~83	18~20	15
78~80	21~23	16
73~77	24~28	17
67~72	29~34	18
56~66	35~45	19
51~55	46~50	20

注:本表指明重复之间容许的发芽率最大范围(即最高与最低值之间的差异),允许有0.025概率的随机取样偏差。欲找出最大容许范围,需先求出四次重复的平均百分率至最接近的整数,如有必要可以将发芽箱中靠近放置培养的50或25粒的几个副重复合并成100粒的重复。从栏1或栏2中找到平均值的对应行即可从栏3的对应处读出最大容许范围。

表6-10　同一或不同实验室来自相同或不同送验样品间发芽一致性的容许差距

平均发芽率	50%以上	98~99	95~97	91~94	85~90	77~84	60~76	51~59
	50%以上	2~3	4~6	7~10	11~16	17~24	25~41	42~50
最大容许差距		2	3	4	5	6	7	8

 # 任务四　种子水分测定

　　水分在植物生理活动中占有重要的地位,水分高时呼吸作用加强,产生热量消耗能量,对于种子安全有较大的影响。包括种子贮藏和运输的安全,并对种子生活力有重要影响。种子水分用种子含水量表示。种子含水量指按规定程序把种子样品烘干后,失去的重量占供验样品重量的百分率。种子水分可以用电子水分速测仪进行快速测定。

种子水分测定方法有以下几种。

一、低恒温烘干法

(一)适用种类

此法适用于葱属、花生、芸薹属、辣椒属、大豆、棉属、向日葵、亚麻、萝卜、蓖麻、芝麻、茄子等农作物,且必须在相对湿度 70% 以下的室内进行。

(二)测定程序及方法

(1)把电烘箱的温度调节到 110～115℃进行预热,之后让其保持在(103±2)℃。

(2)把样品盒置于(103±2)℃烘箱中约 1 h 左右,放干燥器内冷却后用感量 1/1 000 g 天平称重,记下盒号和重量。

(3)样品准备　进行水分测定的样品必须取自密闭保存的送验样品。首先,打开送验样品的封口,用样品勺在样品罐中搅拌(也可将原样品罐的罐口对准另一个同样大小的空罐口,把种子在两个容器间往返倾倒),进行充分混合;然后从充分混合的样品中取出 2 份样品(2 次重复),每份重约 15～25 g;最后将需要磨碎的种子放入粉碎机内研磨到规定磨碎程度(表 6-11)。

表 6-11　必须磨碎的种子种类及磨碎程度

农作物种类	磨碎程度
甜菜、苦菜、黑麦、高粱属、小麦属、玉米、燕麦、水稻	至少有 50% 的磨碎成分通过 0.5 mm 筛孔的金属丝筛,而留在 1.0 mm 筛孔的金属丝筛上不超过 10%
大豆、菜豆属、豌豆、西瓜、巢菜	需要磨碎,至少有 50% 的磨碎成分通过 4.0 mm 的筛孔
花生、棉属、蓖麻属	磨碎或切成薄片

(4)试验样品称重　称取试样 2 份(磨碎种子应从不同部位插取),每份约 4.5～5.0 g。将试样放入预先烘干和称重过的样品盒内进行称重,精确至 0.001 g。

(5)烘干　将烘箱通电预热至 110～115℃,然后把样品盒放入烘箱的上层(样品盒距温度计的水银球约 2.5 cm 处),打开样品盒盖,迅速关闭烘箱门,使箱温在 5～10 min 内回降至(103±2)℃时开始计算时间,烘 8 h。然后,戴好手套,打开箱门,迅速盖上盒盖,取出样品后放入干燥器内冷却 30～45 min 后称重。

(6)测定结果计算　根据烘后失去的重量计算种子水分百分率,保留 1 位小数。若一个样品的两次重复之间的差距不超过 0.2%,其结果可用两次测定值的算术平均数表示;否则需重新进行两次测定。种子含水量的计算公式如下:

$$种子含水量 = \frac{样品烘前重量 - 样品烘后重量}{样品烘前重量} \times 100\%$$

$$或种子含水量 = \frac{样品盒和盖及样品烘前重量(g) - 样品盒和盖及样品烘后重量(g)}{样品盒和盖及样品烘前重量(g) - 样品盒和盖的重量(g)} \times 100\%$$

二、高温烘干法

(一)适用种类

此法适用于芹菜、石刁柏、燕麦属、甜菜、西瓜、甜瓜属、南瓜属、胡萝卜、甜荞、苦荞、大麦、莴苣、番茄、草木樨属、烟草、水稻、黍属、菜豆属、豌豆、鸦葱、黑麦、狗尾草属、高粱属、菠菜、小麦属、巢菜属、玉米等农作物。

(二)测定程序和方法

测定程序及方法与低温烘干法基本相同,所不同的是烘箱温度需保持在 130～133℃,样品烘干时间为 1 h。

三、预先烘干法

(一)适用种类

规定必须磨碎的种子,若种子水分超过一定的限度(如豆类和油料作物超过 16%)时,种子不容易在粉碎机上磨到规定的细碎程度,且磨碎时水分易于散发,因此必须采用预先烘干法。

(二)方法

称取 2 份样品各(25.00±0.02) g,置于直径大于 8 cm 的样品盒中,在(103±2)℃烘箱中预烘 30 min(油料种子则在 70℃预烘 1 h),取出后放在室温冷却并称重。然后立即将这 2 份半干样品分别磨碎,并从磨碎物中各取一份样品,按低恒温烘干法或高温烘干法继续进行测定。

(三)计算

采用预先烘干法计算种子水分的公式如下:

$$种子水分(\%) = S_1 + S_2 - S_1 \times S_2$$

式中:S_1——第一次整粒种子烘后失去的水分(%);

S_2——第二次磨碎种子烘后失去的水分(%)。

(四)举例

现有一份高水分种子的送验样品,采用预先烘干法测定水分,第一次取整粒样品 20.505 g,烘后重量为 18.416 g;第二次取磨碎试样 4.602 g,烘后重量为 4.118 g,计算该种子的含水量。

计算:$S_1 = \dfrac{20.505 - 18.416}{20.505} \times 100\% = 10.18\%$

$S_2 = \dfrac{4.602 - 4.118}{4.602} \times 100\% = 10.52\%$

种子水分(%) $= S_1 + S_2 - S_1 \times S_2 = 10.18\% + 10.52\% - 10.18\% \times 10.52\% = 19.6\%$

答:该种子的含水量为 19.6%。

◆◆◆ 任务五　种子真实性和品种纯度鉴定 ◆◆◆

一、真实性和品种纯度鉴定的意义及监控途径

种子真实性是指供检种子与文件记录(如品种证书、标签等)的种子是否相符。种子真实性鉴定实质上是鉴定种子的真假。有些园艺植物(如芸薹属的白菜、甘蓝、芜菁等)的种子十分相似,容易混淆,进行真实性鉴定尤为重要。

品种纯度是指品种在特征和特性方面典型一致的程度,用本品种的种子(植株)数占供检种子(植株)数的百分率来表示。品种纯度鉴定主要是鉴定品种的一致性程度的高低,通常在真实性鉴定的基础上进行。

种子真实性和品种纯度鉴定是保证良种优良种性得到充分发挥,促进农业生产持续高产、稳产的有效措施;是防止良种退化,提高种子质量和产品质量的必要手段;是正确评定种子等级,贯彻优种优价政策的重要依据。因此,种子真实性和品种纯度鉴定是种子检验中最重要的一个环节。

种子真实性和品种纯度的监控途径包括:田间检验、室内(实验室)检验两条途径。田间检验是控制真实性和品种纯度的最基本、最有效的途径,只有符合田间鉴定标准的种子田才准予收获作为种子销售。但是,虽然通过了田间检验,但在收获、脱粒、加工和贮藏等环节中仍可能发生机械混杂,因此,进行真实性和品种纯度的室内鉴定同样非常重要。

二、试验样品

品种纯度鉴定的送验样品最小重量见表 6-12。

表 6-12　品种纯度测定的送验样品重量　　　　　　　　　　　　　　　　g

种　　类	限于实验室测定	田间小区及实验室测定
豌豆属、菜豆属、蚕豆属、玉米属、大豆属及种子大小类似的其他属	1 000	2 000
水稻属、大麦属、燕麦属、小麦属、黑麦属及种子大小类似的其他属	500	1 000
甜菜属及种子大小类似的其他属	250	500
所有其他属	100	250

三、实验室鉴定方法

在国际种子检验规程和我国农作物种子检验规程中,种子真实性和品种纯度鉴定的方法主要包括种子形态鉴定、物理和化学鉴定、幼苗鉴定、田间小区种植鉴定和电泳鉴定等方法。各种方法在准确性、经济性和可操作性等方面均有不同程度的差异,可根据检验目的和要求的不同,根据简单、易行、经济、准确、快速的原则,选择合适的技术。

(一)种子形态鉴定法

鉴定的依据是不同品种的种子在外观形态特征方面的差异,如豆类作物种子的外观形态特征主要有种子颜色、大小、形状、光泽、蜡质、种脐的形状和颜色等。鉴定的方法是随机从送验样品中数取 100 粒种子,重复 4 次。鉴定时,须备有标准样品或鉴定图片和有关资料,必要时可借助放大镜等逐粒进行鉴定,区分出本品种和异品种种子,分别计数,并计算出品种纯度。

品种纯度是否达到国家标准种子质量标准或合同、标签的要求,可通过查验表 6-13 进行判断。

表 6-13　品种纯度的容许差距(5%显著水平的一尾测定)

标准规定值	样品株数、苗数或种子数							
种子纯度	50	75	100	150	200	400	600	1 000
100	0	0	0	0	0	0	0	0
99	2.3	1.9	1.6	1.3	1.2	0.8	0.7	0.5
98	3.3	2.7	2.3	1.9	1.6	1.2	0.9	0.7
97	4.0	3.3	2.8	2.3	2.0	1.4	1.2	0.9
96	4.6	3.7	3.2	2.6	2.3	1.6	1.3	1.0
95	5.1	4.2	3.6	2.9	2.5	1.8	1.5	1.1
94	5.5	4.5	3.9	3.2	2.8	2.0	1.6	1.2
93	6.0	4.9	4.2	3.4	3.0	2.1	1.7	1.3
92	6.3	5.2	4.5	3.7	3.2	2.2	1.8	1.4
90	7.0	5.7	5.0	4.0	3.5	2.5	2.0	1.6
88	7.6	6.2	5.4	4.4	3.8	2.7	2.2	1.7
86	8.1	6.6	5.7	4.7	4.0	2.9	2.3	1.8
84	8.6	7.0	6.1	4.9	4.3	3.0	2.5	1.9
82	9.0	7.3	6.3	5.2	4.5	3.2	2.6	2.0
80	9.3	7.6	6.6	5.4	4.7	3.3	2.7	2.1

(二)快速测定法

目前国际上通常把化学鉴定和物理鉴定合称为快速鉴定。化学鉴定法主要根据因不同品种皮壳成分和化学物质的差异而造成的化学试剂反应显色的差异来鉴定不同的品种。如十字花科的种子可用碱液(NaOH 或 KOH)来鉴定种子的真实性,具体方法是:取试样两份,每份 100 粒种子,将每粒种子放入直径为 8 mm 的小试管中,每管加入 10% 的 NaOH 3 滴,置于 25～28℃ 温度下 2 h,然后取出鉴定浸出液颜色。不同种子浸出液的颜色为:结球甘蓝为樱桃色,花椰菜为樱桃至玫瑰色,抱子甘蓝、皱叶甘蓝为浓茶色,油菜、荠菜、芸薹为浅黄色,芜菁为淡色至白色,饲用芜菁为淡绿色。再如豆类可用种皮愈创木酚染色法来鉴定品种的纯度,其基本原理是不同大豆品种种皮内过氧化酶的活性不同而使愈创木酚($C_7H_8O_2$)溶液呈现深浅不同的颜色,具体方法是随机从送验样品中数取 100 粒种子,4 次重复,将每粒种子的种皮剥下,分别放入小试管内,然后注入 1 mL 蒸馏水,在 30℃下浸提 1 h,再在每支试管中加入 10 滴 0.5%愈创木酚溶液,10 min 后,在每支试管中加入 1 滴 0.1%过氧化氢溶液,1 min 后分别计数试管内种皮浸出液呈现红棕色的种子数与浸出液呈无色的种子数。

目前,应用较广泛的物理鉴定法是荧光分析法。不同类型和不同品种的种子,其种皮结构和化学成分不同,在紫外线照射下发出的荧光也不同,据此即可鉴别不同的类型或品种。物理鉴定可用种子鉴定,也可以用幼苗鉴定。如用种子鉴定时,蔬菜豌豆发出淡蓝色或粉红色荧光,谷实豌豆发出褐色荧光;十字花科的不同种发出的荧光也不同:白菜为绿色,白芥为鲜红色,黑芥为深蓝色,田芥菜为鲜蓝色。

(三)幼苗鉴定

幼苗鉴定可以通过两个主要途径:一种途径是提供植株适宜生长发育的条件(类似于田间小区鉴定,只是所需时间较短),当幼苗达到适宜评价的发育阶段时,对全部或部分幼苗进行鉴定;另一种途径是让植株生长在特殊的逆境条件下,测定不同品种对逆境的不同反应来鉴别不同品种。具体操作方法是从送验样品中随机数取 100 粒种子,重复 4 次。在温室或培养箱中培养,当幼苗达到适宜评价的阶段时,根据不同种或品种的幼苗之间形态特征上的差异,对幼苗进行鉴定。常用的如根据幼苗的子叶与第一片真叶鉴定十字花科植物的种或变种,根据第一片真叶叶缘特征鉴定西瓜品种的纯度,利用大豆幼苗的下胚轴颜色、茸毛颜色、茸毛在胚轴上的着生角度、小叶形状等鉴定大豆品种的纯度;根据下胚轴颜色、叶色、叶片卷曲程度和子叶形状等鉴定莴苣品种的纯度等。

(四)田间小区种植鉴定

田间小区种植是鉴定品种真实性和测定品种纯度最常用、最可靠、最准确的方法。为了鉴别品种真实性,应在鉴定的各个阶段与标准样品进行比较。标准样品应代表品种原有的特征特性,最好用育种家种子。为使品种特征特性充分表现,试验的设计和布局上要选择气候环境条件适宜的、土壤均匀、肥力一致、前茬无同类作物和杂草的田块,并有适宜的栽培管理措施。

试验设计需要种植的株数(N)应根据国家种子质量标准的要求而定。

一般用公式 $N=4/(1-b)$ 表示,b 为国家标准规定的品种纯度值,如标准规定纯度为 98%,即 N 为 200 株即可达到要求。播种时行间及株间应有足够的距离,大株园艺植物可适当增大行株距,必要时可用点播和点栽。

检验员应拥有丰富的经验,熟悉被检品种的特征特性,能正确判断植株是属于本品种还是变异株。变异株应是遗传变异,而不是受环境影响所引起的变异。

国家标准种子质量标准规定纯度要求很高的种子,如育种家种子、原种,是否符合要求,可利用淘汰值。淘汰值是在考虑种子生产者利益和有较少可能判定失误的基础上,把在一个样本内观察到的变异株数与质量标准比较,作出接受符合要求的种子批或淘汰该种子批。其可靠程度与样本大小密切相关(表 6-14)。

表 6-14 不同样本大小符合标准 99.9％接受含有变异株种子批的可靠程度

样本大小（株数）	淘汰值	接受种子批的可靠程度		
		1.5/1 000*	2/1 000*	3/1 000*
1 000	4	93	85	65
4 000	9	85	59	16
8 000	14	68	27	1
12 000	19	56	13	0.1

注：* 指 1 000 株中所实测到的变异株。

不同规定标准与不同样本大小下的淘汰值见表 6-15，如果变异株大于或等于规定的淘汰值，就应该淘汰该批种子。

表 6-15 不同规定标准与不同样本大小的淘汰值

规定标准	不同样本（株数）大小的淘汰值						
	4 000	2 000	1 400	1 000	400	300	200
99.9	9	6	5	4	—	—	—
99.7	19	11	9	7	4	—	—
99.0	52	29	21	16	8	7	6

注：下方有"-"或"—"均表示样本的数目太少。

四、鉴定结果填写

用种子或幼苗鉴定时，本种子纯度按以下公式计算：

$$品种纯度（\%）=\frac{供检种子（幼苗数）-异品种种子（幼苗）数}{供检种子（幼苗）数}\times100\%$$

在实验室、培养室所测定的结果需填报种子数、幼苗数或植株数。

用田间小区种植鉴定时，将所鉴定的本品种、异品种、异作物和杂草等均以所鉴定的植株百分率表示。

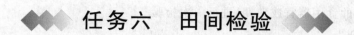

任务六 田间检验

田间检验是指在园艺植物生长期间，检验员直接到种子繁殖田对种子质量进行鉴定的一种检验方法。田间检验比室内检验具有可操作性好且鉴定结果可靠等优点，是种子质量（特别是纯度）检验的重要环节。种子田间检验由检验员依照"田检规程"进行检验。

一、田间检验的内容及对田间检验员的要求

(一)田间检验的内容

田间检验的内容因园艺植物的类型不同,其侧重点有所不同。

1. 常规种

常规种田间检验的内容应包括:

(1)证实种子田符合生产该种类种子的要求。

(2)播种的种子批与标签名副其实。

(3)从整体上属于被检的该园艺植物的栽培品种(品种真实性),并检测品种纯度。

(4)鉴定杂草和其他植物种子,特别是那些难以通过加工分离的种子。

(5)隔离条件符合要求。

(6)种子田的总体状况(倒伏、病虫害为害情况等)。

2. 杂交种

虽然杂交种的品种纯度只能在收获后的种子经过小区种植才能进行鉴定,但可以通过以下田间检验的内容,最大限度地保证品种纯度:

(1)与花粉污染源有适宜的隔离距离。

(2)雄性不育程度高。

(3)父本花粉转移给母本植株的理想条件。

(4)每组合(父母本)纯度高。

(5)在母本收获前先收获父本。

(二)对田间检验员的要求

为了保证检验结果的准确性,检验员必须经过培训,通过田间检验原理和程序知识的书面考核、田间检验技能的实践考核;必须熟悉田间检验方法和田间标准、品种特征特性、种子生产的方法和程序等方面的知识;必须具备能依据品种特征特性证实品种真实性,能鉴别种子田混杂株并使之量化的能力;对被检品种有丰富的知识,熟悉被检品种间差异的特征特性。

二、田间检验的时期和次数

田间检验最好在种子田不同生育时期(苗期、花期、成熟期等)分多次进行,以便获取准确的种子质量信息;条件不允许时,也可在品种特征和特性表现最充分的时期(如杂交制种田的开花期、蔬菜作物的食用器官成熟期)进行一次检验。

三、田间检验的一般程序

1. 了解情况和检查种子标签

检验员应与生产者面谈和到田间检查,了解种子田编号、生产者姓名、作物名称、品种名称、类别(等级)、农户姓名和联系方法、种子田位置、田块号码、制种面积、前茬作物详情(档案)、种子批号等。

核查标签,了解种子来源。为了证实品种的真实性,制种者最少应该保留种子批的两个标签,一个树立在田间,另一个留待备查;生产杂交种的还应保留父母本的种子标签和田间分布图。

2.检查种子田隔离情况及总体状况

(1)检查隔离条件 检验员依据制种者提供的种子田地图,在种子田外圈核查与其他作物隔离情况(包括收获期间机械混杂隔离以及与已受种传病害感染的其他田块的隔离),隔离距离应达到制种规定的最小距离。同时检验员还应观察种子田和周围田块的自生苗、其他作物或杂草情况,因为这也可能是花粉的污染源。

(2)检查种子田状况 对种子田的状况进行总体评价,将决定是否有必要进行品种纯度的详细检查。在检查种子田总体状况时,检验员应详细检查田间及四周的情况,如发现播种有不同的种子或可能已被污染、已经严重倒伏或长满杂草、由于病虫害或其他原因导致生长受阻或生长不良的种子田,应该予以淘汰,不能进行品种纯度的评定。

3.检验品种的真实性和纯度

(1)品种真实性 检验员通常在一块种子田里应检查不少于100个穗或株,确保其与描述给定的品种特征、特性一致。

(2)取样 为了评定品种纯度,必须遵守取样程序,即集中在种子田小范围(样区)进行详细检查。一般来说,凡是同一品种、同一来源、同一繁殖世代、同一栽培条件的相连田块为一检验区。一个检验区的最大面积为33.3 hm²,超过此面积的种子田块则应另分检验区。根据检验区的面积,确定样点数和样点内最低检验的株(穗)数(表6-16)。取样点的位置应该覆盖整个种子田,要根据田块形状和大小、每一作物的特征特性,随机设定样点。取样点设置要均匀,常用的方法有:对角线、梅花形、棋盘式和"V"型大垄(畦)取样法等。

表6-16 各种作物的取样点和株数

作物种类	面积(hm²)/取样点数	每点最少株(穗)数
大豆、薯类、油菜、花生、黄麻、红麻、芝麻、亚麻、向日葵	<1/5 (1~10)/8 (11~20)/11 >21/15	200
蔬菜	<1/5 1/(9~14)	80~100

(3)分析检查及计算 田间检验应避免在阳光强烈或不良的天气下或大雨中进行。检验员应在取样点上逐株(穗)鉴定,将本品种、异品种、异作物、杂草、感染病虫株数分别记载;杂交种生产田还要记载父、母本杂株数,母本散粉株数,然后用下列公式计算各项的百分率。在检验点外,有零星发生的检疫性杂草、病虫感染株要单独记载。

$$品种纯度(\%) = \frac{本品种株数}{供检本作物总株数} \times 100\%$$

$$异品种(\%) = \frac{异品种株数}{供检本作物总株数} \times 100\%$$

$$异作物(\%) = \frac{异作物株数}{供检本作物总株数 + 异作物株数} \times 100\%$$

$$杂草(\%) = \frac{杂草株数}{供检本作物总株数 + 杂草株数} \times 100\%$$

$$病虫感染(\%) = \frac{感染病虫株数}{供检本作物总株数} \times 100\%$$

$$母本散粉株(\%)=\frac{母本散粉株数}{供检母本总株数}\times100\%$$

$$父(母)本散粉杂株(\%)=\frac{父(母)本散粉杂株数}{供检父(母)本总株数}\times100\%$$

四、田间检验报告

田间检验完成后,检验员应按规定格式(表6-17)填写田间检验结果单。一般苗期检验结果供参考,花期、成熟期检验结果作为评定等级的依据。如花期、成熟期检验结果不同时,要按低的检验结果定级。填写田间检验结果单应一式三份。

表 6-17　田间检验结果单(式样)

繁种单位			地块位置		
作物名称			品种或组合		
繁殖面积/hm²			取样点数		
田间纯度检验	异作物	%	制种田	隔离情况	
	异品种	%		父本杂株率	%
	杂草	%		母本杂株率	%
	病虫感染	%		母本散粉率	%
品种纯度		%	田间检验结果:	纯度达( )级	

建议或意见:

检验单位(盖章):　　　　　　　　检验员:　　　　　　检验员证号:

　　　　　　　　　　　　　　　　　　　　　　　　　检验日期:　　　年　　月　　日

如果田间检验中有部分要求(如品种纯度等)未达到标准,而且通过整改措施(如去杂),可以达到标准要求,检验员签署整改建议。如果通过整改仍不能达到标准,如隔离条件不符合要求、严重倒伏等,检验员应建议淘汰被检种子田。

项目七

种子加工与贮藏

🍁 知识目标

了解种子加工原理与技术;掌握园艺植物种子贮藏技术。

🍁 能力目标

能根据种子的类别、杂质的种类以及要求进行标准种子加工;能合理安全贮藏种子。

🍁 素质目标

培养学生良好的心理素质;培养学生精益求精的工匠精神;培养学生踏实肯干、任劳任怨的工作态度。

◆◆◆ 任务一 种子加工技术 ◆◆◆

种子收获后不能直接使用,必须经过精选加工步骤方能成为合格种子。因为收获后的种子中含有惰性物质、破碎的或遭受病虫危害的种子、杂草种子以及杂质。种子经过精选加工后,净度可提高 2%～5%,千粒重提高 5 g 左右,用种量减少 10%～20%,一般可增产 4%～8%。

一、种子干燥

刚收获的种子含水量高达 25%～45%,在此环境中种子呼吸作用加强,放出的热量多,种子易发生霉变;种子进行无氧呼吸产生的衍生物乳酸与酒精导致种子受到毒害;北方地区由于冬季气温低,含水量高的种子易受冻害而死亡;种子水分较高时,在运输过程中将发芽;种子水分高,有利于昆虫活动繁殖,使种子受损。因此,种子收获后,必须及时干燥,将其水分降低到安全包装和安全贮藏的水分要求,保持种子的发芽率,提高种子质量,使种子能安全经过从收获到播种的贮藏阶段。

(一)干燥原理

种子是活的有机体,又是一团凝胶,具有吸湿和解吸的特性。当空气中的水蒸气压超过种子所含水分的蒸汽压时,种子就开始从空气中吸收水分,直到种子的蒸汽压与该条件下空气相对湿度所产生的蒸汽压达到平衡时,种子水分才不再增加,此时种子所含的水分称为"平衡水分"。反之,当空气相对湿度低于种子平衡水分时,种子就向空气中释放水分,直到种子水分与该条件下的空气相对湿度达到新的平衡时,种子水分才不再降低。种子干燥就是利用或改变空气与种子内部的蒸汽压差,使种子内部的水分不断向外散发的过程。

种子内部水分的移动现象,称为内扩散。内扩散又分为湿扩散和热扩散。

(1)湿扩散　种子干燥过程中,表面水分蒸发,破坏了种子水分平衡,使其表面含水率小于内部含水率,形成了湿度梯度,而引起水分向含水率低的方向移动,这种现象称为湿扩散。

(2)热扩散　种子受热后,表面温度高于内部温度,形成温度梯度。由于存在温度梯度,水分随热源方向由高温处移向低温处,这种现象称为热扩散。

温度梯度与湿度梯度方向一致时,种子中水分热扩散与湿扩散方向一致,加速种子干燥而不影响干燥效果和质量。如温度梯度和湿度梯度方向相反,使种子中水分热扩散和湿扩散也以相反方向移动时,影响干燥速度。由于加热温度较低,种子体积较小,对水分向外移动影响不大,如果温度较高,热扩散比湿扩散进行得强烈时,往往种子内部水分向外移动的速度低于种子表面水分蒸发的速度,从而影响干燥质量。严重的情况下,种子内部的水分不但不能扩散到种子表面,反而会往内迁移,形成种子表面裂纹等现象。

(二)影响种子干燥的因素

影响种子干燥的因素有相对湿度、温度、气流速度、大气压力、种子本身生理状态和化学成分。

①相对湿度　如相对湿度小,干燥速度快,反之相对湿度大,干燥速度慢。

②温度　温度是影响种子干燥的主要因素之一。气温较高、相对湿度较大的环境,对种子进行干燥,要比同样湿度但气温较低的天气进行干燥,有较高的干燥潜在能力。应尽量避免在气温较低的时候对种子进行干燥。

(3)气流速度　空气流速高,种子的干燥速度快,可以缩短干燥时间。但空气流速过高,会加大风机的损耗。所以在提高气流速度的同时,要考虑热能的充分利用和风机功率保持在合理的范围,减少种子干燥成本。

(4)大气压力　大气压力对种子干燥影响很大,气压高水分蒸发得慢,气压低水分蒸发得快。

(5)种子本身生理状态和化学成分

①种子生理状态　刚收获的种子含水量较高,呼吸旺盛,进行干燥时宜缓慢,或先低温后高温进行2次干燥。如直接用高温进行干燥则种子容易丧失发芽能力。

②种子的化学成分对干燥影响　淀粉类种子干燥较容易,可采用较高温度进行干燥;蛋白质类种子的种皮很疏松易失去水分,干燥时如采用较高的温度和气流速度,种子内的水分蒸发得较慢,而种皮的水分蒸发得较快,使其水分脱节易造成种皮破裂,不易贮藏,而且影响种子的生命力,所以对这类种子干燥时,尽量采用低温进行慢速干燥;脂肪类种子的水分比上述两类种子容易散发,可用高温快速干燥。但白菜类种子种皮疏松易破,热容量低,在高温的条件下易失去油分,这是干燥过程中必须考虑的。

除生理状态和化学成分外,种子籽粒大小不同,吸热量也不一致,大粒种子需热量多,小粒则少。

(三)种子干燥的方法

种子干燥的方法通常有自然干燥和人工机械干燥两类。

1. 自然干燥

自然干燥是我国目前主要的种子干燥方法之一。自然干燥是利用日光曝晒、通风和摊晾等方法降低种子含水量。此方法简便、经济而又安全，一般情况下种子不易丧失生活力，且日光中紫外线还可起到杀菌杀虫作用，尤其适于小批量种子。但用此法干燥种子，必须做到清场预晒、薄摊勤翻，适时入仓，防止结露回潮。其缺点是易受天气和场地的限制，劳动强度大。

自然干燥可在脱粒前和脱粒后进行，如白菜、甘蓝、胡萝卜、芹菜等。脱粒前干燥可在田间或收获后采用搭晾棚架、挂藏等方法；脱粒后干燥多在土晒场或水泥场上进行。在晒场上干燥时应注意以下几点：

(1)清场预热　选择晴朗天气，清理好晒场地，即"晒种先晒场"。初晒时间在上午9点以后，过早易造成地面结露(因地面温度太低)，使水分分层，影响干燥效果。

(2)薄摊勤翻　摊晒不宜太厚，一般小粒种子不宜超过 5 cm，中大粒种子不宜超过 10～25 cm，每隔一定时间翻动一次，提高干燥效果。

(3)适时入仓　除需热进仓的种子外，曝晒后的种子需冷却后入仓，因为热时入仓，遇冷地板后易发生底部结露，不利于种子贮藏。

2. 种子机械通风干燥

对新收获的较高水分种子，因遇到天气阴雨或没有热空气干燥机械时，可利用送风机将外界凉冷干燥空气吹入种子堆中，把种子堆间隙的水汽和呼吸热量带走，以达到不断吹走水汽和热量，避免热量积聚导致种子发热变质，而使种子变干和降温的目的。这是一种暂时防止潮湿种子发热变质，抑制微生物生长的干燥方法。

通风干燥效果还与种子堆高厚度和进入种子堆的风量有关。堆高厚度低，进风量大，干燥效果明显，种子干燥速度也快；反之则慢。

3. 热空气干燥

在温暖潮湿的热带、亚热带地区，特别是大规模种子生产单位或长期贮藏的蔬菜种子，需利用热空气干燥方法。由于专业种子公司的种子量大，自然干燥有时受气候条件影响，自然风干法又不适于大批量种子生产，这时就需要应用种子烘干设备干燥种子。不同类型的种子，不同地域，所采用的加热机械和烘房布局也各不相同。但用此法干燥种子都应注意如下事项：不能将种子直接放在加热器上焙干；应严格控制种温；种子在干燥时，一次失水不宜太多，可多次加热干燥；如果种子水分过高，可采用多次间隙干燥法；经烘干后的种子，需冷却到常温时才能入仓。

(1)低温慢速干燥法　所用的气流温度一般仅高于大气温度 8℃以下，采用较低的气流流量，一般 1 m³ 种子可采用 6 m³/min 以下气流量。干燥时间较长，多用于仓内干燥。

(2)高温快速干燥法　用较高的温度和较大的气流量对种子进行干燥。可分为加热气体对静止种子层干燥和对移动的种子层干燥两种。

气流对静止种子层干燥，种子静止不动，加热气体通过静止的种子层以对流方式进行干燥，用这种方法加热气体温度不宜太高。根据干燥机类型、种子原始水分和不同干燥季节，温度一般只高于大气温度 11～25℃，但加热的气流最高温度不宜超过 43℃。属于这种形式的干燥设备有袋式干燥机、箱式干燥机及我们现在常用的热气流烘干室等。

　　加热气体对移动种子层干燥,在干燥过程中为了使种子能均匀受热,提高生产率和节约燃料,种子在干燥机中移动连续作业。潮湿种子不断加入干燥机,经干燥后又连续排出,所以这种方法又称为连续干燥。根据加热气流流动方向与种子移动方向配合,分顺流式干燥、对流式干燥和错流式干燥 3 种类型,属于这种形式的烘干设备有滚筒式干燥机、百叶窗式干燥机、风槽式干燥机、输送带式干燥机。各种干燥设备结构不同,对温度要求也不尽一致,如风槽式干燥机在干燥含水量低于 20% 的种子时,一般加热气体的温度以 43~60℃ 为宜,这时种子出机温度在 38~40℃,如果种子含水量高,应采用几次干燥。

　　除此以外还有以远红外线、太阳能做热源的干燥方法。

　　4.冷冻干燥

　　冷冻干燥也称冰冻干燥,这一方法是使种子在冰点以下的温度产生冻结的方法,也就是在这种状况下进行升华作用以除去水分达到干燥的目的。

　　(1)冷冻干燥设备　冷冻干燥装置因干燥的规模和要求不同,有大型和小型之分。小型冷冻干燥装置由以下几部分构成:

　　①干燥室　为放置种子进行干燥的部分。其下部为一加热器,基部有管道通向真空系统。干燥室通常保持温度为 −30~−10℃,压力为 133.3 Pa 左右。也有在加热器及干燥处之间设置冷冻装置的。

　　②真空排气系统　由于冷冻干燥过程中,需保持系统中残留空气压在 133.3×10^2 Pa 左右,故必须有真空泵及排气管路设备。真空泵一般采用油封回转泵较多。

　　③低温集水密封装置　为了捕集冷冻干燥过程所发生的蒸汽,需要设置密封的集水装置,一般情况下采用低温的集水密封装置,并需要有 −40℃ 以下的冷却能的冷冻机。

　　④附属机器　在冷冻干燥装置的系统中还必须要有真空计、温度计、流量计等有关仪器。

　　(2)冷冻干燥的方法　通常有两种方法,一种是常规冷冻干燥法,将种子放在涂有聚四氟乙烯的铝盒内,铝盒体积为 254 mm×38 mm×25 mm。然后将置有种子的铝盒放在预冷到 −20~−10℃ 的冷冻架上。另一种是快速冷冻干燥法,要首先将种子放在液态氨中冷冻,再放在盘中,置于 −20~−10℃ 的架上,再将箱内压力降至 40 Pa 左右,然后将架子温度升高到 25~30℃ 给种子微微加热。由于压力减小,种子内部的冰通过升华作用慢慢变少。升华作用是一个吸热过程,需要供给少许热量。如果箱内压力维持在冰的水蒸气压以下,则升华的水汽会结冰,并阻碍种子中冰的融解。随着种子中冰量减少,升华作用也减弱,种子堆的温度逐渐升高到和架子的温度相同。

　　冷冻干燥法可以使种子不通过加热将自由水和多层束缚水选择性地除去,而留下单层束缚水,将种子水分降低到通常空气干燥方法不可能获得的水平以下,而使种子干燥损伤明显降低,增加了种子的耐藏性,因此这种方法不仅适用于种质资源的保存,而且在当前已有大规模冷冻设备用于食品冷冻干燥的情况下,也可应用这些设备进行大规模的种子干燥,这对蔬菜种子特别具有应用前景。

　　此外还有热能照射干燥法,这种干燥利用热能照射仪器将可见或不可见的辐射热能传送到潮湿种子上,种子吸收了辐射热能后,使种子水分汽化蒸发而变干,红外线和远红外线干燥均属此类。

　　5.其他干燥法

　　(1)干燥剂干燥法　将种子与干燥剂按一定比例封入密闭容器内,利用干燥剂的吸湿能力,不断吸收种子扩散出来的水分,使种子变干,直到达到平衡水分为止的干燥方法。当前使用的干燥剂种类有氯化锂、变色硅胶、氯化钙、活性氧化铝、生石灰和五氧化二磷等。

(2)辐射干燥法 这种方法将能量靠辐射元件或不可见的射线传送到湿种子上,湿种子吸收辐射能后,将辐射能转化成热量,使种温上升,发生汽化,从而达到干燥种子的目的。如太阳能干燥、红外线和远红外线干燥均属此类。

利用波长 0.75~1 000 nm 的红外线或远红外线穿透种子,使种子吸收的辐射能转化为热能。上海物理技术研究所曾研究远红外辐射干燥机在玉米、大麦、水稻、油菜种子上应用,可在 20 s 将种子水分降低 2%~6%,而且干燥质量较好。

(3)高频干燥法 利用电流频率为 1~10 MHz 的高频机,使种子内的极性分子在高频电场的作用下,迅速改变极化方向,从而引起类似摩擦作用的热运动,使种子温度升高,水分迅速蒸发。

(4)微波干燥法与电阻干燥法 微波干燥法与电阻干燥法不仅干燥迅速、均匀,而且可以抑制仓虫的生长与繁殖。

(5)真空干燥法 根据真空条件下可以大幅度降低水的沸点的原理,采用机械手段,用真空泵将干燥室空气抽出形成低压空间,使水分的沸点温度低于烘干种子的极限温度,在种子本身生活力不受影响的前提下,内部水分因达到沸点迅速汽化,有效地进行种子干燥。

二、种子的清选

种子必须在纯度、净度、发芽率等方面符合种子质量的要求。一般种子纯度应在 98% 以上,净度不低于 98%,发芽率不低于 85%。刚收获的种子远远达不到这个标准,因此需要进行种子清选,清除混入种子中的茎、叶、穗和破损种子、其他植物种子、泥沙、石块等掺杂物,清除空、瘪、病虫粒,提高种子的纯度和发芽率,以保证得到纯净饱满、生命力强的种子。

(一)种子清选的原理

种子清选、精选可根据种子尺寸大小、种子比重、空气动力学特性、种子表面特性、种子颜色和种子静电特性的差异,进行分离,以清除掺杂物和废料。

1. 根据种子的外形参数清选

各种种子和杂质都有着长、宽、厚三个基本外形参数,在清选中,可根据种子和杂物的参数大小,用不同的筛子和方法把它们分开。目前常用种子清选用筛子按制造方法不同,可分为冲孔筛、编织筛和鱼鳞筛等。一般常用冲孔筛面的筛孔有圆孔、长孔和三角形孔等。

(1)用长孔筛分离不同厚度的种子 长孔筛的筛孔有长和宽两量度,但一般筛孔长度均大于种粒长度,所以限制种子通过筛孔的因素是筛孔的宽度。由于种子在筛面上可处于侧立、平卧或竖立等各种状态,所以筛孔的宽度只能限制种子的最小尺寸,即厚度。凡种子厚度大于筛孔宽度的,就不能通过;厚度小于筛孔宽度的,就能通过。

(2)用圆孔筛分离不同宽度的种子 圆孔筛的筛孔只有直径这一量度,这一因素只限制种子的宽度。因为粒长大于孔径的种子可竖起来通过,粒厚小于粒宽,不影响通过,只有粒宽大于孔径的种子才不能通过。

(3)用窝眼筒分离不向长度的种子 窝眼筒是一个在圆壁上带有许多圆形窝眼的圆筒,筒内有"V"形承种槽。工作时,种子进入旋转的筒内,在筒底形成翻转的谷粒层。长度小于圆窝直径的短籽粒(或短杂物)进入窝眼内,被筒带到较大高度后滑落到承种槽内,被送出筒外;长种粒(或长杂物)不能进入窝眼,只能带到较小高度即下落,从而与短种粒分开,从筒的出口端流出。

(4)筛孔尺寸的选择 筛孔尺寸选择的正确与否,对大杂质、小杂质的除净率和种子的获选率有极大的影响。应根据种子、杂质的尺寸分布,成品净度要求及获选率要求进行选择。通常底筛让小杂质通过,用于除去小杂质,而让好种子留在筛面上。底筛筛孔尺寸小,小杂除去量多,有利于质量的提高,但小种子淘汰率也相应增加。中筛主要用于除去大杂,让好种子通过筛孔,而大杂留在筛面上到尾部排出。中筛孔越小,大杂除净率越高,有利于成品种子质量的提高,但获选率会相应下降。上筛主要用于除去特大杂质,便于种子流动和筛面分布均匀。

根据杂质的特性,同一层筛可采用一种孔形或几种孔形,如加工大豆用的下筛,若以半粒豆杂质为主,可改用长孔筛或长孔和圆孔筛组合使用更为理想。

以上是按种子的长、宽、厚进行分离时选择筛子的方法。值得提出的是,种子尺寸越接近筛孔尺寸,其通过的机会越少,二者尺寸相等时,实际上不能通过。因此,确定筛孔尺寸时,应比被筛物分界尺寸稍大些才可以。

2.按空气动力学原理清选风选

种子和各种杂物在气流中的飘浮特性是不同的,其影响因素主要是种子的重量及其迎风面积的大小。根据这一原理,可以采取多种方式进行种子清选。

(1)垂直气流分离 一般配合筛子进行,当种子沿筛面下滑时,受到气流作用,轻种子和轻杂物的临界速度小于气流速度,便随气流一起上升运动,到气道上端,断面扩大,气流速度变小,轻种子和轻杂物落入沉积室中,而重量较大的种子则沿筛面下滑,从而起到分离作用。

(2)平行气流分离 目前农村使用的木风车就属此类。它一般只能用作清理轻杂物和瘪谷,不能起到种子分级的作用。

(3)倾斜气流分离 根据种子本身的重力和所受气流压力的大小而将种子分离。在同气流压力作用下,轻种子和轻杂物被吹得远些,重的种子就近落下。

(4)将种子抛扔进行分离 目前使用的带式扬场机属于这类分离机械。当种子从喂料斗中下落到传动带上,种子借助惯性向前抛出,轻质种子或迎风面大的杂物,受气流阻力较大落在近处;重质和迎风面小的,受气流阻力较小落在远处。这种分离也只能作初步分级,不能达到精选的目的。

3.利用种子表面特性的不同进行清选

利用种子和混杂物的表面形状和光滑程度不同及在斜面上的摩擦阻力不同进行分离。目前最常用的种子表面特性分离机具是帆布滚筒。

采用这种方法,一般可以剔除杂草种子和谷类作物中的野燕麦。但是,设计这种机械主要用于豆类中剔除石块和泥块,也能分离未成熟和破损的种子。例如清除豆类种子中的菟丝子和老鹳草。可以把种子倾倒在一张向上移动的布上,随着布的向上转动,杂草种子被带向上,而光滑的种子向倾斜方向滚落到底部。另外,根据分离的要求和被分离物质状况采用不同性质的斜面。对形状不同的种子,可选择光滑的斜面;对表面状况不同的种子,可采用粗糙的斜面。斜面的角度与分离效果密切相关,若需要分离的物质,其自流角与种子的自流角有显著差异的,分离效果明显。此外,也可利用磁力分离机进行分离。一般表面粗糙的种子可吸附磁粉,当用磁性分离机清选时,磁粉和种子混合物一起经过磁性滚筒,光滑的种子不粘或少粘磁粉,可自由地落下,而杂质或粗糙种子粘有磁粉则被吸附在滚筒表面,随滚筒转到下方时被刷子刷落。这种清选机一般都装有 2～3 个滚筒,以提高清选效果。

4.利用种子色泽进行分离

用颜色分离是根据种子颜色明亮或灰暗的特征分离的。要分离的种子通过一段照明的光亮区域,每粒种子的反射光与事先在背景上选择好的标准光色进行比较。当种子的反射光不同于标准光色时,即产生信号,该种子就从混合群体中被排斥落入另一个管道而分离。

各种类型的颜色分离器在某些机械性能上有不同,但基本原理是相同的。有的分离机械输送种子进入光照区域的方式不同,可以由真空管带入或用引力流导入种子,由快速气流吹出种子。在引力流导入种子的类型中,种子从圆锥体的四周落下。另一种是在管道中种子在平面槽中鱼贯地移动,经过光照区域,若有不同颜色种子即被快速气流吹出。在所有的情况下,种子都是被一个或多个光电管的光束单独鉴别的,不至于直接影响邻近的种子。目前这种光电色泽分离机已被广泛使用。

5.根据种子的密度进行分离

种子的密度因作物种类、饱满度、含水量以及受病虫害程度的不同而有差异,密度差异越大,其分离效果越显著。

目前,最常用的方法是利用种子在液体中的浮力不同进行分离,当种子的密度大于液体的密度时,种子就下沉;反之则浮起,然后将浮起部分捞去,即可将轻、重不同的种子分离开。一般用的液体可以是水、盐水、黄泥水等。这是静止液体的分离法。此外还可利用流动液体分离。根据种子的下降速度与液体流速的关系而决定种子流动的是近还是远,即种子密度大的流动得近,密度小的被送得远,当液体流速快时种子也被流送得远。一般所用的液体流速约为 50 cm/s。用液体进行分离出来的种子,如生产上不是立即用来播种,则应洗净、干燥。

(二)常用种子清选、精选机械

种子清选的主要目的是除去混入种子里的空壳、茎叶碎片、泥沙、石砾等掺杂物。因此,最常用的清选机械有空气筛、带式扬场机等机器。如 5X-4.0 型精选机等。种子精选的主要目的是从种子中分离去异作物、异品种或饱满度和密度低、活力低的种子。因此,通常利用的精选机械有窝眼筒、窝眼盘、密度精选机、帆布滚筒分离、光电色泽分离机、静电分离器等机械。如 5XZ-3.0 型正压式重力分选机、5XP-3.0 型平面筛种子分级机、5XW-3.0 型窝眼筒精选机、5XY-2.0 型圆筒筛清选机、5XZ-1.0 型重力式精选机、5XF-1.3A 复式精选机、SXF-3.0 型组合式大豆螺旋分离机等。但在种子清选加工时,有些复式精选机的种子清选和精选是同时进行的。

田园乐七首(其四)

(唐·王维)

萋萋春草秋绿,落落长松夏寒。

牛羊自归村巷,童稚不识衣冠。

三、种子包衣

种子包衣是 20 世纪 80 年代中期研究开发的一项促进农业增产丰收的高新技术,它具有综合防治、低毒高效、省种省药、保护环境、投入产出比高的特点,深受市场欢迎。

种子包衣是指采取机械或手工方法,按一定比例将含有杀虫剂、杀菌剂、复合肥料、微量元素、植物生长调节剂、着色剂或填充剂等非种子材料等多种成分的种衣剂用特定的种子包衣机均匀包覆在种子表面,形成一层光滑、牢固的药膜,以达到种子成球形或者基本保持原有形状,提高抗逆性、抗病性、加快发芽,促进成苗,增加产量,提高质量的一项种子技术。种衣剂能迅速固化成膜,因而不易脱落。随着种子的萌动、发芽、出苗和生长,包衣中的有效成分逐渐被植株根系吸收并传导到幼苗植株各部位,对病菌及地下、地上害虫起到防治作用。药膜中的微肥可在底肥借力之前充分发挥效力。因此,包衣种子苗期生长旺盛,叶色浓绿,根系发达,植株健壮。

种子包衣明显优于普通药剂拌种,主要表现在综合防治病虫害、药效期长(40～60 d)、药膜不易脱落、不产生药害等四个方面。

(一)种子包衣方法分类

目前种子包衣方法主要分为两类:

(1)种子丸化 是指利用黏着剂,将杀菌剂、杀虫剂、染料、填充剂等非种子物质黏着在种子外面。通常做成在大小和形状上没有明显差异的球形单粒种子单位。这种包衣方法主要适用于小粒农作物、蔬菜等种子,如油菜、烟草、胡萝卜、葱类、白菜、甘蓝和甜菜等种子,以利精量播种。因为这种包衣方法在包衣时,都加入了填充剂(如滑石粉)等惰性材料,所以种子的体积和重量都有增加,千粒重也随着增加。

(2)种子包膜 这是指利用成膜剂,将杀菌剂、杀虫剂、微肥、染料等非种子物质包裹在种子外面,形成一层薄膜。经包膜后,基本上像原来种子形状的种子单位。但其大小和重量的变化范围,因种衣剂类型有所变化。一般这种包衣方法适用于大粒和中粒种子。

(二)种衣剂的类型及其性能

种衣剂是一种用于种子包衣的新制剂,主要由杀虫剂、杀菌剂、复合肥料、微量元素、植物生长调节剂、缓释剂和成膜剂或黏着剂等加工制成。种衣剂以种子为载体,借助于成膜剂或黏着剂黏附在种子上,很快固化为均匀的一层药膜,不易脱落。播种后种衣剂对种子形成一个保护屏障,吸水后膨胀,不会马上溶解,随种子发芽、出苗成长,有效成分逐渐被植株根系吸收,传导到幼苗植株各部位,使幼苗植株免受种子带菌、土壤带菌及地上地下害虫的危害,促进幼苗生长,增加作物产量。尤其在寒冷条件下播种,包衣能防止种子吸胀损伤。目前种衣剂按其组成成分和性能的不同,可分为农药型、复合型、生物型和特异型等类型。

(1)农药型 这种类型种衣剂应用的主要目的是防治种子病害和土壤病害。种衣剂中主要成分是农药。大量应用这种种衣剂会污染土壤和造成人畜中毒,因此应尽可能选用高效低毒的农药加入种衣剂中。

(2)复合型 这种种衣剂是为防病、提高抗性和促进生长等多种目的而设计的复合配方类型。因此种衣剂中的化学成分包括农药、微肥、植物生长调节剂或抗性物质等。目前许多种衣剂都属这种类型。

（3）生物型　这是新开发的种衣剂。根据生物菌类之间拮抗原理，筛选有益的拮抗根菌，以抵抗有害病菌的繁殖、侵害而达到防病的目的。美国为防止农药污染土壤，开发了根菌类生物型包衣剂。如防治十字花科种子黑腐病、芹菜种传病害、番茄及辣椒病害等生物型包衣剂。如浙江省种子公司也开发了根菌类生物型包衣剂。从环保角度看，开发天然、无毒、不污染土壤的生物型包衣剂也是一个发展趋向。

（4）特异型　特异型种衣剂是根据不同作物和目的而专门设计的种衣剂类型。

（三）种衣剂配合成分和理化特性

1. 种衣剂配合成分

目前使用的种衣剂成分主要有以下两类：

（1）有效活性成分　对作物生长发育起作用的主要成分。如杀菌剂主要用于杀死种子上的病菌和土壤病菌，保护幼苗健康生长。目前我国应用于种衣剂的农药有呋喃丹、甲胺磷、辛硫磷、多菌灵、五氯硝基苯、粉锈宁等。如微肥主要用于促进种子发芽和幼苗植株发育。像油菜缺硼容易造成花而不实，则油菜种子包衣可加硼。其他作物种子可针对性地加入锌、镁等微肥。如植物生长调节剂主要用于促进幼苗发根和生长。像加赤霉酸促进生长，加萘乙酸促进发根等。如用于潮湿寒冷土地播种时，种衣剂中加入萘乙烯可防止冰冻伤害。如种衣剂中加入半透性纤维素类可防止种子过快吸胀损伤。如靠近种子的内层加入活性炭、滑石粉和肥土粉，可防止农药和除草剂的伤害。如种衣剂中加入过氧化钙，种子吸水后放出氧气，促进幼苗发根和生长等。

（2）非活性成分　种衣剂除有效活性成分外，还需要有其他配用助剂，以保持种衣剂的理化特性。这些助剂包括有包膜种子用的成膜剂、悬浮剂、抗冻剂、防腐剂、酸度调整剂、胶体保护剂、渗透剂、黏度稳定剂、扩散剂和警戒色染料等。丸化种子用黏着剂、填充剂和染料等化学药品。

种子丸化的黏着剂主要为高分子聚合物。如阿拉伯胶、淀粉、羧甲基纤维素、甲基纤维素、乙基纤维素、聚乙烯醋酸纤维（盐）、藻朊酸钠、聚偏二氯乙烯、聚乙烯氧化物、聚乙烯醇等。填充剂材料较多，如黏土、硅藻土、泥炭、云母、蛭石、珍珠岩、活性炭、磷矿粉等。在选用填充剂时应考虑取之方便，价格便宜，对种子无害。着色剂主要有胭脂红、柠檬黄、靛蓝，按不同比例配比，可得到多种颜色。一方面可作识别种子的标志；另一方面也可作为警戒色，防止鸟雀取食。

种子包膜用的成膜剂种类也较多。如用于大豆种子的成膜剂为乙基纤维素、甜菜种的包膜剂为聚吡咯烷酮等。种子包膜是将农药、微肥、激素等材料溶解和混入成膜剂而制成种衣剂，为乳糊状的剂型。

2. 种衣剂理化特性

优良包膜型种衣剂的理化特性应达到的要求如下：

（1）合理的细度　细度是成膜性好坏的基础。种衣剂细度标准为 $2\sim4\,\mu m$。要求 $\leqslant2\,\mu m$ 的粒子在 92% 以上，$\leqslant4\,\mu m$ 的粒子在 95% 以上。

(2)适当的黏度 黏度是种衣剂黏着在种子上牢度的关键。不同种子的动力黏度不同,一般在 150～400 mPa·s(黏度单位)。小麦、大豆要求在 180～270 mPa·s,玉米要求在 50～250 mPa·s,棉花种子要求在 250～400 mPa·s。

(3)适宜的酸度 酸度决定了是否影响种子发芽和贮藏期的稳定性,要求种衣剂为微酸性至中性,一般 pH 6.5～7.2 为宜。

(4)高纯度 纯度是指所用原料的纯度,要求有效成分含量要高。

(5)良好的成膜性 成膜性是种衣剂的又一关键物性,要求能迅速固化成膜,种子不粘连,不结块。

(6)种衣牢固度 种子包衣后,膜光滑,不易脱落。种衣剂中农药有效成分含量和包衣种子的药种比应符合产品标志规定。小麦≥99.81,玉米(杂交种)≥99.65,高粱(杂交种)≥99.80,谷子≥99.81,棉花≥99.65。

(7)良好的缓解性 种衣剂能透气、透水,有再湿性,播种后吸水很快膨胀,但不立即溶于水,缓慢释放药效,药效一般维持 45～60 d 左右。

(8)良好的贮藏稳定性 冬季不结冰,夏季有效成分不分解,一般可贮藏 2 年。

(9)对种子的高度安全性和对防治对象较高的生物活性 种子经包衣后的发芽率和出苗率应与未包衣的种子相同,对病虫害的防治效果应较高。

(四)对包衣机械的要求

种子包衣作业是把种子放入包衣机内,通过机械的作用把种衣剂均匀地包裹在种子表面的过程。

种子包衣属于批量连续式生产,种子被一斗一斗定量地计量,同时药液也被一勺一勺定时地计量。计量后的种子和药液同时下落,下落的药液在雾化装置中被雾化后喷洒在下落的种子上,种子丸化或包膜,最后搅拌排出。

种子包衣时,对机具的要求有以下几点:

(1)保证密封性 为了保证操作人员不受药害,包衣机械在作业时必须保证完全密封,即拌粉剂药物时,药粉不能散扬到空气中,或抛洒在地面上;拌液剂药物时,药液不可随意滴落到容器外,以免污染作业环境。

(2)保证混拌包衣均匀 在机具性能上应能适用粉剂、液剂或粉剂、液剂同时使用,要保证种子和药剂能按比例进行混拌包衣,比例能根据需要调整,调整方法要简单易学。包衣时,要使药液能均匀地黏附在种子表面或丸化。

(3)有较高的经济性 机具生产要效率高、造价低,构造要简单,与药物接触的零部件要采用防腐材料或采取防腐措施,以提高机具的使用寿命。

(五)包衣前准备

包衣作业开始前应做好机具的准备、药剂的准备和种子的准备。

(1)选择包衣机 根据种子种类和包衣方式,选择适用包衣机。

(2)机具的准备 首先要检查包衣机的技术状态是否良好,如安装是否稳固、水平,各紧固螺栓是否有松动,转动部分是否有卡阻,以及机具中是否有遗留工具或异物。然后应进行试运转,检查电机旋转方向是否正确,各转动部分旋转是否平稳;搬动配料斗轴摆动,观察供粉装置和供液装置能否正常工作。试运转时还应注意听是否有异常声音。当发现各种问题时,应逐一认真解决,妥善处理,确认机具技术状态良好后方可投入作业。

(3)药剂的准备　首先应根据不同种子对种衣剂的不同要求,选择不同类型的种衣剂,还应根据加工种子的数量、配比,准备足够量的药物。

对于液剂药物的准备,主要是根据不同药物的不同要求配制好混合液。一般液剂药物的使用说明中都会详细指出药物和水的混合比例,并按说明书中的比例进行配制。混合时一定要搅动,使药液混合均匀。

对于药物的准备,如果只使用1种液剂药物,就只准备1种。如果同时需要两种就准备两种,但必须注意药剂的配比,不可用药过量。对于初次进行包衣的操作者来说,最好能在有经验的农艺师、工程师指导下做好药物的准备工作。

(4)种子的准备　凡进行包衣的种子必须是经过精选加工后的种子,种子水分也在安全贮藏水分之内。对于种子加工线来讲,包衣作业是最后一项工序,包衣机械都置于加工线的最末端。根据我国当前的生产习惯,包衣作业是在播种前进行,即加工后的种子先贮藏过冬,到来年春天播种时再包衣。在包衣前对种子进行一次检查,确认种子的净度、发芽率、含水率都合乎要求时,方可进行包衣作业。

(5)发芽试验　任何作物种子在采用种衣剂机械包衣处理前,都必须做发芽试验,只有发芽率较高的种子才能进行种衣剂包衣处理。经过种衣剂包衣处理的每批种子,也都要做发芽试验,以检验包衣处理种子的发芽率。对包衣后的种子可以采取以下方法做发芽试验:

①湿沙平皿法　用筛过的细面沙,加入沙子重量17%的水,拌匀装入直径15 cm的大培养皿中,厚度为培养皿深的一半,压平、留发芽用。插入一定数量种子后,放到规定温度培养箱内,测其发芽势和发芽率。②大沙盘法　所用沙与①相同,加水复平播种后,加盖放入规定温室内,检查其发芽势和发芽率。

(六)种子包衣的方法

用种衣剂包衣种子的方法主要有机械包衣方法和人工包衣方法两种。在种子加工工厂内进行,需有经过专门训练的技术人员掌握。

1.机械包衣方法

良种包衣应当集中在种子公司安排下,目前我国生产和应用的包衣机主要有石家庄种子机械厂生产的5BY-5A型,山西水利厂生产的5BY-LX型,中国农业机械化科学院研制的5BYF-5型等,具体操作过程参考包衣使用说明书。

2.人工包衣方法

无包衣机的情况下,可采用人工方法有以下方种:

(1)圆底大锅包衣法　把圆底大锅固定好,称种子放入锅内,按比例称取种衣剂倒入锅内种子上面,立即用预先准备好的大铲子快速翻动,拌匀留作播种。

(2)大瓶或小铁桶包衣法　准备好能装5 kg种子的有盖大瓶子或小铁桶,称取2.5 kg种子装入瓶或桶内,按药种比例称取一定数量的种衣剂倒入盛有种子的瓶或桶内,封好盖子,再快速摇动,拌匀为准,倒出作播种用。

（3）塑料袋包衣法　采用塑料袋包衣种子时,首先准备好大小不同两个塑料袋,然后将再小袋套装在一起,称一定比例的种子和种衣剂装到里层塑料袋内,扎好袋口,双手快速揉搓。拌匀后倒出留作播种用。

(七)使用种衣剂包衣种子注意事项

不同型号的种衣剂适用不同的农作物。尽管种衣剂低毒高效,但使用、操作不当也会造成环境污染或人身中毒事故。因此,尽量不要自行购药包衣,而应到种子公司或农业站购买采用机械方法包衣的良种,在存放和使用包衣种子时仍要注意以下事项:

（1）安全贮存保管种衣剂　种衣剂应装在容器内,贴上标签,存放在单独的库内或凉爽阴凉处。严禁和粮食、食品等存在一个地方;搬动时,严禁吸烟、吃东西、喝水;存放种衣剂的地方,必须加锁,有专人严加保管;存放种衣剂的地方严禁儿童或闲人进入玩耍,存放种衣剂的地方,要准备有肥皂、碱性液体物质,以备发生意外时使用。

（2）安全处理种子　在使用种衣剂包衣处理种子时必须注意以下几点:

①种子部门严禁在无技术人员指导下,将种衣剂零售给农民自己使用。

②种子部门必须出售采用包衣机具包衣的种子。

③进行种子包衣的人员,严禁徒手接触种衣剂,或用手直接包衣,必须采用包衣机或其他器具进行种子包衣。

④负责包衣处理种子人员在包衣种子时必须使用防护措施,如穿工作服、戴口罩及乳胶手套,严防种衣剂接触皮肤,操作结束时立即脱去防护用具。

⑤工作中不准吸烟、喝水、吃东西,工作结束时用肥皂彻底清洗裸露的脸、手后再进食、喝水。

⑥包衣处理种子的地方严禁闲人、儿童进入玩耍。

⑦包衣后的种子要保管好,严防畜禽进入场地吃食包衣的种子。

⑧包衣后必须晾干成膜后再播种,不能在地头边包衣边播种,以防药未固化成膜而脱落。

⑨使用种衣剂时,不能另外加水使用。

⑩播种时不需浸种。

（3）安全使用种衣剂

①种衣剂不能同敌稗等除草剂同时使用,如先使用种衣剂,需 30 d 后才能再使用敌稗;如先使用敌稗,需 3 d 后才能播种包衣种子,否则容易发生药害或降低种衣剂的效果。

②种衣剂在水中会逐渐水解,水解速度随 pH 及温度升高而加快,所以不要和碱性农药、肥料同时使用,也不能在盐碱地较重的地方使用,否则容易分解失效。

③在搬运种子时,检查包装有无破损、漏洞,严防种衣剂处理的种子被儿童或禽畜误食而发生中毒。

④使用包衣后的种子,播种人员要穿防护服、戴手套。

⑤播种时不能吃东西、喝水,徒手擦脸、眼,以防中毒,工作结束后用肥皂洗净手脸后再进食。

⑥装过包衣种子的口袋,严防误装粮食及其他食物、饲料。将袋深埋或烧掉以防中毒。

⑦盛过包衣种子的盆、篮子等,必须用清水洗净后,再做他用,严禁再盛食物。洗盆和篮子的水严禁倒在河流、水塘、井池边,可以将水倒在树根、田间,以防人或畜、禽、鱼中毒。

⑧出苗后，严禁用间下来的苗喂牲畜。

⑨凡含有呋喃丹成分的各型号种衣剂，严禁在瓜、果、蔬菜上使用，尤其叶菜类绝对禁用，因呋喃丹为内吸性毒药，残效期长，蔬菜类生育期短，用后对人有害。

⑩用含有呋喃丹种衣剂包衣水稻种子时，注意防止污染水系。

⑪严禁用喷雾器将含有呋喃丹的种衣剂用水稀释后向作物喷施，因呋喃丹的分子较轻，喷施污染空气，对人类造成危害。

⑫食用包衣种子后死亡的死虫、死鸟要严防家禽家畜吃后发生二次中毒。

 # 任务二　种子贮藏技术

种子贮藏是种子工作中重要的环节，种子贮藏工作搞得好与坏，直接影响种子的质量、农业生产安全和企业经济效益。种子从收获至播种前需经或长或短的贮藏阶段。种子贮藏的任务是采用合理的贮藏设备和先进科学的贮藏技术，人为地控制贮藏条件，将种子质量的变化降低到最低限度，最有效地保持旺盛的发芽力和活力，从而确保种子的播种价值。

种子贮藏期限的长短，因作物种类、耕作制度及贮藏目的而不同。如秋播种的种子贮藏期短，后备种子的贮藏期要长一些，而作为种质资源保存的种子贮藏期更长。一般来讲，贮藏期短不易使种子丧失生活力，贮藏期长则容易使种子丧失生活力，但也不是绝对的，不同的作物种子、贮藏条件、种子品质的高低等，都影响着种子的寿命。所以，从提高种子耐藏性着手，改善贮藏条件，并用科学管理方法是种子安全贮藏的重要保证。

一、种子贮藏条件

种子收获后至播种前的保存过程，要求防止发热霉变和虫蛀，保持种子生活力、纯度和净度，为农业生产提供合格的播种材料。种子生活力的主要标志是其萌发性能，一批种子的寿命指群体发芽率从收获后降到50%所经历的时间，也称"半活期"，即群体平均寿命。发芽性能和寿命主要取决于遗传特性、种子形态结构和生理活性、种子质量和贮藏条件。以种子含水量和贮藏的温度、湿度等的影响显著。种子含水量在贮藏期间应控制在安全含水量以下，稻、麦、玉米等粮食作物种子安全含水量为12%～13%；棉花、豆类、花生等高油量种子为5%～9%；蔬菜种子为7%～9%。温度和湿度显著影响种子生活力，应避免高温（>30℃）和高湿（相对湿度>75%或种子含水量>15%）的贮藏条件（可参考哈林顿通则）。贮藏湿度应保持10～20℃、干燥种子在密闭条件（减少含氧量）下贮藏。贮藏方法因种子用途而异。作物品系、育种材料种子，用麻袋、多孔纸袋、玻璃瓶等包装；大田种子采用散装、围囤或袋装。种子入库前先行种子清选干燥和库房消毒；入库后注意通风换气和防潮、防虫、防鼠并定期检查和测定发芽率。表7-1为主要蔬菜种子贮藏条件时间与发芽率的关系。

表 7-1　主要蔬菜种子贮藏条件时间与发芽率的关系

蔬菜名称	贮藏条件	贮藏时间/年	经贮藏后的发芽率/%
番茄	含水量 5%，密闭贮藏	10	83
	含水量 5，−4℃，密闭贮藏	10	97
	含水量 5%，−4℃，密闭贮藏	15	94
茄子	一般室内贮藏	3～4	85
	含水量 5.2%，密闭贮藏	5	87
	含水量 5.2%，密闭贮藏	10	79
	含水量 5.2%，−4℃，密闭贮藏	10	84
辣椒	一般室内贮藏	2～3	70
	含水量 5.2%，密闭贮藏	5	61
	含水量 5.2%，密闭贮藏	7	57
	含水量 5.2%，−4℃，密闭贮藏	10	76
菜豆	一般室内贮藏	2～3	95
	相对湿度 50%，−10℃贮藏	8 个月	80～90
	相对湿度 80%，26.7℃贮藏	8 个月	完全丧失
	相对湿度 35%，17℃贮藏	4	50
莴苣	一般室内贮藏	3～4	80
	含水量 4.1%，密闭贮藏	3	88
	含水量 4.1%，−4℃，贮藏	7	94
	含水量 4.1%，−4℃，密闭贮藏	10	91
葱头	一般室内贮藏	1～2	80
	常温，含水量 6.3%，密闭包装	5	89
	−4℃，含水量 6.3%，密闭包装	7	92
	−4℃，含水量 6.3%，密闭包装	10	78
菠菜	一般室内贮藏	2～4	70
甘蓝	一般室内贮藏	3～4	90
萝卜	一般室内贮藏	3～4	85
大白菜	一般室内贮藏	3～4	90
蔓菁	一般室内贮藏	4～5	95
黄瓜	一般室内贮藏	2～3	90
南瓜	一般室内贮藏	3～5	95
西葫芦	一般室内贮藏	4	95
西瓜	一般室内贮藏	4～5	95
胡萝卜	一般室内贮藏	2～3	70
	含水量 5.4%，−4℃，贮藏	7	67
芹菜	一般室内贮藏	2～3	75
韭菜	一般室内贮藏	1～2	80
大葱	一般室内贮藏	1～2	80
茴香	一般室内贮藏	2～3	60

根据种子的生理特点及贮藏的目的分为三大类,即干藏法、湿藏法和流水藏法。此外,超干贮藏法也是比较前沿、科技含量更高的贮藏方法。

(一)种子的贮藏条件

种子脱离母体之后,经种子加工进入仓库,即与贮藏环境构成统一的整体并受环境条件影响。经过充分干燥而处于休眠状态的种子,其生命活动的强弱主要受贮藏条件的影响。种子如果处在干燥、低温、密闭的条件下,生命活动非常微弱,消耗贮藏物质极少,其潜在生命力较强;反之,生命活动旺盛,消耗贮藏物质也多,其劣变速度快,潜在生命力就弱。所以,种子在贮藏期间的环境条件,对种子生命活动及播种品质起决定性的作用。

影响种子贮藏的环境条件,主要包括空气相对湿度、温度及通气状况等。

1.相对湿度

种子在贮藏期间水分的变化,主要取决于空气中相对湿度的大小。当仓库空气相对湿度大于种子平衡水分的相对湿度时,种子就会从空气中吸收水分,使种子内部水分逐渐增加,其生命活动也随水分的增加由弱变强。在相反的情况下,种子向空气释放水分则渐趋干燥,其生命活动将进一步受到抑制。因此,种子在贮藏期间保持空气干燥即低相对湿度是十分必要的。

对于耐干藏的种子保持低相对湿度是根据实际需要和可能而定的。种质资源保存时间较长,种子非常干燥,要求空气相对湿度很低,一般控制在 30%左右;大田生产用种贮藏时间相对较短,要求相对湿度不是很低,只要达到与种子安全水分相平衡湿度即可,大致在 60%～70%。从种子的安全水分标准和目前实际情况考虑,仓内相对湿度一般以控制在 65%以下为宜。

2.温度

种子温度会受仓温影响而起变化,而仓温又受空气影响而变化,但是这三种温度常常存在一定差距。在气温上升季节里,气温高于仓温和种温,在气温下降季节里,气温低于仓温和种温。仓温不仅使种温发生变化,而且有时因为两者温差悬殊,会引起种子堆内水分转移,甚至发生结露现象;特别是在气温剧变的春秋季节,这类现象的发生更多。如种子在高温季节入库贮藏,到秋季由于气温逐渐下降影响到仓壁,使靠仓壁的种温和仓温随之降低。这部分空气的密度增大发生自由对流,近墙的空气形成一股气流向下流动,由于种堆中央受气温影响较小种温仍较高,形成一股向上气流,因此向下的气流经过底层,由种子堆的中央转而向上,通过种温较高的中心层,再到达顶层中心较冷部分,然后离开种子堆表面,与四周的下降气流形成回路。在此气流循环回路中,空气不断从种子堆中吸收水分随气流流动,遇冷空气凝结于距上表面层以下 35～75 cm 处。若不及时采取措施,顶部种子层将会发生劣变。

另一种情况是在春季气温回升时种子堆内气流状态刚好与上述情况相反。此时种子堆内温度较低,仓壁四周种子温度受气温影响而升高,空气自种堆中心下降,并沿仓壁附近上升,因此,气流中的水分凝集在仓底。所以春季由于气温的影响,不仅能使种子堆表层发生结露现象,而且底层种子容易增加水分,时间长了也会引起种子劣变。为了避免种温与气温之间造成悬殊差距,一般可采取仓内隔热保温措施,使种温保持恒定不变。或在气温低时,采取通风方法,使种温随气温变化。

一般情况下,仓内温度升高会增加种子的呼吸作用,同时促使害虫和霉菌为害。所以,在夏季和春末秋初这段时间,最易造成种子败坏变质。低温则能降低种子生命活动和抑制霉菌的危害。种质资源保存时间较长,常采用很低的温度如 0℃、−10℃甚至−18℃。大田生产用种数量较多,从实际考虑,一般控制在15℃即可。

3.通气状况

空气中除含有氮气、氧气和二氧化碳等各种气体外,还含有水汽和热量。如果种子长期贮藏在通气条件下,由于吸湿增温使其生命活动由弱变强,很快会丧失生活力。干燥种子以贮藏在密闭条件下较为有利,密闭是为了隔绝氧气,抑制种子的生命活动,减少物质消耗,保持其生命的潜在能力。同时密闭也是为了防止外界的水汽和热量进入仓内。但也不是绝对的,当仓内温、湿度大于仓外时,应该打开门窗进行通气,必要时采用机械鼓风加速空气流通,使仓温、湿度尽快下降。

除此之外,仓内应保持清洁干净,如果种子感染了仓虫和微生物,则由于虫、菌繁殖和活动的结果,放出大量的水和热,使贮藏条件恶化,从而直接和间接危害种子。仓虫、微生物的生命活动需要一定的环境,如果仓内保持干燥、低温、密闭,则可对它们起抑制作用。

二、仓库害虫及其防治

仓库害虫简称"仓虫"。广义上是指一切危害贮藏物品的害虫。这里所指的是危害贮藏种子的害虫,主要有玉米象、米象、蚕豆象、豌豆象等十几种。

仓虫的繁殖速度、危害程度与种子贮藏条件有着十分密切的关系。其中以温度、湿度影响最大,多数仓虫生活的最适温度在18～32℃,温度过高或过低都会延缓或抑制仓虫的生命活动,甚至使之死亡。仓虫体内的水分来自种子水分,多数仓虫适宜的种子水分为13%以上,相对湿度为70%以上。在一定温、湿度范围内,随着温、湿度的升高,仓虫的繁殖速度加快。

(一)仓虫的传播途径

仓库害虫的传播方式与途径是多种多样的。随着人类生产、贸易、交通运输事业的不断发展,仓虫的传播速度更快,途径也更复杂化。为了更好地预防和消灭仓虫,有必要了解它们的活动规律和传播途径。仓库害虫的传播途径大致可以分为:

1.自然传播

(1)随种子传播　如豆象、豌豆象等害虫当作物成熟时在上面产卵,孵化的幼虫在籽粒中为害,随籽粒的收获而带入仓内,继续在仓中为害。

(2)害虫本身活动的传播　成虫在仓外砖石、杂草、标本、旧包装材料及尘芥杂物里隐藏越冬,翌年春天又返回地里继续为害。

(3)随动物的活动而传播　黏附在鸟类、鼠类、昆虫等身上蔓延传播,如螨类。

(4)风力传播　一些小型仓虫可以借助风力,随风飘扬,扩大传播范围。

2.人为传播

(1)贮运用具、包装用具的传播　感染仓虫的贮、运用具,如运输工具(火车厢、轮船、汽车等)和包装品(麻袋、布袋等)以及围席、筛子、苫布、扦样用具、扫帚、簸箕等仓贮用具,在用来运输及使用时也能造成仓虫蔓延传播。

(2)已感染仓虫的贮藏物的传播　已感染仓虫的种子、农产品在运输及贮藏时感染无虫种子,造成蔓延传播。

(3)空仓中传播　仓虫常潜藏在仓库和加工厂内阴暗、潮湿、通风不良的洞、孔、缝内越冬和栖息,新种子入仓后害虫就会继续为害。

(二)仓库害虫的防治

仓库害虫的防治是确保种子安全贮藏、保持较高的活力和生活力的极为重要的措施之一。防治仓库害虫的基本原则是"安全、经济、有效",防治上必须采取"预防为主,综合防治"的方针,防是基础,治是防的具体措施,两者密切相关。

1.农业防治

许多仓虫不仅可以在仓内为害,而且也在田间为害,很多仓虫还可以在田间越冬,所以采用农业防治是很有必要的。农业防治是利用农作物栽培过程中一系列的栽培管理技术措施,有目的地改变某些环境因子,以避免或减少害虫的发生为害,达到保护和防治害虫的目的。应用抗虫品种、做好田间防治都是减少仓虫为害的有效方法。

2.检疫防治

对内对外的动植物检疫制度,是防止国内外传入新的危险性仓虫种类和限制国内危险性仓虫蔓延传播的最有效方法。随着对外贸易的不断发展,种子的进出口也日益增加,随着新品种的不断育成,国内各地区间种子的调运也日益频繁,检疫防治也就更具有重大的意义。

3.清仓消毒与保持环境卫生

(1)剔刮虫窝,全面粉刷　仓内所有梁柱、四壁和地板,凡有孔洞和缝隙之处,全部要剔刮干净。然后进行全面修补与粉刷,做到天棚、地面和四壁六面光。

(2)清理仓库内用具　对麻袋、围席、隔仓板等各种仓具与清选设备,都要进行彻底地清扫、敲打、洗刷、暴晒或消毒,消灭隐藏的仓虫。

(3)彻底清扫仓内外　除了仓内要清扫干净之外,仓库附近不能有垃圾、杂草、瓦砾和污水等仓虫栖息的地方。为了防止仓外的仓虫爬入仓房,可在仓房四周喷洒防虫线。

(4)进行空仓消毒　仓内、外粉刷清扫之外,要进行全面消毒,仓内用敌百虫 0.5%～1% 液喷洒或用敌敌畏 0.1%～0.2%熏蒸。

4.机械和物理防治

(1)机械防治　机械防治是利用人力或动力机械设备,将害虫从种子中分离出来,而且还可以使害虫经机械作用撞击致死。经过机械处理后的种子,不但能消除掉仓虫和螨类,而且可以把杂质除去,水分降低,提高了种子的质量,有利于保管。机械防治目前应用最广的还是过风和筛理两种。

(2)物理防治　物理防治是指利用自然的或人工的高温、低温及声、光、射线等物理因素,破坏仓虫的生殖、生理机能及虫体结构,使之失去生殖能力或直接消灭仓虫。此法简单易行,还能杀灭种子上的微生物,通过热力降低种子的含水量,通过冷冻降低种堆的温度,利于种子贮藏。

高温杀虫法　温度对一切生物都有促进、抑制或致死的作用,对仓虫也不例外。通常情况下,仓虫在 40～45℃达到生命活动的最高界限,超过这个界限,升高到 45～48℃时,绝大多数的仓虫处于热昏迷状态,如果较长时间地处在这个温度范围内也能使仓虫致死。而当温度升至 48～52℃时,所有仓虫在较短时间都会致死。具体可采用日光曝晒法和人工干燥法。日光曝晒法也称自然干燥法,利用日光热能干燥种子,此法简易、安全而全成本低,是普遍采用的方法。夏季日照长,温度高,一般可以达 50℃以上,不仅能大量地降低种子的水分,而且能达到直接杀虫的目的。人工干燥法也称机械干燥法,是利用火力机械加温使种子提高温度,来达到降低水分、杀死仓虫的目的。进行人工干燥法时必须严格控制种温和加温时间,否则会影响种子发芽率。一般来说,种子水分在 17% 以下,出机种温不宜超过 42～43℃,受热时间应在 30 min 内,如果种子水分超过 17% 时,必须采用两次干燥法。

低温杀虫法 利用冬季冷空气杀虫即为低温杀虫法。一般仓虫处在温度 8～15℃ 以下就停止活动,如果温度降至 -4～8℃ 时,仓虫发生冷麻痹,而长期处在冷麻痹状态下就会发生脱水死亡。此法简易,一般适用于北方,而南方冬季气温较高所以不常采用。采用低温杀虫法应注意种子水分。种子水分过高,会使种子发生冻害,如水分在 17% 时不宜在 -8℃ 下冷冻。冷冻以后,趁冷密闭贮藏,对提高杀虫效果有显著作用。在种温与气温差距悬殊的情况下进行冷冻,杀虫效果特别显著,这是因为害虫不能适应突变的环境条件,生理机能遭到严重破坏,从而加速其死亡。具体可采用仓外薄摊冷冻和仓内冷冻杀虫两种方法。仓外薄摊冷法是在寒冷晴朗的天气,气温必须在 -5℃ 以下,在下午 5:00 以后,将种子出仓冷冻,摊晾厚度以 2～3 cm 为宜;如果在 -10～-5℃ 温度下,只要冷冻 12～24 h 即可达到杀虫效果。进仓时最好结合过筛,除虫效果更好。有霜天气应加覆盖物,以防冻害。仓内冷冻杀虫法是在气温达 -5℃ 以下时,将仓库门窗打开,使干燥空气在仓内对流,同时结合耙沟,翻动种子堆表层,将冷空气充分引入种子堆内,提高冷冻杀虫的效果。

5. 化学药剂防治

利用有毒化学药剂破坏害虫正常的生理机能,或造成不利于害虫和微生物生长繁殖的条件,从而使害虫和微生物停止活动或致死的方法称为化学药剂防治法。此法具有高效、快速、经济等优点。由于药剂的残毒作用,还能起到预防害虫感染作用。化学药剂防治法虽有较大的优越性,但使用不当,往往会影响种子播种品质和工作人员的安全。因此,此法只能作为综合防治中的一项技术措施。

常用的化学药剂种类主要有磷化铝、防虫磷(马拉硫磷)、敌敌畏等。应用最多的为磷化铝。

磷化铝原粉呈灰绿色,一般与氨基甲酸铵及其他辅助剂(每片 3 g)共用。磷化铝在粉剂中含有效成分 50%～53%,片剂为 33%。磷化铝极易吸收空气中的水分而分解,产生具有剧毒而有大蒜味的气体磷化氢。

磷化铝的应用剂型有片剂和粉剂两种。片剂每片重 3 g,可产生磷化氢气体 1 g。具体用量为,每立方米种堆 6 g,每立方米仓库空间 3～6 g,加工厂或器材为每立方米 4～7 g;磷化铝粉剂用量为每立方米种堆 4 g,空间为 2～4 g,加工厂或器材 3～5 g。投药时分别计算出实仓用量和空间用药量,两者相加之和即为该仓总用药量。投药后,一般密闭 3～5 d 即可达到杀虫效果,然后通风 5～7 d 排出有效气体

投药方法分包装和散装两种。包装种子在包与包之间的地面上,先垫好塑料布或铁皮板再投药,以便收集药物残渣。散装种子投在种子堆上面,与上述同样要求垫好塑料布或铁皮板,将药物散放在上面即可。

磷化氢的杀虫效果取决于仓库密闭性能和种温。仓库密闭性好,杀虫效果显著,反之效果差,毒气外逃还会引起人员中毒事故。所以投药后不仅要关紧门窗,还要糊 3～5 层纸张将门封死。温度对气体扩散影响较大,温度越高,气体扩散越快,杀虫效果越好。如果温度较低,则应适当延长密闭时间。通常是当种温在 20℃ 以上时,密闭 3 d,种温在 16～20℃ 时,密闭 4 d,种温在 12～15℃ 时则要密闭 5 d。

磷化铝一经暴露在空气中就会分解产生磷化氢剧毒气体,很容易引起人的中毒,所以使用

时要特别注意安全,在开罐取药前必须戴好防毒面具。磷化铝在堆积较多或遇水时极易发生自燃,所以用药量不宜过大,每次片剂投药量最多不超过 300 g,粉剂最多 200 g,片剂之间不能重叠,粉剂应薄摊均匀,厚度不宜超过 0.5 cm。且药物不能遇水,也不能投放在潮湿的种子或器材上。

种子量过高时进行磷化氢熏蒸易产生药害,影响种子发芽率,所以此药剂只能应用于干燥的种子。

三、种子微生物及其控制

种子微生物主要包括细菌、真菌和放线菌。细菌和放线菌虽能损害种子,但它们的生长需要较高的水分,因此,在贮藏种子中危害较小。

在种子上常见的微生物有两大类,一类是附生在新鲜、健康种子上的枯草芽孢杆菌、荧光假单胞杆菌,对贮藏种子无危害,它们对霉菌有拮抗作用;另一类是对种子安全贮藏危害最大的微生物——真菌类中的一些霉菌。在种子贮藏中,控制霉菌的主要途径有:

(1)提高种子的质量 高质量的种子对微生物抵御能力较强。为了提高种子的生活力,应在种子成熟时适时收获,及时脱粒和干燥,并认真做好清选工作,去除杂物、破碎粒和不饱满的籽粒。入库时注意将新、陈种子,干、湿种子,有虫、无虫种子及不同种类和不同纯净度的种子分开贮藏,提高贮藏种子的稳定性。

(2)干燥防霉 种子含水量和仓内相对湿度低于微生物生长所要求的最低水分时,就能抑制微生物的活动。为此,种子仓库首先要能防湿防潮,具有良好的通风密闭性;其次种子入库前要充分干燥,使含水量保持在与相对湿度 65% 相平衡的安全水分界限以下。在种子贮藏过程中,可以采用干燥密闭的贮藏方法,防止种子吸湿回潮。在气温变化的季节要控制温差、防止结露,高水分种子入库后则要抓紧时机通风降湿。

(3)低温防霉 控制贮藏种子的温度在霉菌生长适宜的温度以下,可以抑制微生物的活动。保持种子温度在 15℃ 以下,仓库相对湿度在 65%～70% 以下,可以达到防虫防霉,安全贮藏的目的。这也是一般所谓"低温贮藏"的温、湿度界限。

控制低温的方法可以利用自然低温,如我国北方地区;也可以机械制冷,进行低温贮藏。进行贮藏时,还应把种子水分降至安全水分以下,防止在高水分条件下,一些低温性微生物的活动。

(4)化学药剂防霉 常用的化学药剂为磷化铝。磷化铝生成的磷化氢具有很好的抑菌防霉效果,又由于它同时是杀虫剂,其杀虫剂量足以抑菌,所以在使用时只要一次熏蒸,就可以同时达到杀虫、抑菌的目的。

四、种子的结露和预防

种子结露是种子贮藏过程中一常见的现象。种子结露以后,含水量急剧增加,种子生理活动随之增强,导致发芽、发热、虫害、霉变等情况发生。种子结露现象不是不可避免的,只要加强管理,采取措施即可消除这种现象。即使已发生结露现象,将种子进行翻晒干燥、除水,不使其进一步发展,可以避免种子遭受损失或少受损失。因而,预防种子结露,是贮藏期间管理的一项经常性工作。

(一)种子结露的原因和部位

通常的结露是热空气遇到冷的物体,便在冷物体的表面凝结成小水珠,这种现象叫结露。如果发生在种子上就叫种子结露。这是由于热空气遇到冷种子后,温度降低,使空气的饱和含水量减小,相对湿度变大。当温度降低到空气饱和含水量等于当时空气的绝对湿度时,相对湿度达到100%,此时在种子表面上开始结露。如果温度再下降,相对湿度超过100%,空气中的水汽不能以水汽状态存在,在种子上的结露现象就更明显。开始结露时的温度,称为结露温度也叫露点。种子结露是一种物理现象,在一年四季都有可能发生,只要当空气与种子之间存在温差,并达到露点时就会发生结露现象;空气湿度愈大,也愈容易引起结露;种子水分愈高,结露的温差变小,反之,种子愈干燥,结露的温差愈大,种子不易结露。

仓内结露的部位,常见的有以下几种:

(1)种子堆表面结露 多半发生在开春后,外界气温上升,空气比较潮湿,这种湿热空气进入仓内首先接触种子堆表面,引起种子表面层结露,其深度一般由表面深至3 cm左右。

(2)种子堆上层结露 秋、冬转换季节,气温下降,影响上层种子的温度。而在、下层种子的热量向上,二者造成温差引起上层结露,其部位距表面20~30 cm处。

(3)地坪结露 这种情况常发生在经过曝晒的种子未经冷却,直接堆放在地坪上,造成地坪湿度增大,引起地坪结露。也有可能发生在距地面2~4 cm的种子层,所以也叫下层结露。

(4)垂直结露 发生在靠近内墙壁和柱子周围的种子,成垂直形。前者常见于圆筒仓的南面,因日照强,墙壁传热快、种子传热慢引起结露;后者常发生在钢筋水泥柱子,这种柱传热快于种子,使柱子或靠近柱子周围种子结露。木质柱子结露的可能小一点。其次房式仓的西北面也存在结露的可能性。

(5)种子堆内结露 种子堆内通常不会发生结露,如果种子堆内存在发热点,而热点温度又较高,则在发热点的周围就会发生结露。另一种情况是二批不同温度的种子堆放在一起,或同一批经曝晒的种子入库的时间不同,造成二者温差引起种子堆内夹层结露。

(6)冷藏种子结露 经过冷藏的种子温度较低,遇到外界热空气也会发生结露,尤其是夏季高温从低温库提出来的种子,更易引起结露。

(7)覆盖薄膜结露 塑料薄膜透气性差,有隔湿作用,然而在有温差存在的情况下,却易凝结水珠。结露发生在薄膜温度高的一面。

(二)种子结露的预防

防止种子结露的方法,关键在于设法缩小种子与空气、接触物之间的温差,具体措施如下:

(1)保持种子的干燥 干燥种子能抑制生理活动及虫、霉为害,也能使结露的温差增大,在一般的温差条件下,不至于发生结露。

(2)密闭门窗保温 季节转换时期,气温变化大,这时要密闭门窗,对缝隙要糊2~3层纸条,尽可能少出入仓库,以利隔绝外界湿热空气进入仓内,可预防结露。

(3)表面覆盖移湿 春季在种子表面覆盖1~2层麻袋片,可起到一定的缓和作用。即使结露也是发生在麻袋片上,到天晴时将麻袋片移至仓外晒干冷却再使用,可防止种子表面结露。

(4)翻动面层散热 秋末冬初气温下降,经常耙动种子面层深至20~30 cm,必要时可扒深沟散热,可防止上层结露。

（5）种子冷却入库　经曝晒或烘干种子，除热处理之外，都应冷却入库，可防地坪结露。

（6）围包柱子　有柱子的仓库，可将柱子整体用一层麻袋包扎，或用报纸4～5层包扎，可防柱子周围的种子结露。

（7）通风降温排湿　气温下降后，如果种子堆内温度过高，可采用机械通风方法降温，使之降至与气温接近，可防止上层结露。对于采用塑料薄膜覆盖贮藏的种子堆，在10月中、下旬应揭去薄膜改为通风贮藏。

（8）仓内空间增温　将门窗密封，在仓内用电灯照明，可使仓内增温，提高空气持湿能力，减少温差，可防上层结露。

（9）冷藏种子增温　冷藏种子在高温季节，出库前须进行逐步增温，使之与外界气温相接近可防结露。但每次增温温差不宜超过5℃。

（三）结露的处理

种子结露预防失误时，应及时采取措施加以补救。补救措施主要是降低种子水分，以防进一步发展。通常的处理方法是倒仓曝晒或烘干，也可以根据结露部位的大小进行处理。如果仅是表面层的，可将结露部分种子深至50 cm的一层揭去曝晒。结露发生在深层，则可采用机械通风排湿。当曝晒受到气候影响，也无烘干通风设备时，可根据结露部位采用就仓吸湿的办法，也可收到较好的效果。这种方法是采用生石灰用麻袋灌包扎口，平埋在结露部位，让其吸湿降水，经过4～5 d取出。如果种子水分仍达不到安全标准，可更换石灰再埋入，直至达到安全水分为止。

五、种子贮藏期间的管理

种子贮藏期间的管理工作十分重要，应该根据具体情况建立各项制度，提出措施，严格检查，以便及时发现和解决问题，避免种子的贮藏损失。种子入库前必须严格进行清选、干燥和分级，不达到标准，不能入库。做好清仓消毒，改善仓贮条件。种子存放前必须清理晒场、仓库，进行仓库的粉刷、消毒灭菌工作，扫除垃圾和异品种种子。种子存放在晒场上要有明显间隔标志和品种标牌，以防混杂。仓库必须具备通风、密闭、隔湿、防垫等条件，种子垛底必须配备透气木质垫架。入库时按品种分别堆放，两垛之间、垛与墙体之间应当保留一定的间距。根据气候变化规律和种子生理状况，订出具体的管理措施，及时检查，及早发现问题，采取对策，加以解决。

（一）管理制度

（1）仓贮岗位责任制　要挑选责任心、事业心强的人担任这一工作。保管人员要不断钻研业务，努力提高科学管理水平，有关部门要对他们定期考核。

（2）安全保卫制度　仓库要建立值班制度，组织人员巡查，及时消除不安全因素。做好防火、防盗工作，确保不出事故。

（3）清洁卫生制度　做好清洁卫生工作是消除仓库病虫害的先决条件。仓库内外需经常打扫、消毒、保持清洁。

（4）检查制度　检查内容包括气温、仓温、种子温度、大气湿度、仓内湿度、种子水分、发芽率、虫霉情况等。

（5）建立档案制度　每批种子入库，都应将其来源、数量、品质状况逐项登记入册，每次检查后的结果必须详细记录和保存,便于前后对比分析和考查,有利于发现问题,及时采取措施,改进工作。

(二)管理措施

1.防止混杂

种子进出仓库容易发生品种混杂,应特别认真仔细。种子包装内外均要有标签,进出库时要反复核对。

2.合理通风

通风的方法有自然通风和机械通风两种,可根据目前仓库的设备条件和需要选择进行。

(1)自然通风法 是根据仓库内外温度状况,选择有利于降温、降湿的时机,打开门窗让空气进行自然交流达到仓内降温、散温的一种方法。

当外界温湿度低于仓内时,可以通风,但要注意寒流的侵袭,防止种子堆内温差过大而引起表层种子结露。

当仓外温度与仓内温度相同,而仓外湿度低于仓内,或者仓外湿度基本上相同而仓外温度低于仓内时,可以通风。

仓外温度高于仓内而相对湿度低于仓内,或者仓外温度低于仓内而相对湿度高于仓内,这时能不能通风,就要看当时的绝对湿度,如果仓绝对湿度高于仓内,不能通风,反之就能通风。

(2)机械通风法 机械通风是通过通风管或通风槽进行空气交流,使种子堆达到降温、降湿的方法,多半用于散装种子,由于它是采用机械动力,通风效果好,具有通风时间短、降温快、降温均匀等特点。

3.温度的检查

检查种温可将整堆种子分成上、中、下三层,每层设5处。也可根据种子堆的大小适当增减,如种堆面积超过 $100 \ m^2$,需相应增加点数,对于平时有怀疑的区域,如靠壁、屋角、近窗处或漏雨等部位增设辅助点,以便全面掌握种子堆的情况。种子入库完毕后的半个月内,每 3 d 检查一次(北方可减少检查次数,南方应适当增加检查次数),以后每隔 7~10 d 检查一次。二、三季度,每月检查一次。

4.水分检查

检查水分同样采用三层5点15处的方法,把每处所取的样品混匀后,再取试样进行测定。取样一定要有代表性。检查水分的周期取决于种温,一、四季度,每季检查一次,二、三季度每月检查一次,在每次整理种子后也应检查一次。

5.发芽率检查

种子发芽率一般每 4 个月检查 1 次,但应根据气温变化,在高温或低温之后,以及在药剂熏蒸后,都应相应增加 1 次。最后一次不应迟于种子出仓前 10 d 完成。

6.虫、霉、鼠、雀检查

检查害虫的方法一般采用筛检法,经过一定时间的振动筛理,把筛下来的活虫按每千克数计算。检查蛾类采用撒谷法,进行目测统计。检查周期决定于种温,种温在 15℃ 以下每季1 次;15~20℃ 每半月一次;20℃ 以上 5~7 d 一次。检查霉烂的方法一般采用目测和鼻闻,检查部位一般是种子易受潮的壁角、底层和上层,或沿门窗、漏雨等部位。查鼠雀是观察仓内有否鼠雀粪便和足迹,平时应将种子堆表面整平以便发现足迹。一经发现予以捕捉消灭,还需堵塞漏洞。

7.仓库设施检查

检查仓库地坪的渗水、房顶的漏雨、灰壁的脱落等情况,特别是遇到强热带风暴、台风、暴雨等天气,更应加强检查。同时对门窗启闭的灵活性和防雀网、防鼠板的坚牢程度进行检查和修复。

(三)低温仓库种子贮藏特点和管理

为了适应种子贸易的需求,保存好暂积压的种子,使种子生活力保持较高的水平,我国骨干种子企业陆续建造了许多低温、低湿种子库。其目的是通过控制种子贮藏的温度和湿度两大因素,达到种子的安全贮藏,确保种子有较高的生活力。

低温仓库采用机械降温的方法使库内的温度保持在15℃以下,相对湿度控制在65%左右。在管理上,除做好一般种子仓库要求外,还应注意以下几点:

①种子垛底必须配备透气木质或塑料垫架。两垛之间、垛与墙体之间应当保留一定间距。

②合理安排种垛位置,科学利用仓库空间,提高利用率。

③库房密封门尽量少开,即使要查库,亦要多项事宜统筹进行,减少开门次数。

④严格控制库房温、湿度。通常库内温度控制在15℃以下,相对湿度控制在70%以下,并保持温、湿度的稳定。

项目八

园艺植物的新品种选育

🍁 **知识目标**

　　了解育种目标制定的原则和主要目标的确定；了解种质资源的概念，收集、保存及利用方法；掌握主要园艺植物的新品种选育方法，育种方法的程序。

🍁 **能力目标**

　　能正确制定育种目标；能够根据实际情况正确应用和保存种质资源；能够正确制定不同育种方法的育种程序。

🍁 **素质目标**

　　培养学生良好的职业素养；培养学生独立分析能力；培养学生团队合作意识及用于奉献精神。

　　植物新品种是重要的农业生产资料，在农业生产中发挥着极其重要的作用，为满足人类的不同需求，要制定不同育种目标，并采用不同的育种选择技术和方法。

◆◆◆ 任务一　园艺植物育种目标的确定 ◆◆◆

一、园艺植物育种目标在新品种选育种的重要意义

　　育种目标是对育种工作的要求，是目前园艺植物在一定的生产条件与生态环境下需要达到的优良性状。

　　在新品种选育时，一定要先确立育种目标，它是育种工作的依据和指南，也是决定育种成败与应用效率的关键。只有明确了育种目标，才能明确育种的主攻方向。才能使品种改良的重点与方向科学而又合理。如果育种目标不科学或者不够明确具体，盲目进行，那么育种的人力、物力、财力和新途径、新技术将很难发挥应有的作用，很难使育种工作取得成功和突破。

二、园艺植物育种目标制定的原则

1. 国家或者上级部门下达的任务

制定育种目标首先可以根据国家或者上级主管部门所下达的育种任务，或是决定的育种方向来确定。一般来说这种任务中都会明确地提出要培育的植物品种的具体目标性状及特殊要求。

2. 根据当地的生态、人文环境，目前主栽品种需要改良的性状

一般是根据当地的生产或者是市场的需求情况，以及当地的气候、资源和消费水平，来确定主栽品种需要改良的性状或是需要增加的品性。我们可以根据主管部门、种子公司或是繁育和生产场所提供的资料来确定。

3. 根据本单位或者个人的实际情况

园艺植物育种工作是一项需时长、工序复杂的工作，对人力、物力、财力和土地等多方面都有要求，还需要一定的技术力量和先进设备，所以在制定育种目标的时候要考虑本单位和个人的实际情况，做长远且全面具体的规划。

4. 目前生产上品种亟待解决的问题

确定育种目标一定要具体，有针对性，且育种目标一定要是目前生产上迫切需要解决的问题，比如蔬菜作物的长季节栽培和抗病性，还有花卉作物如百合需要无花药、花期长的性状。

5. 国际上园艺植物的发展方向

国际上园艺植物的发展方向，比如说蔬菜作物的抗病性和产量、花卉作物的花色、果树作物的矮化栽培等。

6. 重点突出，统筹兼顾

育种目标中应该有主有次，重点目标可以 1～2 个，不可能面面俱到。比如在进行花卉育种的时候，需要考虑花期、花色、花型、产量、抗寒性、抗病性、株型等许多方面的性状的改进，但是根据不同的花卉和应用的方向应该确定 1～2 个为重点性状，其他也要兼顾。

三、园艺植物育种目标的确定方向

(一)产量性状目标

产量指的是单位面积上所收获得的产品，是园艺植物的主要经济性状。园艺植物育种目标一直是追求高产稳产。产量构成的因素很多，不同植物也略有不同，比如说番茄，产量构成因素就包括单果重、结果枝数、单枝结果数等因素。但是这些构成因素往往是互相制约的，比如说单枝结果数多，那么单果重就会少，而产量往往就是这些构成因素的乘积，所以说找到一个平衡点，使乘积最大，就能达到高产稳产的目标。同时园艺植物结果期较长，基本是分批采收，那么在园艺植物中应该根据价格确定各个时期的产量，有些植物是早期价格高，育种目标应该是早期产量最高，有些植物是后期价格高，那育种目标就应该在后期产量高。

(二)品质性状目标

园艺植物的品质分为感官品质、营养品质、加工品质和贮藏品质。

(1)感官品质 在果树、蔬菜作物中主要指产品的大小、形状、风味、香气、色泽、肉质等方面的性状。观赏植物主要指产品的形状(花型、株型)、香味、花色、叶型、叶色等方面的性状。

感官品质受人主观意识影响,受传统习惯和生活习惯、消费习惯的影响,随着社会的逐渐进步,思想意识的提高,人们对感官品质的要求也会发生变化。

(2)营养品质　指的是维生素、蛋白质、氨基酸、纤维素、有机酸等对人类有益的和有害的成分的组成和含量,随着人类现在对饮食营养方面要求的逐步提高,对蔬菜作物、果树作物乃至观赏作物的成分的组成和含量要求也提高了。在欧美一些国家甚至对于进入超市的蔬菜作物含有多少纤维素、氨基酸、蛋白质、维生素等有很高要求,对有害成分低于多少也有要求,不达标不允许进入超市销售。

(3)加工品质　是指产品适合于加工的特性,比如用于加工番茄酱的番茄对茄红素的要求、用于做罐头的桃的离核情况等,这些品质对用于加工的园艺植物就特别重要。

(4)贮藏品质　是指产品贮藏性的特性。对于有些需要贮藏的园艺植物,贮藏品质很重要,要求方便贮藏,并且在贮藏过程中品质不会因为时间长而发生不好的变化,比如苹果、梨、萝卜、白菜等这些园艺植物的贮藏品质就会变得很重要。

(三)成熟期目标

不同的成熟期是现代园艺植物育种的特有目标,而现在植物早熟性状在蔬菜和果树作物中尤为重要。

(四)对抗病虫害的耐受性目标

增加园艺植物新品种对病害和虫害的抗性也是主要的育种方向。由于现代农业倡导绿色食品、有机食品,使得园艺植物在栽培过程中对农药的要求越来越严格,所以现代育种方向应该增加园艺植物本身对病虫害的抗性,这样可以使新品种在一定程度上免受或少受病虫害的危害,或者使植物在受病虫害侵染后,品质数量不受太大影响,从而降低生产过程中农药的使用。

(五)对环境胁迫的耐受性目标

增加园艺植物对环境胁迫的耐受性也是今后主要的育种方向。比如耐低温、耐弱光、耐寒、耐涝、耐践踏、耐湿等耐受性强的品种,降低今后露地生产的难度,减少恶劣天气对主要园艺作物的影响,增加新品种的应用区域和应用方向。

(六)对保护地栽培环境的适应性目标

保护地栽培是目前园艺植物的主要生产技术。虽然我们现在一直在进行长季节栽培,但对于北方仍然不能做到一年四季进行露地栽培。而且由于不同地区的气候差异造成不同的园艺植物有不同的环境要求,而保护地栽培可以人工控制小气候,改变环境条件,创造适合的生产气候。但是保护地也有着不利于植物的方面,比如说保护地内一般高温高湿、空间相对露地狭小,所以要求园艺植物具有很强的适应性,来适应保护地内栽培。

(七)适宜机械化生产的目标

随着科技的发达,越来越多的机械代替人类的生产活动,今后大面积进行机械化生产,也是园艺产业的发展方向,这就要求园艺植物新品种具有适合机械化生产的特点。

◆◆◆ 任务二　引　种 ◆◆◆

一、引种概述

引种是指从外地或者是外国引入某作物到当地种植,通过一系列的驯化栽培,最终该品种适应当地的环境条件,成为当地主栽品种的生产过程。

引种历史悠久,简单易行,便于操作,它可以发生在各个时期,上到国家科研机构下到个人都可以应用这种育种方法。

引种自古有之,有一些是无意识的行为,比如说我们现在大多数的园艺作物都是从野生品种引种驯化而来成为现栽培品种的原型,这种行为往往是无意识的。还有一些是有意识的行为,比如现代育种家或育种单位为进行品种更新从外地或者外国引入某种品种在当地种植。所以引种是更新品种一个快捷有效的方式。

二、引种的方法步骤

1. 引种计划的制定

首先要确定引种材料,做好引种前的筹备工作。比如根据引种的数量和种类准备土地,筹备资金,配备必备的设施和相关的技术人员,然后查阅相关资料,制定引种的计划。计划包括引种的工作步骤、实施要点、时间安排、确定标准等,一定要详细、具体。

2. 引种材料的收集、编号和登记

收集引种材料的方式有很多,可以通过实地调查、购买、交换和赠予等多种方式获得引种材料。对收集来的引种材料,要做好记载工作。进行登记、编号,做好尽量详尽的调查并记录。记录的项目包括名称、来源、材料种类、数量、形态、编号以及一些生物学特性、生长发育规律、对环境条件的要求、栽培技术要点等方面。

3. 引种材料的检疫制度

为了避免随着引种材料传入病虫害和杂草,我们在引种过程中一定要进行严格的检疫,尤其是从外地或者外国引进的材料,必须检疫。如发现有检疫对象,要制定措施彻底根除。

4. 引种试验

引种试验的目的是为了鉴定引种材料在当地的具体表现,确定是否优于当地品种,所以要选有代表性的当地作物做对照,进行全面具体的比较,一般包括以下步骤:

(1)试引观察　首先将引入材料进行小面积的试引观察,初步鉴定引入材料在引入地的适应性和利用价值。

(2)品种比较试验　将试引观察中入选的材料进行对比试验,作出更加精确的判断。

(3)区域试验　在品种比较试验中表现优异的进入区域试验,来确定适应的地区和范围。

5. 繁殖推广

对通过区域试验的引种材料,要通过专家评审委员会进行评审鉴定,进一步了解后确定推广范围,加速繁殖,确定相应的栽培技术方案,最后组织推广。

三、引种的成功率

1. 引入可塑性强的材料

对于遗传可塑性强的材料,成功率较高。因为可以很快适应新的环境条件,驯化程度高。在园艺植物中杂交种比纯种可塑性强,实生幼苗比成苗可塑性强。

2. 采用逐渐迁移的方式

有些时候植物直接从引出地到引入地,会造成植物大量死亡,不容易成功。可以采用从引出地逐步、逐代引种到引入地的过程。苏联育种学家米丘林曾经用这种方法引种成功。当从南向北进行引种,可在中间选定一个地方,将引入材料种植,从中选择存活并且表现相对好的留种,继续确定中间地点进行种植,如此反复进行,直到在引入地种植成功。

3. 在基因型适宜的范围内进行引种

多考察栽培历史。植物的适应范围不一定是当前的栽培地区,与历史生态也有关系。比如说水杉,最开始在四川发现,栽培范围狭窄,但是后来在亚洲、欧洲、非洲、美洲等许多地区引种都获得成功,考察水杉历史后发现,其在冰川前曾广泛分布在全世界各国,所以引种时要考虑基因型曾经的栽培区域。

四、引种中的注意事项

1. 不要破坏当地的生态平衡

引种实际上就是引入到当地进行一种新品种或类型的植物进行栽培,而自然界是一个个生态圈组成的,如果在引种过程中不注意就会破坏当地的生态平衡,比如有些地区引入水葫芦进行栽培,后来由于水葫芦繁殖较快,很快就将当地湖面长满,影响了其他水生生物的生长发育,造成当地渔业发展的滞后,所以引种要适度,不能过度而影响了当地的生态平衡。

2. 引种时一定要做好病虫害的检疫,防止引入新的病害和虫害

尤其要注意从国外引入的品种。比如丹东就曾经因为引入日本樱花,没有做好检疫,引入了根癌病,该病传染给当地的一些果树和园林树木,也影响到了当地其他作物的栽培。

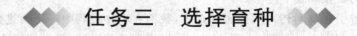

任务三 选择育种

一、选择育种的概述

选择育种指的是应用选择这种手段,从现有品种在繁殖过程中的自然变异中选择出新的品种。

达尔文曾经说过,生物的进化共有三个要素,缺一不可,分别是遗传、变异和自然选择。遗传是内因,变异是动力,自然选择能决定生物进化的方向。自然界的环境年年变化,植物为了能适应自然界的环境变化,自身会发生一些微小的变异,保证能够在环境的变化下维持生命,而遗传可以将这种变异传递下去,使得植物世世代代能维系生命,而因为环境变化不能生存的物种就会灭亡,所以说适者生存,不适者淘汰。当随着科学的逐步发展,人们已经不单纯依赖

于自然选择,开始加入人为的因素,所以现代育种应用人工选择来决定生物进化的方向,使生物向着人类需要的方向发展。最开始选择是无意识的,只是因为大家的喜好选择植物,后来随着育种科学的发展,选择是有意识的选择,根据育种目标确定选择方向。

二、选择育种的程序

1.初选

从现有的植物群体中选择优良的能达到育种目标的植株留种。对于那些性状表现突出的,能准确判断的植株,可以直接进入复选圃,而对于不确定的,继续观察,设置品种对照圃,确定后进入复选圃。

2.复选

进入复选圃后,主要目的是尽快表现选择的性状,确定是否优良,设立品种比较圃,对所选植株进行全面鉴定,包括目标性状和其他性状,如产量、品质、熟性以及其他经济性状,确保都比比较品种更优良。

3.决选

初选和复选是由育种者和育种单位进行的,而决选是上级主管部门对所申报的品种进行鉴定,看是否符合申报情况,可不可以作为新品种推广。

三、选择育种的方法

(一)有性繁殖植物的选种方法

1.混合选择法

混合选择法,强调的是混合采种,混合播种,从开始选择到最后,一代代都是混合的。首先在一个群体里选择优良的单株,采种后混合收在一起,明年混合种植在一个小区里,之后再从中选择优良的单株,采种后还是混合收在一起,来年继续种植在一个小区里,如此世代直到选择出一个优良的品种。如果只经过一代就能选出优良品种的称为一次混合选择法,经过多代的称为多次混合选择法。

混合选择法的优点是简单易行,节省土地资源、劳力及设备资源。能迅速从混杂原始群体中分离出优良类型,而且一次就可以选出大量植株,获得大量种子,因此能迅速应用于生产。缺点是所选各单株种子混合在一起,不能进行后代鉴定,因此,选择效果不如单株选择法。

2.单株选择法

单株选择法强调单独。从一个群体里选择优良的单株,单独留种,来年每一植株上采得的种子单独种植,设立隔离区,然后从每个小区里选择优良的单株,再单独留种,来年再单独种植在小区里,如此世代直到选择出一个优良品种。通过一代就能选出优良品种的称为一次单株选择法,通过多代选出优良品种的称为多次单株选择法。

单株选择法的优点是根据当选植株后代(株系)的表现对当选植株进行遗传性优劣鉴定,消除环境影响,选择效率较高;性状的纯合与稳定性高,增强株系后代群体的一致性;同时多次单株选择可定向累积变异,因此有可能选出超过原始群体内最优良单株的新品种。缺点是单株选择法技术比较复杂,需专设实验圃地,小区占地多,需要土地资源多,人工资源多,需进行隔离,成本较高,同时对异花授粉植物多代近亲交配易引起后代生活力衰退。此外,单株选择一次所留种子数量有限,难以迅速应用于生产。

(二)无性繁殖植物的选种方法

芽变选种。芽变指的是体细胞发生的突变,是芽的分生组织细胞发生的一种遗传物质的突变。芽变发生后通常从枝、叶、花、果实等物候期植物的关键时期表现出来,用无性繁殖的方式保持下来,育成新的品种称为芽变选种。

四、影响选择效果的因素

1. 性状表现

如果目标性状是质量性状,很少受环境条件影响,会很容易表现出来,所以选择效果很好,见效快,尤其是显性性状。

而如果是数量性状,数量性状的作用是微小的,但是可以累加的,所以需要在几代以后才能表现出来。

2. 选择的群体

从理论上讲,群体越大,选择的效果越好,因为越能充分表现出性状,但是群体大需要的土地和人力资源较多。

3. 选择的方法

选择的方法多种多样,各有优缺点,现在一般都是共同应用,比如先用混合选择法,再用单株选择法等。

朱子家训（节选）

宜未雨而绸缪,毋临渴而掘井。
自奉必须简约,宴客切勿流连。
器具质而洁,瓦缶胜金玉;
饮食约而精,园蔬逾珍馐。

项目九

种子生产基地的建立与管理

🍁 **知识目标**

了解种子生产基地建立的意义和任务;掌握种子生产基地的建立要求;了解种子基地管理的具体内容。

🍁 **能力要求**

能辅助建立种子生产基地;能科学管理种子生产基地。

🍁 **素质目标**

培养学生自我学习的习惯、爱好和能力;培养学生的科学精神和态度;培养学生团结协作、开拓创新工作作风。

◆◆◆ 任务一 种子生产基地的建立 ◆◆◆

一、园艺植物种子生产基地的建立意义及任务

(一)种子生产基地建立的意义

近年来随着生活水平的逐步提高,园艺植物生产已经在农业生产中占据重要地位。园艺植物包括果树、蔬菜、花卉,是目前人们日常生活中不可缺少的部分,而人们对园艺植物产品的种类、数量和质量要求也逐步提高。园艺植物种子作为园艺植物生产的基础也尤为重要,种子质量的好坏直接影响今后园艺植物的产品数量和质量。产品质量的好坏和农民的收入、社会的稳定也有很大关系。随着种子市场的放开,经营单位也随之迅速增多,经营形式多种多样。虽然各级农业行政主管部门积极采取各种措施来加强种子市场的监管,,并且规范了种子市场,但假劣种子仍然不断出现。一直以来由于伪劣种子给农业生产造成的损失也屡见不鲜。为了规范种子市场,从根本上改变分散繁育种子,克服种子"多、乱、杂"的现象,农业部在总结我国种子工作经验的基础上,吸取了国外种子工作的优点,充分发挥我国社会主义制度优越

性,提出了"四化一供"的良种繁育推广体系,包括种子生产专业化、加工机械化、质量标准化、品种布局区域化和以县为单位统一组织供种,而这些制度都依赖于科学地建立种子生产基地。现在我们国家科研机构也建立"南繁"种子生产基地,主要利用气候因素,进行育种加代,除此之外,这些基地也承担繁种、制种和原种生产以及种子检验、亲本繁殖等任务。

(二)种子生产基地建立的任务

在保持品种的纯度和种性的同时,迅速繁殖新品种种子。种子生产基地的首要任务是迅速扩大良种数量,满足农业生产对良种种子数量的需要,使得该品种迅速推广,在生产中填补原有品种的缺点或者类型。而育种家育成的优良品种在大量繁殖和栽培过程中,由于生产环节的操作不当而造成混杂,或者由于环境条件的影响而发生变异等,以致纯度和种性降低。

二、种子生产基地的建立要求

(一)人为因素

(1)领导班子要稳定　一个制种基地一般需要很多农民,而现在制种基地多是杂交制种,要求的技术性强,所以要求有一个稳定的领导班子指导农民生产,严格按照制种技术要求的时间开展工作,稍有疏忽就会酿成大错,这就要求有一个强有力的领导班子来组织和率领所有的制种户统一行动。

(2)员工的思想意识要高　虽然制种要比农业生产收益高,但是光靠这种赚钱的热情是不够的,还要看承担制种的基地各方面的条件是否符合要求,当初步定下种子生产基地后,要考察员工对制种技术的学习热情有多高,是否愿意虚心学习制种的关键技术,对制种的要求能不能达到。如果员工学习认真,严格执行生产规程,就可以选作制种基地。

(二)环境因素

(1)农田要确保能排能灌　在选择制种基地时,首先要考虑到天旱的时候能否保证浇水,雨大时能否排水。

(2)所选土地要肥沃　肥沃壤土保水保肥能力强,而且由于产品是种子,而种子质量的好坏直接影响着园艺植物的产品质量和数量,所以也对土壤要求的标准较高。

(3)隔离距离要确保　为了保证品种纯度,制种田周围需要有自然屏障或高秆作物阻挡,如果没有,需要空间隔离距离,这个隔离距离不同的品种要求不同,比如说玉米,一般要求隔离距离不少于 400 m。

(4)远离污染源　园艺植物易受大气、水体和土壤三方面污染,而且治理污染需大量资金和时间以及社会有关方面的重视和配合。所以应尽量远离污染源。如已建好的基地,受到附近新生污染源的威胁时,应通过环保等部门要求治理和赔偿损失。污染源包括大气污染、水体污染、土壤污染、农药污染等。

三、种子生产基地建立的程序

1.论证及申请

在实际考察的基础上,根据《种子法》的要求,撰写基地建立论证报告及申请报告。报请上级部门批准。

2.实施

申请批准后，就可组织实施。

(1)基地的选择　根据园艺植物种子生产基地的条件选择适宜的地址。

(2)种子生产许可证的申请　根据国家《种子法》申请种子生产许可证。

3.种子基地的规划与设计

一是本着便于管理、节省开支和尽量少占地的原则作好生产小区的规划、隔离区的规划、道路及排灌系统规划、建筑物及晒场、生产设施等。二是建立母本园。母本园材料必须取自品种纯正、生长健壮、丰产、无检疫对象的植株。要编号登记，绘制种植图，防止混淆。加强管理，经常观察淘汰劣株。三是建立繁殖区，该区规划时必须考虑轮作倒茬，因为前茬作物的残根、落叶分解的毒素、土壤线虫侵染、土壤偏缺某些营养元素等都会使后茬作物生长不良。

 # 任务二　种子生产基地的管理

一、计划管理

《种子法》规定种子生产基地的种子生产实行计划管理。

(1)商品常规种子的生产，纳入县以上各级种子管理机构的计划。

(2)杂交种子的生产计划，由省、自治区、直辖市农业主管部门根据各地计划统一制定。凡出省繁殖制种需经双方省级种子管理机构批准。

(3)商品种子生产应签订预约合同　这种种子生产体制具有以下优点：

①能够保证生产种子的质量　种子生产在有一定规模的种子生产基地进行，这些基地一般具有繁殖良种的隔离、栽培条件、生产专业技术人员，可以保证所生产种子的质量。

②便于加强生产的管理　由于种子生产基地由当地种子部门直接掌握，制种过程中种子公司可以组织技术人员对种子生产情况进行考察，随时了解种子的生产情况，以便及时发现问题，及时组织解决。

但是需要指出的是，目前的种子生产计划往往未能起到应起的作用。这主要表现在：

①种子生产大起大落　一些年份种子生产量过少，造成全国范围的种子大紧缺，一些年份种子生产量剩余，形成全国范围种子积压，尤其是杂交种子的生产更是如此。

②受我国目前的种子经营体制的影响　我国的种子经营，尤其是大田作物的种子经营，均为微利经营，种子公司的风险承受能力弱，如果种子生产量过多，经不起种子积压所造成的转商与利息损失，为此，在制订种子生产计划时往往留有缺口，形成人为的种子紧缺。事实上，种子紧缺年份，种子公司的经营利润往往大于供求平衡年份。

③未能真正履行种子生产合同　主要表现在特约种子生产者的农户，种子生产仅是其生产与经营的一部分，种子生产的替代性很强，可以被其他多种生产与经营项目替代，因此，一般多考虑眼前利益，在种子紧缺年份，会违约将种子卖给其他非签约但肯出较高价格的种子公司。在这种情况下，种子公司不可能与许许多多制种农户打官司。而在种子剩余年份，种子公司必须收购特约种子生产者所生产的种子，因为种子公司如果不收购多余的种子，众多的制种

农户会联合起来与种子公司打官司。所以,种子生产合同仅对种子公司单方面具有约束力,从而为种子生产合同的认真履行造成了障碍。

二、质量管理

种子生产的质量管理,一是通过政府,二是通过种子公司。政府的种子生产管理主要是制定相应的政策,并组织实施,政府的生产管理主要是宏观的管理,有些管理政策与措施最终要通过种子管理部门或者种子公司来实施。政府生产管理的目的是使种子公司为农业生产提供质优、量足、价廉的种子。与政府的种子生产管理相对应,种子公司的生产管理则是为了确保所经营的种子有较高的质量。种子公司种子生产管理的方法主要是通过对种子生产过程的技术服务与监督来实施。主要包括:

(1)向种子生产者提供原种。

(2)在种子生产过程中进行技术指导。一般种子公司的种子生产管理均要求有专人负责,指导农户进行制种田的去杂去劣与检查。在作物生长的关键季节认真除杂,并由质量认证官员到田间检查;在种子收获季节对收获过程进行监督与指导,严防收获时的混杂等;一律使用专用种子机械收获、运输和贮藏,并认真做好机械的清扫工作。

(3)及时风干、精选、拌种、包装和缝好标签。

(4)留好样品,以便官方种子检验部门抽检。

三、技术管理

在园艺植物的种子生产方面,除一些国营原种场外,多数种子生产基地为特约种子生产基地,这些基地变动较大,技术人员不能像杂交种子生产那样全程负责种子繁育的技术指导工作,各地也多没有相应的繁种技术人员。

现行的技术管理措施为:种子公司提供特约基地繁育商品种子的原种,在种子繁育的一些关键技术环节现场指导与把关。

这些技术环节主要有:在播种时期,检查繁种农户的繁种田是否符合隔离条件,种子田附近是否有其他相同作物的不同品种种植;在开花授粉期,检查种子田的开花情况,是否与其他品种串粉等情况;在成熟与收获前,检查去杂去劣情况,是否去杂去劣干净,所繁种子应定级别,在脱粒时检查脱粒技术是否正确,是否可造成种子的损伤;在加工精选时检查加工与精选设备是否运转正常,是否能彻底清除异品种杂粒,以及精选机械是否会造成种子的混杂等。如果这些环节均可保证技术的到位,则种子的生产可以在技术上得到保障。但实际生产上,往往有重视某一环节,忽视其他环节的现象,从而造成所生产种子的质量达不到要求。为此,应当制定一套种子生产的技术保障程序,以保障种子生产各个技术环节的技术措施都能够到位,并把技术保障环节、技术保障的条件与种子生产许可证的发放结合起来,保障生产种子的质量。

种子生产技术管理包括下列内容:

(1)繁制种的种子来源 包括生产、质量标准内容。

(2)繁制种种子田标准 主要包括隔离条件、生产条件、是否有外界的干扰,如是否会有鸟、兽害等。

(3)种子生产与加工标准 主要包括种子生产过程中的质量控制标准。目前我国多数省区已经制定了《主要农作物种子分级标准》《蔬菜作物种子质量标准》和《农作物种子检验规程》，这些标准和规程是种子生产与加工的质量标准，必须依据这些标准进行种子生产与加工。

（4）繁制种技术操作规范　主要包括繁制种过程中的技术操作要求及标准，应在制定操作规范的同时制定相应的技术标准。

（5）繁制种的技术力量及要求　包括种子基地的技术人员数量与素质标准，繁制种过程的技术操作程序、技术人员守则等。

客中初夏

（宋·司马光）

四月清和雨乍晴，南山当户转分明。
更无柳絮因风起，唯有葵花向日倾。

项目十

蔬菜种子生产技术

❋ 知识目标

了解每类园艺植物的采种特点；掌握园艺植物常规的品种生产和杂交种的生产；掌握种子生产的技术要点和注意事项。

❋ 能力目标

能对各类园艺植物进行正确采种；能辅助或独立完成各类园艺植物的常规品种生产和杂交种生产。

❋ 素质目标

培养学生自我学习的习惯、爱好和能力；培养学生依法规范自己行为的意识和习惯；培养学生的科学精神和态度。

任务一　白菜类蔬菜种子生产

一、大白菜种子生产

大白菜又名结球白菜、黄芽白、黄芽菜、包心菜等。大白菜为种子春化型低温长日照植物，异花授粉，虫媒花。有较强的自交不亲和性和明显的自交退化现象。大白菜开花顺序是主枝上的花先开，然后是一级侧枝、二级侧枝，依此类推。花期为 20～30 d，同一花枝上的花则是由下向上陆续开放。每朵花开 3～4 d，经昆虫传粉完成授粉和受精。大白菜种子从开花结实到成熟需 25～55 d，果实为角果，一般每角果中结籽 20 粒。

(一)大白菜常规品种的种子生产技术

目前大白菜常规品种的制种方法可采用大株采种法、小株采种法或半成株采种法三种。

1. 大株采种法

(1)种株的培育与选择　采种用的种株秋季播种期与商品生产相比(在叶球长成前提下)，

一般早熟品种比商品菜晚播 10～15 d,中晚熟品种晚播 3～5 d。播种太早,种球形成早,入窖时生活力开始衰退,不利冬季贮藏,春季定植时容易感病;若太晚,到正常收获期叶球不能充分形成,会给精选种株带来困难,使原种的纯度下降。栽植密度可增加 10％～15％的株数,一般中晚熟品种 4 000 株/亩左右,早熟品种 4 333～4 666 株/亩。在水肥管理上,为增强种株的耐藏性应减少氮肥的施用量,一般应控制在 10～20 kg/亩,增施磷钾肥,前期水分正常管理,结球后期偏少,收获前 10～15 d 停止浇水。种株收获期比商品菜栽培早 3～5 d,以防受冻,特别要注意防止根部受冻。收获时竖直连根拔起,就地晾晒 2～3 d,每天翻倒一次,以后根向内露天堆垛,天气转冷入窖贮藏。在大白菜留种株的全生育期间,要加强病虫害的防治,尤其是病毒病、霜霉病、软腐病和黑斑病及菜青虫、蚜虫、小菜蛾等病害虫。

从种株培育到种子采收需经过多次选择。第一次在苗期,通过间苗拔除异型株、变异株、有病株等。第二次在成熟期,主要针对品种典型性状如株型、叶色、叶片抱合方式、有无绒毛等,同时注意选留健壮、无病虫害、外叶少、结球紧实的种株。第三次在贮藏期,前期应淘汰伤热、受冻、腐烂及根部发红的种株,后期应淘汰脱帮多、侧芽萌动早、裂球或衰老的种株。第四次在定植后的种株抽薹开花后,可根据种株的分枝习性,叶、茎、花等性状,进一步淘汰非标准株。

(2)种株收获　为防止种株受冻,一般比商品菜提前 3～5 d,选择天气晴朗的下午收获。收获时竖直连根拔起种株,切勿将种株按倒拔出,以免断掉主根。种株拔出后让根部附土自然阴干脱落。

种株收获 3～4 d 需单摆晾晒。具体方法是第二排菜的叶梢盖住第一排菜的菜根,第三排菜的叶梢盖住第二排菜的菜根,依次摆放,做到"晒叶不晒根"。等叶子萎蔫种株就可以堆放起来。堆放方式可以是根向内码垛,也可以斜着竖直堆放。当气温下降时,夜间需用覆盖物覆盖防冻,白天揭除。

(3)贮藏及处理　种株贮藏最好采用架上单摆方式,也可以码垛堆放,但不宜太高,否则易发热腐烂。入窖初期应 2～3 d 倒菜一次,以后随着温度降低可延长倒垛时间。种株贮藏适温 0～2℃,空气相对湿度 80％～90％。通常在定植前 15～20 d 把种株叶球上部切去,以利花薹的伸出。

(4)春季种株定植及管理

①采种田选择　大白菜是异花授粉植物,天然杂交率在 70％以上,所以采种田应严格隔离,与容易杂交的其他大白菜品种、小白菜、白菜型油菜、乌塌菜、菜心、芜菁等采种田隔离 2 000 m 以上,有障碍物应隔离 1 000 m 以上。大白菜的采种田应选择土质肥沃、疏松、能灌能排地块,忌重茬,与十字花科植物轮作 2～3 年以上。

②定植　在确保种株不受冻的情况下尽量早定植,一般在 10 cm 的土温达到 6～7℃时即可定植。辽宁省一般在 3 月末至 4 月上旬。若采用地膜覆盖栽培可使种子提早成熟,种子饱满、产量显著增加。

大白菜种株定植为防止软腐病一般采用垄作,每亩栽植 3 500～4 500 株,挖穴栽植,定植深度以菜头切口和垄面相平为宜,为防止种株受到冻害,周围用马粪土踩实,不可留有空隙。

③田间管理　以"前轻、中促、后控"为原则。定植时若墒情好,可不浇水。当主茎伸长达 10 cm 高时,结合追肥浇一次水,开花期应多次浇水,满足水分供应。盛花期后应减少灌水,种

子成熟期前停止浇水。种株定植前应施足基肥,每亩施农家肥 5 000 kg,氮磷钾复合肥 20 kg,特别是钾肥对种子生长非常有利,应施草木灰 15～20 kg。大白菜属虫媒花,传粉媒介的多少与种子产量关系密切,通常每 1 000 m² 采种田需设一箱蜂,以辅助传粉,不仅可以提高种子产量,还可以提高种子纯度。种株结荚后,为防止"头重脚轻"而倒伏最好设立支架。种株生长期间注意防治病虫害。

④种子收获与脱粒　大白菜从开花到种子成熟需要 35～40 d,当种株主干枝和第一、二侧枝大部分果荚变黄,主枝种子变褐时即可采收。一般于早晨露水未干时用镰刀或剪子从地上部割断,一次性收获,将收获后的种株放在晾晒场上晾晒 2～3 d,然后脱粒,种子含水量降至 9% 以下便可入库贮藏。

2.小株采种法

(1)春育苗小株采种法　早春在冷床、阳畦、塑料大棚、塑料小拱棚等都可育苗。早春较温暖的地区多采用阳畦 1 月初育苗;北方地区春播大棚育苗,可不分苗,2 月下旬播种。出苗后注意给予一定时间的低温处理,使之通过春化阶段。2～3 片真叶可移植一次,6～10 片真叶时定植露地,辽宁省的定植时间为 3 月下旬至 4 月中旬,往南应提早定植,密度每亩栽 3 000～3 500 株。早春 5 cm 地温稳定在 5℃ 左右时为定植适期。定植时坐水栽苗,3～5 d 后浇缓苗水,然后中耕松土,提高地温,促进缓苗。开花期应保持土壤湿润状态,当花枝上部种子灌浆结束开始硬化时要控制浇水。在基肥比较充足情况下不用多追肥,但肥力差的地块,在种株抽薹开花后可能会出现缺肥现象,应立即追施复合肥,每亩施 15～20 kg 左右,盛花期叶面喷施 0.1% 磷酸二氢钾 1～2 次,或 0.1% 硼砂 2～3 次效果更好。春育苗小株采种法种子的成熟期比大株采种法晚 10～15 d,其他同大株采种法。

(2)露地越冬小株采种法　在冬季平均最低温度高于 -1℃ 的地区,可在冬前露地直播或育苗移栽,到翌年春采种。为使幼苗正常越冬不受冻害,越冬期幼苗应维持 10 片叶大小为宜,必要时可适当用稻草、马粪、麦糠等物覆盖。通过一个冬天的低温,第二年春季即可抽薹开花。这种方式开花早,产量高,种子成熟早,有利于当年种子调运和使用。

(3)春直播小株采种法　早春化冻后进行顶浆播种,东北地区 3 月中下旬至 4 月初,每亩用种 0.25 kg,间苗 2 次,其他同春育苗小株采种法。

(4)春化直播小株采种法　东北中北部及内蒙古部分地区,由于无霜期短,秋白菜的播种期早,为保证当年采收的种子能赶上秋播,常采用此方法,即在最佳播种期前 17～25 d 将白菜种子用 45℃ 温水浸泡 2 h 后,置于 25℃ 条件下催芽,经 20～40 h 种子萌动后,将种子装入纱布袋中置于 0～5℃ 冰箱中,处理 25～30 d,每天检查温度,3 d 检查一次湿度。播种后的抽薹率可达 95% 以上。

(二)大白菜杂交种种子生产技术

目前,大白菜杂交制种主要以利用自交不亲和系、雄性不育两用系和雄性不育系等方法生产。

1.利用自交不亲和系生产杂交种

自交不亲和系的原种生产一般采用成株采种法,杂交制种用的亲本种子可采用小株采种法生产。两次采种法的种子生产技术与常规品种的原种和良种生产技术基本相同,不同之处是自交不亲和系需要人工蕾期授粉或开花期处理后才能结籽。

（1）种株的管理　自交不亲和系应在日光温室或大棚里繁殖，为了方便授粉，定植时应留好过道，株行距 30 cm×（30～40）cm。南方圆球类型自交不亲和系可在阳畦纱罩内繁殖，第一年 10 月下旬或翌年 2 月中、下旬定植于阳畦，种株开花前用纱罩将种株罩上，种株开花后不可使花枝接触纱罩，以免昆虫传粉，为保证原种纯度，在抽薹开花期要根据本株系开花特性对种株进行选择。

（2）蕾期授粉　首先应选择合适的花蕾，以开花前 2～4 d 的花蕾授粉最好，如以花蕾在花枝上的位置计算，以开放花朵以上的第 5～20 个花蕾授粉结实率最高。用镊子或剥蕾器将花蕾顶部剥去，露出柱头，取当天或前一天开放的系内各株的混合花粉授在柱头上。注意：授粉工作要精心细致，严防混杂，更换系统时要用酒精消毒，严防昆虫飞入温室或纱网内。用蕾期授粉的方法繁殖自交不亲和系原种，用工多，成本高，近年来有单位试验，在花期喷 5% 的食盐水可克服自交不亲和性，提高自交结实率，也可使用 CO_2 气体处理打破自交不亲和性。

2.利用雄性不育两用系生产杂交种

（1）雄性不育两用系的繁殖保存　所谓雄性不育两用系是指同一系统内不育株数和可育株数各占 50%，其不育株既可作为不育系使用，可育株又可作为保持系使用。两用系的繁殖是将两用系植株加密 1 倍定植在隔离区内，开花时鉴别可育株和不育株，拔除不育行的可育株，可育行的不育株，按不育株和可育株 4∶1 行比保留，待授粉结束后拔除可育行，在不育株行上收获的种子仍然是雄性不育两用系。为保证两用系的种性纯度和不育株率稳定在 50% 以上，繁殖时应注意：①两用系亲本原种必须采用大株采种法。②隔离距离 2 000 m，在机械隔离时必须严格密封。③可育株与不育株行必须标记好，严格区分。

（2）制种技术　为提高种子产量，降低制种成本，一般采用春育苗小株采种法。父母本定植比例 1∶4。作为母本的两用系定植时株数应加 1 倍，进入开花期要拔除两用系田上的可育株。注意调节好父母本的花期使之相遇。授粉结束后及时拔除父本，以利通风和田间管理，种子成熟后，及时收获。

3.利用雄性不育系生产杂交种

（1）雄性不育系的繁殖保存　大白菜的雄性不育系是由甲型"两用系"不育株与临时保持系杂交而成。因此在亲本繁殖时每年需设三个隔离区，即一个甲型"两用系"繁殖区，临时保持系繁殖区和雄性不育系繁殖区，它们都为亲本原种，为保持品种纯度和种子质量，应采用大株采种法，隔离区周围 2 000 m 内不能种植与之杂交的十字花科作物，最好在隔离网室控制条件下人工辅助授粉或蜜蜂辅助授粉。这样在甲型两用系繁殖区内的可育株给不育株授粉，在不育株上做好标记，收获的种子仍然是甲型两用系，临时保持系繁殖区内经自由授粉收获的种子仍然是临时保持系，在雄性不育系繁殖区内利用临时保持系可育株花粉给甲型两用系不育株授粉，在不育株上收获的种子即为雄性不育系。应该注意甲型两用系的可育株开花后要及早拔除，采种时严格收获不育株上的种子，才能保证雄性不育系的纯度。

（2）利用雄性不育系制种　采用春育苗小株采种法。一般在冷床、阳畦、塑料大棚等设施里播种，可根据各品种的低温敏感程度适当确定播期，母本的用种量是父本的 3～4 倍。苗期的温度管理应使之通过春化阶段，即 0～10℃，10～20 d 即可通过低温春化。3～4 叶期移植一次，6～8 片叶时定植于露地，日历苗龄 60 d 左右。行株距（50～60）cm×（30～40）cm，每亩保苗 3 000 株左右,定植时父母本比例为 1∶(3～4),制种区周围隔离距离为 1 000 m 以上。开花后利用父本花粉给不育系授粉,授粉结束后拔除父本,在不育系上收获的种子就是杂交种。春育苗采种法在辽宁省的种子成熟期大约在 7 月上中旬,当果荚变成黄色,种子为黑褐色且呈固有形状和大小时就可一次性收获种子。父本的繁殖应单设隔离区,与雄性不育系一样,采用大株法繁殖,经群体内自由授粉,混合采种。下年仍然是父本原种,用于制种。

二、甘蓝种子生产

结球甘蓝是十字花科芸薹属甘蓝种中能形成叶球的二年生异花授粉植物。结球甘蓝开花顺序是先主薹、后一级分枝、再二级分枝、三级分枝,所有花序上的花朵均由基部向末端依次开放。从开花到种子成熟需 50 d 左右。果实为角果,每个种荚内有种子 20 粒。种子为圆形,红褐色或黑褐色,千粒重 3.3～4.5 g。

(一)秋季成株采种法

1. 种株的培育及选择

(1)种株培育　种株秋季的栽培管理与菜田生产基本相同,播种期向后推迟,北方地区可 6 月下旬播种,早熟品种在 7 月下旬播种育苗。由于育苗正值高温雨季,所以应作小高畦育苗,并搭荫棚,防雨防晒,注意水肥管理和病虫害防治。成株采种的植株种球不能过于紧实,否则定植后抽薹困难,花期推迟;也不能播种过迟,否则收获时尚未结球,无法选择。

(2)种株选择　一般于苗期、叶球成熟期和抽薹开花期分次选择。苗期或定植前无病、健壮且叶色、叶形、叶缘、叶柄等符合本品特性的植株,然后在初选的植株中再选节间短、茎上叶片着生密集、心叶略向内曲、叶腋无芽的植株。叶球形成期,选择植株生长正常,无病害,外叶少,叶球大而圆正,外叶及叶球主要性状符合本品种特性的植株留作种株。定植前结合切菜选侧芽未萌发、不裂球、不抽薹、中心柱短的植株,抽薹开花前淘汰抽薹过早的植株。

2. 植株越冬

华北地区中北部及东北地区一般活窖贮藏、阳畦假植贮藏和死窖埋藏。活窖贮藏是把收获的种株去掉老叶、病叶、晾晒 3～4 d,上冻前存入窖里,最好放在架子上,适宜温度应保持在 0℃左右,相对湿度 80%～90%。华北南部及以南地区,可以露地越冬。

3. 制种田准备

繁殖自交系原种隔离 2 000 m,生产种制种隔离 1 000 m。在隔离区内不能栽植甘蓝种内的其他变种,如菜花、球茎甘蓝、抱子甘蓝、芥蓝、青花菜及其他甘蓝品种的开花植株。土地施肥耕作和大白菜相同,畦宽 50～60 cm,用 70～90 cm 地膜覆盖,畦间距 40～50 cm。

4. 种株的处理

种株成熟时,须对植株进行处理,有三种方法:一是留心柱法,将外部及外叶切去,只留心柱,然后连根移栽。二是刘球法,将叶球从基部切下,切面稍斜,待外叶内侧的芽长到 3～6 cm 时切去外叶,带根移栽采种田。三是带球留种法,经露地越冬或窖藏后的叶球,春暖前用刀在叶球顶部切划十字,深度为球高的 1/3,以利抽薹。

5. 定植及管理

种株的定植和大白菜一样,在不遭受冻害的条件下愈早愈好,3 月下旬至 4 月上旬定植,行距 60~80 cm,栽 2 行。株距:早熟品种 30~35 cm,中熟品种 35~40 cm,晚熟品种 45~50 cm,定植时将根系四周的土壤踩实。

定植后,加强管理,促进缓苗,种株抽薹后,可将下部老叶、黄叶去掉,开花后要摘除弱侧枝及顶部的花,为防止花枝折断,可在植株四周支架围绳。进入盛花期,每隔 5~7 d 浇一次水,每公顷追硫酸铵 225 kg、磷酸二铵 150 kg,进入结荚期,应减少肥水次数。要注意防治蚜虫、斑潜蝇、小菜蛾及菜青虫。

6.种子收获

当 1/3 的种荚开始变黄时即可开始收获,应在上午 9—10 时前收获,以免种荚炸裂而造成损失。收获后可在晒场后熟 3~5 d,应勤翻动,防止雨淋,然后进行脱粒、晾晒、清选、包装。种子产量可达 750 kg/hm^2 左右。

(二)杂交种生产技术

甘蓝生产中使用的品种大多是杂交种,其生产方法以自交不亲和系为母本与父本杂交为主,还有利用雄性不育系生产的。下面主要介绍第一种方法:

1.自交不亲和系的繁殖与保存

(1)种株的管理 自交不亲和系应在日光温室或大棚内进行繁殖,为了方便授粉,定植时应留有过道,株行距 30 cm×(30~40) cm,也可采用宽窄行的定植方式,宽行 100 cm,窄行 33 cm,株距 33 cm。南方圆球类型自交不亲和系可在阳畦纱罩内进行繁殖,第一年 10 月下旬或第二年 2 月中下旬定植,种株开花前用纱罩将种株罩上,种株开花后不可使花枝接触纱罩,以免昆虫传粉,为保证原种纯度,在抽薹开花期要根据本株系开花特性对种株进行选择。

(2)蕾期授粉 在植株上选开花前 2~4 d 的花蕾,如以花蕾在花枝上的位置计算,以开放花朵以上的第 5~20 个花蕾授粉结实率最高。用镊子取雄露出柱头,然后取当天开花或前一天开花的同系植株花粉,抹在露出的柱头上,避免单株自交。剥蕾与授粉动作要轻,避免扭伤花柄和碰伤柱头,严防混杂。更换系时要用酒精消毒,严防昆虫飞入。用蕾期授粉的方法繁殖自交不亲和系原种,用工多,成本高,有试验证明,在花期喷 5% 的食盐水可克服自交不亲和性,提高自交结实率,也可使用 CO_2 气体处理打破自交不亲和性。

2.杂交制种技术

甘蓝杂交种的制种有露地和保护地制种两种方法。下面介绍露地制种技术。

(1)制种田的选择 甘蓝杂交制种田应与花椰菜、球茎甘蓝、芥蓝、甘蓝型油菜及其他甘蓝类品种隔离 1 500 m 以上,如果父母本都是自交不亲和系,则按 1:1 的行比定植,行距 60 cm,株距 30~40 cm。

(2)花期调节 杂交制种时,如果双亲花期不遇,可采取以下措施:①利用半成株采种法制种或提前开球,半成株采种法可比成株采种法的花期提早 3~5 d,圆球类型的亲本冬前结球,可提早切开叶球,有利于来年春天提早开花。②冬前定植种株,华北地区 10 月下旬至 11 月上旬将种株定植于阳畦或改良阳畦,不仅使种株生长旺盛,还能使开花晚的类型始花期显著提前。③利用风障、阳畦的不同小气候调节花期。④通过整枝调节花期。

(3)田间管理 甘蓝制种田的肥水管理同前,但要注意以下几点:①去杂去劣,种株定植前及抽薹开花期,要对种株进行选择,淘汰不符合本系性状的杂株、劣株。②放蜂传粉,每亩放蜂一箱,可提高杂交率及种子产量。③设立支架,应在种株始花期前用竹竿、树枝等搭架,防止倒伏。

(4)种子收获　双亲都为自交不亲和系,正反交结果一致,种子可混收,否则只能采收母本株上的种子。

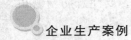

企业生产案例

甘蓝制种实例

甘蓝,又称结球甘蓝,是十字花科芸薹属的 2 年生蔬菜,在我国南北均已普遍种植。生产技术要点如下。

一、基地选择

一般应选择背风向阳、地势平坦、灌排方便、肥力较强、自然隔离条件良好的中性沙壤土地作为制种田。制种田必须与不同甘蓝品种、茎蓝、花椰菜或甘蓝型油菜田隔离 2 000 m 以上。

二、播前准备

(1)确定播期　晚熟品种 8 月上旬播种,早熟品种 9 月上旬播种,根据不同品种要求对父母本进行错期播种。准备好足够的亲本种子,筛选后置于干燥处密闭妥善保存。

(2)建造苗床　选择地势高燥、灌排方便、土质肥沃、近 3 年未种植过十字花科蔬菜的地块,播种前 7 d 建成长 25 m、宽 1.5 m 的标准苗床畦,畦四周设排水沟。

(3)床土配制　播种前 7 d,将肥沃田园土与充分腐熟的厩肥按 6∶4 的比例充分混合,同时按每 10 m³ 混料加入 1 kg 硫酸钾型三元复合肥。过筛后每畦施入混料 150 kg、过磷酸钙 2.5 kg,均匀铺于苗床内,保持苗床面平整。

(4)床土消毒　将 50%多菌灵可湿性粉剂与 50%福美双可湿性粉剂按 1∶1 比例混合,或 25%甲霜灵可湿性粉剂与 70%代森锰锌可湿性粉剂按 9∶1 比例混合,按每 1 m² 用药 8~10 g 与 4~5 kg 过筛细土混合备用。

(5)播前浇水　播种前浇一次透水,待水渗下后,在床面撒一层 2 cm 厚混药细土,约 2/3。

(6)苗床划格　将床面划成 8 cm×8 cm 或 10 cm×10 cm 网状方格,便于单粒穴播。

三、播种育苗

(1)单粒穴播　将备好的种子按每方格 1 粒种子进行播种,播后覆盖上 1 cm 厚的细土,约 1/3。注意父母本要分开播种,做好标记。

(2)适当遮阴　播种后出苗前,要根据实际情况在苗床上覆盖塑料薄膜或其他遮阴物,防止雨水冲刷和烈日曝晒。在 80%苗出土时,早晚撒掉遮阴物;出苗 7 d 后,完全撒掉遮阴物。遇到特殊天气时,要加强苗床及覆盖物管理,防止闪苗、病苗。

(3)水肥管理　苗要保持苗床湿润,湿度不要过大。前期浇水后,要适时划锄使土壤疏松。5~6 片真叶时,可视土壤肥力状况随水每畦冲施三元复合肥 3 kg。

(4)去杂除草　移栽前,苗床内要彻底去杂,剔除杂苗、劣苗、病苗。轻轻拔除苗床内的杂草,勿使幼苗带出。

(5)越冬管理　越冬前植株大小是决定能否承受低温作用、来年抽薹开花的关键。一般品种茎粗需 0.7 cm、叶宽 5 cm 以上,5～6℃的适温才能通过春化。正常情况下,越冬前(小雪)植株已达 1 cm,并且结成一个疏松的叶球。

(6)病虫防治　用 58%甲霜灵·锰锌 400～500 倍液预防霜霉病。

四、移栽定植

(1)整地施肥　中等肥力条件下,结合整地每亩均匀撒施优质腐熟的有机肥 5 000 kg、尿素 10 kg、过磷酸钙 45 kg、硫酸钾 8 kg。

(2)适期定植　一般在幼苗长到 5～6 片叶时进行移栽定植。

(3)定植密度　父母本行比一般为 1∶2 或 1∶1。晚熟品种,株行距 40 cm×50 cm,每亩定植 3 300 株左右;早熟品种,株行距 33 cm×50 cm,每亩定植 4 000 株左右。

五、定植后管理

(1)水肥管理　定植后要浇一次定植水,缓苗后再浇一次缓苗水;在植株莲座期、包心期,可根据地力和苗情长势,每亩随水追施尿素 10～15 kg,之后保持地面间干间湿即可;在抽薹期、盛花期,可按每亩随水追施氮、磷、钾复合肥 15～20 kg,此后供水要充足,保持地面湿润;结荚期后减少水肥次数。

(2)安全越冬　11 月初要时刻关注天气变化,在适时浇封冻水后进行中耕培土,培土高度约为植株的 1/3 处。

(3)严格去杂　花期前各生长时期要及时去除杂株、劣株,确保种子纯度。

(4)花期管理　生产上即使按规定父母本错期播种,仍有可能出现父母本花期不调的情况。若能及早发现,可以通过适当控制旺势亲本的生长来调节花期;若到花期才发现,则可以采取整枝的办法调节花期。花期可用竹竿或绳子进行扶架,以保证种株正常生长,防止种株倒伏造成减产。

(5)辅助授粉　充分利用蜜蜂进行辅助授粉,可以明显提高种子产量。一般平均每亩制种田放置 2 箱蜜蜂为宜,必要时也可进行人工授粉。

(6)病虫防治　甘蓝制种田虫害主要有蚜虫、菜青虫等,病害主要有菌核病、软腐病、黑腐病等;防治病虫害时要注意施用的农药不得伤害天敌生物,比如可以施用 1.8%阿维菌素防治蚜虫等虫害,施用 50%菌核净防治菌核病,施用 58%甲霜灵·锰锌防治霜霉病等,也可采用农业防治和物理防治的办法进行防治。

六、适时收获

种子荚由绿变黄,荚内种子呈褐色时及时收获。

　任务二　根菜类种子生产技术　

一、胡萝卜花器构造和开花习性

胡萝卜是复伞形花序,由主花茎和侧枝组成,其中由生长点抽生的为主花茎,然后发生一级侧枝,再发生二级侧枝,甚至可以发生三级、四级侧枝。每一个侧枝顶端都着生一个复伞形花序。每一小伞形花序有若干朵小花处于花苞内(图 10-1)。胡萝卜为虫媒花,一般是两性花,不过也有单性花,花单生,有萼片、花冠、雄蕊各 5 枚,雌蕊 1 枚。胡萝卜是典型的雄蕊先熟植物,与雌蕊柱头相差 2～4 d,柱头接受花粉的能力可保持 7～8 d。胡萝卜为二室的下位子房,每室有胚珠一个,受精后发育成两粒种子的双悬果。

图 10-1　胡萝卜花

胡萝卜为绿体春化低温感应型长日照作物,植株长到一定大小后,在 1～3℃条件下 60～80 d 通过春化阶段,在 4 h 以上的长日照条件下通过光照阶段。胡萝卜一般在早晨开花,经一昼夜柱头可接受花粉。一般雄花早于雌花开放。主花序的花先开,10 d 后为一级侧枝开花,以下二级、三级、四级依次开放。每个复伞形花序中是边缘小伞先开,逐步向内推进,每个小伞花序也是外围花先开,依次向内推进。一个单株的花期 40～50 d,一个品种的花期为 50～60 d,由于胡萝卜的外围花和内部花的花期相差很大,造成种子成熟期和质量很不一致。据测定,主花序所结种子的发芽率为 80%～90%,一级侧枝所结种子的发芽率为 60%左右,二级侧枝仅达 30%,所以,采种时应采取整枝技术,对二、三、四级侧枝应早点摘除。胡萝卜为绿体春化型,秧苗具有 2～3 片真叶以后,才能在 5～10℃温度条件下,经过 40 多天时间完成春化过程,开始花芽分化,以后在较高温度及较长日照条件下抽薹开花。

二、胡萝卜常规品种种子生产技术

胡萝卜常规品种的种子繁殖主要有大株采种法和小株采种法,原种要求用大株采种法,生产种用小株采种法。大株采种法的技术要点如下:

(1)种株培育　首先要进行整地,由于胡萝卜根系发达,而根系作为主要的食用部分,所以要求土地应该土层深厚,以疏松、肥沃、能灌能排的沙壤土为最佳。并且在播种前要施足有机肥,有机肥要求充分腐熟,有条件也可喷一些除草剂。

播种　在辽宁一般是 6—7 月为好。为保证出苗整齐,一般把种子表面刺毛去除。通过处理也可将不成熟的种子淘汰,保证所用的种子优良,并且出苗快。

田间管理　一般胡萝卜在播种时种植较密,以保证出苗的数量,所以出苗后之后要进行间苗,拔除过密的小苗、病苗、弱苗及杂苗。一般情况下小型品种保持苗距为 12～14 cm,大型品种为 14～16 cm。结合间苗及时拔除杂草。胡萝卜苗期正值雨季,幼苗怕涝,雨后应及时排水。生长期间要追肥 2～3 次,可用人粪尿或每亩施尿素 20 kg。

(2)种株收获和贮藏　种株应该在霜冻前收获,辽宁中北部 10 月中旬采收。收获种株时要结合选择进行,选择叶色正、叶片少、不倒伏、肉质根光滑、根顶小、色泽鲜艳、不裂口、无病虫害并具有本品种特征特性的植株,进行收获,留作种株。在收获时要注意别伤到植株。将入选的植株叶片切去,只留下 1～2 cm 长的叶柄。根据天气情况选择贮藏方式,有的年份刚收获时天气温暖,可在田间挖沟假植,上面盖上一层草帘子或一层薄土。为避免发热,堆内或浅沟内每隔 1.5～2 m 竖埋一捆通风透气、散热的"秫秸把"。一般当气温降至 4～5℃时即可入窖,为防止根茎水分散失,窖内多采用沙层堆积方式为主,即一层干净的细润的细沙土一层胡萝卜,如此堆至 1 m 高左右,冬季贮藏温度为 1～3℃。

南方地区可以直接采用沟藏法,挖一个深 80 cm,宽 100 cm 的沟,长度不限。其中放入 35 cm 厚的胡萝卜。天气变冷时开始覆土,厚约 7 cm,以后随着气温的下降,随时覆土,总覆土厚度为 50 cm 左右。第二年春季,随着气温的升高,逐渐撤去覆土。

(3)种株定植及管理　首先选择好采种田。采种田应选择土层深厚、土质肥沃疏松、结构良好、地势较高、排灌方便的地块,同时进行施肥,一般每亩施基肥 5 000 kg,磷酸二铵 30 kg,硫酸钾 15 kg。做好隔离,要求原种隔离 2 000 m 以上,生产用种 1 000 m 以上。

其次进行种株的定植。定植应该在土壤化冻后,土温上升至 8～10℃时,方可进行。辽宁中北部在 4 月间定植。定植的行株距各地区不同,一般每亩定植 3 000～3 500 株,行株距(40～50) cm×(25～30) cm 左右。栽植深度以生长点与地平面相平为宜,顶上盖土 3～4 cm 后踩实,注意预防冻害及鼠害。

最后要做好田间管理工作。定植后土壤干旱可浇透底水,促进快发根和缓苗。整个生育期间,保持土壤田间持水量 70%～80%。胡萝卜田间杂草较多,定植后应结合浇水及时中耕除草,直到封垄。生长期和开花期各追一次三元复合肥 20 kg/亩。抽薹后应注意蚜虫及病害的防治。

(4)整枝打叉　为促进大花序、提高产量、防止田间荫蔽倒伏,应及时整枝打杈,一般留主枝花序及一级侧枝中强健花序 3～4 个,其余侧枝全部摘除,也可以只保留一级侧枝,摘除主薹花序及二级以上的侧枝。除枝时要用手指掐断或用剪刀剪掉,千万不能牵动种根。摘除主花序及一级侧枝选留花序中间小伞的内部花,因这部分花开花晚,成熟度不好,影响种子发芽率。

(5)种子收获及脱粒　辽宁中北部地区约在 7 月上、中旬种子即可陆续成熟。种子成熟的标志是当花序由绿色变成黄色,外缘向内翻卷,下部茎开始变黄,就可将花盘剪下,要分批分期采收。收获后二十几枝一捆,捆成一束,放在通风处,后熟一周左右。用机械脱粒或人工搓揉,筛出杂质,进行种子晾晒,当种子含水量降至 8% 以下时即可装袋贮藏。一般每亩可收获脱毛种子 40～80 kg,千粒重为 1.4～1.6 g。

三、胡萝卜杂交种品种种子生产技术

杂交种品种的生产可以采用大株采种法或半成株采种法,胡萝卜的杂交种大多为利用雄性不育系生产的,杂种一代种子生产包括亲本繁殖和制种两步。

(一)雄性不育系的繁殖和保纯

由于雄性不育系本身不具备繁殖能力,所以不能正常授粉结实,这样进行雄性不育系繁殖时必须与保持系同圃种植。

(1)调整花期按比例播种 一般采用大株法繁殖亲本原种,播种期比生产晚10~20 d,以3:1比例将不育系和保持系同时分区播种,苗期管理技术同生产栽培。

(2)种株选择与越冬 按品种的标准认真选择种株,于霜冻前收获种株。一般选单根重80~120 g,根茎无分杈和裂口,表皮光滑,色泽鲜艳,叶色正,无病虫害的植株,保留2~3 cm长的叶柄,在田间晾晒1~2 d,视天气情况适时入窖或沟藏。

(3)春季母株定植与管理 早春土壤化冻,土温达8~9℃时,即可定植。将不育系和保持系按3:1比例相间定植在田间,与其他品种隔离2 000 m以上,株行距、栽植管理方法同前。北方冬季要假植。

(4)去杂去劣 亲本繁殖区要除去抽薹过早或过晚的植株、杂株、病株、畸形株,对系内有花粉的植株要及时拔除。一般不育株与可育株区别明显,不育株花丝短,花药色浅,皱缩无花粉,初期透明带绿。

(5)种子收获 为避免混杂,种子成熟时不育系和保持系单收、单打、单藏,也可以开花授粉后将保持系全部拔除另行繁殖。

(二)杂交制种

胡萝卜杂交种品种的种子生产,可采用小株采种法,与大株采种法基本相似,不同点是:

①父母本播种期要比大株采种法晚1个月左右,密度加大,行株距为(25~30) cm×(1.5~2) cm,春季定植时父母本的比例应按1:3相间栽植。

②在防治病虫害的同时,盛花期切不可喷杀虫剂,以防杀死昆虫,影响传粉。

③设立支架。胡萝卜植株较高,且为草本,容易株间倒伏,造成混杂,应设立牢固结实的支架,保持各自独立生长。

④田间去杂。胡萝卜制种时,父本为雄性可育株,母本为雄性不育株,在开花期严格查看母本花盘,若个别植株散粉,应彻底清除干净,以防播种时混入杂株种子。如果父本系单繁的,可在授粉结束后拔除父本株,其他同亲本繁殖。

> 志不立,天下无可成之事。虽百工技艺,未有不本于志者。
>
> ——王阳明

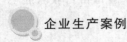 **企业生产案例**

胡萝卜采种技术

胡萝卜(*Daucus carota* L.)是伞形花科胡萝卜属二年生草本蔬菜作物,原产于中亚细亚一带,于元朝时期传入我国。胡萝卜营养丰富,在我国南北各地均有栽培,面积较大,用种量也很大。

一、胡萝卜繁种的生物学基础

(一)植物学特性

胡萝卜为典型的雄蕊先熟植物,开花后 5 枚花药在 1 d 内依次开裂散粉,早晨开放时花粉已完全成熟,雌蕊是在开花后第 4 天花柱开始伸长,第 5 天柱头成熟,可保持接受花粉能力 8 d,属于高度异花授粉作物。主要靠虫媒传粉,传粉昆虫主要有蜜蜂和蝇类,有时风力也有一定的传粉作用。雌蕊花盘于上午 10 时以后出现大量分泌物,采粉昆虫增多。

雌蕊卵细胞受精后,种子逐渐发育形成,经 60～65 d 成熟。在一般的栽培和自然授粉条件下,由于开花先后和开花时的天气影响,造成种子成熟期及种子质量差异巨大,往往部分种子无胚或胚发育不良,总体的种子发芽率往往不到 70%。各级花序采种量和种子大小差异较大。以主枝和一级侧枝结实最好。据测定,主花序所结种子发芽率为 80%～90%,一级分枝为 60% 左右,二级侧枝则降为 30% 左右。在一个花序内,各层每个小花序的结果数由外层向内层有规律地减少,以外围 1～4 层结实多。因此,在制种时,应只保留主枝及若干强壮一级侧枝,每个花序只留其中 1～4 层的花朵。

(二)对环境条件的要求

温度　种子在 4～6℃ 条件下便能发芽,发芽适温为 20～25℃,幼苗能耐短期 −5～−3℃ 低温,也能耐较长时间 27℃ 以上高温。生长适宜温度为昼温 18～23℃,夜温 13～18℃,地温 18℃。开花结实适温为 25℃ 左右。

光照　为长日照植物,在 14 h 以上的长日照条件下通过光照阶段。一般属于喜中等光照强度植物。

水分　胡萝卜生长期间适宜的土壤含水量为 60%～80%,肉质根生长期的空气相对湿度为 80% 左右。

土壤　胡萝卜对土壤酸碱度的适应性较强,适宜的 pH 为 5～8。喜土层深厚、孔隙度高、土质疏松肥沃的沙质壤土。

二、胡萝卜常规品种种子的生产

胡萝卜采种方法主要有两种,即成株采种和半成株采种。近年来,随着生产发展及种子产业化水平的提高,市场对胡萝卜种子质量的要求越来越高,推动胡萝卜采种及种子加工技术有了很大进步,胡萝卜制种已向规模化、基地化、专业化、集约化、加工机械化方向发展,形成了以我国西北地区为主要基地的制种格局。

(一)成株采种

1. 种株培育及贮藏

(1)基地及地块的选择　应有适地化繁种的概念,即有条件时可选择到最适宜的地区繁种,如我国的西北地区,气候干燥少雨,昼夜温差大,光热资源充足,土质疏松,排灌条件良好,机器设施完善。

胡萝卜肉质根的性状受土壤等条件的影响很大。因此生产母株时对土壤条件要求比较严格。应选择疏松透气,地力均匀的壤土或沙壤土。这样在种株选择时易于做到客观地进行选择和淘汰。

(2)整地施肥　深翻 25 cm 左右,耕细耙平,注意表土一定要细碎平整。平畦或小高畦条播,行距 15～20 cm。亩施优质腐熟土杂肥 2 500～5 000 kg,尿素 5～10 kg,磷酸二铵或过磷酸钙 20～30 kg,硫酸钾 10 kg 做底肥。

(3)适期播种 一般播种期与商品胡萝卜相同或略晚 10～20 d。在寒冬到来前肉质根能长到原品种的 70%以上大小即可,既能达到选种目的,又可使将来的种株生长旺盛,花茎分枝数不太多,从而获得较多的高发芽率的优质种子。北方各地适宜的播种期略有差异。沈阳地区于初伏前 1～2 d(7 月的中上旬)播种最适,赤峰地区成株采种一般是 6 月中、下旬播种,华北北部地区 7 月上旬播种为宜,华北中部地区 7 月中旬至 8 月上旬播种。总之,要在 10 月下旬至 11 月初下初霜之前,使种株大小达到或基本达到本品种正常商品大小、可进行准确选择为准。为保苗齐苗全,墒情不够时可坐水播,出苗前有条件的地方可覆盖稻草或遮阳网。播种前应先测定种子发芽率以确定合理的播种量。

(4)田间管理 播种到出苗,如连续干旱可浇水 1～3 次,保持土表湿润。幼苗 2 片真叶时进行第一次间苗、锄草,株距 3 cm 左右。以后结合铲地再间苗 1～2 次,在 4～6 片真叶时定苗,株距 10～15 cm。近年除草剂的应用已较普遍,效果也很好。在播后苗前,用除草剂 1 号 100 倍液,或 25%除草醚 120～200 倍液,或 50%扑草净 100～120 倍液,喷雾处理表土,以节省人力,有效防止幼苗期生长旺盛的杂草对小苗的影响。

幼苗期不宜多浇水,应适当蹲苗以防徒长。定苗后应浇水施肥,亩施尿素 10 kg。约 20 d 后进行第二次追肥,亩施尿素 10～20 kg。根径膨大至 1 cm 以上时,可再追肥一次,亩施尿素 10～20 kg,硫酸钾 5～10 kg。肉质根膨大期需水量大,应保持土壤湿润。生长后期应避免肥水过多,引起裂根、降低耐贮性。生长期内及时拔除病、弱、杂苗。

(5)收获贮藏 冻害有可能来临前适时收获。选择无病虫害、不裂根、不分杈,具有本品种典型特征特性的植株留种。入选种切去上部叶簇,留 10～15 cm 长叶柄,于田间晾晒 1～2 d。待天凉后放在土沟内埋藏。可先行浅沟假植,气温降至 4～5℃时入窖或沟藏。埋藏时将胡萝卜平放沟中,每两层胡萝卜埋一层土。随温度降低增加顶部覆土厚度,以不受冻害为准。冬季贮藏根际适温为 1～3℃,相对湿度宜保持在 90%～95%。

2.种株定植及管理

(1)隔离距离 胡萝卜是异花虫媒授粉作物,原种繁种隔离距离应在 2 000 m 以上,生产用种繁殖也应达到 1 000 m 以上。还要注意清除留种田周围的野生胡萝卜,以保证种子的纯度。

(2)整地施肥 避免重茬迎茬地块。施足基肥,亩施优质腐熟农杂肥 3 000～5 000 kg,磷酸二铵 20～30 kg,硫酸钾 5～10 kg。

(3)种株处理 种株取出后,淘汰病烂者,切去尾部 1/3,对切开后的种株做最后一次选择,主要针对芯色、中柱大小等性状进行筛选。切面在 0.1%高锰酸钾溶液中浸一下立即取出,或用硫黄粉涂抹伤口,稍干后备用。

(4)定植 翌春土壤解冻,当土壤温度稳定在 8～10℃时取出种株定植。实践证明,种株若在外较长时间放置,肉质根发生萎缩,栽植后生长不旺,产量明显下降,所以最好是从埋藏处随取种株随定植;取出后暂时不栽的种株可用湿土覆盖,防止肉质根萎缩。畦面开沟,半埋种根,浇水,水渗下后覆土压实。根颈部可与畦面相平或略高。及时中耕保墒。

(5)密度与整枝 种株定植密度与整枝方式密切相关,是影响胡萝卜采种产量与质量的关键环节。国外研究者的很多试验证明,提高密度可增加单位面积产种量,降低密度单株种子产量提高,但单位面积产量下降。种子群体产量随密度增加几乎呈直线上升,主枝种子产量占种子总产量的比率逐步提高。原因是高密度下,侧枝数量减少、侧枝产种量降低。Ruben(1988)的试验结论认为,每亩 8 000 株左右可获得最高产量,并指出在每亩 2 700～24 000 株范围内,高密度对种子质量没有明显影响或影响很小。这与近年国内曹建明、李兴华等人繁制胡萝卜种子的高产经验相符合。

在国内成株生产实践中,一般亩定植 3 500～6 000 株,行距 35～50 cm,株距 30～35 cm。除主枝外,根据品种等不同一般留 3～5 个或 5～8 个一级侧枝,或打掉主茎花序,只保留若干一级侧枝。一般是密度大时少留一级侧枝,密度低时多留一级侧枝,将二级及以上级别侧枝全部打除。

经多年的实践总结,李兴华等人对传统胡萝卜制种技术进行了改良,取得了明显成效,所产种子脱毛籽芽率由过去的 70% 左右提高到 90% 以上,667 m² 产净籽量由 70 kg 提高到 140 kg,产值在 1 500 元以上,种子千粒重稳定在 1.5 g 以上。其主要经验是:①改成株制种为大半成株制种,比普通成株制种晚播 7～10 d,亩保苗 8 万～9 万株。稍小的种株在制种后期生长较成株健壮,不易患病,而且节省育苗用地、用工。②大大增加定植密度,加大至 1 万～1.2 万株每亩,行间距 26～28 cm,株距 18～20 cm。③改多头留种为主枝独头留种。胡萝卜开花授粉期长,受气候影响较大,而且多个侧枝留种营养分散,容易形成无胚或胚发育不良的种子,造成芽率低、种粒小,又因花枝细弱,遇风、雨易折断,均影响产种量。留主枝独头采种,营养集中,花期较整齐,花枝生长粗壮,抗风雨能力强,不易倒伏。在规模生产时无需防倒伏,可降低成本。花盘的发育极好,最大直径近 50 cm,单株产种可达 35 g。

各地制种时,定植密度及整枝方式的确定,应根据以前经验及品种特点,在稳妥基础上进行改良。既不可墨守成规,也不能简单冒进。应综合考虑产量、质量、用工投入、其他投入、种株消耗量等因素,原则是稳步提高产量质量、提高产投比,逐步摸索出具体品种在当地的最佳繁种模式。

(6)其他管理　种株定植后至抽薹前,外界气温较低,植株生长缓慢,此阶段的主要工作是中耕松土,以利提高地温,保进根系生长。当气温逐渐升高,花序抽出后,中耕与除草结合进行,以确保种株封垄前田间基本无杂草,使种株开花结果处于良好的环境条件下。种株的各个生长阶段,应根据需要及时进行浇水追肥,一般在花序抽出高达 15～20 cm 时亩施氮磷钾复合肥 15～20 kg,并浇水,整个开花期不能缺水,否则严重降低种子产量,宜保持畦面见干见湿。盛花期可追 1 次肥,亩施尿素 10～15 kg,可随水冲肥。

为使养分集中,种子充实饱满和成熟一致,必须采用整枝技术调整种株的株型。整枝宜于种株株高达 40～50 cm 时进行。种株开花后,为防止倒伏,可于种株基部培土,必要时还要支架绑缚,可于每畦种株两边拉上两根细绳或塑料绳,两头及中间用木桩拴牢拉紧,支撑种株外层分枝,避免分枝摇摆倒伏。

(7)病虫害防治　种株常见的病虫害有软腐病、菌核病和蚜虫。软腐病植株表现为叶片先凋萎、变黄,然后肉质根软化、腐烂,发出恶臭味,此病应以预防为主,冬前整地,充分晒垡,消灭病菌,不能重茬;另外,还要及时防治地下害虫,以免胡萝卜肉质根受伤而感染病菌;药剂防治可选用 72% 农用链霉素 5 000 倍液喷雾或灌根。种株感染菌核病后,根部腐败软化,表面出现白色菌丝,进而形成菌核,病株抽不出新芽,下部叶淡黄色、下垂,地上部萎缩枯死,可选用的药剂有 50% 速克灵可湿性粉剂 1 500 倍液、50% 托布津可湿性粉剂 500 倍液、40% 菌核净可湿性粉剂 500～600 倍液叶面喷雾,隔 7～10 d 喷 1 次,连喷 2～3 次。蚜虫可选用吡虫啉、菊马乳油或啶虫脒等药剂适当浓度叶面喷雾。

3.种子采收处理

胡萝卜开花后30 d左右种子才能成熟。当花序由绿变黄褐色、外缘向内翻卷、花盘下的茎叶失绿时,表示种子已经成熟,可分期收获。在花序的下端10 cm处剪断花梗,每10~20株扎捆成1束,竖放于通风干燥处晾晒,后熟7~10 d,脱粒。清选去掉果柄及杂质,再晒2~3 d,使种子含水量降到7%以下时即可包装贮藏。现在大型专业制种基地均有脱粒、去毛刺、清选、分级专用机器,可大大提高工作效率及种子发芽率。靠手工为主加工种子的方法已很难适应当前种子市场对种子质量要求,难以制出大规模高质量的种子。

(二)中小株采种法(半成株采种法)

中小株采种法与成株采种法在栽培管理要点上及制种程序上基本相同。主要区别有三点。第一,播种期晚。比成株采种法晚播15~30 d,收获时肉质根应达到2 cm以上,第二年春天能顺利抽薹开花即可。第二,密度大。亩定植6 600株以上,高产经验田种株密度在10 000~12 000株。第三,整枝方式不同。由于种株母体小、密度大,抑制了侧枝的发育,选留的健壮一级侧枝少,或干脆不留侧枝,只留主枝独头采种。

近年来,曹建明(2007)等根据当地特点,摸索出了一套胡萝卜中小株直播覆盖采种法,应用效果较好,亩产毛种可达250~300 kg,是常规采种法的2~3倍,所产种子品质好,成熟一致,节省人力,各地可以借鉴。其主要经验有以下几点。

(1)基肥加量　直播覆盖采种法不挖种株,生长周期跨两个年度,必须重施底肥,一般亩施腐熟有机肥5 000 kg,硫酸钾30 kg,过磷酸钙40 kg。

(2)晚播密植　较常规大田胡萝卜推迟播种期一个月左右,采用大小行播种,小行行距45 cm,大行行距85 cm,株距10 cm左右,亩留苗10 000株左右。

(3)覆土覆膜越冬　入冬前在母株上培土5 cm,上铺地膜,两侧及中间压严压实。

(4)主茎独头留种　种株长到40~50 cm时,一次性将侧枝全部打掉,15 d后复查一次,确保独头留种。

(三)两种生产方法在生产中的应用

成株采种法与中小株采种法各有优点与不足。成株采种法,种株肉质根发育充分,可对种株进行严格筛选,有利于保持纯度与一致性,防止品种混杂退化;缺点是制种时期长、产量低、成本高,鲜菜浪费严重,采种田易发病,整枝打杈工作量大。现在生产上一般只用于生产原原种及原种。中小株采种法的优点是,缩短了采种栽培时期,采种田病害较轻,制种产量高、成本低,管理方便,有利于轮作倒茬。不利之处是不能根据根形进行有效选择,易增加后代先期抽薹率、降低后代抗病性和耐贮性。因而,中小株采种法一般只用于生产用种的繁制。将这两种方法配合使用,既可稳定获得高质量和高产量的种子,又可大大降低种子生产成本,是生产上通行的做法。

三、胡萝卜杂交种采种法

胡萝卜花器小、花量巨大,高度虫媒异花授粉,雄性不育技术是配制杂种一代必须采取且可以采取的有效手段。胡萝卜利用雄性不育手段配制杂种一代还有一个天然优势,即不以植物学上的种子或果实为种植目的,不需要恢复系。国外于20世纪50年代已育成了胡萝卜雄性不育系,开展了杂种优势利用研究。目前国内胡萝卜高端品种均为杂交一代,在生产上应用优势明显,已在市场上占领了较大份额并有进一步扩大之趋势。国内也有育成的杂交品种在生产上应用。杂交种制种在栽培管理上及采种上与常规种基本相同。现将其采种技术特点简单加以介绍。

按原种或原原种繁种要求分别繁制保持系和父本系。

单独设置母本不育系繁制圃或与保持系同时繁制,分别采收。单独繁制时不育系与保持系比例一般为 4 : 1 。

按生产用种标准繁制杂种一代。不育系与父本系均采用中小株采种法留母根,二者比例一般为 4 : 1 。父本不需整枝,任其开花,授粉结束后及时拔除。

有的不育系可能对某些环境条件敏感,或出现某些嵌合株,繁制杂交种时母本初花期应密切观察,发现可育株或嵌合株时及时拔除,以免影响纯度。

◆◆◆ 任务三 茄果类种子生产技术 ◆◆◆

一、番茄种子生产技术

(一)花器构造及开花结果习性

1.花器构造和开花习性

普通番茄多为聚伞花序,小型番茄为总状花序,每个花序有 5～10 朵花,每一朵花为完全花,最外层为绿色花萼 6 枚,内层为黄色的花冠,基部联合,上部分离成喇叭形,雄蕊 5～7 个,一般为 6 个,花丝短,花药长,联合成筒状,把一个雌蕊包围在中间(图 10-2)。花药成熟时开裂散出花粉,落在自花的雌蕊柱头上,是自花授粉植物,也有花朵花柱较长,伸出花药筒,为长柱花,可使天然杂交率增高。

图 10-2 番茄花器

番茄的开花顺序是基部的花先开,顺次由下向上开放,第一花序的花还未开完,第二花序已开始开放,番茄花的发育过程分为蕾期、初花期、盛花期、谢花期。花芽分化后在适宜的环境条件下,生长发育成花蕾,随着萼片逐渐在花顶端展开,花冠也随之外露,色泽也由淡绿色变为微黄,当花冠伸长达到一定程度,顶端也各自分离逐渐向外展开,最后变为黄色。花瓣展开达 90°时为开花,1～2 d 后花瓣展开达 180°即为盛开,这时花冠鲜黄色,柱头迅速伸长,分泌大量黏液,单花开放可保持 3～4 d,然后向背面反卷而萎缩。

2.授粉受精及结实习性

在自然情况下,当花瓣展开达 180°时,雌蕊成熟,花粉散出,柱头接触花粉完成授粉过程,在适宜的环境条件下,经花粉发芽,花粉管延伸 50 h 后完成受精过程。雌蕊在开花前 1～2 d 和开花后 2～3 d 都能接受花粉而受精,但以当天受精结实率最高,开花受精适温是 20～30℃,夜间 14～22℃,高于 35℃,低于 14℃ 则授粉受精不良,花粉在常温下可保持 4～5 d。

番茄的果实为浆果,果实大小、形状、颜色因品种而异。一般大果型品种单果重 400～500 kg

的鲜果可采收 1 kg 种子,中小型果品种单果重 200～300 kg 的鲜果可采收 1 kg 种子,番茄果实成熟过程包括青熟期、转色期、半熟期、坚熟期、完熟期。采种用的果实必须达到完熟期种子才能饱满,大多数番茄品种从开花到果实和种子成熟需 40～60 d,番茄种子外部有绒毛,千粒重 3 g 左右。

(二)常规品种的种子生产技术

1.采种田的选择

通常番茄对土壤条件要求并不严格,但种子生产是为了增加采种量和提高种子质量,所以为创造良好的根系发育条件,采种田应选择土层深厚,排水良好、富含有机质的肥沃壤土,pH6～7为宜。番茄忌连作,与茄果类蔬菜轮作 3～5 年。原种的隔离距离为 300～500 m,生产用种应隔离 50～100 m。

2.播种育苗

番茄采种多在春季露地进行,采用阳畦、温室等设施育苗,播种、定植期可比生产栽培晚5～7 d,其他方面与生产相同。

3.整地定植

定植前应深耕土壤,每亩施入腐熟农家肥 5 000 kg,磷酸二铵 50 kg,硫酸钾 15 kg。垄作或畦作,平畦高畦都可以。早熟品种行株距为 50 cm×(25～30) cm,中晚熟品种 55 cm×(30～40) cm,坐水栽,封埯以不埋没子叶为宜。定植时间是当地晚霜过后,10 cm 土温稳定在10℃为宜。定植时可以采用地膜覆盖栽培。

4.田间管理

(1)水肥管理　定植后至第一穗果长到鸡蛋黄大小时如干旱可浇一次缓苗水,而后铲、趟、松土、培土各一次。进入开花期要浇催花水,果实进入膨大期可浇催果水,5～7 d 一次,以见干见湿为原则。

番茄生长期长,结果数量多,需肥量大,所以在基肥充足的基础上要适量分次追肥,缓苗后结合浇水,施提苗肥,每亩施尿素 5 kg 或人粪尿 500 kg,第一穗果开始膨大,第二穗果坐住追催果肥,三元复合肥 8～10 kg,第一穗果开始采收前后,第二、三穗果迅速膨大时追施盛果肥,每 667 m² 随水施入人粪尿 1 000～1 500 kg 或氮肥 15～20 kg,盛果期可叶面喷 2%～3%磷酸二氢钾或 1%复合肥浸出液。

(2)植株调整　单干整枝是种子生产的主要方式。这种整枝方式是只留主干,其余侧枝全部摘除。第三穗果实形成后掐尖。此外还有双干整枝,除了留主干外,还留第一花序下面的生长势强的侧枝,每干留两穗过后摘除顶芽,中小型果多采用双干整枝的方式。此外,还有多干整枝,即留三个以上结果枝,并要及时插架和绑蔓。

(3)果穗选择及疏果　采种时,第一穗果不留,选留第二、第三、第四穗果。每一果穗着果数多时要进行疏果,即畸形果、小型果淘汰,选留大型、端正、发育良好的果,每穗留果个数依品种而异,大型果 2～3 个,中型果 4～5 个,小型果留 8～10 个。

5.去杂去劣及选优

在番茄整个生长期间都要对植株进行严格的田间选择,苗期时根据叶型、叶色、初花节位进行选苗,合格者定植。生长期间应进行田间的去杂去劣去病弱工作,拔除生长势弱、主要性状不符合本品种特性、得病严重、花序着生节位高的植株。果实采收时应选择坐果率高的植株,在其上选果形、果色、果实大小整齐一致,没有裂果,果脐小的果实进行采种留种。

6.果实的采收及取种

早熟品种从开花到果实生理成熟期需 45～55 d,中晚熟品种则需 55～60 d。当果实达生理成熟期后,即完熟期再进行采收,经后熟 1～2 d 后再进行取种。取种时用刀横切果顶或用手掰开果实,将种子连同汁液倒入非金属容器中(量大时用脱粒机将果实捣碎),放在自然温度下发酵 1～2 d,每天搅拌 2～3 次,当表面有白色菌膜出现时,种子没有黏滑感,表明已发酵好,应及时用水清洗干净,用洗衣机甩干,摊开晾晒,当种子含水量达 8%以下可装袋贮藏。

取种也可把种子浸没在浓度为 1%的稀盐酸溶液中保持 15 min,期间不断搅动,种子取出后在清水中晃动漂洗干净后,脱水、晾晒。

(三)杂交种种子生产技术

番茄杂交种品种种子生产的途径,有人工杂交制种、利用雄性不育系杂交制种等,其中人工杂交制种生产的种子纯度较高,质量好,为主要的制种途径。黄河以北多采用露地制种,南方一般采用保护地杂交制种。

1.人工杂交制种技术

(1)亲本准备

①培育壮苗　整个育苗技术与常规育苗方法相同。但杂交制种通常先播父本,后播母本,父母本播期相差时间的长短依父母本花期早晚而定,为避免父母本错乱,最好不要播在一个苗床内,应分床播种。

②定植　定植时间为晚霜过后 5～10 d,华北中南部 4 月中旬,辽宁省 5 月上、中旬。定植时父母本比例是 1∶(4～6)。

(2)制种技术

①本种株的选择　在父母本开花授粉期到来之前,应对父母本植株进行严格选择,尤其父本更为重要,因为一朵混杂的雄花可以授很多雌花。所以应选择生长健壮、无病虫危害、具本品种典型性状的植株。

②制取花粉　采集花粉的方法有用手持电动采粉器采粉;另一种是干制筛取法,即到父本田将盛开的花朵摘下,取出花药,摊于干净的纸上,晾干,然后放入筒中摆在生石灰的表面或干燥器内,把盖盖严,第二天花药便开裂,花粉散出,然后放在 150 目筛中,边筛边搓,使花粉落下,收集装入贮粉瓶中待用。也可用灯泡干燥法和烘箱干燥法。花粉在 4～5℃条件下,生活力可保持一个月以上,常温下可保持 3～4 d。

③去雄　从母本第二穗花开始去雄,去雄前摘掉已开放的花和已结的果。去雄一般选择次日将要开放的花蕾,这时花冠已露出,雄蕊变成黄绿色,花瓣展开呈 30°角。去雄时以左手从花药筒基部伸进,将花药一一摘除。注意要摘干净、彻底,不要碰伤其他花器官,尤其是雌蕊。通常一个熟练的操作人员每天可去雄 1 000～1 500 朵花。

④授粉　将采集的花粉装入特制的玻璃管授粉器中,以左手拿花,右手持授粉器,把去雄后花的柱头插入授粉器内,使柱头沾满花粉即完成授粉工作。授粉一般是在去雄后 1～2 d 进行,母本花必须是盛开之时,如遇雨天,应进行重复授粉,授粉完毕应将花撕下两枚萼片做杂交完毕的标记。

(3)果实成熟和收获　果实成熟后应及时分批分期采收。凡撕下两片萼片的为杂交果实,其他的果实应淘汰,取种方法同前。

2.利用雄性不育两用系生产杂交种

番茄的雄性不育性是由单隐性核基因控制的,它只能育成雄性不育两用系,在这样一个稳定的系统中以两用系做母系,另一纯系做父本,生产杂交种可省去人工去雄的工时,降低制种成本。

利用雄性不育两用系生产杂交种的技术要点是:

①两用系播种在母本床内,分苗时将可育株淘汰。

②定植时父母本比例为1：(5～8)。

③母本花开时取父本花粉进行授粉。

④收获时从两用系不育株上收获的种子即为杂交种。

⑤两用系和父本系繁殖单设隔离区,按常规品种繁殖技术进行。

> **春风**
>
> （清·袁枚）
>
> 春风如贵客,一到便繁华。
> 来扫千山雪,归留万国花。

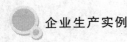 **企业生产实例**

番茄杂交制种技术

番茄原产于南美洲安第斯山脉与大海之间很窄的西海岸一带,包括从秘鲁、厄瓜多尔一直延伸到智利等地地形复杂的河谷和山川地带,地理位置处于南纬0°～19°,属热带和亚热带气候,但主要分布在当地海拔2 000～3 000 m附近的高寒地带。16世纪被引入欧洲,17世纪传到中国,现已成为世界范围内广泛栽培的主要蔬菜品种之一,深受人们喜爱。

一、番茄制种的生物学基础

1. 植物学特征特性

根 番茄根系发达,分布广而深,在育苗栽培条件下,主要根群分布在30～50 cm以内的土层中,横向直径可达1.6～1.8 m。根系再生能力强,不仅在主根上易生侧根,在根颈或茎上,很容易发生不定根,在主根或侧根被切断后,可很快长出新的侧根。

茎 番茄属合轴分枝(假轴分枝),茎端形成花芽。无限生长类型在茎端分化出花穗后,花芽下的一个侧芽生长成强盛的侧枝,与下部的主茎连续而成为合轴。有限生长类型在发生3～5花穗后,花穗下的侧芽变为花芽,不再长成侧枝。番茄茎轴具有半直立性,基部有一定程度的木质化。茎部的分枝能力强,每个叶腋处均可形成侧枝。除少数品种茎较粗、较矮且韧硬、能直立生长,不需支架外,大部分品种植株呈匍匐生长状态,栽培过程中需要支架、整枝和绑蔓等。

叶 形状可分为普通叶型(花叶型)、薯叶型和皱缩叶型。生产上应用的多为普通叶型,不规则羽状复叶,一般下部叶片较小,小叶也较少,随叶片着生部位的提高,叶面积逐渐增加,小叶数也增多。叶片和茎上均不同程度地有短茸毛和分泌腺,能分泌有特殊气味的汁液,具驱虫或避虫作用。

花 一般为聚伞花序,由5～10余朵花组成,樱桃类型多为总状花序,花数较多。为完全花,每朵小花由花柄、花萼、花瓣、雄蕊和雌蕊组成。雌蕊1枚,子房上位,多心室,多胚珠。花瓣、萼片、花药各5～9枚或更多,通常6枚,花丝细短,花药相互联结聚合成筒状包围着雌蕊。

每个花药有两个花粉囊,两个花粉囊中间从外面看上去有一较明显的沟,但中间没有离层;相邻两个花药之间从外面看沟不明显,但中间有离层,易插入镊子分开,此连接线正对花瓣中心线。花粉成熟后,花粉囊内侧纵裂散出花粉。正常花的花柱稍低于雄蕊或齐于雄蕊。由于雌蕊被包围在药筒中间,极易自交授粉。

果实　为汁浆果,由果皮、隔壁、胎座及种子等组成。形状为圆球、扁圆、椭圆、长圆及洋梨形等,成熟时颜色呈红、粉红、橙、黄或绿色等。小果类型为2～3心室,大果型品种为4～6心室或更多。

种子　种子比果实成熟早,一般在开花授粉后35 d,种子即具有发芽能力,但胚的发育是在授粉后40 d左右完成,授粉后40～45 d的种子完全具备正常的发芽力,种子完全成熟是在授粉后50～60 d。此时种子发育饱满,发芽力最强。种子在果实中被一层胶质包围,可抑制种子在果实内发芽。种子扁平,卵圆形,表面披银灰色茸毛。千粒重3 g左右。

2. 生长发育对环境条件的要求

温度　番茄是喜温作物。种子发芽温度范围是11～40℃,但在15～30℃发芽良好,最适温度为28℃。温度高于35℃则发芽率降低,出苗慢或不能正常出苗。生长发育适温范围为10～33℃,喜较大昼夜温差,其中昼温以23～28℃,夜温以13～18℃,地温以18～23℃为宜。当温度低于10℃或高于33℃时,植株生长发育不良,低于5℃或高于40℃时,植株停止生长。30℃以上时同化作用显著降低,升高至35℃以上时,生殖生长受到干扰与破坏,即使是短时间45℃以上的高温,也会产生生理性干扰,导致落花落果或果实不发育。长时间低于5℃产生低温障碍,一般在-2～-1℃会被冻死,但经过抗寒锻炼的幼苗可长时间忍耐5～6℃或短时间-3～0℃的低温。不同生育阶段对温度要求及反应不同。幼苗期白天适宜温度23～28℃,夜间13～18℃,温度过高,幼苗易于徒长、抗病抗逆性差,过低易形成小老苗,花芽发育不良,导致果畸形或落花落果。开花期要求温度较高且严格,尤其是开花前9～5 d及开花后2～3 d内更为严格;一般昼温以25～28℃,夜温以15～20℃为好,高于33℃或低于15℃都不利于花器的正常发育及开花,易引起落花。结果期要求一定的昼夜温差,一般以昼温23～28℃,夜温15～18℃为宜。

光照　番茄喜光照充足,光饱和点为70 000 lx,光照低于30 000 lx不利于其生长发育。接近中光性植物,大多数品种现蕾开花对日照长短要求不严格,但每天光照14～16 h,番茄生长发育最好。

水分　番茄需水量大,但由于根系发达、吸水力强,具有半耐旱的特点,所以生产上并不需像辣椒那样经常灌水。一般土壤湿度以60%～80%为宜,不同生育时期对水分要求不同。开花坐果前,植株生长量小,气温偏低,应控制浇水。果实开始膨大后,需水量急剧增加,浇水量也相应增多。应经常保持土壤湿润,防止忽干忽失。空气湿度以干燥为佳,相对湿度以45%～60%为宜,过湿易产生病害。

土壤与营养　番茄对土壤要求不严,透气性良好、腐殖质充足的壤土或沙壤土对其生长有利。适于微酸性到中性土壤,pH 6～7为宜。番茄需肥量大,喜肥较多且较耐肥,每生产1 000 kg果实,需要氮2.7～3.2 kg,磷0.6～1.0 kg,钾4.9～5.1 kg,钙1.6～2.1 kg,镁0.3～0.6 kg。不同生育时期养分吸收量不同。生育前期,植株对氮和磷的吸收总量不及后期,前期由于吸收能力的限制,对肥力水平要求却很高,一旦缺乏氮和磷不仅抑制前期生长和发育,而且这种抑制作用在后期补施也不能完全挽回。氮、钾、钙在第一花序开始结实时,吸收量迅速增加。生育中期氮、磷、钾主要存在于茎叶中,供花芽和叶芽的分化发育之用,必须考虑氮、钾的平衡,在温度较高、光照不足的情况下,要适当减少氮肥,多用钾肥。果实发育初期磷含量较高,随果实膨大,钾含量大大增加,钾较高时有利于果实膨大,但钾过多会导致根系过早老化,妨碍茎叶发育,所以氮的充足供应也是必要的。在光照充足、降低夜温、平衡施肥的前提下,适当增加氮供应并不会引起徒长,而是制种丰产所必需的。磷的吸收量相对较低,但吸收的磷酸中约有94%存在于果实及种子中,可促进根系生长、促进花芽分化及发育,对果实发育也有显著效果。幼苗期施磷肥往往有良好效果。钾吸收量最大,尤其在果实迅速膨大期,对糖的合成、运转及提高细胞液浓度,加大细胞的吸水量都有重要作用。

3.开花授粉生物学基础

一般25~30 d,幼苗2~3片叶时,花芽分化开始。此时有限生长类型已分化出6~8片叶,无限生长类型品种分化出7~12片叶。花芽分化开始后,会表现出生殖生长对营养生长的抑制作用及各器官生长的激烈调整。从这时开始,营养生长与花芽发育同时进行,播种后34~38 d开始分化第二花序,再经10 d左右分化第三花序,相邻花序之间间隔1~3片叶。花芽分化开始后,一般2~3 d分化一个花芽,与此同时,花芽相邻的上位侧芽开始分化生长,继续分化叶片,当第一花序花芽分化即将结束时,下一花序已开始初生花的分化。到第一花序呈现大蕾时,第三花序花芽已经完全分化。花芽分化早而快及其连续性是番茄花芽分化的主要特点。从花芽分化到开花经30 d左右,从播种到开花经过55~60 d。从一个花芽看,先从外侧器官逐渐向内发育,从分化初期到萼片形成期花芽伸长速度较慢,以后速度加快。营养生长状态是花芽分化及发育的基础,根系发育、叶面积大小都与花芽的分化及发育有关,茎粗与花芽分化的关系最密切,第一花序开始分化的茎粗标准为2.0 mm左右,第二花序:4~5 mm,第三花序:7~8 mm。创造良好的条件,防止幼苗徒长和老化,保证幼苗健壮地生长及花芽的正常分化及发育是育苗阶段的管理核心目标。在花芽分化开始前,应完成分苗及缓苗,以后一般不宜再分苗。适宜的分苗时间是一片半真叶,即一叶一心时期。花芽分化最适温度为昼温23~26℃,夜温13~15℃。

将要开花前,花冠迅速生长,先是萼片的顶端各自分离向外展开,露出花冠,此时花冠呈淡黄绿色。当花冠伸到一定时期,顶端各自分离向外侧展开,颜色变黄。当花瓣充分长大并平展时即为盛开期,此时花瓣呈鲜黄色,雌蕊柱头逐渐伸长,并分泌大量黏液,是授粉受精的最佳时机。番茄的花在一天当中不定时开放,开花时间可持续3~4 d,然后花瓣转为淡黄色,向后反卷而萎缩。

雌蕊保持受精能力可持续4~8 d,开花前2 d已具有受精能力,开花当天授粉结实最好,开花前后各1 d次之,开花后2~3 d逐渐下降。

花粉发育温度范围在15~33℃,最佳温度是23~26℃。当温度低于15℃或高于35℃时花粉发育不良,在40℃条件下处理1 h花粉便失去活力,极短的35℃以上的高温也会引起花粉机能降低。在高温干燥条件下,会导致柱头变黑褐色、子房枯死。

二、番茄杂交制种的栽培管理技术

番茄制种时的栽培管理与商品番茄基本一致。

1.播种育苗

播期确定 播期由定植日期和育苗天数决定。北方地区均在终霜结束后,10 cm深土层中地温稳定在10℃以上时,定植于大棚或露地。应在安全的前提下尽量提早定植,但切记不必盲目抢早。适当提早可在适宜的温度条件下尽早完成杂交授粉,避开高温多雨季节。长江流域多在清明前后,华北一带在清明到谷雨之间,辽宁南部地区为 4 月下旬至 5 月初,辽西等地可在 5 月上中旬定植,一般是随着地理位置往北定植日期逐渐后延。定植时苗大小一般以顶花戴蕾为宜,采用现代穴盘育苗时,生理苗龄还可提前,初现小蕾前后即可定植。从播种到长成大小适宜定植的幼苗所需的时间主要与育苗的温度条件有关。保温条件好、幼苗发育快的,50～60 d 即可,利用地热线加温育苗可缩短为 40～50 d,温度条件保障稍差的,可能需要70～90 d。现在各地保护地育苗设施较以前均有很大改善,实行短苗龄促成育苗已成为可普遍采用的方法。这一方法可缩短育苗期,避开前期低温,节省成本,减少管理难度,提高秧苗质量、提高成苗率,实现目标精细管理,是现代育苗的发展趋势。父本应比母本早播 5～15 d,父本为早熟品种时提早 5～9 d,为中晚熟品种时则需早播 9～15 d。

浸种催芽　一般番茄种子用温汤浸种,将 55℃ 温水缓缓倒入装有种子的浸种容器中,不断加入热水保持水温 15 min,之后迅速搅拌降温至 25～30℃,继续浸泡种子,经过机械脱毛加工的种子继续浸种 4～5 h,没经过加工的种子浸 8～12 h,以种子泡透为度。在此过程中搓洗1～2 次。浸种后即可进行催芽。温水浸种可杀死附着在种子表面和潜伏在种皮内的病菌,并可使种子松软,促进种子吸水。浸种用水量不宜太多,为种子量的 2～3 倍即可。还可以对种子进行药液浸种,可选用 10% 磷酸三钠溶液(钝化病毒)、1% 甲醛溶液(早疫病菌等)、1% 高锰酸钾溶液(病毒、细菌类)或 1% 硫酸铜溶液等(真菌类、细菌类)。注意药液处理前种子必须在清水中充分浸泡,处理的时间和浓度必须严格掌握,处理后必须用清水反复冲洗干净才能进行催芽。浸种并反复冲洗干净后,甩除多余水分,用干净的湿布包好,25～30℃ 条件下催芽。期间要经常检查和翻动种子,每天用清水淘洗一次。2～4 d 后种子露白即可播种。如因天气等原因不能播种,可把种子放在低温的地方(5～10℃),控制生长,等天气好转再播。

播种量与苗床面积　每亩母本田一般定植母本植株 2 000～4 000 株,根据品种特点、整枝方式、制种区域等综合而定。每亩母本所需种子粒数应根据定植株数、芽率、成苗率推算出来,再根据本品种千粒重推算出播种克数。一般温床育苗成苗率高,冷床育苗成苗率稍低。种子发芽率好时,每平方米苗床播种量应少于 8～10 g,有条件的地方可减少至 5 g 以内,以保证营养面积。亲本精贵,提倡精量育苗,除病残弱苗外不间苗,提高成苗率及仔苗质量。每亩制种田需播种床 3～5 m²。父母本比例一般以 1∶(3～5) 为宜,原则是授粉时花粉够用、有少量剩余。

播种出苗　播种床土等准备同辣椒制种。播后覆潮湿的营养床土或细沙土 1.5～2 cm,盖地膜保温保湿,中午膜下温度过高时可适当遮阴,以保持合适的床土温度。25～28℃ 条件下4 d 即可出苗。有 1/3 种子出土时即应揭去地膜。如有"戴帽"现象,应及时覆土补水。覆土除可以防幼苗戴帽外,还具有保墒、防止床面干裂、促进幼苗基部萌生不定根的作用,一般在子叶拱土、子叶展开及第 1 片真叶展开时分三次覆土,每次厚度约 0.5 cm。如床面过湿可用干土,床面过干则宜用湿土。

出苗后的管理　适温管理,掌握好"三高三低"调节技术,即白天高、夜间低、晴天高、阴雨天低,出苗前与移植后高、出苗后与移植前低。番茄根系发达,吸水能力强,生长速度快,容易徒长,要十分注意水分的调节,移植前尽量不浇水。采取必要措施增加苗床光照强度、延长采光时间,适当早揭晚盖草苫等覆盖物,及时放风除湿降温,促进生长健壮、减少猝倒等病害发生。

分苗及苗期管理　1片半真叶期移苗。用育苗钵、育苗袋、苗坨等分苗时一般要求营养面积6 cm×6 cm以上，使用现代穴盘分苗时应选用50穴以内的穴盘。提倡应用穴盘育苗，可参见辣椒制种部分。苗期一旦有缺肥迹象应及时追肥，可用尿素与磷酸二氢钾溶液根际或根外追肥，注意不要烧苗。

整个育苗期都应注意幼苗锻炼，以定植前最为重要。定植前10～15 d开始，逐渐降温、通风炼苗，将温度降至白天20℃、夜间10℃，定植前3～5 d，可让苗床与露地环境一致，最低可降到5～8℃。温度适宜、幼苗锻炼充分后，即可定植。

2.定植

地块选择　尽量选择3～5年未种过茄科蔬菜的地块，排灌条件良好、耕层深厚、富含有机质的沙壤土、壤土或黏壤土均可。有的地方可选用的地块有限，或在大棚内制种，重茬迎茬不可完全避免，但也必须避免在有线虫、青枯病、立枯病、萎蔫病和严重病毒病的田块连作。另外，重施有机肥有利于改善土壤微生物环境，减轻连作条件下土传病菌的累积速度和土传病害的发生率。父母本应分别成片定植

整地施肥　繁种田应该在头年秋耕，深翻20～30 cm，第二年春天再结合施基肥浅耕、打垄。有条件的地方亩施5 000 kg优质腐熟有机肥，过磷酸钙25～50 kg或磷酸二铵20～30 kg，尿素10～15 kg、硫酸钾10～30 kg。具体施肥量必须针对土壤肥力特点及具体品种采种坐果量确定。过磷酸钙要提前与有机肥一起堆沤。有机肥与化肥混匀后，3/5在整地前撒施，2/5在做垄时开沟10～15 cm深沟施。

定植方式　选用大垄双行栽培模式，大垄宽1.1～1.2 m，垄上双行间50 cm左右，有利于田间人工授粉作业。垄长根据习惯打成7～10 m，一般土地平整、上水均匀的可长些，否则宜短。株距依品种特点和整枝方式而定，一般30～40 cm。有条件的地方可使用膜下滴灌或微喷给水模式，具有节省浇水人工、减少湿度、有利田间作业、有利施水肥、可控制精量用水、减少病害等诸多优点。

父本定植　实践中易产生制种早期父本花粉供应不足问题，因而父本除早播外还要先定植。最好将父本定植在小气候条件较好的地块，或前期进行短期塑料薄膜覆盖，以促进发育、早期提供充足花粉。

3.定植后的水肥管理

定植后及时浇水，水量适当控制，防止降温过多。3～5 d后视天气、苗情可浇一次缓苗水，要浇透，之后及时中耕保墒。缓苗后应适当蹲苗。蹲苗期长短应根据品种、土壤、天气和植株生长状况灵活掌握。一般长势弱的品种，轻蹲或不蹲，长势强的品种可适当延长蹲苗时间。杂交授粉前可依地力和长势情况，决定是否追一次提苗肥，可亩施尿素7～10 kg。一般第一穗果鸡蛋黄大，第二穗果指甲盖大时，植株需要大量水肥，应施催果肥浇催果水，亩施三元复合肥15～20 kg。以后视土壤和天气情况适当灌水，保持土壤湿度在80%～90%，防止土壤过干过湿，否则会造成落花、落果、筋腐、尻腐、裂果。番茄根系强大，低度缺水不会致番茄严重萎蔫死亡，容易被忽略，但土壤过干会导致土壤中的营养元素如钙、磷等吸收障碍，造成的缺素症。制种期雨量少的地区常有干热风，致使雌蕊柱头变褐、不能接受花粉，应适当灌水以提高空气湿度。第一穗果采收后，第二、三穗果膨大时应视情况再追一次肥，以复合肥为主，亩施15～20 kg。结果期间还可随喷药进行叶面追肥2～3次，用尿素、磷酸二氢钾各0.2%～0.5%的混合液，可快速弥补土壤施肥的不足。另外基肥未施过磷酸钙的，果实膨大后应于叶面喷施

0.3%左右的硝酸钙或氯化钙溶液2～3次,每隔7～10 d一次,防止尻腐果的发生。开花前后还可叶面施用0.2～0.3%的硼砂溶液2～3次,每7～10 d一次,促进花果的发育、减少畸形果、提高结实率。

4. 整枝搭架

番茄茎半直立,必须支架绑蔓。腋芽萌发能力很强,不断抽生侧枝,需整枝打杈。父本由于不采果,可搭简易架、不整枝或简单整枝,多留侧枝,实行粗放管理。母本田需精细管理,整枝方式分为单干、双干及多干整枝。从实践来看,双干整枝比单干整枝制种产量高,所以现在生产上很少采用单干整枝。一般早熟自封顶品种采用3～5干整枝,有的品种甚至留4～6个侧枝,也可采用密植双干整枝法。双干整枝的在主干第一花序下留第一侧枝,三干的在第一花序上下各留一个侧枝,四干整枝的在第一花序下多留一个侧枝。无限生长类型的中晚熟品种多留双干整枝,但也有单干整枝的,主要与各地栽培习惯有关。有的地区习惯于单干整枝,定植密度适当加大;有的地区则习惯于双干整枝。双干整枝可有效提高种子产量,适当减小密度节省亲本种子,减少育苗量,降低部分育苗成本,用工集中度适中,一般而言是目前适于多数无限生长类型品种的整枝技术。各地应结合当地习惯、具体品种特点、人力资源及成本等情况,酌情决定采用哪种方式。不留的侧枝应全部及时打掉。

双干以上整枝方式,适合搭人字架。为便于绑蔓可在架下离地面30 cm处绑一横杆。架材强度应能承受结果后的植株重量及风力,插深绑牢,防止坐果后倒伏。第一道蔓应绑在第一果穗下,以后每穗果下面都要绑一道。

5. 病虫害防治

番茄真菌及细菌病害较多,主要的有晚疫病、早疫病、叶霉病、溃疡病等。一旦大量发生,在特定的环境条件下,即使打很多药也很难有效防治,徒增制种成本。要注意采取综合防治措施。最主要的是避免重茬;其次要加强管理,多施磷钾肥,使植株强健,增强抵御病害的能力、延缓发病时间,将下部老叶及时打去,及时清除病株;在发病初期适当结合药剂防治,可选用波尔多液(1∶0.8∶240)、代森锰锌、甲托、百菌清、克菌丹、瑞毒霉、疫霉灵等广谱性药剂交替防治,控制病情蔓延。脐腐病等生理性病害及早对症防治。

番茄主要虫害是蚜虫和棉铃虫,部分地区大棚制种有白粉虱危害。蚜虫大量发生时严重影响生长发育,还能传播病毒,棉铃虫可蛀花蛀果,都必须尽早防治,防治方法可参见辣椒杂交制种部分。白粉虱防治,首先可搞好隔离,在棚四周用40目以上的防虫网密闭;其次可放丽蚜小蜂"黑蛹"捕食,每株放3～5头,每10 d左右一次,连放3～4次,控制虫口量;第三用黄板诱杀;最后可用扑虱灵(噻嗪酮)、天王星(联苯菊酯)、吡虫啉、灭螨猛(甲基克杀螨)、虫螨立克、功夫(氯氟氰菊酯)、灭扫利(甲氰菊酯)等药物防治,每3～4 d一次,连喷3～4次。

三、去雄杂交制种技术

1. 隔离距离

番茄是自交授粉作物,昆虫偶尔可传粉导致杂交,天然杂交率大概在1%～4%。杂交率的大小跟相邻种植距离、群体大小、品种特点、昆虫活动情况有关。番茄制种要求一定的隔离距离,杂交制种对隔离距离的要求更严格,因为人工去雄后柱头外露,为传粉昆虫提供了更多传递外来花粉的机会。

在美国标准的隔离距离是15 m。我国各地在制种实践中一般掌握在30 m以上。一般原种生产要求隔离100～300 m,常规生产用种50 m以上。杂交一代制种也要求50 m以上,但有条件的地方,适当扩大隔离距离更有利于保障杂交种的纯度。

2.授粉适期

各地气候条件各异,适于杂交授粉的时期不同,应根据开花授粉习性及植株生育对环境条件的要求,并参照当地习惯经验,将杂交授粉工作安排在适宜的时间段。各地气候规律决定了其授粉适期是基本固定的,如长江中下游地区一般在5月5—25日,西安地区宜在5月中旬至6月初,河南在5月,整个华北中南部为5—6月,随纬度升高而逐渐后延,辽宁宜在6月1—30日,以在6月20日之前结束为佳。过早授粉植株营养体太小,温度较低,不利于授粉结实及植株发育,产量低、用工效率低;过晚授粉,植株过了营养生长及生殖生长的最佳平衡期,且温度过高、临近雨季,也不利于授粉结实,授粉作业难度大,果实发育期主要处于高温高湿条件下,病虫害多、成果率低。

3.制种工具准备

可参见辣椒杂交制种部分。番茄花药不如辣椒容易开裂散粉,筛花粉用具除了可使用与辣椒相同的农家用100~150目尼龙网或铜箩底外,大规模专业制种最好采用专用取粉机器,如辽宁地区多采用由辽宁省金城原种厂研制的"振动筛式取粉机",可大大提高取粉效率及花粉数量质量。另外番茄制种用镊子尖端应比较锐利,可适当打磨。

4.去杂保纯

对双亲种株的纯度要多次严格检查,及时去杂去劣。苗期、定植前后以及人工去雄授粉之前,应根据双亲各自特征,如株型、叶形、茎色、叶色、长势、叶脉特征、花梗特点等,拔除杂株。采集花粉前尤其要对父本进行逐株检查,对可疑株宁拔勿漏。去雄授粉前,把母本植株上已开过的花和已坐的果全部摘净,授粉结束后要反复检查,摘去未去雄的花和蕾以及未做标记的果实。采收时摘有标记的杂交果。父本株授粉结束,应及早拔除。

5.制取花粉

能否满足制种时所需纯净、充足而生活力强的花粉是一项关键性技术。过去曾用手工取花,花药干燥后手工敲打的办法,或电动式手持采粉器直接从植株上对花取粉,烦锁、低效,花粉数量和质量均不能保证。20世纪80年代初李正德等对制粉技术进行了成功的改革,适应了专业化大规模番茄杂交制种的需要,现已在生产上得到普遍应用,现介绍如下。

采集花药 集中采摘父本适宜大小的花,取出花药,扔掉其余部分。应当采当日盛开或虽开过几日但花药尚呈鲜黄色的花。一般每朵雄花产生的花粉可供4~5朵母本花授粉之用。应赶在花药开始散粉之前取下,最好在上午,下午取花可能部分花粉已散出,采粉量较少。

花药干燥取粉 新鲜花药含水量大,必须经干燥处理,才能使花药开裂、花粉散出。花药干燥可采用自然干燥、简易生石灰干燥器干燥、简易灯泡干燥器干燥、热炕烙干等,有条件的地方用烘箱干燥效果更好。无论用何种办法,花药层面的温度不要超过34℃,以32℃为宜。自然干燥法最简单,在自然较高温度下日光晒干,约需4h,但易受天气因素制约,有风、阴雨等天气均不能采用,只适用于部分地区的部分天气条件下。其他几种干燥方法同辣椒制种部分。

花粉的制取及贮藏 花药干燥后,小规模制种可用人工筛取的办法,将花药碾碎,用100~150目筛网过筛,具体办法可参考辣椒制种部分。如有条件和必要,可采用专用振动筛式取粉机,这种办法速度快,出粉多,花粉纯净,效率高,便于大量制取花粉。此机器还可与一台微型粉碎机配合使用,将干燥的花药事先粉碎,然后再上机进行花粉的筛取,有利于多出粉。一般一台机器只需一人操作,便可供应百余亩地不同杂交组合所需的花粉。花粉制取后,可放在密闭玻璃瓶中，置于低温干燥处。一般存放条件下，花粉只能有 4 d 左右的生活力，而且每天下降很快。而在 4～5℃的冰箱中，保持干燥小环境，番茄花粉的贮藏时间可大大延长，大约可贮存一个月。利用番茄花粉的这一特点，为防止杂交授粉前期父本花粉不够用，可提前采制父本花粉，贮藏备用。授粉时一旦不够用，就可取出贮存花粉与新鲜花粉混合使用。

6.去雄

授粉花序选择　不同枝干不同花序间结实有很大差异。有试验表明，在三干整枝情况下，以主枝 2、3，一侧枝 1、2、3，二侧枝 1、2 等 7 个花序为适宜制种花序。当然不同的品种，同一品种在不同的地区、不同的年份、不同的栽培管理水平下，选择留干数及每干用于杂交制种的花序不能一概而论，生产中应结合实际灵活掌握。一般从主干第二穗花开始授粉，每枝干授粉3～4 穗果，中等果型的品种每穗花以着果 5 个左右为度，多余不用的小花应及时摘除。

母本植株整理　杂交工作开始前，必须将母本全部已开之花与已结之果全部摘除，还应摘除畸形与发育不良的弱花蕾，同时进行整枝，掰除多余的腋芽。及时清除多余的侧枝，可方便授粉作业，提高授粉结实率。打除侧枝的工作授粉期间要随时进行。每枝干在杂交授粉结束后清除全部花蕾和腋芽，在最上一个杂交果穗上留 2～3 片叶摘心。长势弱的品种，授粉结束后可只去花蕾不去枝杈，以维持适当的营养生长，并防止日烧病的发生。此项工作应在授粉结束后反复进行多次，以保证制种工作结束后植株上不出现自交果。

去雄　最好选择花冠伸长露出萼片，颜色由绿变黄，花瓣未开或微开（呈 30°角），花药呈柠檬绿色或黄绿色，尚未开裂散粉，即将在次日开花的花蕾去雄。实践中选择开花前 1～3 d 的花去雄均可。去雄过晚，花粉易散出自交授粉，去雄太早，花蕾太小不便操作，且易损伤花柱和子房，降低坐果率和种子数。去雄时以左手中指与四指夹持花柄，拇指与食指夹持花蕾，右手持镊子，将花冠轻轻扒开，顺着花瓣中心线（正对相邻两个花药联结处），在约离花蕾顶端 2/3 处将镊子插入花药筒中，将其分成两半。挟出其中的一半，有 2～3 个花药，剩下的花药再挟一次，即可全部取出。挟取花药时一般要求全部保留花冠，但个别地区也有连同花瓣一同取下的。去雄时注意谨慎操作，不要折伤花梗与花柱，也不得碰伤柱头和子房，花粉囊要摘除彻底。一个熟练的工人一般每天可去雄 1 000～1 500 朵花。

近年来，有的地方采用徒手去雄法，即在母本花朵现喇叭口，达到渐开阶段，用左手拇指和食指持花柄，右手拇指和食指的指甲夹住母本花朵的花瓣和雄蕊药筒的一角向上拧提，即可将花瓣连同花药筒一次性拧掉，并随手用玻璃管授粉器授粉。该法边去雄、边授粉，操作简便。此法掌握上有一定难度，全部去除花冠在晴天干热条件有可能导致柱头快速干枯。番茄授粉花数少，所节省的人工不如辣椒徒手脱冠去雄法来的明显。在人工资源充足的情况下，还是应该优先采用前一种办法。

去雄应选择在上午，不宜在中午或下午低湿高湿时段进行，以免碰伤花药造成自花授粉。

7.授粉

针对去雄时花蕾的大小，于去雄后的 1～3 d 即授粉，当天盛开的花授粉，效果最佳。提前1 d、延后 1～2 d 授粉效果稍差些，但这种情况在生产中不可避免，总体效果也较好，是生产上可行的办法。授粉时应以左手拇指与食指持花，以右手食指与拇指持玻璃管授粉器，并以拇指压在玻璃管授粉器的授粉口上，以防花粉散出。同时用右手拇指与食指将母本花萼从基部去掉 2 片。然后将母本柱头插入玻璃管授粉器的授粉口内，使柱头沾上饱和的花粉即可。如没有玻璃管授粉器或花粉量甚少，无法装入管中，可将花粉装在小盒里，用右手小指沾花粉轻轻而均匀地把花粉涂在母本柱头上。注意先去萼片再授粉,以免振落花粉。

授粉种子产量、结实率及单果种子数均密切相关。授粉不良对单果种子数的影响往往甚于对结实率的影响。试验证明,一次授粉与二次授粉(即在花盛开当日与第二日各进行一次授粉)在结实率上差别不明显,但在单果种子数上差异明显,且越在授粉初期效果越明显。因而,在有条件的情况下,在制种初期可采用二次授粉法,以提高种子产量。授粉后5 h内遇雨,应重复授粉。如需在授粉期内打药,应至少与授粉拉开30 min以上的距离,时间间隔越长越好。

一般早上露水稍干后即可开始授粉,中午尽量躲过28℃以上高温时段,下午2～3点钟后再授粉。露水过大时可使花粉吸水膨胀,影响发芽。试验表明,一般上午或下午授粉均可得到较好结实,但上午8时授粉较下午4时授粉单果结籽数多;晴天授粉结果率及单果种子数明显好于阴雨天,雨后初晴效果更好。分析原因,可能是晴天有利于同化作用及植株生育、稍大的空气湿度有利于授粉结实所致。中午高温时段可安排植株整理、打药、绑蔓、除草等其他作业,把一天中其他温湿度条件较好的时段全部用来去雄和授粉。

8.工作组织

一个熟练的技术工人一般每天可去雄1 000～1 500朵花。整个授粉期间每人可负责500～600株母本杂交制种;人力不足时或单株开花较少的品种,每人可落实600～700株;每亩母本田约需7人可完成杂交制种工作。每2亩母本田,一般需1人采制花粉。单株花数较多、花器很小的樱桃番茄,需要的制种工人数量会成倍增长,可达大果番茄的5～8倍以上,生产成本会大大增加。制种实践中,应综合考虑人力、质量、数量、经济产投比等因素,做出经济上合理可行,种子质量、数量满足要求并达到较好统一的决定,合理安排资金人力,完成制种任务。

9.种果发育及收获

授粉后24 h受精率可达30%～40%,授粉后36～48 h子房开始膨大,一般需要50 h完成受精。完成授粉和受精的子房受到刺激后子房壁肥大发育成果实,子房里的胚珠发育成种子。促进坐果及果实膨大的激素类药物在施用后,即使不受精也会刺激子房壁发育,但果内无种子,制种番茄不可使用任何该类激素。受精初期子房发育缓慢,开花4 d后肉眼才能看出子房肥大,7～10 d后子房才较明显,开花后30 d子房肥大急剧进行,其后速度减缓。春季露地制种,早熟品种从开花到成熟需40～50 d,中晚熟品种需50～60 d。

果实成熟过程分五个时期:青熟期、转色期、半熟期、坚熟期(果面全部着色,但肉质较硬)、完熟期(果面全部着色,果肉变软,种子已充分发育成熟)。采种的果实以完熟期最好,无需后熟即可采种。未达到完熟期的果实可存放后熟2～3 d,达到完熟标准时再采种,但种子的质量会稍差。过熟的果实不及时采收易脱落,造成损失。个别品种种子易在成熟的果实内发芽,可能是本身的发芽抑制物质含量较低、种子发育成熟的速度较快所致,更应密切观察、避免过熟,并根据育种单位指导意见适当提前采收。

在制种过程中,有的母本杂株不能完全认定、拔除,但转色后果形、颜色等性状表现比较明显,应对母本田做最后一次认真逐株检查。因为已经杂交授粉、即将采收,此时农户往往不愿意将少部分杂株拔除。管理人员应亲临一线,把好杂交制种的田间最后一道关口。

采收种果时只采有明确标记的果实(杂交果实已去掉两个萼片),如有可能可连萼片一起摘下。凡落地果一律不得按杂交果处理。受病虫危害、发生局部腐败的果实,应分别采收。这种果实可能会造成种子颜色不佳,发芽率、发芽势较低,可单独检验后再做处置。另外,有些果实可能后期发育不良,尤其是后期授粉的果实,由于植株生育状况不好,肥力不足,或单株着果太多,植株负担较重等,果实难以长到足够大小。这些果实里的种子往往发育不良,也应分别采收取种。

10.种子发酵、清洗、干燥

取种方法一般有两种。其一,用小刀横剖完熟的果实,将果子和果汁一起挤入非金属容器中(金属容器易腐蚀损坏,且种子颜色变黑、不佳);其二,选用番茄脱粒机将果实捣碎。机器取种每小时可加工种果 1 500 kg,比人工采种效率提高约 100 倍,又可提高种子质量,很适合大规模制种。

上述方法取出的种子、果胶物质及部分果肉混合物放入缸中或其他非金属容器中,视温度情况,发酵 1~2 d,当浆液表面生有白色菌膜将浆液覆盖、且无带色菌落,种子周围的黏性物质消失,种子已没有黏滑感并有明显的颗粒触感时,表明已发酵好。此时果胶物质与种子分离,用手在缸中搅动,种子迅速下沉,应及时用清水冲洗。发酵过程中切忌容器中进入外来水源,或在阳光下暴晒,否则种子会发芽变黑。一般夏季高温季节,种子发酵一昼夜便可进行种子清洗。发酵时间过长,种皮变黑、芽率下降。过短,果胶物不易与种子分离,洗种费工,洗出的种子略带粉红色。生产上掌握的原则是宁可发酵时间稍短,也不能过头。

结束发酵的种子,用手或木棒在缸中搅动,使种子与其他杂物分离,去掉缸上飘浮污物,捞出种子用水冲洗。清洗时有两点要注意。一要将混杂的果肉、果皮等杂物清洗干净,保证种子净度。二要将浮在水面上的瘪籽漂出。授粉及管理工作做得再好,种果内的瘪籽也不可避免。瘪籽一旦与好种子混在一起极难再挑除,会给整批种子的芽率带来明显影响,应十分注意。

除了生产上常用的自然发酵法外,还可应用酸解法。方法是,将带种子的浆液浸没在浓度为 1% 的稀盐酸溶液中,保持 15 min,不断搅动,酸液加入数量以 pH 保持在 0.5~1 之间为准;或将 100 mL 的工业用盐酸慢慢倒入 14 kg 的种子浆液中,搅拌充分混合,15 min 后即可清洗种子。此法优点是容器周转快,不受温度影响,干燥后种子色泽鲜亮,可避免因发酵不当而引起的种子色变,可在生产量很大时选用。有人研究发现,盐酸会伤害果肉坚实品种的种子,对此类品种应避免使用。

种子洗好后,放入纱布袋或尼龙纱网袋内,置洗衣机甩干桶内甩干。发酵适度的种子,此时呈乳黄色、有明显的茸毛,稍加揉搓种子便分开,而不粘连。种子的处理最好在晴天的早晨开始,甩干后的种子立即晾晒,到晚上时已基本阴干,可避免种子发霉、变色。不可直接将种子放在水泥地上、铁器上直接晾晒,易烫伤种子。最好在温度较高、无强光直射、通风干燥处晾晒种子。刚开始晾晒时要摊薄,并注意经常翻动,使种子表面水分尽快散失,降到晚上或阴雨天临时收起时较安全的程度。如果晾晒过程遇雨,可先将种子阴干,再在阴干的基础上烘干,切不可直接烘干。烘干的温度不应超 37℃。也可用电风扇吹干,或用红外线灯泡烤干,但种子层面的温度也不可超过 37℃。当然,有条件的地方随时可以用种子干燥设备干燥处理,不受天气限制。

经充分晾晒的种子,呈银灰色,种子含水量达 8%~9% 时,可待散热降温后装袋保存。种子含水量在 8% 以下,保存温度 5~10℃,种子寿命可达 10 年以上。

二、辣(甜)椒种子生产技术

(一)花器构造及开花结果习性

1. 花器构造

辣(甜)椒花单生、丛生或簇生,为雌雄同花,甜椒花大于辣椒花。整个一朵花由萼片、花瓣、雄蕊、雌蕊构成。花萼绿色5～7裂,基部联合呈钟状,花瓣5～7枚多为白色,少数为绿色或紫色,基部联合并有蜜腺。雄蕊5～7枚,花药长圆形,浅紫色,花丝白色,散生在花柱周围。雌蕊一枚位于中央,一般长柱花为正常花,营养不良时出现短柱花,落花率也高(图10-3)。

图 10-3　辣椒花器

2. 开花结果习性

辣(甜)椒为二叉分枝,开花结果是有层次的。开花顺序是由下而上,两层花开放时间相差4～6 d。开花时间常在上午7—12时,每朵花开放期为2～3 d。雌蕊于开花前后各2 d,花粉于开花前1 d至开花后2 d均具有受精结实能力,但以开花当日受精结实力最强。辣椒异交率较高,为25%～30%,甜椒为10%,为常异交植物。

(二)常规品种种子生产技术

1. 采种田选择

辣(甜)椒的采种田应选择排灌方便、肥力较好的沙壤土地块。pH6.5～7.5左右,切忌与茄科作物重茬,为避免品种的相互杂交,采种隔离距离应在400～500 m及以上。小面积原种生产可用塑料网纱棚隔离,也能达到良好的隔离效果。

2. 播种育苗

辣(甜)椒的种子生产一般采用育苗的方法,日历苗龄80～90 d,各地区可根据本地的终霜期安排合适的播种定植期。其他与生产栽培相同。

3. 整地定植

辣(甜)椒生长期长,根系弱,为促进生长和开花结果创造良好条件。定植前翻地15～20 cm,施优质农家肥每亩1 000 kg,磷肥30～40 kg,大垄栽培,垄宽50～55 cm,单株或双株定植,株距20～25 cm。定植宜在晚霜过后3～4 d,北方地区通常在4月中旬至5月中旬。

4. 田间管理

应用地膜覆盖栽培的,覆膜前应施用除草剂,不采用地膜覆盖栽培的要进行三铲三趟,也可以打除草剂省去了除草人工。定植初期以保根促苗为主,缓苗后每亩施复合肥15 kg,穴施后浇水一次,盛花期再追一次肥,施磷酸二铵10 kg。浇水以小水勤浇为宜,保持土壤湿润,雨后及时排水防涝。注意病虫害的防治。

5. 选留种果

辣(甜)椒二、三层果实的种子在质量上均优于其他层的果实,所以应以第二、三层的果实用做留种果实,生长势强的品种可留第四层果实,门椒发育差,果内种子少,不宜留种,应及早摘除。

6. 去杂去劣

辣(甜)椒为常异交植物,极易发生天然杂交和品种退化。所以在保证隔离距离的情况下,应进行严格的选择。在开花前及时彻底拔除杂株、劣株,在整个生长发育时期分三次考察品种的典型性状,坐果初期主要选择株型、叶型、叶色、第一果着生节位、幼果颜色、植株开张度等符合原品种标准的植株,淘汰杂株、病株;在果实达商品成熟期,主要选择植株生长类型、抗病性、果实大小、果形、果色、不同层次果实整齐度、果实心室数、坐果率高低等均符合原品种标准的植株;果实成熟期,主要选择熟性、抗病性、果实大小、果色、心室数符合原品种特性的植株及果实留种。

7. 种子采收

辣(甜)椒从开花到种果成熟一般需要 50～60 d。红熟是辣(甜)椒果实达到生理成熟的标志,说明种子已发育成熟,应及时分批分期收获。收获时应剔除病果、畸形果。采收后可放在通风阴凉处后熟 3～5 d。然后用手掰开果实或用刀从果肩环割一圈,轻提果柄取出带籽胎座,剥下种子,放在席片或尼龙网上晾晒,当种子含水量降至 8% 以下时可装袋入库。辣(甜)椒单果种子数因品种不同差异很大,多则达 400 余粒,少则 100 粒左右。一般每亩产种子 30～50 kg。

(三)杂交种种子生产技术

辣(甜)椒杂交种优势极强,增产显著。目前,生产中主要有人工杂交制种和利用雄性不育系杂交制种两种方法。

1. 人工杂交制种技术

(1)播种 母本和父本从播种到开花所需要的天数来决定双亲播种的最适合时期,原则是父本花期应早于母本开放。一般双亲始花期相同或相近,父本应比母本早 8～10 d 播种,父本始花期比母本晚 10 d 的父本应提早 20 d 播种。

(2)定植及隔离 父母本应分开定植,比例 1∶(3～4)为宜,栽培方式同前。辣(甜)椒为常异交作物,隔离距离应 500 m 以上。塑料大棚制种可采用沙网隔离,也可采用棉球隔离方法。

(3)去雄 辣(甜)椒花药一般在大蕾期便已开裂散出花粉,所以选用大小适宜的花蕾去雄很关键。适合去雄的花蕾是开放前一天的大花蕾,其花冠由绿白色转为乳白色,冠端比萼片稍长。另一是去雄时间,一天当中以上午 6—10 时和下午 4 时以后去雄为好,应避开中午高温时间,以便提高杂交结实率。去雄前应进行田间检查,发现父母本田中杂株、劣株要清除,第一花朵要摘除。去雄以左手托住花蕾,右手持镊子剥开花冠摘除全部花药,动作要轻,不要碰伤柱头和子房。打开花蕾时如发现花药苞开裂则应摘去花蕾,用 75% 酒精棉球对镊子及手进行消毒处理。也有对辣椒进行徒手去雄的,具体操作是:用左手捏住花梗与花托交接处,右手拇指和食指轻轻捏住花冠靠近花托的部位,顺时针旋转,慢慢地将花冠拧掉,即可露出花柱和子房,然后即可授粉。

(4)花粉采集和保存 每天早晨,在父本株上选择微开或即将开放的白色大花蕾,用镊子取下花药,放在干净的蜡光纸上让其干燥(见番茄),以备第二天或当天用。授粉后的花粉可贮藏在相对湿度 75% 左右,温度 4～5℃ 条件下备用,时间不超过 4 d。

(5)授粉 辣(甜)椒花粉萌发适宜温度 22～26℃,在这个温度下可全天进行授粉。授粉最好是在去雄后第二天进行,授粉时,用特制的玻璃管授粉器或橡皮头沾上花粉轻轻涂抹到已去雄的柱头上,授粉量要足,柱头接触花粉的面积要大,花粉分布要均匀,这样可增加授粉结实率。授粉时间上午 7—10 时,下午 3 时以后,要避开中午高温。

(6)杂交果实标记和管理 每朵花杂交完毕后,应套上金属环做标记。并对母本进行清理,将未杂交的花、蕾和无标记的果实全部摘除。若大棚制种,为防止倒伏可设立支架。

(7)种果采收　在辣(甜)椒种果达到红熟时,应分批分期采收。采收时无标记的果、发育畸形的果一律淘汰。一般的 3～4 d 采收一次,然后剖种,晾干。不同杂交组合种子分别晾晒,分别装袋,做好标签,分别保管,避免造成混杂。

2.利用雄性不育(两用)系杂交制种技术

辣(甜)椒利用雄性不育系生产杂交种,省去了蕾期人工去雄,大大降低制种难度和成本,并能提高杂交种纯度。目前生产上采用的雄性不育系有两类,即雄性不育两用系和雄性不育系。

(1)利用雄性不育两用系杂交制种的技术要点

①播种量及定植密度　辣(甜)椒雄性不育两用系的不育株与可育株各占50%,当用两用系做母本时它的播种量和播种面积比人工杂交制种增加一倍,每亩的用种量为 80～100 g,密度以 8 000～9 000 株/亩为宜,行距不变,单株定植,株距缩小一半,为 12～14 cm。

②可育株鉴别与拔除　杂交授粉前应拔除母本田中 50% 的可育株,一般在门椒和对椒开花时鉴别并拔除可育株。可育株与不育株花器的主要区别是:不育株花药瘦小干瘪,不开裂或开裂后无花粉,柱头发育正常。因此,在授粉初期发现未拔净的可育株,应及时拔除,必须干净彻底,防止假杂种。

③授粉　授粉前必须将不育株上已开的花和所结果实全部摘除。选择当天开放的花粉进行授粉,授粉完毕的花应掐掉 1～2 个花瓣作为标记,及时摘除未授粉已开过的花。

(2)利用雄性不育系杂交制种的技术要点　利用雄性不育系生产杂交种,以雄性不育系为母本,以恢复系为父本在田间以(3～4):1 的比例定植,开花时取父本系花粉给不育系授粉,在不育系上收获的种子即为杂交种。在授粉前拔除杂株劣株,摘除已开的花和已结的果。选择当天开放花的花粉授粉,授粉后摘去 1～2 个花瓣。

注意的是:雄性不育系的不育性有时受环境条件的影响,即在不育系植株中偶尔也出现少量可育植株或部分可育花朵,制种过程中一旦发现应及时拔除。

 企业生产实例

椒类杂交制种技术

辣(甜)椒(*Capsicum annuum* L.)(以下简称辣椒)起源于中南美洲热带和亚热带地区,1493 年由哥伦布探险船队带回欧洲,逐渐传播到世界各地,并于明朝末年大致分南北两路传入中国。辣椒类型丰富,在世界各国栽培广泛,是一种主要的蔬菜作物,在中国和印度栽培面积最大,可用作鲜食、烹饪、腌制、香辛调味料、提取红色素等。

一、辣椒的植物学特性

辣椒属浅根性植物,主要根群分布在植株周围横向 25～30 cm 范围内、纵向 10～30 cm 的耕层内,根系较弱,再生能力也较弱,在育苗和栽培过程中应注意保护好根系。

茎　直立,茎生腋芽,可萌发一定侧枝。分枝结果习性分为无限分枝与有限分枝两种。前者茎以上一般为二杈或三杈分枝,进而发育成为几个"之"字形的骨干枝臂,每节一叶一花,大多数椒类属此类型。有限型主要是各种簇生朝天椒类,主茎生长至一定阶段后顶部花簇封顶,花簇下面的腋芽抽生分枝并可抽生副侧枝,分别形成花簇封顶。

叶　单叶,互生,叶片的生长状态和颜色可反映植株的营养状况和生长状态,应注意密切观察。

花　单生或簇生,雌雄同花,为常自交作物,昆虫可以传粉引起杂交,异交率根据品种不同、环境条件不同而异,一般在10%～30%之间。花由花冠、花萼、雄蕊、雌蕊和花梗5部分组成,花瓣、萼片各5～7片,雄蕊5～7枚,分花药、花丝两部分,花药侧壁纵裂释放花粉。雌蕊由柱头和子房组成,新鲜柱头上有光泽的黏液,花粉在柱头上萌发。

果实　浆果,种子分布在胎座及隔膜上,尖椒类型一般为2～3心室,甜椒为3～4心室。种子扁圆形或称短肾形,扁平微皱,淡黄或金黄,光泽度根据品种不同而异。辣椒种子大小、轻重因品种不同差异较大,栽培管理因素、昼夜温差等也会影响种子大小。一般甜椒种子偏大,小尖椒种子偏小,中等大小的种子千粒重在5～7 g,每克种子150～200粒。

二、辣椒生长发育对环境条件的要求

辣椒在热带雨林气候条件下,在长期的自然演化过程中逐渐形成了喜温暖潮湿、喜光而又较耐弱光、不耐旱涝的特点。

种子发芽适温为25～30℃,温度超过35℃或低于10℃发芽不好或不能发芽。25℃时发芽需4～5 d,15℃时需10～15 d,12℃时需20 d以上,10℃以下则难于发芽或停止发芽。昼夜变温管理比恒温管理下发芽更好。辣椒生育适温为20～30℃,低于15℃时生长发育停止,持续低于12℃可能受害,低于5℃植株易受冷害死亡。种子出芽后具3片真叶时抵抗低温能力最强,较短时间内在0℃也可能不受冷害。辣椒生长发育适宜的昼夜温差为6～10℃,以白天26～28℃,夜间15～20℃为宜。

辣椒在理论上属短日照植物,但在生产上可视为中光性植物,对光照长短要求不严格。除种子发芽阶段在黑暗中更容易外,辣椒属喜光作物,但过强的光照对辣椒生长并不利。光饱和点在30 000 lx左右,光补偿点在15 000 lx左右。光强达饱和点以上时,可引起气孔关闭、光合作用下降,甚至造成叶片及果实灼伤。在露地辣椒制种时,为防止光强过强影响辣椒生育,可在制种田间种一定比例的玉米等高秆作物以利遮阴。

适于辣椒生育的空气湿度为60%～80%,土壤湿度以土表保持见干见湿为宜。辣椒制种授粉季节多高温干旱,如在大棚内制种、使用滴灌方式给水,有经验的制种户往往不使用地膜,以利于地面水分扩散到空气中增加湿度。辣椒根系弱,喜湿而不耐涝,宜始终保持适当的土壤水分,淹水数小时植株就会萎蔫死亡。

土壤方面,辣椒最适宜在微酸性(pH 5.6～6.8)环境中生长,一般各类土壤中均可种植。辣椒制种生育期长,中后期对肥水仍有较高要求,应选择地势高燥、排水良好、浇水方便、土层肥沃深厚的地块进行。

辣椒对氮、磷、钾肥均有较高的要求,此外还需要钙、硼、铁、镁、钼、锰等多种微量元素。在一般商品生产中,氮的吸收随生育进展稳步提高,占总量的60%,苗期及生育前期缺氮会极大地抑制植株生长,造成植株矮小、叶片小而黄化、分枝少、果实小。但偏施氮肥会引起植株徒长、不易坐果、易诱发病害及歪倒,并影响其他元素的吸收。磷的吸收虽然随生育进展而增加,但吸收量变化的幅度较小,占总量的15%,充足的磷可促进苗期根系发育,促进花芽分化、提高花发育的质量。因而辣椒苗期虽然对磷的需求不多,但磷起的作用至关重要,一旦缺乏,即使后期补足,所造成的影响也是难以挽回的。对钾的吸收在生育初期较少,坐果后明显增加并一直持续到生育结束,约占总量的25%。钾肥可促进茎秆健壮和果实膨大、种子充实,促进养分在植物体内的运输。种子生产与商品菜生产对营养的需求有一定不同，主要是生育中后期对磷钾肥的需求比例提高，对氮素的需求比例有所下降，对各种营养元素的均衡供应水平要求较高。因而多施有机肥是保证椒类制种高水平养分均衡供应的有效手段，仅靠化学肥料极易引起养分特别是微量元素失衡，给种子生产造成巨大损失。

三、辣椒开花授粉生物学特性

辣椒大致于 3～4 片真叶期进行花芽分化，幼苗长到一定大小后在生长点产生花蕾，从现蕾到开花约需 20 d，大体经过小蕾（青蕾）、大蕾（白花第二天开放）、松苞（花瓣中部分开）始开（各花瓣顶端分开）以及展开（花瓣开展呈 180°）等几个基本过程。小蕾经 5～6 d 到大蕾，经 12～24 h 到松苞、始开，再过 12 h 左右全部展开，3 d 后多会凋谢。按一般经验，辣椒开花前一天花蕾状态是：黄白色或白色，露出的花冠长度大于萼片长度；前 2 d 的状态是：黄绿色，露出的花冠长度与萼片等长；前 3 d 的状态是：青绿色，露出的花冠长度小于萼片长度。绝大多数花在清晨开放，少数在午后或傍晚开放，花药一般在始开或展开时散粉，清晨或雨天空气湿度大时散粉推迟 3～5 h，而在午后或空气湿度小、温度高时则可提前 3～5 h，在松苞时就可散粉。不同品种间花药散粉时间有差别。如果去雄授粉，一定要根据不同品种、不同天气条件，勤于观察，来决定适宜的去雄时间。雌蕊于开花前 2 d 至开花后 2 d，花粉于开花前 1 d 至开花后 2 d，均具有受精结籽能力，但都以开花当日受精结籽力最强。

良好的花芽分化是制种丰产的基础。当幼苗高 3～4 cm，茎粗 1.5～2.0 mm，有 3～4 片真叶展开时，开始花芽分化，此时早熟品种已分化出 7～10 片真叶，晚熟品种在生长点已分化出 10～14 片真叶。一般第一朵花开放时，植株上发育程度不等的花芽有 50～60 朵。外界环境因素对花芽分化的时间、进度、数量、质量有明显影响。总的来看，较高的昼温（27～28℃）、较低的夜温（20～21℃）、稍短的日照、充足均衡的土壤养分供应有利于花芽分化进程，使花芽形成早、花数多，花器发育快，花质优良，以后授粉坐果时坐果率高、落花率低、单果内健康种子数多。

从实践中看，不同品种花芽分化及发育对不良环境因素的敏感程度不一。有的品种如花芽分化期遇到过低的温度、不充足的养分供应，前期花芽的质量会较差，这样的花即使定植后给以良好的条件、植株表面上发育正常，也会大量落花，或者产生单性结实的僵果，果内无或几乎无种子、果实畸形。因而苗期管理非常关键。一要掌握合理的分苗期。原则是花芽分化开始前完成分苗并缓好苗，以免缓苗期影响花芽分化，适宜的时期是二片真叶展开期，如分苗到穴盘中，由于营养面积小、苗龄短，分苗时间还可提前。二是给予合理的温度、充足均衡的水肥、充足的光照。北方地区制种多在寒冷季节保护地育苗，要加强保温措施，建议用地热线补温，但夜温不要太高，花芽分化适宜的地温为 24～25℃；阴天温度稍低时也要适当卷苫子给光；加强磷肥和硼肥的供给，硼能促进碳水化合物的正常运转，参与半纤维素及有关细胞壁物质的合成，促进生殖器官的建成和发育。在植物体内含硼量最高的部位是花。

辣椒花粉萌发最适宜温度是 25～26℃。高温处理花朵时，花粉致死温度 54℃，直接处理花粉时，致死温度是 43℃。授粉后 8 h 开始受精，14 h 达 70%，全部受精需要 24 h 以上。实践证明，授粉期间日平均温度在 20～25℃，最高温度在 25～30℃，最低温度在 15～20℃时，植株生长良好，开花多、落花少，有利于授粉受精，杂交坐果率高、单果种子粒数多。15℃以下或 35℃以上会使花粉生活力降低，花粉管生长缓慢而影响授粉受精，出现大量落花。制种时应尽可能把授粉期安排在日均温 22～25℃，最高温度不超过 30℃、最低温度不低于 15℃的季节。

在适宜的温度条件下(22～28℃),授粉 3 h 后花粉管开始萌发,6 h 后花粉管大部分伸入柱头,10 h 后花粉管部分穿过花柱进入子房腔内,12 h 后抵达子房底部,从授粉开始到完成受精全过程,需要 26 h 左右。一般情况下,授粉 3 h 后,降雨对辣椒坐果及单果种子数不会产生很明显的影响;但授粉后立即下雨会影响花粉管的萌发,从而降低坐果率及单果种子数。辣椒制种时应将授粉期安排在温度适宜的少雨季节,如辽宁省以 6 月下旬到 7 月上旬为宜;山西和酒泉最佳期在 6 月底到 7 月中旬;海南最佳时间为 12 月至翌年 1 月两个月内;华东地区最佳时期是 4 月下旬至 5 月中旬。

辣椒从雌蕊卵细胞受精到果实内种子完全成熟,需 50～60 d,一般受精后 10 d,细胞强烈分生,再过 10 d,新生细胞开始膨大,需要及时供给肥水。

四、辣椒种子生产的栽培管理技术

现在生产上辣椒杂交种应用居多,特别是高成本、高附加值的辣椒品种,几乎全为杂交种,因而本文以杂交种制种为主介绍栽培管理与制种技术。采种辣椒栽培管理与商品椒生产在栽培管理技术的很多方面是相同或相似的。现针对采种技术特点,结合当前生产与管理技术的发展及存在的问题,介绍如下。

(一)育苗

1.播种与分苗床土的配制

与商品椒生产基本相同。原则是不含病原菌、疏松透气、保肥保水、不易散跎、有机质含量高、团粒结构良好、养分充足均衡。各地应因地制宜,利用现有条件,采用既经济又实用的配方。一般无病虫田土占 3～5 成,腐熟有机肥占 3～4 成,土壤疏松剂(蛭石,经过堆制腐熟的稻壳或稻乱、打碎的玉米芯,过筛的炉灰渣等)3～4 成。有草炭土资源的地方可利用它与蛭石或有机肥等按 1:(1～3)配合。床土中可拌入 0.1%～0.3% 的过磷酸钙、磷酸二铵或其他复合肥,还可加入 3% 的草木灰。

有条件的地方可直接购买专用育苗基质。随着生产的发展,穴盘育苗应用越来越广泛。实践中看,穴盘育苗比传统的育苗钵或育苗袋育苗可省工一半以上(含运苗、栽苗等程序),一次购买可多年使用,随着人力成本的升高,是一个值得推广的好办法。使用得当,既可节省成本,又能提高秧苗质量,提高成苗率。购买专用基质还可省去很多苗期拔草的人工。南方制种,温度条件好,可将种子直播于穴盘中。北方制种,需在保护地育苗,育苗期长,直播于穴盘中不便于加温、保温、保水、防虫等管理,增加前期最低温季节的管理成本,一旦亲本芽率、芽势不好更难于管理。可先播种于地床中,一叶一心到二片真叶期间分苗到穴盘中,缓苗过程很快,可保苗齐、苗全。随着种子附加值的提高,种子生产越来越呈现集约化生产的特点。亲本种子的有效利用、繁种计划的真正落实、种子产量和质量的提高、人力成本的有效控制,越来越成为制种者需要率先考虑的问题。在育苗设施上适当增加投入完全需要、可行。

2.种子处理、播种

播种前必须进行种子消毒。常用方法为温汤浸种,先用温水浸湿种子,加热水至水温达到 55℃,浸 15 min,不断搅拌使受热均匀,然后在 30℃ 温水中浸种 4～6 h,将浸后的种子淘洗干净,控干后装入催芽袋中,在 20～30℃ 条件下催芽。期间要注意用温水淘洗和翻动,以防种子霉烂。几天后当有 30% 左右种子露白后即可播种。还可在温汤浸种后用 5% 硫酸铜溶液浸种 5 min,然后用清水冲洗 3～4 次,再用 10% 磷酸三钠溶液浸种 15 min,反复冲洗干净后再浸种催芽。温度条件好的地方也可不催芽,将浸完的种子表面水分稍晾,与沙混合后播种。

3.播种量及播种日期确定

亲本精贵,需精量播种。按亲本特点确定每亩计划定植苗数,再根据芽率、成苗率确定播种粒数,最后按亲本的千粒重推算出每亩需播种的种子克数。有条件的地方每平方米苗床可播种6~8 g,苗床不足也尽量不超过15~20 g,芽率不好可适当增加。这样育出的苗在分苗前有足够的营养面积,掉头少,即使发生了猝倒病,也呈点状,不宜大面积扩散。

制种辣椒应在稳定通过终霜后定植,不可盲目抢早,增加成本与风险,根据当地气候特点,将授粉期安排在合适的时期即可。北方地区苗龄一般50~80 d,根据育苗条件而定,育苗期温度条件好,苗发育快,苗龄短,反之则长。播种日期应根据以上两点及当地最佳授粉期而定,再根据当地习惯及经验做适当调整。

父母本播种期可依熟性作适当调整,如初花期差别不大,一般父本可早播3~7 d,如父本明显晚于母本,还可提前。生产中有的组合父本甚至比母本需早播近一个月。另外父本还可提前几天定植、定植初期采用小拱棚覆盖,对父本提前开花效果明显。父母本种植株数比例可为1:(3~5),父本可适当密植以节省用地。授粉前应避免父本大量结果坠秧以防授粉时花少、花粉不够。

4.播种及苗期管理

播种床提前2~3 d先打透水,温室内可透至地下10~15 cm,上盖地膜以提高地温。播种时将配好的床土平铺于地床上3~4 cm厚,打透水并找平,就可播种了。播后覆床土2 cm左右即可,盖地膜保温保湿。晴天上午膜下播种层温度可达40℃以上,可适当遮阴防温度过高。约一半苗子子叶拱土后即可去掉地膜,否则膜下高温高湿极易死苗。有时辣椒出苗后容易"戴帽",即种壳不脱落,很麻烦。出现这种现象的原因有两个,一是盖土过薄过轻,二是出苗时盖土过干。应及早加厚盖土,刚好没住种壳即可,洒水将盖土打湿,再出苗时一般就不带壳了。

2片真叶期分苗,适温管理。单株分苗,移植于32~54穴的穴盘中。辣椒不易徒长,一般不必太强调蹲苗。育苗后期根一般会扎到穴盘或育苗钵下的地床中,应搬动断根一次,断根后补水。育苗过程中苗子稍有脱肥迹象就要迅速补肥,根部追肥与根外追肥双管齐下。根外追肥可用尿素、磷酸二氢钾、硼砂各0.1%~0.3%、总浓度不超0.5%混合溶液叶面喷施,也可单独施用某一种或两种,或结合防虫打药一起进行,6~7 d喷一次,连喷2~3次。定植前应适当控温、控水,加强幼苗锻炼,定植于露地或纱网棚内的苗子更要注意炼苗。

(二)定植与田间管理

辣椒花粉可由虫媒传播,制种时与其他辣椒最小隔离距离需达150 m以上,一般要求达300~500 m以上。如有高秆作物或障碍物隔离,也最好达200 m以上。利用纱网棚隔离制种,或塑料大棚外再用纱网隔离,不但解决了隔离区的问题,还可同时改善棚内的小气候条件,目前在北方已普遍应用。

选择排灌方便、土层深厚、土壤肥沃的沙壤地块制种,尽量避免与茄科蔬菜连作。亩施5 000~7 000 kg优质农家肥作基肥,其中掺入35~50 kg过磷酸钙及15~20 kg硫酸钾,整地前撒施3/5,做垄时沟施2/5,同时沟施尿素10~15 kg。

适时定植。父母本分别成片种植。辣椒忌较强日光和结果后期的地温过高,采用大垄双行栽培,可创造较好的垄上小气候条件、便于人工操作。大垄距可为1~1.2 m,垄上两行间距40~45 cm,株距依品种特点而定,一般母本亩定植2 200~4 500株,株距25~30 cm。

辣椒要求精耕细作,定植后及时中耕松土,增温保墒,及时培垄,促进根系发育,保证高温来临前封垄。从辣椒幼苗期花芽分化开始，植株营养生长与生殖生长同时进行、始终是一对矛盾，维持二者之间的平衡，是制种高产的关键。一般早熟品种容易营养生长受抑制，应注意促进营养生长，早期不要让植株坐果以促进早发秧；晚熟品种如多数甜椒，生殖生长容易受抑制，秧子易徒长甚至疯长，不开花或坐不住花，前期应控制长势，可适当早留果以平衡。

根据品种特点和生长状态、地力情况决定追肥时间、种类，一般于缓苗后至授粉前后追一次促花肥，亩施磷酸二铵10～15 kg，尿素7～10 kg，硫酸钾10 kg。生长势较弱的早熟品种可适当提早追施尿素，或加追一次缓苗肥。生长势较强的晚熟品种则需适当延后。始花期前后可叶面喷施0.3%～0.5%的硼砂2～3次，促进花的发育、提高花的质量。始终保持地面见干见湿、根部疏松潮湿。授粉期北方正值干热季节，要小水勤浇，保持良好的土壤及空气湿度。打去门椒以下侧枝（部分朝天椒类型除外）。授粉结束后一株上多果同时膨大，需大量营养，应再次追肥，可亩施磷酸二铵15～20 kg，硫酸钾10 kg。一旦秧子出现早衰现象，就应及时补充少量氮肥。根据地力情况与长势等，以后还可进行1～2次追肥，以磷钾肥为主。授粉果实膨大后，北方往往又干又热，容易使植株水分供应失常和缺钙，引发脐腐病，需及早预防，可叶面喷施0.1%～0.3%氯化钙或硝酸钙溶液，每7～10 d喷一次，连喷2～3次。果实膨大后重心上移，易将茎枝坠倒，应及时搭架防倒，保护授粉成果。

制种后期，切不可长时间不浇水，导致根际吸收养分困难，种子不饱满甚至停止发育，北方大棚内还会大量发生白粉病；但也不可一次浇水太大，还是要小水勤浇，将要转红（黄）时每6～7 d喷0.1%～0.2%磷酸二氢钾一次，连喷2次，可促进红熟、提高千粒重。开始转红（黄）后可适当控水。

（三）病虫防治

辣椒虫害类型很多，对采种影响较大的有蚜虫、螨虫类、蓟马、烟青虫、棉铃虫等，北方保护地制种区还常有白粉虱。蚜虫传播病毒，虫口量大后很难彻底消灭，必须消灭在点片阶段。防蚜虫时要注意田间及田边杂草要同时清除或防治。定植前苗床内无论是否发现蚜虫，都要全面进行一次药物防治。常用药物有吡虫啉、啶虫脒、阿维菌素、菊酯类等。螨类包括红蜘蛛和茶黄螨。红蜘蛛肉眼可看见。茶黄螨极小，肉眼难以识别，集中危害幼嫩部分，受害叶片背面灰褐色或黄褐色，具油质光泽或油浸状，叶缘反卷，嫩茎叶扭曲畸形甚至干枯，受害花蕾重者不能开花坐果，果柄、叶片、果皮变为黄褐色，无光泽，木栓化，重者几乎绝产。上述特征常被误认为生理病害或病毒病，延误防治。常用药物有克螨特、哒螨灵、四螨嗪、双甲脒、溴螨酯、灭扫利、天王星、卵虫净、复方浏阳霉素、尼索朗、爱福丁等。苗子定植前要进行一次药物防治，定植后还要轮换使用不同药物连续防治2～3次。蓟马在各地危害有加重趋势，除危害幼叶、嫩芽外，还喜锉吸辣椒幼嫩柱头，导致柱头授粉时变黑、失去功能，对制种影响较大，可用七星宝、巴丹、杀虫双、复方浏阳霉素、溴氰菊酯、喹硫磷等于刚发生时及时防治，控制虫口量。烟青虫、棉铃虫初孵幼虫危害嫩茎叶、花及花蕾，3龄幼虫开始蛀入果实危害，且喜转果危害，应在幼虫钻果前喷药防治、彻底消灭，并及时摘除蛀果。常用农药有乐果、敌敌畏、阿维菌素、功夫、盖扫、毒斯本、氯氰菊酯、灭幼脲、Bt粉剂等。白粉虱防治，首先可搞好隔离，在棚四周用40目以上的防虫网密闭；其次可放丽蚜小蜂"黑蛹"捕食，每株放3～5头，每10 d左右一次，连放3～4次，控制虫口量；第三用黄板诱杀；最后可用扑虱灵（噻嗪酮）、天王星（联苯菊酯）、吡虫啉、灭螨猛（甲基克杀螨）、虫螨立克、功夫（氯氟氰菊酯）、灭扫利（甲氰菊酯）等药物防治，每3～4 d一次，连喷3～4次。

辣椒生育期长,病害较多,应加强综合防治,单纯用化学药剂防效较差。针对病毒病主要做好蚜虫的早期防控工作。日灼病防治要注意合理的密度、促进植株在高温来临前封垄、防止倒伏、间种高秆作物等。其他真菌及细菌病害,最重要的是做好轮作倒茬、不偏施氮肥,辅以化学防控。北方地区塑料大棚内制种,进入果实膨大期后常会发生白粉病,造成叶片大量脱落,可用粉锈宁、福美双、丙环唑、醚菌酯、苯醚甲环唑、宁南霉素、武夷菌素、甲基硫菌灵、加瑞农等交替防治,7～10 d喷药一次,连喷2～3次。国外也有采用每天连续在叶背大量喷清水的办法控制此病的,我们可以借鉴。

(四)收获采种

果实充分转色后分期分批采收,采收后一般不需后熟,个别转色不完全的可后熟2～3 d,后熟时要摊开以防腐烂。个别品种种子易在种果内发芽,特别是某些黄熟甜椒,应密切跟踪,及时采收取种。

取种可采用手工取种或机器取种两种办法。手工取种后清除杂质,不用水洗,立即晾晒于席片上或尼龙网上,置于通风干燥处晾晒。种子表面未干时一定要摊薄、勤翻动,阴雨天更要注意。晾干后即可得到金黄或淡黄的色泽良好的种子。采种时如不及时晒干种表水分,或种子经过水洗,种子会变成灰白色,无光泽,甚至变黑。切不可将种子直接放到水泥地、金属器皿上置于阳光下暴晒,否则会严重影响种子发芽率和色泽。含水量达8％以下时即可装袋入库。种子晒干后如表面温度超过30℃以上就集中装进包装袋中密封,种子颜色易由黄色转变为紫褐色或红色,失去光泽,应待温度稍低时装袋。随着人工费增长,国内大型制种基地现已较普遍采用了机器取种,取种后必须用水进行清洗、装尼龙网种子袋甩干后晾晒。手工取种的优点是种子色泽好;对加工场所及设备要求低,种子可取得很干净;另外果皮保存完好,可直接卖给收购商,用于干制或制酱,有一定额外收入;缺点是效率低,人工不足时易引起种果腐烂。机器取种效率高,人工费低;缺点是经水洗的种子色泽不佳,要求有一定的加工设备和场所、果皮碎烂影响进一步利用。随着包衣技术的普遍应用,种子的色泽变得不再那么重要。且水洗后种子还可以用药剂如磷酸三钠等进行处理后再晾晒,达到防病虫的效果。机器取种在实践中正得到越来越多的应用。

五、人工去雄杂交种的制种技术

目前辣椒杂交种主要还是用两个自交系杂交而来,这种杂交种的制种必须人工去雄。

(一)工具准备

包括去雄工具(小型医用眼科镊子)、消毒工具(70％酒精棉球)、授粉工具(玻璃管授粉器)、制粉工具(花粉筛等)、花药干燥设备、干燥剂、授粉果标记工具等。制粉工具可用专用的花粉筛,也可用100～270目的尼龙纱网或铜锣底做筛网,甚至女士用的纱巾也有应用。现在应用比较经济方便的是茶叶盒,可将筛网卡于上盖与盒体之间,倒置将花粉筛于上盖内,收集后装入花粉管备用。花药干燥可用密闭的铁桶或塑料桶装生石灰制成,也可用变色硅胶。授粉果标记物应因地制宜,原则是便宜、易区分、使用方便,可用炮线、有色细线、24号细铁丝等。

(二)父本管理及去杂

父本田只提供花粉,栽培可稍密,不必整枝,施肥要求早、少,授粉期间能提供大量花朵即可。授粉前所结的果应及时打掉以防坠秧。父本必须在杂交授粉前进行彻底检查。除随时注意外,应在杂交开始前棵棵严格检查,发现杂株或可疑株,如株高、株型、叶型、叶色、叶大小异样者全部拔除,宁可拔错,不能漏拔。1株杂株的混入就可以造成不可挽回的重大损失。父本去杂必须由有丰富经验的育种人员和对亲本特点非常了解的管理人员亲自进行。只有非常熟悉父本花前特征特性的人,才能在苗期细微的差别中分辨出杂株。有的杂株结果后才表现得较明显,可将幼果稍留一段时间仔细观察。

（三）花粉制取

试验证明,开放当天的花的花粉生活力最强,其次是开花前一天的花,已开放的花的花粉生活力明显降低。因而最好在清晨有露水时从父本植株上选取花药尚未开裂、当日将开放的最大花蕾制取花粉,当天用于授粉;时间不够时也可于前一天下午摘取充分发白的大花蕾制粉。

太小的花雄蕊发育不充分,花粉质量不高,会影响授粉坐果率和单果种子数;花瓣已充分展开的花朵,雄蕊虽发育良好,但花粉已有散失,再经过一段时间后,生活力会下降,且可能被其他花粉污染,二者均不可取。在制种过程中,当父本花不够用时,农户往往会采摘小花蕾。小蕾花粉量少,需采摘的花多,会出现花粉不够的恶性循环。这种情况下部分母本田可停止授粉一天,待父本花蕾长大后再采摘。

花蕾取回后,立即用镊子摘取或徒手搓挤取出花药,抛弃其他东西。如花药摘取过晚会自然散粉,导致浪费一些花粉。新鲜花药含水量大,必须经过干燥处理才会开裂散粉。辣椒花药壁薄,干燥容易。一般天气良好的情况下可采用自然干燥法,将花药散放在光滑的纸上,置于通风干燥处,令其自然散粉;置于避风的强光下暴晒,效果更好。北方地区有的地方有火炕,可放在炕上烙干,但一定注意不能过热,绝不可超过35℃。有生石灰资源的地方,自制简易生石灰干燥器是一种很好用的办法,用一个可严格密闭的桶、缸、大玻璃瓶等容器,里面放入2/3的生石灰,上放一层纸,将花药放于纸上摊平,密闭容器。晚上放入花药,第二天早晨便可干燥散粉。在难以找到生石灰的地方,还可以制作简易灯泡干燥器。制作一木箱,前置玻璃门,箱中间设计一层铁丝网,网上铺纸,纸上可放花药。在离网30 cm上下各置一个100 W灯泡,用灯泡的热量烘花药。更简易的办法是,将花药放在封底的纸盒里或放在干净的筛子里,在距花药20 cm左右的上方吊挂一个60 W的电灯泡进行烘烤,花药平面上的温度不要超过32℃,直至烤干为止。无论用什么办法,一旦花药充分散粉,就马上用筛粉工具筛取花粉,装入玻璃瓶中,或直接装入授粉管备用。

辣椒花粉成熟离开花药后,其生活力大约可维持1~2 d。自然条件下贮藏2~3 d的花粉生命活力显著下降,3~4 d明显衰退,授粉结果率只有5％。低温、干燥等降低呼吸作用的措施都有利于贮藏花粉。在正常情况下,尽量用当天的新鲜花粉;如花粉量紧张,可将当天的花粉装入玻璃瓶中,置于4~5℃冰箱中保存,随用随取,剩余者第二天与新鲜花粉混合使用。超过4 d的花粉禁止使用。

（四）母本植株整理及选蕾去雄

授粉开始前应将母本田中的杂劣病株拔除,将门椒以下侧枝全部打掉,将已开的花和已结的果彻底摘除干净。授粉过程中侧枝也应随时清理,分枝性强、节间短、叶片茂密的品种,一些内膛小枝往往坐果率很低,可适当打掉以利通风。

去雄授粉应在母本植株发棵后,营养生长与生殖生长处于高水平平衡的状态下,植株长势处于上升阶段时开始。杂交坐果率最高的层次是四门斗和八面风,且单果种子数、千粒重均优于其他层次。满天星以上层次虽然坐果率、单果种子产量稍低,但花数多,对小果型品种而言可能是种子产量的主要来源。去雄授粉应该从哪个层次的花开始,应从品种特点、生长状态、人工投入产投比等各方面综合考虑，不能一概而论。生长势强的亲本，宜从对椒（第二层）开始授粉，而生长势差些的，可以从四门斗、八面风、甚至满天星开始做。有的品种单株授粉坐果可达 50 个以上，过早开始授粉会使秧子长势减弱，导致总体坐果减少、产量降低。

适合去雄的花蕾是开放前一天的肥大花蕾，其花冠已由绿白转为乳白色，冠端比萼片稍长。花蕾过大，花药可能开裂散粉，特别是在北方干燥炎热的气候条件下，经常有花蕾尚未开放而花药已在蕾内散粉的情况，选取这样的花蕾去雄授粉，出现自交种子的可能性大，应摘除；用开放前 2～3 d 的小蕾去雄，可避免自交，但去雄操作困难、易碰伤雌蕊，且雌蕊尚未充分成熟，授粉后坐果率、结仔率均低。实际工作中大规模制种条件下，不可能每个花蕾都掌握在最佳时间点去雄。应以不跑花为原则，尽量做大蕾，选择可在 6～12 h 后开花的花蕾最好。不同品种、在不同条件下，散粉时期不尽相同。必须注意天气对开花的影响，随时观察散粉时间，适时调整去雄花蕾的大小。

一天之中去雄时间对结实率也有明显影响。适宜的时间是上午 5—8 时和下午 4 时以后。中午前后去雄，柱头暴露在强光下暴晒，或遇干热风，常失水受伤甚至枯萎变褐，结实率明显降低。

去雄分为 2 种方法：镊子去雄和徒手去雄。镊子去雄是国内外普遍使用的办法，适用于各种不同品种的辣椒。徒手去雄适宜于花朵大小适中的辣椒品种，尤其是在很多中小果型的尖椒制种上应用较多，优点是去雄速度快，可节约授粉工 1/3 左右。

镊子去雄　去雄时左手拇指与食指夹持花蕾，右手持镊子轻轻拨开花冠，从花丝部分钳断后将全部花药摘除干净。注意辣椒花小，花梗很脆，雌蕊易损伤，去雄操作要格外小心，既不能遗留花药碎片，也不能碰伤柱头与子房、扭伤花柄。去雄中遇到质量不佳的内膛小花，如瘦弱、畸形、花柱过短过细等，以及已开放散粉但尚未去雄的花，应全部摘除。去雄时花冠处理分留全冠、留半冠、或不留冠三种。李正德(1986)试验结果认为留全冠在结实率、单果种子数方面，比其他两种方法略有优势。但该法易漏下花药，且去雄速度慢，目前生产上很少采用。留半冠的办法对花器损伤小，去雄速度快、效果好，结实率较高，在北方制种中应用较多。完全不留花冠的办法，戴雄泽(2001)等通过长期观察，从应用效果上来看，至少在部分品种的大规模制种条件下，其产种量不比花冠全留的低。因而在生产中，可根据品种特点等，选用留半冠或全不留冠的方法。去雄过程中如果镊子碰破花药，应及时用酒精棉球杀死其上的花粉。

徒手去雄　这是我国南方在制种实践中摸索出来的办法。用左手的拇指与食指和中指轻轻握住花蕾的基部，右手的拇指、食指和中指握住花冠上部，顺时针轻轻旋转花冠，再返回，左、右手轻轻拉，就能将花药和花冠同时全部从花朵上拿掉。徒手去雄后，母本田内无开放的白花，便于管理和清花，去雄彻底、不易引来昆虫，有利于提高制种纯度。

（五）授粉

我国北方地区以上午田间露水稍干后的大约 8—10 时授粉效果最好。此时空气湿度大，结实率高。一般中午后便不再授粉。但实际工作中，受时间和人工的限制，授粉不可能全安排在这一时间段，原则是尽量避开中午温度最高、光照最强的时段。阴天无雨可全天授粉。北方在大棚内制种，农户采用旧棚膜，有的还在膜外覆纱网，棚内光照弱，湿度大，可延长授粉时间，几乎可以全天授粉。我国地域辽阔，各地气候差异很大，一天中授粉时间的掌握可根据实际情况而定，如海南可于上午 7—12 时，下午 3—6 时进行；华北地区可在上午 6—11 时，下午 3 时以后；华东地区上午 5—11 时，下午 4—7 时适宜；西北地区 6—13 时，17—21 时一般均可授粉;东北地区于上午7—11时,下行3—6时均可进行。

去雄后可在当天授粉,也可在第二天授粉,二者在坐果率上无明显差异,但单果种子数差异明显,以第二天授粉为好。原因是第二天正值去雄花朵开放当日,是母本柱头的最佳生理受精时期。当然去雄当天授粉也可,可根据实际情况如人力是否充足、坐果是否正常及当地气候特点等决定。湖南蔬菜所的经验是,在坐果正常的情况下,一边去雄一边授粉更可取。一是当天去雄后不马上授粉,容易漏花;二是寻找已去雄的花朵,即使已在叶片上做了标记,也要浪费很多工时;三是辣椒正处于生长发育时期,且根系较弱,多次摇晃,于生长不利。西北地区空气湿度低,去雄后马上授粉柱头黏度大,坐果率比隔天授粉可提高15%～18%。对授粉坐果率低,单株坐果数少的品种,隔日授粉可较大提高产量,增加的人工投入与增加的产值之比小于1,在人力充足的情况下,可选择去雄后第二天授粉的办法。授粉时,左手持花,右手持花粉管,将授粉口轻轻靠近花柱,将柱头插入授粉口蘸上饱和的花粉即可。动作要轻,不能碰伤花柱和子房以免引起落花。柱头上的花粉分布越均匀、一定范围内量越充足,杂交果内的种子数越多。劳力允许情况下连续两天重复授粉可增加单果种子数。雨后必须进行重复授粉。每朵花授粉后应立即在花柄处用准备好的标记物标记。标记要清楚,易区分,长期挂在秧上不脱落、不移位。

(六)组织安排

一般每2亩制种田可由1人负责采制花粉。每个授粉工可负责400～500株母本株杂交制种。一个熟练的授粉工一天大约可完成600～800朵花的授粉量,1 h可完成160朵花。授粉前期,开花较少,每亩制种田用工3～4人;高峰期一般每亩用工20人。辣椒集中授粉期为15～20 d,如能短时间内集中足够人工,有的品种可推迟授粉开始日期集中授粉,10 d左右就可结束。授粉最晚应安排在早霜来临前两个月结束。

(七)授粉后植株整理

杂交工作结束后应立即进行植株整理,将未去雄授粉的花、蕾全部摘除,生长较旺的植株还可摘除顶尖,以免后期再长花蕾。打花每3～4 d进行一次,共4～5次,形成隔离层,保证养分集中供应杂交果实发育,并避免假杂种混入。

(八)种果采收

约在授粉后45～60 d,果实可达生理成熟。种果采收前,果实和植株性状已充分表现,易于检查杂株,必须对母本田进行最后一次检查除杂。采收时,逐个检查种果,只采收有标记的果实。有病虫危害的果实,种子颜色不佳、芽率芽势都可能较低,应单独采收取种。落地的果实一般也不采收。

六、三系杂交制种技术

育种上利用质核互作型雄性不育(cytoplasmic male sterility,简称CMS)基因,通过遗传测配可分别找到具有保持基因及恢复基因的遗传材料,继而可选育出稳定的雄性不育保持系和恢复系。保持系与不育株回交后,回交后代可保持雄性不育(雄蕊退化,不能产生正常花粉,雌蕊正常,无法自交产生后代),通过多代连续回交可转育出具有100%不育率的相应不育系,不育系除雄性育性以外与保持系其他性状一致。以育成的不育系做母本,以恢复系做父本杂交,所产生的杂种一代植株100%雄性育性恢复正常可育,如果该杂交种有推广价值,就可以商品化制种并销售种子,称为三系杂交种。

三系杂交种在制种上有巨大的优越性。不育系母本不必人工去雄和标记,可直接授粉,授粉过程中和授粉结束后也免去了打除自交果的麻烦，可大大节省人工，保证种子纯度。由于恢复基因在尖椒类型材料中分布较多，目前在尖椒类型杂交种上越来越多地应用了三系配套技术制种，如国外进口的高端牛角椒品种几乎全面应用了该技术，在我国制种的韩国类型干椒品种及其他小尖椒品种大部分应用了三系技术，国内外几乎全部的朝天椒杂交种、国内部分线椒及牛羊角椒品种也均应用了该技术。在辽西地区传统椒类制种基地，已经很少看到手工去雄的尖椒类型杂交种制种了。由于不用标记和去雄，熟练工每小时可杂交 1 000 朵花左右，功效是去雄杂交的 6 倍，且授粉坐果率高。

三系配套品种在繁制杂交种时，其栽培管理及采制花粉技术与自交系间杂交种制种基本相同，另有如下特点。

一是不育系较相应保持系长势旺盛，单株授粉花数多，父本的配置比例应适当加大，一般约为 3∶1。二是对水肥要求更高，采用不育系制种坐果率高，单株坐果数多，养分需求量大，要培育壮苗，授粉前必须有良好长势，坐果后追肥量要加大。三是可直接对当天开放的花进行授粉，授粉后随手掐去 2 片花瓣做标记，人力不足时可避免第二天重复授粉。四是对隔离距离要求更大，不育系雌蕊接受外来花粉的能力更强，易被污染，另外制种田花朵鲜艳，易招惹传粉昆虫，一般要求与其他辣椒隔离 1 000 m 以上。五是有的不育系不育性易受环境条件影响而不稳定，特别是温度，有的材料是高温下有育性回复现象，应在高温季节来临前结束授粉并采取相应措施；多数材料是前期低温期易有短暂的育性部分回复现象，随着植株发育、温度升高，逐渐变回稳定不育。生产上应密切注意育性变化，随时与育种单位沟通，采取必要措施。

七、利用核雄性不育两用系配制杂交种的制种技术

用单隐性核雄性不育（genic male sterility，简称 GMS）基因，不能像 CMS 那样选育出具有 100% 不育率的雄性不育系，只能选育出具有群体中 50% 不育株率的雄性不育及保持两用系，简称两用系。两用系中的可育株具杂合基因（Msms），不育株具纯合隐性基因（msms），取可育株上的花粉与不育株授粉，后代群体仍然稳定保持 50% 的不育株率，因而该系有对不育性的半保持能力，既可以作为不育系（拔除 50% 的可育株后）使用，自身又有保持这种不育性的能力。通过复杂的选育过程，可选育出群体中经济性状稳定一致、有直接配组利用价值，雄性可育与不育株各占 50% 的稳定两用系。目前辣椒上应用的两用系都是用隐性不育基因育成的，一般的正常可育材料与其杂交都能恢复其雄性育性，从这些杂交种中就可能选择出优良的新品种。目前辽宁、河北等地都有用两用系配制的杂交种在生产上实际应用，辽宁推广的麻辣椒类型的主导品种都是应用这种技术配制的。

两用系杂交种在制种上没有三系配套杂交种那样的便利，但在配组自由度上大大优越于它。与自交系间杂种相比，两用系相对而言给制种带来了一定的便利，在育种上也有较大的利用价值。

两用系杂交种制种在栽培上与传统杂交种基本相同，在杂交授粉方面与三系杂种类似，并有以下突出特点。

一是育苗及定植工作量大。由于要拔除 50% 的可育株，单位制种面积母本播种量与育苗量均要加大一倍，定植密度也要比正常加大一倍。

二是授粉开始前有一个母本可育株的鉴别和拔除过程。只留下不育株做杂交授粉，可育株要全部拔除。二者的主要区别是在花开放后，不育株花药瘦小干瘪，不开裂或开裂后无花粉；而可育株则花药饱满肥大、开裂后布满花粉。有些幼小植株开花较晚，在授粉开始时尚不

能鉴别育性，一定要作为可育株拔除，或者做好特殊标记，一旦开花马上鉴别。鉴别过程中可育株立即拔除，确定的不育株可用醒目的油彩等在叶片上做标记，以减少重复鉴别的工作量。一旦有漏下的可育株，到采种后期植株往往不开花，无法识别，其自交果实采收混入种果，会给杂种纯度带来致命的威胁，因而可育株的拔除必须非常严格彻底。

三是授粉前要对母本不育株做好清理、整理工作。打除侧枝，将已开的花和已结的果全部打干净。母本不育株在授粉前，可能接受由昆虫传播的可育株上或其他辣椒上的花粉，产生本身姊妹交或非目的杂交。授粉开始前做好清理工作，可杜绝因此影响纯度。另外两用系不育株往往有较强的单性结实能力，所结的果内没有种子，但可以膨大，影响以后杂交授粉果实的营养供应及植株长势。

四是在授粉过程中要及时识别摘除单性结实果，只留下正常杂交授粉果。此工作延续进行，直至达到所要求的坐果数。单性果往往畸形，果肩窄小，果表棱沟或坑凹深，果顶端或具钝尖，颜色深、光泽亮，到一定大小后就不再膨大，果内无种子或有很少的种子。一般授粉前期这类果实较容易出现，一方面可能是因为苗期花芽分化时及定植前期花芽发育时受到不利环境因子的影响，质量不好，造成授粉不结实；另一种可能是因为授粉时漏授，或授粉技术方面的失误造成的。无论何种原因，都要随时、及早清除掉，过晚发现就来不及补救了。

三、茄子种子生产技术

（一）花器构造及开花结果习性

茄子属自花授粉植物，一般杂交率在5%以下，个别的品种可达7%～8%，茄子的花较大，由花萼、花瓣、雄蕊、雌蕊组成。花萼、花瓣、雄蕊数目相同5～8个，萼片有锐刺，颜色与茎色相同，花为蓝紫色或淡紫色，基部联合成筒状，雄蕊着生在花瓣基部内侧。花的中心为雌蕊一枚。根据柱头长短，分为长柱花、中柱花和短柱花(图10-4)。前两种能正常授粉受精结实，为健全花。而短柱花不能授粉受精，为不健全花。茄子的花芽在幼苗3～4片真叶、茎粗达2 mm左右时开始分化。花一般早晨5时开放，7时花药成熟顶端开裂散出花粉，花粉从开花前1 d到开花后3 d均有发芽能力，雌蕊受精能力在开花前后2 d均能受精结实，但以开花当天受精结实能力最强。一朵花一般可开2～3 d。

图 10-4 茄子花器

(二)常规品种种子生产技术

1.采种田的选择

茄子采种应把授粉及果实采收期安排在无连绵阴雨天的季节。北方地区多用春季露地采种,开花结果期气温较高,结实率和种子产量高,雨季来临之前,种子已老熟了。茄子忌重茬,与其他茄果类作物轮作 4～5 年以上。茄子根系发达,采种田应选择土层深厚,富含有机质,保水保肥力强,排灌方便,pH6.8～7.3 的沙质壤土。茄子为自花授粉作物,但也有一定的异交率,因此原种繁殖的隔离距离为 300～500 m 或利用网纱、纸袋套花隔离。生产用种的繁殖可与其他品种隔离 50～100 m。

2.培育壮苗

茄子培育壮苗的标准是:苗龄 80～90 d,株高不超过 20 cm,茎粗 0.8 cm、节间短、叶色深绿、叶片肥厚、根系发达、具有 10～12 片真叶,并现大蕾的幼苗。为此可根据当地的终霜期,按苗龄推算播种期,温室、阳畦都可播种育苗。辽宁省 2 月份都可播种,河南省为 1 月中旬至 2 月份,播种方法同番茄。关于苗期管理应本着培育壮苗为原则,实行"三高三低"的温度管理方式,即白天高夜间低,晴天高,阴天低,出苗前和分苗后高,出苗后低,温度高时应控制在 25～28℃,低温应在 20～25℃,定植前 7～10 d 应浇一次大水然后炼苗。

3.整地定植

茄子采种株的生育期较长,采种田必须深耕和重施基肥。一般的每亩施腐熟农家肥 5 000～1 000 kg、50 kg 磷酸二铵,30 kg 氯化钾或三元复合肥,茄子定植时间以 10 cm 地温稳定在 13℃以上时进行,一般终霜期过后即可定植,密度应比生产栽培小,早熟品种行距 66 cm,株距 45 cm,中晚熟品种行距 80～85 cm,株距 50 cm。为通风透光,一般都采用大小行种植,地膜覆盖栽培效果最好。

4.田间管理

(1)中耕除草及肥水管理　定植缓苗后立即浇水,并中耕 1～2 次,提高地温促进发根。门茄瞪眼后应追催果肥,最好是大粪干或饼肥,每亩施 75～100 kg,也可追三元复合肥 30 kg,后浇催果水。进入对茄和四门斗迅速膨大期对肥、水要求达到高峰,应 4～6 d 浇一水,忌大水漫灌,一般隔一次水追一次肥,每亩灌施腐熟人粪尿 1 000 kg 或氮钾复合肥 15 kg。进入雨季注意排水防涝。后期加强管理,防止早衰。

(2)整枝打杈　茄子采种留果部位为对茄和四门斗,所以门茄应早摘除,按对茄、四门斗的规律留下枝条,其余侧枝长到 2 cm 时摘除,四门斗以上留 3～5 片叶摘心。种果坐住后为使其充分发育,养分集中,要摘去多余花蕾,生长后期摘除老叶、黄叶、病叶,以利通风透光,减少病害发生。并可设立支架、拉铁丝、以固定植株,防止倒伏。在整个种株生长期间注意做好病虫害的防治。

5.去杂去劣及选优

茄子原种种子生产要严格经过"三选",即片选、株选和果选。先选好地块,再选生长健壮、无病、符合本品种特征特性的植株,在其上选果实周正、脐部较小,颜色均匀一致的做种果,采留原种。生产用种可在种株生产期间进行 3 次田间检查,及时拔除杂株和劣株。第一次开花前考察植株生长习性和抗病性、叶形、叶色。第二次初花和第一幼果期,考察项目同前,另有萼片上刺的密度和强度,幼果形状和颜色。果实达商品成熟时考察丰产性、熟性、抗病性,果实形状、大小、果皮和果肉的颜色等。凡发育不良,花期不一致,畸形果或病株上的病果应及时淘汰。

6.果实成熟和采种

茄子从开花到果实生理成熟需要 50～60 d。当果皮充分老熟,变成黄褐色时即可采收。果实采后需经过 1～2 周的后熟,再行取种。采种量小时,取种先用木棒将果实打软、敲裂,使每个心室内种子都与果肉分开,然后把果实放入水中,剥出种子,清洗干净。采种量大时,可用经改造的玉米脱粒机打碎果实,然后用水清洗,清除果皮、果肉、秕粒,漏在水底的为饱满种。洗净后种子经晾晒,当含水量达 8%以下时可装袋贮藏。一般一个果实可采收 500～1 000 粒种子,重 2～6 g,100～200 kg 种果可采收 1 kg 种子。

(三)杂交种种子生产技术

茄子杂交种的生产方法主要是人工杂交制种。

1.适时播种、培育壮苗

北方地区多在露地条件下进行杂交制种。茄子授粉受精最适宜温度为 25～30℃,空气相对湿度为 50%～70%,所以应将母本花期安排在最适宜的温湿度条件下,由此来推断母本播期。父本播期应根据母本播期来定,熟性相近父本应比母本早播 5～10 d,父母本定植比例 1∶(4～5)。培育壮苗是茄子生长发育的基础,所以苗期应加强管理,培育出现蕾的大而健壮的幼苗,使杂交制种获得高产优质。其他同常规品种的种子生产技术。

2.田间管理与整枝打杈

茄子制种如果采用地膜覆盖栽培技术,促使早发根,植株健壮,提高结果能力,使种子饱满度得到提高。制种田要施足基肥,多施磷钾肥。去掉门茄花蕾及不要的侧枝,选对茄、四门斗果实杂交制种,四门斗花蕾出现后留 3～5 片叶摘心,授粉结束后搭架以防后期种株倒伏。为方便制种时人工操作,最好采用大小行栽植,大行距 100 cm,小行距 66 cm。

3.选蕾去雄

茄子雄蕊的花粉在开花前 2 d 和开花后 3 d 都具有授粉受精能力,但以开花前后 1 d 受精能力最强。因而选择开花前 2～3 d 的花蕾去雄。去雄工作开始前,首先应选优株,淘汰杂株。然后在优株上选大而饱满 2～3 d 后能够开放的长柱头的花蕾去雄,去雄操作见番茄。去雄后在花蕾下边的叶片做出明显标记,其余花蕾全部摘除,去雄一般在下午进行。

4.制取花粉

茄子花粉采集是在授粉的前 1 d,当花冠逐渐开裂花粉散出可在上午 8 时左右用电动采粉器收集花粉,也可在上午摘下当天开放的花朵,取出花药摊在纸上晾干,然后用 100～150 目筛子筛取花粉,装入贮粉瓶中,放在干燥器或 3～5℃的冰箱中保存备用。常温干燥下花粉生活力可保持 2～3 d,在 3～5℃干燥条件下可保存 30 d 左右。

5.授粉

不同花龄授粉结果率不同,一般以母本开花当天授粉结实率最高。所以一般在去雄后的第二天上午 8—10 时或下午 3—5 时进行授粉。可用玻璃管授粉器,也可用橡皮头蘸取花粉轻而均匀地涂到柱头上,看到柱头上粘有足量的花粉即可。授粉后可把铁环套在花柄上,或去掉两个萼片做标记。授粉后遇雨,雨后应重复授粉,如花粉量大第二天也可重复授粉。

6.种果采收

茄子种果果皮老黄时种子已经成熟。此时应按照授粉时的标记采收种果。没有标记的果实不能采收,有病斑的或腐烂的种果应分别采收。在开始采收前应全面检查母本田,认真清除杂株,其他同前。

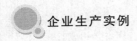

茄子杂交制种技术

茄子属自花授粉，一般自然杂交率5%以下，个别品种7%～8%，采用原种田和良种田两级繁种。

原种品种间隔离300～500 m，繁种田50～100 m，亦可用纱布或纸袋套花隔离采集原种。育苗、定植、田间管理与大田生产栽培相同。

选种：进行片选、株选和果选。选种标准和方法与相仿，采种部位，春茄子门茄或对茄均可，秋茄子门茄至四门斗均可，大果型留1个，中果型留2个，小果型留3～5个，注意对留种果实及植株的防病。采种：对留种果做好标记，待果皮变色并发硬时即可采收，将果实放入水缸，捣碎果实，洗出种子，日晒1～2 d，晒干散热后装袋，贮藏于通风、干燥、低温、无阳光直射室内。

茄子具有很强的杂种优势。目前，我国推广的茄子品种绝大多数为杂种一代。茄子杂种种子的生产非常严格，除掌握栽培技术外，还需要掌握授粉技术、病虫害防治技术和采种技术。

1. 栽培技术

①播种　茄子授粉受精适宜温度为25～30℃，相对空气湿度为50%～70%。有时为了提高种子产量，播种期应适当提早，温室或温床育苗。为了保证父母本花期相遇，要求父本比母本提早7～10 d播种，父母本播种量和播种面积之比约为1∶5。

②育苗　选择坐北朝南、背风向阳、排水方便、温度回升快的地块，床土应是2～3年未种过茄果类、瓜类蔬菜的菜园土，最好是未种过菜的稻田土、塘泥、新鲜黄土等。老菜园土作苗床要做好土壤消毒。可用50%多菌灵粉剂与过筛煤渣灰拌匀后撒施苗床，作垫籽药土。用猪粪渣、陈煤灰、塘泥、枯饼、人粪尿等，堆沤制作培养土。有条件的可装电热线，保证秧苗越冬不受冻害。露地栽培一般于4月上中旬定植，大棚等保护地栽培，可提早到3月上中旬定植。

③定植　为了减轻病害，应实行水旱轮作，制种地选择水稻田或2～3年内未种过茄果类作物的地块，并要求有50 m左右的隔离。长沙地区一般采用窄畦深沟栽培，母本田包沟畦宽140 cm，栽2行，株距50 cm。父本田畦宽240 cm，栽4行，株距为35 cm。

④田间管理　施足基肥，亩施猪粪渣5 000 kg，饼肥100 kg，磷、钾肥各100 kg作基肥。轻施苗肥，在定植后至开花前应追2次肥，浓度不要太高，否则会造成植株徒长，引起落花、落果，加重病害。最好用稀释5～10倍的猪粪水或进口氮磷钾复合肥，不用氮肥催苗。稳施花肥，自第一朵花开放到第一批果迅速膨大这段时期为茄子的大量开花期，也是杂交制种的人工去雄授粉期，为防止植株落花落果，在不是严重缺肥的情况下，一般不用追肥。重施果肥，当根茄（或称门茄）长至商品成熟度时，每株茄树上基本上都挂了2～3层果，这时果实膨大需要大量养分供给，要大追肥，重追肥，一般每隔7～10 d追一次肥，以稀猪粪水和复合肥为好，果实转黄即可停止施肥。

保证植株充足的水分供应是提高种子发芽力的关键。特别是生长后期，因处在高温干旱季节，更应注意灌水。从结果时即可开始浸灌，但应坚持"一浅""二急""三凉"的原则，一浅是灌水不能超过畦高的3/4～2/3；二急是急灌急排；三凉是水凉、土凉、天凉。因此，在晚上灌水效果较好。灌水后应及时追肥、中耕除草，其操作同常规栽培。

⑤病虫害防治　茄子制种常见病害有绵疫病、褐纹病和青枯病等，虫害有棉铃虫、斜纹夜

蛾、茶黄螨、红蜘蛛等,防治方法同常规栽培,一般以预防为主。因制种的果实不吃,用药浓度可稍高,用药次数可稍多些。

2.授粉技术

①授粉花朵部位及单株授粉花朵数　最适宜授粉部位是第2~4层花,每株宜授粉6~10朵花,坐果5~8个。

②父本花粉采集　茄子开花习性是当花蕾长足后,在花冠逐渐开裂过程中,花药逐渐破裂,花粉散出。可在上午8时左右花朵刚开放时,用电动采粉器收集花粉,此时花朵刚开放,花粉多,且发芽力高。也可在上午摘下当天开放的花朵,取出花药散放在铺有厚纸的筛子上,放在太阳光下晒干,约需4 h。然后用花粉筛将花粉筛出,或将晒干的花药装入碗中,盖上纸,上下抖动碗几次,即可将花粉抖出,然后放入小盒中备用。

③选择母本花蕾去雄　茄子花在开放前1 d至开放后2 d,均有受精结籽能力,而以开花当天受精能力最强,结实率最高。

选母本植株上花冠开裂的大花苞,用镊子轻轻拨开花苞,将雄蕊彻底去尽,去雄时,切忌挫伤柱头、子房。

④授粉　对前一天下午去雄、第二天上午开放的花朵授粉。用带橡皮头的铅笔或授粉棒(粗塑料电线壳中塞入海绵制成)沾取花粉,轻而匀地涂到柱头上,看到柱头上沾有足量花粉即可。如果花粉多,也可当天去雄、当天授粉。

⑤标记　用印油涂于花柄上或用有色毛线系于花柄上等方法进行标记。

⑥其他管理措施　在杂交制种中发现授粉量增加,其坐果率、单果种子数相应增加,因此,重复授粉可提高种子产量。

每次授粉时,如果发现母本田内有未做标记的花朵或果实要及时摘除,以免影响杂交种纯度。每株坐果5~8个后,要将植株上部开放的花朵、自交及生长点全部摘除,以保证杂交种的纯度和果实的生长发育。一般每亩母本田可安排2~3人去雄授粉。

3.采种技术

一般情况下,杂交授粉后50~60 d,果实成熟。当果皮呈现黄褐色时即可采收。种果采回后可放在干燥、通风的地方,让其后熟7~10 d后取籽,以便果实中养分进一步向种子转移,以提高种子饱满度和发芽率。洗种时,发现烂果,要用刀把果实发烂部分切掉后,再洗籽。洗出的种子不要在太阳下暴晒,最好在通风处阴干。晒种时每1~2 h翻动一次,分2~3次晒干为好,每次晒半天。防止在取籽、晒籽过程中发生机械混杂。

　知识拓展

茄子杂交制种技术规程

1.亲本要求

亲本纯度不低于99.9%、纯净度不低于98%、芽率不低于85%、水分不高于7%。

2.选地与隔离

(1)选地　茄子对土壤要求不太严格,pH在5.8~7.0内为宜,忌重茬,应与非茄科作物实行3~4年轮作,并无检疫病害。

(2)隔离　茄子制种田与其他茄子品种隔离100 m以上。

3. 父母本种植

(1)父本种植　父本种植在2月适时播种,父本要比母本提前3～5 d或同时播种,父本种植密度可与一般生产相同。为促进父本早期发育可加强前期铲趟,有条件可进行早期覆盖。为增加父本单株花数,可不整枝。

(2)母本种植　为了制种操作方便,可采用大垄双行栽培模式,畦宽为1.1～1.2 m,畦内行距可为0.5 m,株距0.4 m。

(3)父母本比例　父母本种植比例可为1∶(3～5)。父母本应该分别连片种植,如相邻种植,作好父母本田的标记,以免取花粉时混淆。

4. 栽培管理

(1)栽培方式　杂交种子的生产,与一般商品生产的栽培管理基本相同,生产中要加强栽培管理,注意培育壮苗,稳定通过终霜期后定植。

(2)其他管理　茄子授粉受精适宜温度为25～30℃,相对空气湿度为50%～70%。保证植株充足的水分供应是提高种子发芽力的关键,特别是生长后期,因处在高温干旱季节,更应注意灌水;根据土壤状况,施用氮磷钾肥,注意氮肥的使用量,合理地多施磷肥、钾肥,尤其是钾肥。在门茄坐成后,一般要每亩追施速效氮肥20 kg。

(3)制种田的病虫害防治

①灰霉病的防治　可用50%速克灵1 000～1 500倍液、或50%扑海因1 000倍液、或50%农利灵1 000倍液、或50%灰霉必清500～600倍液等喷雾防治。阴雨天大棚内可用烟熏剂晚上熏蒸防治。

②白粉病的防治　可用40%福星6 000～8 000倍液或用10%世高水溶性颗粒剂1 000～1 500倍液进行防治。

③猝倒病的防治　喷施65%代森锌800～1 000倍或铜铵剂400～500倍液。

④绵疫病的防治　结果期连续喷1∶1∶200倍波尔多液、75%百菌清600倍、50%甲基托布津1 000～1 500倍或65%代森锌500倍。

⑤蚜虫的防治　高温干旱季节,蚜虫大量发生,可用40%乐果乳油2 000倍防治。

5. 授粉技术

(1)授粉时期　根据各地气候条件应选择天气晴朗,少雨,日气温在20～28℃的季节授粉,尤其注意避开雨季。一般在6月下旬到7月上旬。

(2)授粉工具　准备镊子、授粉玻璃棒、花粉干燥器、取粉器、盛装花粉小瓶、变色硅胶、70%酒精、标记铁环、冰箱备用。

(3)检验父本　授粉开始前彻底拔除父本田内杂株。

(4)收集花粉　采摘当日盛开的父本花,取出的花药自然或用干燥器干燥,轻轻压碎花药,筛选花粉。花粉取出后可立即授粉,也可放在低温干燥处保存。一般花粉在4～5℃条件下可保存30 d。

(5)母本植株调整　早期摘除门茄花蕾,并及时摘除两个主权以下的其余分枝。可用"对茄"或"四门斗"授粉,如果在6月末至7月初"四门斗"能开始开花,用其制种效果最好。

(6)去雄　选开花前2～3 d的花蕾去雄,最好选长柱头花去雄,短柱头花结果率较低,如果一权有2个以上的花蕾,应选择最强健的花蕾去雄,其余的摘除。去雄时注意除去全部花药,不得碰伤雌蕊、花冠等器官。去雄后,镊子和手需要酒精消毒。并在该花蕾下边的叶片上插上明显的铁环标记。

(7)授粉　每天露水稍干后开始授粉。应在去雄后2～3 d(即去雄之花盛开时)授粉,授粉时应先摘下插在叶片上的铁环标记,绑在花柄上,然后再授粉;若没有铁环标记也可同番茄一样,采取去掉花朵相邻的2片萼片的办法。授粉工作可以全天进行,有条件可以重复授粉,如授粉后下雨,则必须重复授粉。

(8)授粉后植株管理　授粉后,立即拔除父本,将母本未去雄的花、蕾全部摘掉,并摘除多余腋芽,在杂交花序以上留2片叶摘心。

6. 种子收获

(1)采收时期　果实完全成熟后及时采收。一般在开花后40 d收获,并有20 d后熟期,或者在开花后

50 d收获,并有5~10 d的后熟期。

(2)清除母本田杂株　采收前,根据果实形状和颜色做最后一次母本的去杂工作。

(3)种果采收　注意采收有标记的果实,无标记或标记不清的果实应摘下踏破,落地果不收。

(4)种子调制　茄子种果采收后应先后熟15 d左右,待种果变软后搓出种子或用机器挤碎种果再水洗,清洗干净后做干燥处理,干燥时注意避免日光暴晒或直接放在水泥晒场或铁器上,以免晒伤种子。

(5)种子保存　待种子含水量降到8%时即可装袋,放置低温干燥处保存。

　任务四　瓜类植物种子生产技术　

瓜类蔬菜在生产中栽培面积大,品种、类型多样,生食、熟食都可,其中的西瓜、甜瓜又是高档水果,受到人们的喜爱。

一、黄瓜种子生产技术

(一)花器构造和开花结实习性

1.花芽分化和花器构造

黄瓜为雌雄同株的异花授粉植物,属虫媒花。黄瓜的花型有雌花、雄花和两性花3种,但多数为单性花。在黄瓜花芽分化的初期具备雌雄两性花原基,此时黄瓜的花型尚未确定,以后如果雄蕊发育,雌蕊退化,形成雄花,如雌蕊发育,雄蕊退化,则形成雌花。多数品种在1~2片真叶展开时就开始花芽分化,2~3片真叶时才进行性型分化。黄瓜的花型除受遗传因素影响外,还受花芽分化期间的温度和光照时数的影响,通常低夜温、短日照有利于雌花发生。对幼苗进行激素处理,也能人为控制黄瓜花性型分化。

黄瓜的花萼筒状5裂,上面覆有白色或黑色绒毛,有蜜腺,雄花单生或簇生,花内有3个雄蕊,由5个花药组成,两个合生,一个单生,花药呈"S"状密集排列,在中央可以看到停止发育的雌花原基。雌花花柱短,柱头为肉质瓣状三裂,子房长,下位,3~5个心室。见图10-5。

图10-5　黄瓜花器

2.开花结实习性

黄瓜的花有先开雄花后开雌花的特性,一般是清晨5—6时开放,7时左右开足。开花最低温度为14℃,花药在16℃以上散粉,20℃左右花粉最多。雄花开放第一天的4~5 h内生活力最强,授粉结实率最高,到第二天颜色转白逐渐凋萎,黄瓜的花粉在低温下可保存 1~2 d。雌花在开放前后各 2 d 均能受精,但以当天受精结实率最高。因此,最佳的授粉时间是雌雄花开放当天上午 8—11 时。

黄瓜雌花由昆虫传粉,受精后才能进行果实种子的发育。但有一些品种具有单性结实的特性,即不经传粉受精,雌花的子房照常发育膨大。这一特性对栽培有利,对种子生产十分不利,易造成果实累累但无种子的假象,所以,采种田要进行辅助授粉。

(二)常规品种的种子生产技术

黄瓜品种根据栽培方式的不同可分为保护地栽培、春露地栽培和夏秋露地栽培 3 种类型。适合保护地栽培的品种其原种繁殖应在早春大棚等保护设施内进行,生产种可在春露地进行,春露地栽培品种可在春露地进行繁种,夏秋品种只能在夏秋季节来繁种。对原种生产采用选优人工隔离交配法留种,对生产用种采用去杂去劣法留种。

1. 春露地采种法技术要点

(1)培育壮苗 黄瓜育苗的日历苗龄一般为 30 d 左右,最多不超过 45 d。按照这一要求各地区可依据露地定植时间向前推算播种的具体日期,辽宁省为 3 月下旬至 4 月上旬。黄瓜的育苗可在温室、阳畦中进行,一般用营养钵育苗,不用移植,保护根系。在苗期管理上,主要是在花芽分化开始时低夜温,短日照有利于雌花形成,所以白天温度应维持在 23~25℃,夜间 13~16℃为宜,地温不超过 20℃。黄瓜的花芽分化要求的日照时数为 8~10 h,通常以揭盖帘子的早晚来调节控制,其他同生产栽培。

(2)采种田的选择 黄瓜根系较浅,但却喜肥,所以应该选择土壤富含有机质,通气性良好,灌水、排水方便的地块。适于在微酸性至微碱性土壤中栽培。瓜类作物有共同的病虫害,且能在土壤中潜伏多年,所以应与其他瓜类作物轮作 5 年以上。为保持品种纯度,原种空间隔离距离为 1 000 m 以上,生产种 500 m 以上。

(3)整地、定植、施基肥 黄瓜春露地采种要求在早春深耕并施足基肥,每亩施腐熟有机肥 5 000~10 000 kg,磷酸二铵 50 kg,氯化钾 30 kg。定植时要严格选苗,淘汰病苗、弱苗及不具备原品种苗期典型性状的杂苗和异品种苗。选择子叶肥厚,色浓绿,根系发达,茎粗壮的幼苗定植采种。定植以晚霜过后 5~7 d 为宜。密度应大于生产田,每亩可定植 4 500~6 000 株。垄作、畦作都可以。地膜覆盖采种栽培效果更好,能提高采种量,促进种子成熟。

(4)田间管理 缓苗后根据天气情况可浇一次缓苗水后蹲苗,加强中耕松土。当根瓜见长,黄瓜叶片变为深绿色时开始浇水、追肥,黄瓜的肥水管理以勤浇勤施为原则,可隔一次水追一次肥。及时摘除第一雌花,种瓜采收前 10 d 停止浇水,防止烂瓜。黄瓜定植缓苗后应及时插架、绑蔓,不留种瓜的侧枝应及时除去,当所选种瓜坐住后,应在种瓜以上留 5~6 片叶打顶,使营养集中到种瓜上,有利于种瓜的成熟及种子质量的提高。黄瓜的病虫害比较多,应注意防治。

(5)选优去杂 原种生产需要进行选优去杂,一般选优去杂分 3 次进行,第一次在第一雌花开放前,根据第一雌花节位,雌花间隔节位,花蕾形态、植株叶片形状、抗病性选择符合品种特性的植株进行人工隔离,株间授粉;第二次选择应在大部分授粉瓜达商品成熟时进行,根据株上瓜的形状、雌花多少、节间长短、分枝性、结果性、抗性等淘汰一部分第一次所选植株;第三次应在采种前,进一步淘汰不符合品种特征特性的植株,选择一般以第二个雌花结的瓜来鉴定是否符合本品种瓜的特性。生产用种的繁殖可进行去杂去劣,在第二、第三次优选时进行,淘汰一些性状不典型、生长势弱、病虫害严重的植株及种瓜。

（6）人工辅助授粉　为提高黄瓜采种量，人工授粉是必需的技术措施，其方法是：每天上午7—9时，当雄花开放散粉后，连同花柄将雄花摘下来，然后将雄花的雄蕊对准选定的雌花柱头涂抹或用手指弹雄花的花柄，使花粉自然落到柱头上，通常要求株间授粉，最好不要单株自交，每株留 2～3 条种瓜。采用人工授粉则每亩产量可达 30 kg，多者达 50 kg。

（7）种瓜收获与采种　种瓜一般从开花到生理成熟需 35～45 d，当瓜皮变黄或黄褐色时即可采收，放到荫凉通风处后熟一周，然后纵剖种瓜，取出籽和瓤放入缸内或非金属容器发酵1～2 d，使黏性物质与种子脱离。当种子下沉缸底，手摸无滑感时将浮在上面秕籽、瓜瓤、发酵物一起倒掉，清洗饱满种子，放入苇席或纱网上晾晒 1～2 d，切忌放在水泥地上暴晒。当含水量达到 8% 以下时，可装袋贮藏。

少量采种，可不用发酵直接洗籽。方法是将种子和瓜瓤放入纱布中，在盛水的盆中搓洗，使种子脱离瓜瓤，然后清洗种子，种子沉入底层，瓜瓤和秕籽浮在上面，将浮物倒掉，得到干净种子，这种方法比发酵法洗出的种子更为洁白有光泽，发芽率高。

2.春季保护地采种法

凡适合于保护地栽培的品种，都应该在保护地条件下进行采种，至少原种应该如此。

保护地采种多利用温室或塑料大棚，温室采种辽宁省应于 2 月播种育苗，3 月中、下旬定植，株行距 100 cm×20 cm，6 月中、下旬种瓜生理成熟。大棚采种、播种定植时间应比菜用栽培晚 7～10 d，其管理技术同生产。

春保护地采种病虫害发生较严重，注意防治。

由于早春温度低，性器官发育不完善，昆虫又少，授粉受精及其不良，必须进行人工辅助授粉，并第一、第二个雌花早点摘除，从第三朵雌花开始授粉，每株授 3～4 朵雌花，选留 1～2 条种瓜采种。

3.夏秋露地采种法

适合于夏秋季露地生产的黄瓜品种，采种时最好采用夏秋季露地采种法，尤其原种，为保持优良种性，必须用此方法繁殖。

夏秋露地采种法一般晚霜来到之前采收种瓜，向前推迟 90～100 d 就是播种时间，播种时正是高温雨季，幼苗生长势弱，易形成高脚苗，所以及时间苗、定苗、选苗，加强肥水管理。秋黄瓜苗期处于高温、长日照时期，雌花分化少，第一雌花节位往上移，因此选择雌花节位相对较低的优株采种十分重要。高温多雨、阴天潮湿的天气影响传粉昆虫的活动，为提高结实率，增加采种量，人工辅助授粉是非常必要的。秋黄瓜采种一般在第二条瓜以上留 1～3 条种瓜。每亩约采种 10～15 kg。

（三）黄瓜杂交种品种的种子生产

黄瓜杂交种品种种子的生产方法有人工杂交制种、利用雌性系生产杂交种和化学去雄制种 3 种。

1.人工杂交制种

（1）亲本培育　父母本播种、育壮苗的管理技术和生产栽培基本相同，不同之处有以下几点。

①注意父母本的花期相遇，原则上父本雄花应比母本雌花早开放，在这个前提下，应从播期上加以调节，一般父本比母本提前 5～7 d 播种。

②黄瓜的性型分化与苗期温度、光照条件有密切关系,低夜温、短日照有利于雌花的分化,相反有利于雄花的分化。所以育苗期对父本应适当给予较高温度条件,以诱导父本雄花发生早,多发生,满足杂交授粉时对父本花粉的需要。

③植时父母本比例应为1:(3~6),父母本可以隔行栽,也可以分两处栽。

(2)杂交授粉　在进行杂交制种之前,首先要对亲本进行选择,要求具有本品种典型性状,生长健壮,无病虫害的植株。母本要选第二、第三个以上的雌花,其余的雄花、雄蕾、已开的雌花、根瓜全部摘除。授粉前一天下午,在母本植株上选择花冠已变黄色的雌花蕾,父本选雄花蕾用铅丝或塑料夹扎花,勿使开裂,第二天上午6—8时首先取下隔离雄花,去掉花瓣,露出雄蕊,然后解下母本雌花的隔离物,花瓣自然开裂,用雄花与雌花直接对花,再隔离,然后在花柄上套上金属环做标记。每朵雄花可授3~4朵雌花,当种瓜坐住后,其余的花、瓜全部疏掉,20节后摘心,每株留2~3条种瓜,授粉3~4个雌花。

(3)种瓜收获与采种　当杂交的种瓜开始变黄或变成褐色时,即可采收,采收时应按照标记逐株采收,切勿与父本株上结的瓜混杂。其他同常规品种的种子生产。

2.利用雌性系生产杂交种

雌性系是植株从生长到结束无论主蔓或侧蔓都连续着生雌花而无雄花的系统。中农5号、中农7号、中农1101就是利用雌性系生产的。

(1)雌性系繁殖　雌性系只生雌花,而无雄花,必须进行人工诱导产生雄花,繁殖后代。方法是:用硝酸银诱雄,当雌性系幼苗生长到能辨别性型时,将出现雄花的非纯雌株拔除,对1/4的纯雌株喷洒硝酸银,浓度为300~500 mg/kg,间隔5 d喷一次,共喷3~4次。定植时喷药与不喷药按1:3配比种植,喷药株应提前10 d播种,以保证二者花期相遇。这样用诱导的雄花给其他纯雌株授粉,在纯雌株上收获的种子长成的后代仍然是雌性系,也可用两性花黄瓜品系作为雌性系的保持系。

(2)利用雌性系制种　以雌性系为母本和父本系按3:1的比例种植在制种区内,开花前应摘除个别母本株上出现的雄花蕾,利用父本的花粉给雌性系授粉,在雌性系上收获的种子即为杂交种。要求制种区周围1 000 m内不能种植其他黄瓜品种,为提高杂交率和种子产量可以辅助人工授粉。雌性系单株坐瓜很多,为保证种子质量,应在授粉期过后于植株中下部选留发育良好的果实为种瓜,其余全部摘除。

3.化学去雄制种

利用化学去雄剂处理母本植株,使其不形成雄花,依靠自然授粉而生产杂交种子的方法。

化学去雄剂生产上主要利用乙烯利(二氯乙基磷酸)。当母本苗第一片真叶达2.5~3 cm大小时,喷第一次,喷药时间及浓度不同地区、不同品种、不同气候条件各异,早熟品种第一片真叶展开时喷第一次250 mg/kg,3~4片叶时喷第二次,浓度150 mg/kg,4~5 d后喷第三次,浓度为100 mg/kg,中熟品种可在二叶一心时喷第一次药,4~5 d后喷第二次药,共喷3~4次药,浓度250 mg/kg,经处理后的母本苗以父母本比例1:(2~4)定植在制种田里。这样母本20节以下基本不长雄花,只长雌花,任其父本的花粉给母本授粉,在母本植株上收获的种子就是杂交种。

应用乙烯利去雄制种应注意以下几点:

(1)设置隔离　设置两个隔离区,一个母本繁殖区,一个制种区同时繁殖父本,制种区周围1 000 m内不能种植黄瓜的其他品种,以便造成非目的的杂交。

（2）辅助授粉 母本苗用乙烯利去雄一般不彻底，因此在母本的花期来到前及盛花期需要定期检查，将其上出现的雄花及时摘除。

（3）疏花疏果 乙烯利处理过的植株坐果率高，雌花较多，所以每株只留2～4条种瓜，其他全部疏去，种瓜坐稳后及时摘心。

（4）加强肥水管理 乙烯利属生长抑制剂，对母本苗去雄的同时，也有抑制其生长的作用，所以定植后应加强肥水管理，以便促进其的营养生长。

 知识拓展

黄瓜杂交制种技术规程

1. 亲本要求

亲本纯度不低于99.7%、纯净度不低于99%、芽率不低于90%、水分不高于8%。

2. 选地与隔离

（1）选地 制种地块要求透水性、保水性和透气性良好，并有大量有机质的肥沃沙质壤土，pH在6.5～7.0范围内，并无检疫病害。在选择制种时，还要考虑比较冷凉、昼夜温差较大的地方，以满足黄瓜生长的气候条件。

（2）隔离 黄瓜制种田与其他黄瓜品种隔离100 m以上。

3. 父母本种植

（1）父本种植 父本种植在3月下旬至4月上旬播种，一般比母本提前5～7 d，父本种植密度可与一般生产相同。为促进父本早期发育可加强前期铲趟，为增加父本单株花数，及时摘除雌花。

（2）母本种植 母本在4月上旬定植，为了制种操作方便，可采用高畦栽培，畦宽1.1～1.2 m，畦内行距可为0.5 m，株距0.2～0.3 m。

（3）父母本比例 父母本种植比例可为1∶（8～10）。父母本应该分别连片种植，如相邻种植，做好父母本田的标记，以免取花粉时混淆。

4. 栽培管理

（1）栽培方式 杂交种子的生产，与一般商品生产的栽培管理基本相同。生产中要加强栽培管理，注意培育壮苗，黄瓜的根系较弱，应采用营养钵育苗，稳定通过终霜期后定植。

（2）其他管理 苗床温度一般白天控制在25～30℃，夜间控制在12～13℃。7～10 d后视天气状况即可揭起四周薄膜进行放风炼苗。幼苗期一般不追肥浇水，以防幼苗见水疯长。定植前7 d要逐渐去掉棚膜，进行炼苗，无特殊天气（寒流、下雨等）不再覆盖薄膜。选择排灌水方便的地块，根据土壤状况，施用氮磷钾肥，注意氮肥的使用量，合理地多施磷、钾肥，尤其是钾肥。

（3）制种田的病虫害防治

①病害防治 病害主要有苗猝倒病、立枯病、绵疫病和病毒病。用50%多菌灵可湿性粉剂每平方米苗床8～10 g，与细土混匀，播种时下铺上盖。出苗后用75%百菌清可湿性粉剂600倍液喷雾，可防治猝倒病与立枯病菌。用64%杀毒矾600倍液喷雾可防治绵疫病。用维生素A 120倍液喷雾，苗期2次，移栽后1次，可防治病毒病。

②虫害防治 虫害主要有蚜虫、白粉虱和茶黄螨。苗定植3～4 d，在苗床上用15%哒嗪酮2 500倍液防治茶黄螨，现蕾至结果期再查治1次。白粉虱采用25%阿克泰水分散粒剂，每亩2～3 g，对水30 kg或以青霉素喷药与黄板诱杀的办法结合进行。蚜虫可用韶关霉素防治。

5. 授粉技术

（1）授粉时期 根据各地气候条件应选择天气晴朗，少雨，日气温在20～28℃的季节授粉，尤其注意避开雨季。

（2）授粉工具　夹子、做标记的泡线（颜色要鲜艳）。

（3）检验父本　授粉开始前彻底拔除父本田内杂株，疑似杂株也必须拔除。

（4）采摘雄花　可在授粉前一天下午或当天早晨5—6时前采摘即将开放的父本花，静置于室内保存留用。

（5）母本植株调整　制种开始时将果实、以开雌花和所有雄花摘除。整枝时要注意根据不同品种而调节主枝与侧枝的关系。其中，以主枝坐果为主的品种要将主枝第8节以下的侧枝打掉。依靠第8节以上的主枝坐果；以侧枝坐果为主的品种药在主枝第5节以下的侧枝打掉，依靠第5节以上的侧枝坐果（每枝坐1个果）。

（6）夹花　每天下午将第2天要开的雌花用夹子夹住，以免昆虫钻入影响纯度。

（7）授粉　黄瓜授粉的适宜温度是17～25℃，授粉时间在上午8—10时。授粉前将母本田中开放的花清除。授粉时，将雌花上的夹子取下，打开花瓣，将父本雄花花瓣去掉露出花药，将花粉均匀涂在雌花柱头上。如果父本雄花充足，父本雄花与母本雌花按1：1授粉；若不足则采用1：（2～3）授粉。授粉后仍用夹子将雌花的花瓣夹住，并在果柄上套泡线做记号。授粉期间一般持续10～15 d。

（8）授粉后植株管理　每株坐5～6个果后将主枝顶芽打去。授粉结束后，每株除留下种果外，其他果实全部摘除，同时将无果侧枝打掉，利于植株的正常生长，保证种果籽粒饱满。

6.种子收获

（1）采收时期　黄瓜受精坐果后大约45 d即可采收。

（2）清除母本田杂株　采收前，根据果实形状和颜色做最后一次母本的去杂工作。

（3）种果采收　注意采收有标记的果实，无标记或标记不清的果实应摘下踏破，落地果不收。

（4）种子调制　种果采收后，放入通风干燥处，后熟7～10 d后，将种子取出清洗干净，并干燥。种子干燥时注意避免日光暴晒或直接放在水泥晒场或铁器上，以免晒坏种子。

（5）种子保存　待种子含水量降到8％时即可装袋，放置低温干燥处保存，严防保存过程中发生机械混杂和虫鼠害，入库种子定期进行检查，以确保种子质量。

7.种子检验

按照《GB/T 3543.1-3543.7—1995农作物种子检验规程》对种子进行扦样、净度分析、发芽试验、真实性和品种纯度鉴定。

二、西瓜种子生产技术

（一）花器构造及开花结果习性

西瓜的花腋生，单花，是雌雄同株异花植物，但也有少数两性花与雄花同生在一个植株上。雄花的花萼管状，5裂，裂片窄披针形，花瓣5枚，基部联合，辐状，鲜黄色，雄蕊5个，两对联合，一个单生，呈圆盘状排列，花药呈"S"形折曲，雌花雌蕊1个，子房下位，球形、卵形或矩圆形，柱头3裂。见图10-6。

图10-6　西瓜花器

雄花在主蔓4～5节处着生，雌花形成后，连续数节与雄花相间着生。早熟品种从主蔓5～7片真叶叶腋，中晚熟品种从7～9片真叶叶腋着生第一雌花，以后间隔3～6节再着生一朵雌花，子蔓上雌花着生节位较主蔓低。西瓜的果实为瓠果，果实的大小，依不同品种而异，单瓜重在2～10 kg。

(二)常规品种种子的生产技术

西瓜采种有直播和育苗移栽两种方式,现多采用地膜覆盖结合育苗移栽采种的方式。

1.播种育苗

西瓜育苗多利用温室或阳畦,日历苗龄一般 30 d 左右。播种时间以西瓜种子采收要在雨季之前结束,由此前推 65～70 d,所以最适宜播种时间辽宁省 4 月上、中旬,华北 3 月下旬至 4 月初。播种方法同黄瓜。

2.采种田的选择

西瓜对土壤条件要求不太严格,北方寒冷地区为了提高地温以沙壤土为宜,温暖地区黏壤土也可以。但以排水良好,土层深厚的冲积土或沙壤土最为合适。种植西瓜最忌重茬、迎茬,因此要求种过西瓜的地块在 6～10 年内不能再种西瓜,前茬最好是玉米、谷子、豆类等大田作物。采种田需与其他品种隔离 1 000 m 以上。

3.整地定植

西瓜根系发达,所以需深耕、细耙、施足基肥,腐熟农家肥 5 000 kg/亩,磷酸二铵 20 kg,硫酸钾 10～15 kg,有条件的可施些油渣、饼肥更好。采种一般畦作,宽 1.8～2 m,地膜覆盖应 1.8 m 宽畦的 1/2 培成 10～15 cm 的高床,上覆地膜。西瓜定植时间为晚霜过后 2～5 d。株距 40～50 cm,定植 1 000～1 600 株/亩有条件的用小拱棚直接栽培,其他同黄瓜。

4.田间管理

缓苗后首先进行枝蔓的整理工作。

(1)整枝

单蔓式　主蔓结瓜为主,只留一主蔓,其余侧枝全部摘除。授粉结果后视生长情况决定是否摘心,这种方式的密度 1 500 株/亩。

双蔓式　主侧蔓都结瓜,留一主蔓和一个从基部长出的健壮侧蔓,并将两蔓并压平行延伸,其他侧枝全部摘除,结果后留 15 片叶摘心,这种方式的密度约 1 000～1 100 株/亩,采种多采用两蔓式整枝。

(2)压蔓　当蔓长 50 cm 时,开始压蔓,促使产生不定根,扩大吸收面积和防止"跑藤",以后每隔 4～5 节压一道,压蔓宜在晴天进行。

(3)肥水管理　植株进入伸蔓期后需浇一次水,当大部分幼瓜发育到鸡蛋大小时,开始浇膨瓜水,并追施尿素 15～20 kg 或磷酸二铵 15 kg,也可叶面喷施磷酸二氢钾。膨瓜期后果实发育速度快,需水量增加,保持土壤见干见湿为宜。注意病虫害的防治。

5.隔离和人工授粉

当瓜蔓发生 8～12 片真叶时,雌花便开始开花,和黄瓜一样一般不留根瓜,主蔓第二瓜和侧蔓第一瓜作为种瓜。种瓜坐住后再次进行选瓜,将每株上的两个种瓜选留一个,另一个瓜疏去。

人工辅助授粉可显著提高单瓜结实率及采种量,具体参考杂交制种,原种繁殖要单株套袋自交,授粉后做好标记。

6.去杂选优

在授粉前对整个采种田进行一次检查,与西瓜植株的特征、幼苗形状与原品种不符的杂株及病弱株及时拔除。收获种瓜时,严格检查授粉时做的自交标记,没有标记或标记不清的、果形、果色有变异的单瓜提前采收,不能留作种瓜。采种时剔除瓜瓤颜色不一致、肉质低劣的单瓜后混合采种。同时要选留部分果形端正、大小均匀、含糖量高、品质好,能充分表现品种特征、特性的果实,单采单留为原种,其余可做生产种。

7.种瓜成熟和采种

西瓜果实一般从开花到生理成熟需30~40 d,要比商品瓜晚5~6 d采收。收获的种瓜后熟3~5 d后再行取种,取种时用刀横剖种瓜,将种子同瓜瓤一起挖出放入缸里或非金属容器中发酵半天,然后洗籽晒干,当含水量达8%以下可包装入库。

(三)杂交种品种的种子生产技术

西瓜制种一般采用人工杂交的方法。

1.播种育苗

西瓜制种的播种育苗同前。不同点是父本的播种期应比母本早5~6 d,父母本的定植比例为1:(10~15),并要集中种植。

2.制种技术

(1)父本去杂　杂交授粉前根据叶色、叶形、瓜蔓绒毛,特别是父本上已结小瓜的形状、色泽、条带等条件,拔除不符合父本标准性状及不确定株。

(2)母本去雄　杂交授粉前把所有已开放的雄花和小雄花蕾彻底去掉,反复检查以确保授粉当天没有开放的雄花。

(3)母本雌花隔离　将未开放的主蔓第二、侧蔓第一雌花套上纸帽,并做临时标记。授粉时取下纸帽与父本雄花对花,授粉后立即戴帽,并挂牌标记,写上授粉日期。被风吹掉帽子的雌花必须摘除,不能授粉,一朵雄花可授3~4朵雌花。

(4)适时授粉　在晴天清晨的6—7时雄花的花冠全部展开,花药开裂,散出花粉,母本的雌花也是刚开放时受精力最强,2 h以后变弱,10时后母本柱头上出现油渍状黏液时受精力极差,所以10时以前授粉,切忌在母本的柱头上出现油渍状黏液时授粉。授粉时轻轻托起雌花花柄使其露出柱头,然后将选好的雄花花瓣外翻,露出雄蕊,将花粉在雌花的柱头上轻轻涂抹。西瓜雌花柱头裂为3瓣,授粉时要在每瓣上完全均匀地授上花粉,否则易出现畸形果,造成产种量下降。

3.种子采收

种瓜采收前必须严格去杂去劣,不符合本品种特征的果实,没有杂交授粉标记的果实及病果、畸形果要淘汰。种瓜达生理成熟后分批分期采收,放在通风阴凉处后熟3~5 d后即可取种。经发酵、清洗、晾晒,含水量达到国家规定的水分含量时即可收藏,包袋。

(四)无籽西瓜的制种方法

无籽西瓜是以四倍体为母本,二倍体为父本杂交得到的三倍体。由于它在减数分裂时染色体无法进行均衡分配,导致生殖细胞败育,雌雄配子不能正常发育和授粉受精,进而不能形成真正的种子而只有一些幼嫩的空瘪种皮(图10-7、图10-8)。

三倍体西瓜制种与普通西瓜制种方法基本相同,可以采用母本雌花人工套袋授粉法、空间隔离法、母本人工去雄法、父母本按比例种植的自然授粉法,生产上一般采

图10-7　无籽西瓜

用套袋人工授粉法。

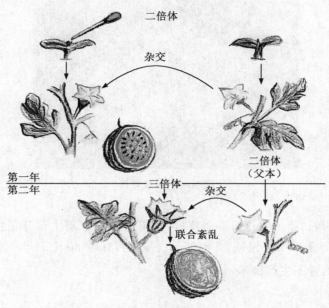

图 10-8 无籽西瓜繁育

1.种子处理及播种

播种前二倍体、四倍体种子要经过精选、消毒、浸种和催芽处理。四倍体种子种皮厚而坚硬,催芽时胚芽不易突破种皮外伸,所以催芽前需将种子尖端嗑开,然后再进行催芽,开口大小占四倍体种子的 1/4～1/3。

四倍体西瓜幼苗生长缓慢,为与二倍体花期相遇,四倍体播种时间应较二倍体提早 3～5 d。

2.杂交配制三倍体

配制三倍体西瓜以四倍体作母本,二倍体作父本,父母本定植比例 1∶(3～5)。开始杂交授粉的头一天要将母本四倍体植株上的所有雄花、雄蕾除掉,任其自由授粉。应注意的是:摘除母本雄花雄蕾的工作必须每天进行,完全彻底,为提高种子产量,每天需人工辅助授粉,尤其是阴雨、低温、昆虫稀少的日子更应进行人工辅助授粉,将会大大提高三倍体种子产量。种子采收后不需要发酵直接清洗,否则降低发芽率。其他参考人工杂交制种。

三、甜瓜种子的生产技术

(一)花器构造和开花习性

多数甜瓜品种的花有两种:一种是两性完全花,由雌蕊、雄蕊、花冠、花萼和花柄组成。另一种为单性雄花,由雄蕊、花冠和花柄组成。甜瓜的花腋生或簇生,花萼、花瓣各 5 片,花瓣黄色,基部联合,雄蕊 3 个,花药 5 个,两个联合一个离生。雌蕊柱头 3 个,花柱很短,子房下位。见图 10-9。

甜瓜的花为虫媒花,开花时间一般在早晨 6 时,午后萎蔫,开花适宜温度 20～21℃,这时花药散粉,30℃最适于花粉萌发和生长。开花后 4 h 内为最佳授粉期,午后花粉已没有受精能力。雌蕊的柱头开花前一天已具有接受花粉而完成受精并结实能力。但以开花当天授粉受精

图 10-9　甜瓜花器

能力最强,结实率最高。甜瓜的花粉寿命较短,开花 12 h 后已有大部分花粉丧失活力,贮藏在 0.5℃,相对湿度 60％条件下可保持 15 d,35％湿度下可保持 35 d。

(二)常规品种的种子生产技术

1. 播种育苗

甜瓜种子繁殖一般都采用育苗栽培,设施有温室、大棚,多用营养钵育苗,减少移苗,保护根系,有利于缓苗。按日历苗龄 30～40 d,生理苗龄 3～4 片叶计算,辽宁省 3 月下旬至 4 月上旬播种。苗期管理同生产。

2. 采种田选择

甜瓜对土壤的要求与西瓜相似,根系比西瓜浅,但横向分布较宽,抗旱性较强,不耐涝。所以采种田应选择地势较高、排灌方便、土质肥沃并透气性良好的沙壤土为宜,pH 5.7～7.2。

甜瓜原种繁殖的隔离距离为 2 000 m 以上,达不到隔离距离的应在网棚内繁种,为保证原种纯度,还可用扎花隔离,生产用种的隔离距离为 1 000 m 以上。

3. 整地定植

甜瓜的采种田应进行深翻、细耙,每亩施腐熟农家肥 1 000 kg,饼肥 80 kg,磷酸二铵 30 kg,可以做成高垄或高畦,覆盖地膜。

甜瓜采种的定植时间以终霜期过后,当地表 10 cm 土温高于 15℃时即可定植,辽宁省为 5 月上、中旬,河南省为 4 月上、中旬。每亩薄皮甜瓜定植株数为 1 500～1 700 株,厚皮甜瓜 1 300～1 500 株,单行栽植的行株距是(1.2～1.5) m×0.35 m,双行栽植的行株距为(1.2～1.5) m×0.5 m。

4. 田间管理

(1)肥水管理　甜瓜采种与商品瓜栽培基本相似,所不同的是要适当控制氮肥的施用量,增加磷钾肥。基肥以饼肥、人粪尿、鸡鸭羊粪为主,苗期以氮磷肥为主,结果期可喷施磷钾肥,促进种子发育,防止植株早衰。在自然降水量基本满足时,开花前应不灌水或少灌水,种瓜坐住后,可浇一次膨瓜水,但量不要太大,保持土壤湿润,果实成熟期控制浇水,注意排水。

(2)整枝　厚皮甜瓜可进行单蔓整枝或双蔓整枝。单蔓整枝是打掉 9～10 节以下所有子蔓,留以上子蔓结瓜,瓜后留一片叶摘心。双蔓整枝是在主蔓 5～7 片真叶摘心,选留 2 个强壮子蔓,当子蔓达 15～12 节时摘心,每蔓留两性花各 2 朵留种。薄皮甜瓜可采用双蔓整枝法,除选留的枝蔓,其余的枝蔓、侧芽全部除掉。

(3)病虫害防治 甜瓜的病害主要有白粉病、霜霉病、病毒病和枯萎病等,要注意防治。同时防止鸟害、鼠害,可用毒饵诱杀或人工机械捕杀。

5.授粉

原种繁殖应需人工辅助授粉。在开花的前一天扎花隔离,次日在雄花散粉后,进行授粉,生产用种可采用放蜂传粉,也可以进行人工授粉。

6.去杂去劣及选优

对于原种繁殖应进行选优,在定植前应进行选苗,淘汰病苗、弱苗及不具备本品种典型特征的杂苗;授粉前应进行第二次选择,淘汰杂株、弱株及劣株;结果后第三次选择,根据抗病性、熟性、雌花节位、果实形状、颜色等进行选择;采种时进行第四次选择,从质地、风味、含糖量、果肉厚度和颜色等方面进行选果。生产用种留瓜前可进行去杂去劣,淘汰病株、杂株、劣株。

7.果实成熟和采种

甜瓜早熟品种开花授粉后 30～40 d,果实达生理成熟期,晚熟品种则需 50～60 d。果实生理成熟后应及时采收,经后熟 1～2 d 可进行取种。取种时用刀剖开种瓜取出籽瓤放入非金属容器发酵 1～2 d,当大部分种子下沉至底部后,可用清水清洗干净,然后将种子摊在网席上晾晒,需经常翻动,使种子干燥均匀一致。当含水量达到 8% 以下时,去除瘪籽、杂物,装袋贮藏。

(三)杂交种品种的种子生产技术

1.播种育苗

育苗及苗期管理与生产栽培基本相同,不同点是:父母本双亲播种时必须分开,以免错乱、混杂。注意调节好父母本花期,一般父本应比母本早 3～7 d 播种。

2.定植

为便于授粉操作,母本最好选用高畦单行栽培。以 30～40 cm 的株距将母本定植于高畦的迎风面,以后瓜蔓延顺风方向伸展。薄皮甜瓜父母本的定植比例为 1:6,厚皮甜瓜为 1:10。为保证杂交种的纯度,还可用扎花隔离,如果空间隔离距离应为 1 000 m 以上。

3.田间管理

肥水管理及整枝技术可参照常规品种的种子生产,但制种时母本多采用双蔓整枝法。父本田管理可不进行整枝,任其自然生长,使其不断长出大量雄花,发现雌花或已结果实应及时摘除。

4.去雄

甜瓜的雌花为两性花,雄花是单性花,所以在授粉的前一天必须将雌花中的 3 枚雄蕊剔除。去雄的方法是在授粉前一天选择子房饱满的,第二天能开放的雌花蕾,用镊子分开花冠,摘除三枚雄蕊,然后用铅丝将花冠扎上或套上纸帽,同时在花蕾下面的叶片上拴上金属环做好标记。由于去雄时雄花的花粉已具有授粉受精能力,为避免人为杂交,每做完一个花蕾后必须把镊子用 70% 酒精消毒,杀死花粉。

5.授粉

去雄的第二天早晨 8 时,在父本田中选择正在开花或即将开放的雄花,采下放在盒子里,再拿到母本田中进行授粉。雄花的花粉寿命较短,必须当天采摘当天使用,授粉要在上午 8—10 时内进行。授粉后将母本仍用铅丝扎花或戴上纸帽进行隔离,花柄上可挂标牌,写上授粉日期等或金属环标记。一般每蔓选两朵花授粉,保证坐住一个瓜。授粉后 2～3 d,当小瓜坐住应立即掐尖和摘除其他的枝蔓,以促进小瓜迅速生长发育。

6.选择

为保证杂交种子的纯度,在整个生育期间需进行 4 次选择。

①定植时选择生长势一致,符合父母本性状标准的幼苗定植。

②授粉工作开始前,对父母本再次选择,彻底清除父母本田中杂株。尤其父本更应严格选择,因为一株父本混杂会带来若干种瓜混杂。

③授粉去雄时选蕾,小瓜坐住后选瓜。

④种瓜采收时凡未有标记的一律淘汰,此外,还需淘汰种瓜皮色不正、形状不端、开裂和畸形瓜。

7.种子采收

当种瓜达生理成熟时要及时采收,方法同前。

◆◆◆ 实训一 花粉活力的测定 ◆◆◆

在作物杂交育种、作物结实机理和花粉生理的研究中,常涉及花粉活力的鉴定。掌握花粉活力快速测定的方法,是进行雄性不育株的选育、杂交技术的改良以及揭示内外因素对花粉育性和结实率影响的基础。

一、花粉萌发测定法

【原理】正常的成熟花粉粒具有较强的活力,在适宜的培养条件下便能萌发和生长,在显微镜下可直接观察计算其萌发率,以确定其活力。

【器材与用具】载玻片,显微镜,玻棒,恒温箱,培养皿,滤纸。

【试剂】培养基:10%蔗糖,10 mg/L 硼酸,0.5%的琼脂。称 10 g 蔗糖、1 mg 硼酸、0.5 g 琼脂与 90 mL 水放入烧杯中,在 100℃水浴中熔化,冷却后加水至 100 mL 备用。

【方法】

1.将培养基熔化后,用玻璃棒蘸少许,涂布在载玻片上,放入垫有湿润试纸的培养皿中,保湿备用。

2.采集丝瓜、南瓜或其他葫芦科植物刚开放或将要开放的成熟花朵,将花粉洒落在涂有培养基的载玻片上,然后将载玻片放置于垫有湿滤纸的培养皿中,在 25℃左右的恒温箱(或室温 20℃条件下)中孵育,5～10 min 后在显微镜下检查 5 个视野,统计其萌发率。

【注意事项】

1.不同种类植物的花粉萌发所需温度、蔗糖和硼酸浓度不同,应依植物种类而改变培养条件。

2.此法也可用于观察花粉管在培养基上的生长速度以及不同蔗糖浓度,离体时间,环境条件等因素对花粉活力的影响。

3.不是所有植物的花粉都能在此培养基上萌发,本法适用于易于萌发的葫芦科等植物花粉活力的测定。

二、碘-碘化钾染色测定法

【原理】多数植物正常的成熟花粉粒呈球形,积累较多的淀粉,I_2-KI 溶液可将其染成蓝色。发育不良的花粉常呈畸形,往往不含淀粉或积累淀粉较少,I_2-KI 溶液染色呈黄褐色。因此,可用 I_2-KI 溶液染色来测定花粉活力。

【器材与用具】显微镜,载玻片与盖玻片,镊子,棕色试剂瓶,烧杯,量筒,天平。

【试剂】I_2-KI 溶液:取 2 g KI 溶于 5~10 mL 蒸馏水中,加入 1 g I_2,待完全溶解后,再加蒸馏水 300 mL。贮于棕色瓶中备用。

【方法】采集水稻、小麦或玉米可育和不育植株的成熟花药,取一花药于载玻片上,加一滴蒸馏水,用镊子将花药捣碎,使花粉粒释放,再加 1~2 滴 I_2-KI 溶液,盖上盖玻片,在显微镜下观察。凡是被染成蓝色的为含有淀粉的活力较强的花粉粒,呈黄褐色的为发育不良的花粉粒。观察 2~3 张片子,每片取 5 个视野,统计花粉的染色率,以染色率表示花粉的育性。

【注意事项】此法不能准确表示花粉的活力,也不适用于研究某一处理对花粉活力的影响。因为三核期退化的花粉已有淀粉积累,遇碘呈蓝色反应。另外,含有淀粉而被杀死的花粉粒遇 I_2-KI 也呈蓝色。

三、氯化三苯基四氮唑(TTC)法

【原理】具有活力的花粉呼吸作用较强,其产生的 $NADH_2$ 或 $NADPH_2$ 可将无色的 TTC(2,3,5-氯化三苯基四氮唑)还原成红色的 TTF(三苯基甲)而使其本身着色,无活力的花粉呼吸作用较弱,TTC 的颜色变化不明显,故可根据花粉吸收 TTC 后的颜色变化判断花粉的生活力。

【器材与用具】显微镜,载玻片与盖玻片,镊子,恒温箱,棕色试剂瓶,烧杯,量筒,天平。

【试剂】0.5% TTC 溶液:称取 0.5 g TTC 放入烧杯中,加入少许 95% 酒精使其溶解,然后用蒸馏水稀释至 100 mL。溶液避光保存,若发红时,则不能再用。

【方法】采集植物的花粉,取少许放在干洁的载玻片上,加 1~2 滴 0.5%TTC 溶液,搅匀后盖上盖玻片,置 35℃ 恒温箱中,10~15 min 后镜检,凡被染为红色的花粉活力强,淡红次之,无色者为没有活力或不育花粉。观察 2~3 张片子,每片取 5 个视野,统计花粉的染色率,以染色率表示花粉的活力百分率。

◆◆◆ 实训二　番茄人工授粉 ◆◆◆

人工去雄授粉是番茄杂交制种中最为关键的技术环节,严格而正确的操作不仅能提高种子的产量,而且能确保种子的质量。

【工具】玻璃管授粉器。

【方法】

(1)准备工作　去雄授粉前,认真检查制种田,彻底拔除杂株,尤其父本田,有时认不准宁可错拔而不漏拔,否则,一株的混杂便可造成不可挽救的损失。同时,将每本植株上全部已开之花和已结之果彻底摘除,同时进行整枝,掰除多余的腋芽。

(2)去雄 去雄工作在早上露水干后至天黑前全天均可进行。

选择适宜大小的花蕾去雄是保证种子杂交纯度的关键。选蕾偏大影响纯度,选蕾太小则影响坐果及产籽率。一般应选择发育正常、开花前36～48 h的花蕾去雄。此时花药的颜色因品种及温湿度的不同而异。花蕾太小则花药呈绿色,花蕾太大则花药呈黄色。在温度低、湿度大的时候,选花药颜色偏黄的花蕾;而温度偏高、空气干燥时则选花药颜色偏绿的花蕾去雄。

去雄时用左手中指和无名指夹持花柄,拇指与食指夹持花蕾基部,右手持镊子,顺着花瓣中心线,在离花蕾顶部约2/3处将镊子插入花药筒中,然后放松镊子,使其弹开,将花药筒分成两半,此时将镊子向下轻压,即可将花药筒全部去掉。个别品种去雄较难,可用镊子分两次夹出分成两半的药筒。

去雄一定要干净彻底,不能留下一个或半个花粉囊,否则将产生自交,影响纯度。针对不同的品种,每穗选留健壮整齐的4～6朵花去雄,及早摘除小尾花和畸形花。去雄时绝不能用力挟持或转动花蕾,更不能用镊子碰伤子房及花柱。去掉的花药一定要落地,以免散粉造成自交。

在去雄时有时花瓣连同花药一同脱落,原因一般是选蕾偏大或空气干燥及土壤湿度小。而去雄时花药夹断,造成去雄不尽,一般是因为选蕾偏小,往往在去雄后花瓣严重内卷,花蕾不能正常开放,严重降低坐果率。在改善空气及土壤湿度的同时,选择适宜的花蕾去雄,是减少以上问题发生的有效途径。大小适宜的花蕾去雄后,一般花瓣自然张开,与花柱呈30°～45°夹角。

(3)采制花粉 一般在上午露水干后,采摘当日盛开、发育正常、花药鲜黄的父本花,取出花药,扔掉其他部分。然后将花药采用花荫晾干。掌握温度不能超过35℃,以免花粉老化和死亡。

(4)授粉 一般在去雄后36～48 h母本花开展,花瓣鲜黄时授粉。选择露水干后,避开中午高温,气温15～28℃时授粉为宜。应把一天中最适宜的时间安排授粉。如遇高温、干燥、或有大风的天气,应提早授粉,以免柱头变黑,影响受精结实。授粉时用左手拇指和食指稳住花朵基部,右手握玻璃管授粉器,拇指堵住授粉器顶部的小孔,以防花粉散出。用授粉管和食指夹住两个相邻的萼片,往外下侧稍用力将萼片从基部去掉作为授粉标记,然后将拇指移开授粉口,将母本柱头插入授粉器的口中,使花粉沾满柱头即可。

【注意事项】

1.操作中一定要先去掉萼片再授粉,以免振落花粉。

2.做标记要用相邻的两个萼片,并且要去得彻底,否则会造成标记不清,将来无法采收,从而造成不应有的损失。

3.在授粉后遇雨要在雨后进行重复授粉,以保证结实。最好在授粉次日进行二次授粉,可明显提高结籽率。

实训三　花粉采集

花粉采集是做好人工辅助授粉的第一步,花粉质量的好坏直接决定人工辅助授粉的实际效果。在介绍花粉采集之前,首先介绍一下花的基本结构。一朵花由花梗、花托、花萼、花冠、花药、花丝、雄蕊、柱头、花柱、子房和雌蕊组成。其中,雄蕊和雌蕊是最主要的部分。因为雄蕊中的花药里有花粉,而雌蕊柱头用来接收花粉,从而完成授粉过程。花粉采集流程主要包括:鲜花采集→花药采取→花药精选→干燥开药→贮存花粉。

一、鲜花采集

鲜花的采集时间应根据地域而定,南方一般在二、三月间进行采集,北方则选择在四、五月间,采花时应选择在上午,天气干燥,花朵上无露水时进行,否则会影响或延长花药的晾晒工作。而且,采集鲜花的时间应选择在初花期,这时的花蕾分离膨大但尚未开放,形似铃铛,是加工花粉的最佳时期。如果采花过早,花粉粒尚未发育充实,不利于授粉受精,采花过晚,花药已经散粉,不利于脱取。

采集的方法是:选择一个已经充分膨大的花蕾,用手卡住花柄,轻轻摘下。注意:采花时要轻轻摘取花蕾,以免损伤柱头。而且应该留1~1.5 cm的花梗。

由于开花早晚不同的花坐果率高低不一样,采花时应留下先开的花。苹果花一般应保留中心花,采摘边花;梨花应留1~2朵边花,采摘其余的边花和中心花;桃花的采花部位在枝条的两端或向上生长的花朵,留下中间和靠近枝条叶片的花朵。

采花的原则是花量多的树多采,花少的树少采或不采,外围多采,内膛少采,弱树弱枝上多采,强树强枝上少采。

二、花药采取

采回的鲜花要在24 h内进行脱药处理,以保证花粉的活力和授粉能力。脱药前应先对鲜花进行除杂,除去树叶、尚未膨大的花蕾、已经散粉的花和花药呈褐色的鲜花等杂质,余下的新鲜铃铛花就可以进行脱药处理了。

脱药可以选择人工脱药和机器脱药两种方法。

(1)人工脱药　在果园不大或劳动力密集的地区,可以采用人工取药的方法,具体操作如下,挑选两个新鲜的铃铛花,两手各执一花,将两花互相摩擦,直至花药全部脱落为止。操作时,注意不要用力过猛,以免将花药碰破,不能散粉。

(2)机械脱药　在果园较大的情况下,使用机械脱药能显著提高工作效率。操作方法是:用簸箕盛放采集来的新鲜铃铛花,缓慢倒入脱药机进料仓,然后用手轻推,将鲜花均匀送入进料口,进行脱药处理,处理后的花药经出料口和废料口流出,分别收集出料口和废料口流出的花药杂质,装入盆中,以备精选。

三、花药精选

经过脱药处理后的花药中仍留有较多的花瓣、花梗等杂物,需要先经过机械粗选再进行人工精选才能筛出花药。从出料口收集的花药杂质较少,只需进行一次机械粗选,而废料口流出的花药杂质较多,需进行多次粗选。

(一)机械粗选

进行机械粗选时,粗选机的筛眼一般应略大于花药,这样才能顺利选出花药。注意,投放花药时,要均匀散入,防止用力过猛,一次性投入太多,而使部分杂质混入花药中,经过粗选机选出的花药就可以进行人工精选了。

(二)人工精选

我们以山梨花花药为例。精选时所用的筛子,筛眼大小要与花药相当,首先向筛子中放入粗选后的花药,然后均匀有力地晃动筛子,使花药均匀落下,直到精选出纯净的花药为止。

此外还应注意,刚刚精选完的花药需要进行阴晾,先将花药倒在防水纸板上,然后用手将其均匀摊开,阴晾 3～5 h 后,花药中的水分蒸发,就可以分装在盆中,送入开药室了。

四、干燥开药

开药室具有干燥和开药两种功能,花药在室内先经过充分干燥,然后开药散粉。开药室内需要搭建长 2 m,宽 1 m,高 20～25 cm 的木架或木床,用来放置花药。还需要配备电暖器、烘干箱等干燥设备对其进行烘干增温。在开药室的设置上,南北方又略有差异,由于南方空气湿度大,因此需要在开药室中另外配置吹风机等通风设备。北方空气湿度相对较小,气候干燥,通常情况下开门通风即可。开药室内的温度一般应保持在 20～25℃,最高不超过 38℃。如果温度偏低,花药不能及时开药,温度过高花粉则容易丧失活力。

开药前,需要准备大小为 100 cm×80 cm,厚 2 cm 的防水纸板、防水牛皮纸和梳子。首先把经过精选晾晒的花药送入开药室,在地板上平铺防水纸板,将防水牛皮纸覆盖在上面,倒入 2 杯花药,用梳子来回刷动,使花药铺放均匀,厚度大约为 2 mm,如果铺放太薄,花药容易被吹散,太厚水分不易蒸发,花药容易腐烂。整理好后,小心端起纸板,放入木架,进行干燥散粉。

在散粉过程中,工作人员应每隔 3～5 h 检察开药室内温度是否适宜。此外,还要认真关注花药的散粉状况,每天翻动 2～3 次,使花药均匀受热,以利于散粉。梨花、桃花一般经过 20～24 h 的干燥、除湿,苹果花则需经过 25～30 h,花药即可开裂,散出黄色花粉。

五、贮存花粉

经过干燥开药的花粉就可以进行收集、包装和贮存了。

(一)收集

首先检查花药状态,如果花药颗粒变小,花粉完全从花药中散出,就可以收集花粉了。首先把花药从木架上取下,放在准备好的铝盆上,然后提起牛皮纸两端,用刷子轻轻将花粉刷入盆中。为避免浪费,应反复多刷几次。这时收集的花粉是粗花粉。

但是纯花粉的授粉功效更好,所以我们选用细筛对粗花粉进行加工。在筛子下面放置光滑铝盆,向细筛中倒入适量花粉。用刷子将筛子中的花粉轻轻刷下,由于花粉质量很轻,因此不能晃动筛子,这样反复多刷几次,筛出的花粉就是纯花粉。纯花粉和粗花粉都可以直接用于授粉。我们以粗花粉为例,来了解花粉的包装。

(二)包装

包装前,准备纸袋,大塑料袋和硅胶干燥剂。包装时,盛取一药匙花粉放入纸袋中,将纸袋封口后,装入大塑料袋中,再添加 1.2～1.5 倍的干燥剂,封好后用手抖动包装袋,使干燥剂均匀铺满在袋中。

以上操作环节需要在阴暗干燥的环境下进行,避免阳光直晒花粉,而且包装必须在短时间内进行。

（三）贮存

把包装好的花粉整齐的码放在冷藏柜中，在 2～8℃ 的冷藏条件下可以短期保存 10 d 左右。注意，冷藏保存的花粉一定要在当年进行授粉，否则花粉活力降低影响授粉效果。

 任务五　叶用莴苣（生菜）采种技术

莴苣（*Lactuca sativa* L.）为菊科莴苣属 1～2 年生草本植物，原产于地中海沿岸，约在公元 5 世纪传入中国。染色体数 $2n=2x=18$。按产品器官分为叶用莴苣和茎用莴苣。叶用莴苣俗称生菜、西生菜或千金菜，包括 3 个变种：①结球生菜（*L. sativa* var. *capitata* L.），叶全缘，叶面平滑或皱缩，外叶开展，顶生叶形成叶球，为主要食用器官，质地脆嫩多汁，按包球紧实度大致分为包球坚实型（也称结球生菜）和包球不坚实的半结球生菜（也称四季生菜）两类，在全国各地特别是南方栽培面积很大，代表品种有大湖 659、前卫 75、皇帝、奥林匹亚、恺撒、碧绿、意大利结球生菜等。②皱叶生菜（*L. sativa* var. *crispa*），基生叶长卵圆形，叶柄较长，叶缘波状有缺刻或深裂，叶面皱缩，不结球，叶色绿、黄绿、浅紫红、深紫等多种。这种类型主要在我国北方栽培面积较大，代表品种有大速生、绿波、红帆、岗山沙拉生菜等。③长叶生菜（*L. sativa* var. *romana* Gars.），又称散叶生菜、直立生菜，叶全缘或有锯齿，外叶直立，一般不结球或有松散的圆筒形或圆锥形叶球。叶片厚、肉质较粗，品种较少，在国内很少种植。

生菜营养价值较高，含丰富的维生素、钙质，另外其白色浆汁中含有莴苣素（$C_{11}H_{14}O_4$ 或 $C_{22}H_{36}O_7$），味微苦，具催眠、镇痛、防癌作用，是一种保健蔬菜。可生食、蘸酱、凉拌、炒食、做汤，更是年轻人喜爱的汉堡包、韩国烧烤必不可少的原料。生菜生育期短、栽培容易，市场需求量日益扩大，用种量逐年扩大。

一、生菜繁种生物学基础

（一）叶用莴苣植物学性状及开花授粉结实习性

生菜属直根系，根系浅，须根发达，再生能力强，主要根群分布在地表 20 cm 土层内。一定大小的营养体、通过春化阶段后，在一定温度条件下抽生花薹，并在主茎上部发生分枝。一般可发生 4～5 次分枝，在每个花枝顶端生一圆锥形头状花序。一株可着生花序 1 500 个左右，主要分布在二、三次分枝上，每一花序中有小花 12～25 朵，聚生在扁平花托上。花序外有圆筒状总苞，苞片成数轮，外轮较短。果实为瘦果，扁平细长，呈披针形，果实两面有浅棱，灰白色或黑褐色，种子成熟时顶端具有伞状冠毛，可随风飘散。瘦果内包含 1 粒种子，种皮极薄，种子千粒重 0.8～1.5 g。

莴苣单花为黄白色的舌状完全花，花冠截形有 5 齿，5 枚雄蕊合成筒状。雌蕊 1 个，位于雄蕊筒的中心，子房单室，子房顶部有一个管状蜜腺，围绕着花柱基部。花在日出后开放，单花开放时间很短，只有 1～2 h，以后花冠紧闭不再开放，花冠与雄蕊、花柱、柱头一起在开花后 2～3 d 脱落。一个头状花序同时开放。自花授粉，偶尔受虫媒影响致异花授粉。天然异交率在 1‰ 左右，在气候干燥条件下自然杂交率高。花药在花开前即破裂散粉，当雌蕊伸长时，其上部的刷毛即在通过花药筒时附着花粉，完成自花授粉过程。5～6 h 完成授粉受精作用。

莴苣单株由现蕾至开花需经 15～20 d,由开花至种子成熟需 13 d 左右。单株开花延续期 1～2 个月,从始花期到种子成熟,约需 2 个月。初花后一周大量开花,盛花期在 10 d 以上。单株 1 d 最多开花数可达 146 个,一次枝一天最多开花数 8 个,二次枝可达 126 个,三次枝达 117 个,四次枝 89 个,五次枝 9 个,二、三次枝是开花结果的重点枝。各次分枝的始花期间隔 3～7 d 陆续开放。1～3 次枝的开花延续期均在 20 d 左右,至 4～5 次枝显著减少为 14 d 和 6 d。

(二)叶用莴苣生长发育对环境条件的要求

1.温度与光照

叶用莴苣属于半耐寒性蔬菜,种子在 4℃时中缓慢发芽,发芽适宜温度为 15～20℃,喜冷凉忌高温,25℃以上影响胚乳与壁膜的气体交换而发芽不良,30℃以上种子进入休眠状态,发芽受阻。一般生长适宜温度为 15～20℃。适于结球生菜叶球生长的温度范围为 12～25℃,但不同生育期要求不同。幼苗期生长适温为 16～20℃;心叶开始卷抱,适温为 18～22℃;叶球肥大期,白天适温为 17～22℃,夜间适温为 12～15℃;21～25℃以上叶球生长不良,且易引起心叶坏死腐烂,其中又以包球紧实型的要求温度稍低些。皱叶生菜适温范围稍稍低于结球生菜。开花结果期生育适温为 22～29℃,低于 15℃虽能开花但不能受精结实。

莴苣花芽分化与抽薹开花受温度及光照长度双重调节。试验证明,低温春化处理种子对提早抽薹影响不大。涉谷茂(1951—1952,1957)等研究认为,结球莴苣花芽分化不一定需要低温,而主要受积温影响。有的学者认为莴苣花芽分化属于高温感应类型,花薹在 22℃以上才能迅速伸长。当种子发芽后有效积温达到 1 500～1 700℃后,便可诱导并促进花芽分化。在实践中,从春到秋,不管什么季节播种,当年均可分化出花芽。结球生菜花芽分化的适宜温度为 23℃左右。苗端经 30 d 可分化花芽。

莴苣属长日照植物,在 12～14 h 长日照下很快通过光照阶段,抽薹开花对光照的要求不严。对光照强度的要求也较弱,适于在温室栽培。种子发芽需要一定的光照,播种时盖土不能过厚。也可在有光条件下催芽后播种。

花芽分化后高温和长日照都会促进花蕾的形成和抽薹,长日照下温度越高抽薹开花速度越快,温度作用大于日照长度。在 25℃以上温度下,10 d 就可抽薹,在 20℃下 20～30 d 可抽薹,15℃以下需 30 d 以上才可抽薹。结球莴苣最适宜的开花结实温度为昼温 23℃、夜温 18℃。早熟品种对温度最敏感,中晚熟品种次之。

2.土壤、水分与肥料

生菜生育最适宜的土壤 pH 是 6～6.3,低于 5 或高于 7 均不利于其生长。对土壤的适应能力较强,中等肥力以上沙壤土、壤土、泥炭土、腐殖土等均可种植。由于根系浅,在表土层肥沃、富含有机质、透气性好、保水能力强的壤土或黏壤土中生长良好。幼苗不可缺氮,且对磷敏感,结球期缺钾则影响抱球。对钙非常敏感,缺钙常引起心叶干瘪枯死,俗称干烧心,可使叶球大面积腐烂、植株死亡。莲座期可通过叶面喷施来补充微量元素的不足,包球后施用则吸收差。

从育苗至种子采收,各阶段对水分的需求不同。幼苗期不能干燥也不能太湿以免苗子老化或徒长;定植成活后,为使莲座叶发育充实要适当控制水分蹲苗;商品生产时结球期或叶片快速肥大期水分需求量大,但制种时此段还应适当控制浇水,这样有利于防止结球生菜形成过于紧实的球而不易抽薹,也有利于控制薹高以形成粗壮的花薹、增加花枝和抗倒伏;结球后期水分更不可过多,否则易发生裂球、导致软腐病;种株开花期,不能缺水,以利于种子灌浆;终花期后应减少浇水,抑制无效侧枝的发生,促进种子成熟。

二、结球莴苣制种技术

莴苣由于其生长习性,制种过程中如遇连阴天或雨季,易裂球,球叶、花茎容易感染灰霉病、软腐病或茎腐病,致种株枯死。另外莴苣花为短命花,阴雨天授粉结实不良。所以莴苣在抽薹、开花期间首要的条件是晴朗的天气。当前国外结球莴苣种子生产的中心集中在美国、墨西哥和澳大利亚的干燥沙漠地带。这些地方从莴苣开花到种子成熟期间几乎不下雨。对这类特殊的蔬菜我们也一定要有适地繁种的概念,即到最适宜的区域去繁种,达到事倍功半的效果,适应种子供应产业化、大流通、产业分工细化的发展趋势。国内适宜的采种地主要在西北(春播秋收)和西南(秋播春收)地区,目前西北地区已成为国内主要的莴苣采种基地。下面主要结合西北地区的繁制种子经验,简单介绍生菜的采种技术。

(一)半结球莴苣采种技术

1.地块选择

采种地应选择地势平坦高燥、排水良好、土质疏松、肥力中等、有灌溉条件的地块。避免与莴苣类作物连茬。品种间隔离距离最好在 500 m 以上,有高秆作物或高障碍物相隔最少也应达到 100 m 以上。近年来,因隔离距离不够而导致种子纯度不好的现象时有发生,有时异交率可达到 5%～13%,要加以注意。

2.整地施肥

亩施入腐熟有机肥 2 000 kg,磷酸二铵 25 kg 做基肥。平畦或小高畦栽培,精细整地,要求达到精、细、平、实,选择直播方式的更要整平耙细。育苗移栽的先覆地膜,直播的可先播种后覆地膜增温保墒。

3.播种及定植期的确定

西北地区雨水少、连阴天少,安排生菜制种主要考虑的气候因素是温度。其他地区制种还要考虑在花期尽量避开雨季。生菜在 15℃ 以下结实不良,制种应安排在初霜前、温度下降到 15℃ 以前结束。由于花期长达 2 个月,初花期应在此基础上至少往前推 2 个月。我国西北地区无霜期较短,应适期早播种、早定植。一般终霜结束后,地温及旬平均气温稳定达到 5℃ 以上,采用保护地育苗的便可定植于露地。露地直播采种的,可在此基础上适当提前 8～10 d 穴播,播后覆地膜。地温低时出苗较慢,地温高则出苗期缩短。如果温度适宜也可催芽后播种,有利于苗齐苗快。一般甘肃酒泉、张掖地区直播采种可于 4 月上旬抢墒播种,育苗移栽的可于 2 月中旬至 3 月上中旬保护地播种育苗、4 月中下旬定植于露地。育苗期长短根据育苗温度条件而定,一般 35～55 d,定植时幼苗适宜大小为 4～6 片真叶。初花期一般控制在 8 月上旬,这样开花结实期间气温凉爽适度,阳光充足,昼夜温差大,种子饱满、产量高。

4.直播及田间管理

原种量充足、土壤墒性及其他保苗条件较好时,可采用直播采种,省去育苗及移栽的麻烦,也可获得较好的产量,降低制种成本。整地时做成 45 cm 宽的畦面,每畦间沟宽 55 cm,畦上播 2 行,株距 30 cm,每穴播种 3～4 粒,间苗后亩保苗 4 400 株左右。可采用凹穴播种法,有利于保持种子层面湿度,出苗后小苗在膜下还有一定的生长空间。

见贤思齐焉,见不贤而内自省也。 ——孔子播种时一般土壤墒情较好,无需灌水。如果墒情不足,可先播后灌,也可灌水合墒后播种。有条件的地方可利用软管滴灌,可很好控制整个生育期用水,并节省浇水的人工、降低作业难度,并可弥补整地质量及土壤条件的不良。

出苗后很长一段时间一般不灌水,一方面可避免降低地温、促进小苗发育;另一方面可防止小苗徒长。生菜苗期对磷肥敏感,缺磷叶色发暗、幼苗瘦弱,可用 0.5% 的磷酸二氢钾与尿素 2:1 混合液叶面喷肥 1~2 次。及时中耕除草,增温保墒。杂草多的地块,可在播前施用除草剂,也可在苗期用杀除禾本科杂草的除草剂进行化学除草。但无论如何,都应在苗期进行 2~3 次中耕松土,以利幼苗健壮生长。约在 5 月底 6 月初,种株真叶达 14~16 片时,为促进抽薹,叶面喷施 30 mg/L 的 GA₃ 溶液一次,每亩用液量约 30 kg。施药后 7~10 d,追肥浇水,亩施尿素 15~25 kg,视土壤肥力情况而定。结球期需适当控水。当薹高 70 cm 左右、顶蕾出现时,进行第二次浇水,以促进抽薹开花。结合除草,中耕培垄,防止倒伏。每次中耕均应注意不伤种株叶片和根系。进入初花期后进行第三次灌水,以后 7~10 d 灌一次水,整个开花期内需灌水 2~3 次,不可缺水。灌水的总体原则是前控后促。根据植株长势,可于第 2 次或第 3 次浇水前再追肥一次,亩施尿素与硫酸钾各 15 kg 左右。随着顶部谢花浇水应减少,以防萌发新枝、消耗养分,控制病害发生。

5. 育苗移栽及定植后的管理

适时播种。每平方米苗床播不超过 2 g 种子。生菜出苗快,温度适宜时 3~4 d 即可出苗,4~5 d 苗齐,一般不用浸种催芽,多用干籽直播。采用子母苗育苗方式(即播后不移植,一次成苗),播种要稀,每平方米播种量不超过 1 g。播后覆土要用湿润的过筛细土,厚 0.5 cm 左右,播后上盖地膜或遮阳网、苇帘等物。覆地膜者,晴天温度高、光照强时为防膜下温度过高可适当遮阴。小苗出土后不要急于拆除覆盖物,等子叶肥大、真叶开始出现时再拆,拆后当天浇一次水。浇水后待叶面水基本干后,在苗床上撒一层细土,厚度在 3~4 mm,以护根保墒。分苗前一般不再浇水。及时间苗除草。子母苗方式按 4~6 cm 留苗。间苗除草结合进行,间苗后浇小水。分苗移栽的,应在 2 叶 1 心时移植,分苗后每株要有 5~8 cm 见方的营养面积。分苗时浇足底水。有条件的地方可分苗于穴盘中,或直播于穴盘中育苗,可大大节省育苗及移栽、定植用工用料,提高育苗质量。

苗期适当控水,定植前一般不再浇水,防止徒长,促其健壮。适温管理。分苗后白天维持 15~20℃,夜间 12~14℃。定植前 7~10 d 逐渐炼苗,最后几天要与露地环境完全一样。

幼苗 5~6 片叶,大地温度适宜即可定植。栽后浇透水。缓苗后,进行一次中耕除草,约在 5 月底 6 月初,种株真叶达 14~16 片时,用 30 mg/L 的 GA₃ 溶液喷洒叶片。之后的管理与露地直播相同。

6. 去杂

生菜均为常规种,有一定的异交率及变异度,采种田必须严格去杂,一般在成球前、成球后、抽薹后分别进行三次去杂。其中成球后至抽薹前期,性状表现充分,是制种去杂的关键时期。选留生长健壮、叶色纯正、叶形及叶片皱褶程度、叶缘类型、包心习性符合品种标准、无病害、抽薹稳健的植株。去除抽薹过早植株,使田间植株高度整齐一致。包球紧实型品种还要兼顾结球大而紧实、球形美观。

7. 病虫害防控

抽薹后在高温多湿环境下,极易诱发霜霉病和软腐病,另外还常发生菌核病及干烧心。

霜霉病主要危害叶片,首先在植株下部老叶上出现淡黄色近圆形或多角形病斑,湿度大时病斑背面产生白色霜霉层,后期病斑连成大片,导致全叶枯黄而死。防治上应注意植株不要过密,及时排水,开花后及时打去下部衰败的老叶黄叶,加强通风。药剂防治可于发病初期喷施75％百菌清可湿性粉剂 500 倍液,或 64％杀毒矾可湿性粉剂 500 倍液、40％乙磷铝可湿性粉剂 200 倍液、58％甲霜灵・锰锌 500 倍液、72.2％普力克水剂 800 倍液,隔 7～10 d 一次,连续防治 2～3 次。

软腐病是一种细菌性病害,病菌从茎叶伤口侵入,病组织呈黏滑软腐状,病株基部倒折溃烂,病烂处产生硫化氢恶臭味。此病发生与植株底部老叶接地有密切关系,要及时清理老叶、黄叶、病叶,防止地面过湿,加强通透性。注意打除老叶时不要给主茎造成大的伤口。另外施肥过多特别是施氮过多、植株生长过旺也易发生软腐病。药剂防治可用农用链霉素 4 000 倍液喷雾,每 3～5 d 一次,连用 3 次。

菌核病一般在近地面的茎和叶柄基部开始发病,病斑初期呈褐色水渍状,叶柄受害后,水分供应受阻而引起叶片凋萎。在潮湿条件下,病部布满白色棉絮状菌丝体,后期在病叶或茎上产生黑色鼠粪状菌核。适当深耕,可将部分菌核埋入土下。铺黑地膜、提高盖膜质量、避免杂草丛生,大幅度减少初侵染概率。及时摘除病叶或拔除病株深埋。药剂防治可于发病初期喷洒 70％甲基硫菌灵可湿性粉剂 700 倍液,或 50％扑海因可湿性粉剂 1 000～1 500 倍液,50％速克灵可湿性粉剂 1 500 倍液、40％菌核净可湿性粉剂 500 倍液、50％甲基托布津 500 倍液,隔 7～10 d 一次,连续防治 3～4 次。

干烧心是一种生理性病害,主要由植株缺钙引起。土壤中缺少可吸收态钙,或吸收运输不畅,均可发病。初期叶球内部叶片边缘枯焦变褐,湿度大水分多时,则易腐烂。多在结球后期发病。可在基肥中施入钙肥,或在包心前使用 0.3％～0.5％硝酸钙进行叶面追肥。另外注意均匀浇水、避免忽大忽小。

生菜虫害不多,主要是蚜虫和红蜘蛛,注意及早用药剂防治。药剂种类可参见辣椒制种部分。

8. 种子采收

一般西北地区 9 月初种子便陆续成熟。由于生菜花期长,不同部位种子成熟期差别较大,最好分期采收。当种株叶片发黄、头状花序变成褐色,顶端吐出白色冠毛时及时采收。种子较轻,易随风飘落,尽量在种株还潮湿时,于无风的早晨或傍晚进行采收。采收后置阴凉通风处晾晒 5～7 d,然后脱粒、风干,精选、保存。有的地方采用从种株上多次摇落种子采收的办法,可使种子充分成熟、饱满,效果不错。大面积制种时如人工不足,也可在种株叶片变黄,种子上生出伞状细毛时,在早上有露水时一次性收割种株,经后熟脱粒,清选晒干后入袋保存。

(二)包球紧实型结球莴苣采种技术

包球紧实型结球生菜的采种基本与半结球生菜相同。但紧实型结球生菜生育期长、抽薹困难、易产生病害,制种难度大,产量低且不稳定。这类品种采种时应注意以下几个方面。

1. 播种期的确定更严格精准

结球期生长的适宜温度为 17～18℃,对适宜温度的要求非常严格。一般平均温度达 21℃以上时,结球困难,并易引起叶烧病或心叶腐烂坏死。但花薹在日平均气温 22℃以上时才能迅速伸长。所以,应把结球期安排在日平均气温上升至 21℃之前以利于成球,叶球成熟期安排在日平均气温 22℃以上以利于抽薹。

2. 加强赤霉素处理

结合剥球或割球,喷施二次 GA₃ 处理,浓度均为 30 mg/L,以促进主薹抽出。

3. 割球处理

这类品种结球过于紧实,必须人工辅助才能顺利抽薹。一般采用二次剥心法,即于结球后期把上部包球割掉,剥开心叶,喷施赤霉素一次,过一周左右再次剥开心叶,喷赤霉素。割球、剥球尽量选在晴天上午进行,减少感染病菌机会。还有采用四次剥球法的,第一次于包球拳头大时,把球叶剥开,喷施赤霉素,以后再剥球3次,最后一次剥球后再喷一次赤霉素。目前生产上还没有成熟的通用剥球促薹办法,品种间差异也较大,生产者可结合品种特点,探索出适合品种特点的剥球办法。

三、不结球莴苣制种技术

不结球莴苣是叶用莴苣中采种最为容易的一种类型,总体上与半结球类型采种基本一致。主要有以下特点。

①抽薹容易,不需要喷施激素处理即可抽薹,对温度要求也不如结球型敏感严格。

②可适当密植,生产上一般每亩都在4 500株以上,有的甚至达到6 000~8 000株。

③水分管理上,同样是前控后促,在田间80%植株抽薹时,进行施肥灌水,促进抽薹分枝。

◤思考与练习

一、填空题

1. 大白菜为种子春化型 _____ 植物。

2. 目前大白菜常规品种的制种方法一般采用 _____ 、 _____ 或 _____ 3种。

3. 大白菜种株收获时 _____ 拔起种株,切勿将种株 _____ ,以免断掉主根。

4. 大白菜种株堆放方式可以是 _____ ,也可以 _____ 。

5. 种株贮藏最好采用 _____ ,也可以 _____ ,但不宜太高,否则易发热腐烂。

6. 种株贮藏适温 _____ ,空气相对湿度 _____ 。

7. 大白菜的采种田应选择 _____ ,与十字花科植物轮作 _____ 年以上。

8. 大白菜在确保种株不受冻的情况下尽量早定植,一般在 _____ 的土温达到 _____ 时即可定植。

9. 目前大白菜杂交制种主要以 _____ 、 _____ 和 _____ 等方法生产。

10. 春季种株定植后田间管理以" _____ 、 _____ 、 _____ "为原则。

11. 结球甘蓝是 _____ 科芸薹属甘蓝种中能形成叶球的二年生 _____ 植物。

12. 结球甘蓝种株在华北地区中北部及东北地区一般 _____ 、 _____ 和 _____ 。

13. 结球甘蓝贮藏适宜温度应保持在 _____ 左右,相对湿度 _____ 。

14. 结球甘蓝制种田繁殖自交系原种隔离 _____ m,生产种制种隔离 _____ m。

15. 甘蓝生产中使用的品种大多是杂交种,其生产方法以 _____ 为母本与父本杂交为主,还有 _____ 生产的。

二、简答题

1. 叙述茄子常规品种种子生产的方法步骤。

2. 叙述辣椒杂交种种子生产的方法步骤。

3. 制定黄瓜杂交制种生产方案。

项目十一

花卉种子生产技术

🍁 知识目标

掌握花卉种子生产常用的方法;了解常见一、二年生花卉的开花结实习性及制种技术;了解常见宿根花卉的开花结实习性及制种技术;了解常见球根花卉的开花结实习性及制种技术。

🍁 能力目标

能生产常见花卉的优质种子;能独立或小组合作完成种子生产任务;能独立设计花卉的制种方案。

🍁 素质目标

培养学生自我学习的习惯、爱好和能力;培养学生的科学精神和态度;培养学生信息多渠道获取及应用能力。

◆◆◆ 任务一　花卉种子生产概论 ◆◆◆

一、花卉种子生产现状

草本花卉在花卉生产及园林绿化中占有重要的地位,也是园林花卉业中最具活力和发展前景的种类之一。目前,美国、法国、荷兰、英国、日本、韩国、丹麦等主要花卉生产国,花卉产业化水平高,花卉育种、制种、加工、销售、推广体系完善,处在世界领先水平。各种子公司有专业的育种部门,把新品种选育作为花卉种子产业稳定发展的根本所在。在花卉杂交品种的选育中利用诱变、倍性、基因工程等高新生物技术,每年培育出种类、数量繁多的新品种。专门的繁种公司利用世界各地建立的制种基地繁育良种,许多花卉种类利用人工杂交制种、雄性不育系制种等先进技术,使新品种迅速应用于生产。

中国花卉种质资源丰富,许多花卉品种来源于中国。一些传统花卉类型得到了保存、发掘和利用,培育出了具世界水平的优良品种,如荷花、牡丹、虞美人、紫茉莉、凤仙花、大丽花、菊花等。国内许多研究机构、大学、园林部门等开展了花卉的研究、制种工作,如北京市园林科研所在草花引种、选择育种、常规杂交育种及优势杂交育种等方面做了一些探索,育出了一串红、万寿菊、矮牵牛、翠菊、三色堇等十几个品质优良的草花品种;内蒙古在小丽花的品种纯化及万寿菊的杂种一代制种方面达到世界先进水平;厦门市园林植物园在鹤望兰品种选育和种子生产方面成绩显著。但是中国花卉业起步晚,产业化水平低,有些品种陈旧、退化,更新慢。生产技术水平落后,种子生产不规范。花卉育种研究零散,花卉公司没有自主知识产权的产品。对许多花卉栽培技术、生理特性、制种技术等方面掌握、研究不全面,系统的专业资料少,与花卉业发达的国家荷兰、法国、美国等相比,差距很大。

目前,花卉以常规品种制种为主,虽然金鱼草、万寿菊、矮牵牛等花卉实现了杂交制种,但是与数量众多的花卉比较,杂交制种比例很低。究其原因,一是花卉开发利用、品种选育远没有粮食、蔬菜等作物高,许多种类尚处于驯化栽培阶段。二是花卉杂种优势利用研究水平较低,育种基础薄弱;国内花卉新品种少,杂交制种中利用自花不孕或雄性不育性很少见。三是许多花卉杂交制种技术只有国外少数公司掌握,并进行技术封锁。四是花卉特征特性影响杂种优势利用,多数花卉花小,密集,开花时间长,辅助授粉、人工去雄杂交用工量大,授粉时间长(1个月甚至几个月),制种成本高。杂交制种只能应用到附加值高的三色堇、万寿菊、繁星花、矮牵牛、石竹等种类。

花卉不同于粮食、蔬菜等作物,强调观赏性,育种目标较为简单。实际上,许多优良花卉品种是由花卉爱好者选育成功的。花卉的一些特征特性有利于杂交制种的开展,如菊花、万寿菊等有雌蕊后熟的特点,杂交制种可以不去雄直接授粉,获得较高的杂交率。翠菊、万寿菊等花卉雄性不育系的利用,减少了人工去雄环节。观赏蓖麻、观赏瓜类等雌雄同株异花,杂交较为简单。一些花器较大的花卉,如樱草、龙胆、风铃草、大花飞燕草、蔄麻、牵牛花、桔梗等,人工去雄工作量较小,采用开花前去雄,人工授粉就可获得杂交种子。

二、花卉的分类及特点

花卉的分类方法很多,可以根据生态习性、栽培条件、欣赏角度、应用特点等分类。在制种中首先要了解花卉的特征特性,关注生态适应范围,特别是对温度、光照、水肥等生活条件的要求。因此,依据花卉生态习性分类,在花卉制种中有积极指导意义。根据其生活史分类分为一年生花卉、二年生花卉、多年生花卉3类。

(1)一年生花卉 指生活周期在一个生长季内完成生活史的花卉。一般在春季播种,夏秋开花结实,然后枯死,如凤仙花、波斯菊、万寿菊、翠菊、鸡冠花、百日草、半支莲、牵牛花等。也有一些在播种后当年开花结实,不论其死亡与否均称为一年生花卉的,如藿香蓟、矮牵牛、金鱼草、美女樱、矢车菊、紫茉莉等。

(2)二年生花卉 在两个生长季内完成生活史的花卉,当年只生长营养器官,越年后开花,结实,死亡。一般在秋季播种,次年春夏开花,如雏菊、金盏菊、紫罗兰、贵竹香、羽衣甘蓝、风铃草、毛蕊花、洋地黄、美国石竹、紫罗兰、绿绒蒿等。

(3)多年生花卉 个体寿命超过2年,能多次开花结实,又因其地下部分的形态有变化,分为宿根花卉和球根花卉、木本花卉。

三、花卉繁殖方式

花卉的主要繁殖方式有:有性繁殖、无性繁殖、组织培养等。

(一)有性繁殖

多用于一、二年生草本花卉和部分球根、宿根花卉及木本观赏植物。有性繁殖个体带有双亲各一半的遗传信息,因此常有基因重组,自然变异频率高,后代性状容易分离,所以对母株的性状不能全部遗传,往往失去原品种的优良品种或特性。另外,有很多重瓣花种类已不能结实,所以不能完全依靠有性繁殖方式来繁殖后代。

(二)无性繁殖

一些高度杂合的花卉品种如大丽花、菊花、月季、郁金香等只有用无性繁殖才能保持优良性状;一些花卉的重瓣品种或种类,不能产生种子,如香石竹、重瓣紫罗兰、重瓣矮牵牛、重瓣龙胆花等,必须用无性繁殖;另外,一些野生花卉由于气候环境等因素影响也不能产生种子,需要无性繁殖。无性繁殖的类型很多,主要有扦插繁殖、嫁接繁殖、压条繁殖、分株繁殖、利用变态器官繁殖(块根、块茎、球茎、根茎、鳞茎、假鳞茎)等。如非洲紫罗兰、大丽菊、丝石竹、矮牵牛、天竺葵用嫩枝扦插,福禄考用根插,乌头、大丽花用块根繁殖,美女樱、洋桔梗、风铃草、蓍草、珊瑚钟等宿根花卉用分株繁殖。

(三)组织培养

组织培养技术在花卉生产上应用非常广泛,有繁殖速度快、繁殖量大、种苗无病毒等特点。许多优良花卉品种都用组织培养繁殖,使优良性状得以保持,如洋桔梗、香石竹、非洲紫罗兰、百合、非洲菊、花毛茛、秋海棠等。

四、花卉有性繁殖的授粉方式

种子繁殖的花卉根据授粉方式不同分为自花授粉、异花授粉、常异花授粉等类型。

(一)自花授粉

同一花朵内的花粉进行传粉的方式,天然杂交率小于4%,注意去杂去劣、选优,如香豌豆、羽扇豆以及多数禾本科花卉等。

(二)异花授粉

通过不同花朵的花粉进行传粉而繁殖后代的方式,多数草本花卉如香雪球、万寿菊、石竹、洋地黄、波斯菊等和多数木本花卉。

异花授粉花卉又可分3种:

①雌雄异株　如石刁柏、雌株系观赏蓖麻,多数为风媒花,花粉被风带出很远的距离。

②雌雄同株异花　如观赏黄瓜、南瓜、普通蓖麻等,风媒花、虫媒花都有。

③雌雄同花　在进化过程中有些已形成自交不亲和,如羽衣甘蓝、菊花、向日葵等。多为虫媒花,花色多鲜艳,气味芳香,能引诱昆虫进行传粉,天然异交率在50%以上。异花授粉方式在花卉中很普遍,个体多是种内、变种内或品种内杂交的后代,基因有不同程度的杂合,种子繁殖会出现不同程度的变异。制种时注意品种间、种间隔离,去杂去劣。

(三)常异花授粉

这类花卉以自花授粉为主,也能异花授粉,如翠菊、观赏棉花,天然异交率8%~20%。常异花授粉植物为雌雄同花,多数花瓣色彩鲜艳,并能分泌蜜汁引诱昆虫传粉。常异花授粉花卉在制种中也需要与异花授粉一样,注意隔离条件。在三色堇、矮牵牛、石竹、金鱼草、葵花、猴面花、花烟草、天竺葵、万寿菊等花卉杂交制种中,无论自花授粉类型、异花授粉类型、常异花授粉类型花卉都可以人工去雄授粉,或利用雄性不育系,或自交不亲和系自然授粉,获得杂交种子。

注:由于花卉的种类繁多,繁殖方法不一,所以本项目的"花卉种子"以"种子"的广义含义为准,即包括种子、种球、插穗、接穗等所有能繁殖后代的植物器官,但本项目以花卉的有性繁殖种子生产为主,其余的类型在花卉育苗项目中也有介绍。

 # 任务二　一、二年生花卉种子生产

一、一、二年生花卉的概念

(一)一年生花卉

指个体生长发育在一年内完成其生命周期的花卉。大多在春天无霜冻后播种,于夏秋开花结实后死亡。一年生花卉一般不耐寒,多是短日性植物,如百日草、鸡冠花、凤仙花、波斯菊、万寿菊属等花卉。

(二)二年生花卉

指个体生长发育需跨年度才能完成一个生命周期的花卉。大多在秋季播种,第二年春季开花、结实,夏季死亡,实际完成生命周期的时间常不足一年,但跨越了两个年头,所以称为二年生花卉。这类花卉耐寒力稍强,但怕高温,大多是长日性植物,如三色堇、金鱼草、金盏菊、报春花、瓜叶菊等。有些二年生花卉开花之前要经过一定时期的低温刺激,这种需要低温阶段才能开花的过程称为春化阶段,一些二年生花卉,如金盏菊、雏菊、金鱼草、花菱草都要求在低温下进行花芽分化。

二、鸡冠花制种

(一)生物学习性

鸡冠花为苋科青葙属一年生草本植物,高 30～60 cm,叶互生,绿色或带红色,花小,无花瓣,萼膜质带有红色或黄色,形成稠密的鸡冠形穗状花序,花的颜色有红、橙、黄、白等色。现常见栽培的有普通鸡冠、子母鸡冠、圆绒鸡冠、凤尾鸡冠等(图 11-1)。花期夏、秋季直至霜降。鸡冠花喜阳光充足、喜干热气候,不耐霜冻,不耐瘠薄,喜疏松肥沃和排水良好的土壤。

(二)种子生产

1.播种

为了促进植株发育及便于管理,鸡冠花宜在苗床育苗后再进行定植。一般露地播种宜在5月中旬,气温在 20～25℃时为好。播种前,可在苗床中施一些饼肥或厩肥、堆肥作基肥。育苗可条播、撒播或盆播,因鸡冠花种子细小,覆土 2～3 mm 即可,不宜深。播种前先浇透水,再给苗床遮上阴,两周内最好不要浇水防止种子淤积在一起或冲散,如苗床干燥可用喷壶少量喷水。

图 11-1 鸡冠花

2. 苗期管理

鸡冠花一般 7～10 d 可出苗,出苗后幼苗要保证充足的光照,可视实际情况控制基质水分,不要过干和过湿。苗期可追施尿素、磷酸二氢钾混合肥料 2～3 遍,具体种类和追肥量视底肥和生长情况而定。同时建议每 10 d 进行一次叶面喷肥,这样使营养供给充足,获得良好的长势。待苗长出 3～4 片真叶时可间苗一次,拔除一些弱苗、过密苗。

3. 定植

到苗长出 5～6 片真叶时即应分苗定植,尽量避免或减少根系的损伤。栽培土壤要求疏松肥沃,排水良好,鸡冠花喜肥,不耐贫瘠,土壤中可视实际情况加入有机肥和无机肥,保证钾肥,同时阳光必须充足。露地定植株距约 25 cm,宜稍深植,仅留下叶在土面上。栽后要浇透水,7 d 后开始施肥,适当浇水,浇水时尽量不要让下部的叶片沾上污泥。在定植后 5～8 片叶时应进行摘心,以促分枝,以增加产籽量。

4. 成株管理

鸡冠花是异花授粉,品种间容易杂交变异。所以留种栽培,必须对其进行隔离,防止杂交。在生长期前期要控制水量、控肥量,防止疯长,促使早日长出花蕾。种子成熟阶段要少浇水,以利于种子成熟。当鸡冠成形时,可施以磷肥,以促进花序长大。从鸡冠花的开花习性来看,它的花芽分化虽然在长日照和短日照下均能进行,但趋于在短日照下进行较快,在长日照下进行较慢,但是在长日照下可使鸡冠状的花穗形体较大,在短日照下可使火焰形花穗的植株分枝增多,可根据情况人工延长或缩短日照以提高鸡冠花种子的质量。

5. 采种

鸡冠花的种子以花冠最下部的为佳。鸡冠花花冠下部的种子由于生长期比较长,种子比较饱满,营养供给充分,选择这里的种子出芽率比较高。中上部的种子由于生长期比较短,种子比较干瘪一些,导致种子的营养不足。选择这样的种子,会导致出芽率低,而且苗株偏弱。一般开花后 35～40 d 采种较好。鸡冠花制种不能连作,因为鸡冠花可自播繁衍,连作会造成种子混杂。

6. 种实调制

种子采收后要经过后熟和晾晒。晾晒后的调制主要是经过风选、筛选、水选以达到提高种子净度和发芽率的目的。风选是用精选机、风车精选,除去轻、重杂质,如菌核、土块、茎叶残体等;筛选用三层分级筛,上层筛除大籽粒、土块,下层筛去小粒、草籽、小泥块等;水选是用清水短期浸泡,化掉混入的直径和种子相近的泥块,同时也可除去漂浮在水面上的少量杂质。

7. 熏蒸

可用磷化铝或溴甲烷进行熏蒸,杀死种子夹带的活体害虫、虫卵。

8. 贮藏

经过调制后,鸡冠花的成品种子籽粒饱满,大小、色泽一致,在提高种子质量的同时也提高了种子外观品质,经灌装、加标签、密封后入低温、干燥库贮藏。

三、三色堇制种

(一)生物学习性

三色堇为堇菜科堇菜属多年生草本,在园艺方面常作一、二年生应用在花坛、切花等领域。其株高为 15～30 cm,托叶为椭圆形,且密生,大多数无毛;开花期极长,花色艳丽多彩,花瓣基部、花蜜的贮存处在此生长;柱头呈穴状,花的形态极为特殊。见图 11-2。

图 11-2 三色堇

三色堇性喜温凉,耐半阴,能耐 -5℃ 的低温,简单的防寒措施便可露地越冬,华东地区一般需大棚保护栽培。其发芽适温为 20～23℃,温度超过 30℃,其发芽便受影响。秋播的时候,对冷凉的气候极为需求,其发育适温为 15～25℃,30℃ 以上便发生徒长。

(三)种子生产

1. 播种

用大棚营养土育苗,播种前要搞好苗床,并施足营养土,园土、腐熟鸡粪、河沙配置比例为5：3：2,整好畦面,畦宽 70～80 cm,浇足底水,将床面耙平,以待播种。播种期一般在 9 月上中旬,播种过早,伴有高温,育苗困难;过迟,植株伸长差;将种子用细沙拌匀撒播,覆土以将种子埋没为好,且必须用轻土覆盖,播种后立即洒水,畦面立即覆膜盖草帘,以利于保湿保温。播种后 6～7 d,开始陆续发芽,为防止苗的徒长,傍晚揭去地膜和草帘,喷水保持畦面湿润,同时注意适当的光照和通风。

2. 假植、定植

为保证苗能很好地扎根,培育出健壮的苗,必须进行假植和定植。真叶 2 片以上时假植,一般假植 30 d 后,在大棚内定植。当假植床内植株长出 6 片真叶时,即可定植,一般 11 月上旬定植。定植前,大棚内施足基肥和防治地下害虫,基肥为 15 000 kg/hm²(腐熟鸡粪),辛拌磷 7.5 kg/hm²,撒入地表,然后翻耕 30 cm,整平弄细,起垄栽培,垄宽 50 cm,高 15 cm,工作道宽 50 cm,母本 1 垄 2 行,两边行距 35 cm,株距 30 cm。父本垄宽 60 cm,1 垄 3 行,株行距均为 25 cm。父本与母本比例一般为 4∶5,因品种不同而有所变化。移栽时,苗根部要带上,以子叶未被埋没为基准,不应深植,根应垂直入土,栽后立即浇透水。

3.整枝扶架、水肥管理

(1)整枝　整枝是防治病虫害、防徒长以及保证株间通风透光的手段,有利于植株对水分和养分的运输和吸收,因此为了最大限度地生产种子而必须进行整枝。方法是:除去植株下部老叶、病叶以及过多的枝叶;一般主枝在 2 cm 高的地方摘除,为防止摘除后发生病害,在伤口处涂抹杀菌剂;一般留 8～10 个侧枝为宜,去小留大,去弱留强。

(2)扶架　扶架可防止植株根颈部与土壤直接接触,防止根部病害发生。因为蔓状植株,进行杂交采种不方便,可采用以下方法:用 3 根竹竿(径粗 0.5～1.0 cm,长 50～60 cm)成等边三角形垂直插在植株的周围,注意用细绳系好。

(3)灌水　水分对于三色堇来说极为重要,灌水时间、灌水方法等都与植株的生长、病虫害发生以及种子收获量密切相关。在土壤干燥时,必须灌水;夏季,必须每天灌水,一般上午 10 时左右灌水,对植株生长有利;灌水时,必须从植株底部灌水,且以水流缓慢为宜,而不可直接从植株的上部灌水,最好选择滴灌。

(4)施肥　播种时保证无肥状态为好;发芽后,最好用液态肥料作为追肥;定植后,每隔 30～40 d 追 1 次肥,以氮肥和三元复合肥为主;为防止肥害发生,固体肥料以下午施用为好。

4.杂交授粉

授粉前,根据植株形态和花色、花大小等特征,将杂株拔掉。

(1)母本去雄　去雄之前,先摘掉母本自交花;三色堇花蕾形似"铃铛",去雄在花瓣长度超出花萼长度时进行,用左手拇指和食指轻轻捏住花托部分,右手拇指和食指捏住内部三瓣,左右摆动拉向正下方,保留外部二瓣。去雄应每天进行,注意用力适度,不能损伤花朵的内部组织及植株部分。

(2)采粉授粉　授粉最佳时期:去雄后留下的两瓣完全开放,柱头发亮。授粉最适条件:温度 20～25℃,湿度 40%,且光线充足,一般晴天上午 9—11 时,下午 14—16 时为佳。方法是将父本完全盛开的花朵采下,将最下部的一个花瓣横向拉下,放在左手食指上,用右手拇指的指甲从花瓣基部取粉,然后将花粉轻轻抹入母本花柱头上的柱孔内,将母本花瓣去掉,做已杂交标记。

5.病虫害防治

三色堇的主要病虫害有小苗立枯病、根腐病、灰霉病及红蜘蛛、蚜虫危害。对病虫害要以防为主,对播种土、用具等消毒,防止重茬作业,摘除老叶、病叶、过多枝条,改善通风透光条件,加强大棚通风,控制棚内温度、湿度。药物防治,用百菌清、代森锰锌等杀菌剂防治灰霉病等,基本上每隔 15 d 喷洒 1 次;另外用菊酯类杀虫剂防治蚜虫、红蜘蛛等,注意交替使用农药,防止产生抗药性。

6.采种与筛选

三色堇种子成熟,一般从杂交到采种需 28～40 d,前期种子成熟慢,需 38～40 d,后期种子成熟快,为 28～30 d。种子相继成熟,因此必须每天采种,采种过早,种子未成熟,影响种子发芽率,采种过晚,种皮爆裂,种子掉落。种子成熟有以下特征:果实生长方向由下垂变为昂起,果荚由绿色变为浅白色,果皮的侧棱由坚挺变为圆形,且变黄变薄,呈半透明状,种子变为紫褐色(少数品种种子变为米黄色),果实硬度变大。果实采收后,按品种放进各自对应的纸盒中,盒面封盖纱布后熟 1 d,放入晾晒棚中晾晒,晾干后进行筛选,去掉果皮、杂质、秕粒及有病有虫的种子,将精选的种子置于通风处。充分晾干后,装入各自布袋中,保证品种和品种袋的一致性,放入装有干石灰的缸中密封保存。

四、矮牵牛制种

(一)生物学习性

矮牵牛,别名矮喇叭、碧冬茄、撞羽朝颜,茄科碧冬茄属多年生草本花卉,园林多作 1 年生栽培。原产南美,适应性强,花色丰富,花期长,品种繁多,有大花、中花、小花,重瓣、单瓣,直立及垂枝等多种类型,是花坛和庭院绿化的材料,是较早实现杂交制种的花卉之一。

1.植物学特征

主根不发达,侧根发达,耐移栽。株高 15～60 cm,多分枝,茎绿色。叶卵形、全缘,几乎无柄,互生,嫩叶略对生。叶片纸质,深绿色;全株具白色腺毛,手感黏。花单生于叶腋及顶端,花冠漏斗状,先端具有波状浅裂,有白、红、紫红、蓝、乳黄和具白色条纹、淡蓝具浓红色脉条、桃红、纯白、桃红具白色斑纹、肉色带星斑等色。杂交种有香味,花期长。蒴果小,圆形,顶部锥形;种子细小,银灰色至黑褐色,千粒重 0.1～0.25 g。

2.对环境条件的要求

喜温暖湿润气候,不耐寒,但对温度适应性较强。生长适温 15～20℃,冬季能经受 −2℃低温,夏季高温 35℃ 时仍能正常生长。长日照植物,在每日 12 h 以上的光照和 20～25℃ 下一年四季都能开花,尤其是干燥温暖和阳光充足的条件下会开得更加繁茂。从播种至开花在100 d 左右,如果光照不足或阴雨天过多,开花延迟 10～15 d,而且开花少。喜干怕湿,忌水涝,在生长过程中,需充足水分,但降雨多、土壤过湿,茎叶易徒长,花朵褪色,容易腐烂;若遇阵雨,花瓣容易撕裂。喜肥沃、排水良好的沙质壤土,土壤 pH 5.5～6.0。

3.品种类型

矮牵牛园艺品种繁多,按株型可分为高生种、矮生种、丛生种、匍匐种;按花型分,有大花、小花,波状、锯齿,重瓣、单瓣等。重瓣品种不易结实,皱瓣品种花形较大,茎秆直立,分枝能力弱。

(二)种子生产

1.常规制种技术

矮牵牛以常规品种为主,连续进行常规制种会导致植株变高、花色退化等变异,制种时应注意保留原种。在国外制种中有部分杂交品种。

(1)育苗 在温室或大棚用营养土方育苗。营养土用沙土和腐叶土混配,比例为 3∶1。适当加入有机肥作底肥,营养土过筛混匀。3 月上旬落水播种,因种子细小,将种子与细沙土混合均匀撒播。播种后覆沙 0.2～0.3 cm,用塑料膜盖严,直至出芽。土温开始几天保持 22～24℃,若温度高于 25℃ 则引起热休眠;以后保持 18～23℃,7～10 d 苗出齐。出苗后通风,温度保持 9～13℃。2～3 片真叶时灌水,拔除弱苗,分苗 1 次,株行距 6 cm×6 cm。4～6 片真叶时,7～10 d 施 0.2%～0.4%复合肥液和其他水溶性肥料。注意通风,7～10 d 喷施百菌清或甲基托布津 800～1 000 倍液预防病害发生;苗期蚜虫用 1.8%阿维菌素 3 000 倍液防治。5～6 片真叶时定植,定植前 7～10 d 炼苗。

(2)土地准备 选择肥力中等,冷凉地区土壤制种。地膜覆盖低垄栽培,起垄前结合耕翻施入有机肥 2 000～3 000 kg/亩,磷酸二铵 20 kg/亩。垄高 10 cm,垄面宽 40～50 cm,垄沟宽50～60 cm,定植前 5～7 d 覆膜。矮牵牛为异花授粉植物,品种间隔离 400 m。

(3)定植管理 在 5 月中旬定植,定植株行距 35 cm×50 cm,密度 3 300～4 000 株/亩,定植后及时灌水缓苗。生长季节土壤见干见湿,不干旱为准。施肥不可过多(特别是氮肥),以防徒长、倒伏。在分枝期,施尿素 10 kg/亩,磷酸二铵 10 kg/亩。开花封垄前再追尿素 10 kg/亩,开花期喷施 0.3%磷酸二氢钾稀释液 1 次。矮牵牛易受蚜虫危害,初花期应及时防治,花期减少用药次数,避免伤害授粉昆虫。

(4)采收留种 矮牵牛花期 6 月初开始,7 月中、下旬开始成熟,蒴果成熟后,自行开裂,散落种子,须在蒴果尖端发黄时起直至微开裂时采收。后期有 60%～70%果实成熟时一次性收割,晾晒 5～7 d 抖落种子,下面铺棚膜,简单风选后用水漂洗精选。一般混色品种产量较高,单瓣花高于复瓣花,平均产量 10～15 kg/亩,皱瓣、重瓣品种 3～5 kg/亩。

2.杂交制种技术

矮牵牛具有明显的杂种优势,早期国外选育矮牵牛雄性不育系生产 F_1 代种子。因矮牵牛花器较大,人工杂交操作较容易,而每一株蒴果种子较多,也可采用人工杂交授粉。

(1)育苗 杂交矮牵牛育苗时间较常规品种育苗早一些,一般在 2 月下旬温室育苗。由于籽粒小,直播出苗率低(40%～50%)。因此,先用发芽箱发芽,待子叶展开后转到温室中适应2～3 d,再定植到穴盘中或营养纸袋育苗。营养土在常规育苗基础上添加一定比例的泥炭土,保持营养土疏松、透气,父、母本同期播种。

(2)田间管理 水肥管理与常规制种相同。父母本定植比例(1.5～2)∶1,隔行定植,行头用明显标记物标记清楚父、母本,定植后需要搭建防虫网。杂交制种母本在分枝期需要整枝,每株选留 3、4 个侧枝。矮株型品种留 5～6 个侧枝,每枝坐果 20～30 个。

(3)杂交授粉 矮牵牛采用蕾期去雄方法(也适用于金鱼草),由于雌蕊后熟,在雄蕊散粉之前必须人工去雄,待母本花花瓣展平时直接用父本花授粉。授粉时间选在晴天上午 8—10时。选择盛开的父本花朵,雄蕊成熟后花药呈粉状,手指一触即沾,成熟的雌蕊柱头有微量黏质分泌。摘下带一段花柄的成熟雄蕊花朵,轻轻拔去花瓣,掐去花萼伸展部分,然后用两指夹住待授粉花朵,将雄蕊的花药靠在雌花的十字形柱头上,稍沾上即可。一朵雄花可同时授 3～4 朵雌花,授粉后两天雌蕊伸长。如有的雄蕊已伸长,可用镊子先去雄。对于重瓣、半重瓣品种,先剪去部分花瓣,再授粉。

任务三　宿根花卉制种

一、宿根花卉的含义及类型

宿根花卉是指地下部器官形态未变态呈球状或块状的多年生草本观赏植物。有些宿根花卉,可归到其他的分类上,如适于水生的睡莲、荷花、慈姑等归为水生花卉;龟背竹、绿萝等单列为观叶植物;还有一些兰科花卉、蕨类植物等作为专类花卉单独列出。

宿根花卉可分为耐寒性宿根花卉和不耐寒性宿根花卉。耐寒性宿根花卉能够露地栽培,如芍药、鸢尾等,在秋冬季节时,地上的茎、叶全部枯死,而地下部分却进入休眠,温暖的春季来临之后,地下部分着生的芽或根蘖再萌芽、生长、开花。

不耐寒性宿根花卉,如鹤望兰、红掌、君子兰等,在寒冷地区不能露地栽培,冬季大概在10℃左右的温度下就会停止生长,在5℃左右以下时候就会受冻甚至死亡。而在温度不至于过低的时候,植物生长受抑制,停止生长,叶片仍保持绿色,呈半休眠状态。

二、繁殖栽培要点

宿根花卉的繁殖主要采用分株繁殖法和扦插繁殖法。

分株是宿根花卉最常用的方法,萱草、玉簪、芍药等均可采用此法繁殖。一些新芽较少的花卉则可采用扦插法繁殖,如非洲菊、福禄考、菊花等。有时为了育种或得到大量花苗也可采用播种法或组织培养法繁殖。

三、天竺葵制种

(一)生物学习性

天竺葵,又名洋绣球、石蜡红、月月红等,牻牛苗科天竺葵属多年生草本花卉。原产非洲,分为园艺观花品种与芳香药用品种,芳香药用品种有各种水果、花卉、香料的香味,通称为芳香天竺葵。天竺葵除观赏外,也是医药、烹饪、提炼香精、制作精油的重要原材料。

1. 特征

天竺葵为亚灌木,直播苗主根发达,扦插苗侧根发达。茎粗壮、肉质多汁,茎基部木质,茎上密生白色绒毛,具鱼腥味。叶互生,圆形或肾形,基部心脏形,叶缘波状浅裂,叶面有较明显暗红色马蹄形环。伞形花序,顶生及腋生,有长总梗,小花4~30朵;花蕾下垂。花萼有矩与花梗合生,花瓣、花萼均5枚,蒴果成熟时5瓣开裂,种子一端有一束白毛。花红、白、粉红、橙黄等色;花瓣单瓣、重瓣、半重瓣。果实为蒴果,种子细小多数,千粒重4.3~6.0 g。

2. 对环境条件的要求

天竺葵喜凉爽气候,怕高温湿热,又不耐寒。发芽适温20~25℃,生长适温3—9月为13~19℃,冬季为10~12℃。6—7月气温超过35℃,进入半休眠状态。冬季室温保持10℃以上,3℃以下易受冻害。不耐阴,在阳光下生长健壮,叶绿、节间短。耐旱,怕涝,土壤湿度大,积水容易引起烂根。适应性强,喜肥沃、排水良好的沙土,对氨基敏感。

3. 品种类型

天竺葵属植物约有250种,中国有7种。按株形分,有紧凑型和松散型;按枝条分直立型和垂吊型;按花瓣分,有单瓣和重瓣;按花色分,除红、白等单色外,还有中间色和复色,如珊瑚色、苹果花色,亮粉与白色组合的星形等。

(二)种子生产

天竺葵用播种、扦插、分株及组织培养法繁殖,周年都可进行。用扦插、分株繁殖周期长、繁殖系数低、成本高,不适宜大面积制种,多采用播种育苗。实生苗中可选育出优良的中间型品种,苗长成后再扦插。可以在露地春夏季制种,也可以温室冬春季制种。

1.播种繁殖

(1)育苗　在12月上旬温室中用营养土方育苗,苗龄110～120 d。双粒点播,播后覆细沙0.3～0.5 cm,灌水。保持温度20～25℃,7～10 d出苗。真叶展开时施0.05%硝酸钙和0.1%的磷酸二氢钾混合液。喷1 000倍百菌清或甲基托布津2～3次,预防猝倒病。4叶期分苗,株行距10 cm×12 cm。6～7片叶时保留3～4片叶摘心,留3～5个侧枝。翌年4—5月,植株显蕾时定植到大棚。也可以用穴盘(128穴)育苗,3～4片真叶时分苗到营养纸袋或花盆。

(2)土地准备　天竺葵可异花传粉,品种间隔离500 m。选择海拔1 800～2 000 m沿山地带沙质壤土。低垄覆膜栽培,施有机肥3 000～4 000 kg/亩,过磷酸钙30 kg/亩作基肥。以40 cm×60 cm行距画线起垄覆膜,垄高10 cm,垄面宽40～50 cm,垄沟宽40～60 cm。

(3)定植管理　定植株距40 cm,行距40 cm,密度每亩3 500株。定植时根据叶型(皱叶、盾叶)、株型(直立、匍匐)清除杂株。缓苗后15～18 d灌水施肥,施硝酸钙5 kg/亩、磷酸二铵5 kg/亩、硫酸钾5 kg/亩,垄沟中耕、晒土,提高地温。生长期根据长势,对选留的3～5个侧枝再次摘心。每个侧枝留健壮芽2个。花前期施氮磷钾复合肥,开花期喷旃0.2%硝酸钙和0.2%的磷酸二氢钾混合液。天竺葵不耐水湿,要求土壤通气性好,每次灌水间隔15～20 d。开花期根据花型(单瓣、重瓣)、叶型、叶色等清杂。

(4)冬季管理　冬季温室制种室温保持15～25℃,夜间温度8℃以上。灌水不宜多,见干见湿。早揭棚,晚盖棚,保持阳光充足。10～15 d后施1次稀薄肥水(腐熟豆饼水),7～10 d浇800倍磷酸二氢钾溶液。多次摘心,剪去过密、细弱枝叶,不宜重剪。

(5)病虫害防治　土壤潮湿、降雨过多,灰霉病、褐斑病、细菌性叶斑病等易发生,因此土壤湿度不宜过高;灰霉病、褐斑病发病初期以50%扑海因1 000倍液,75%甲基托布津800～1 000倍液,或50%多菌灵800倍液喷雾并灌根,隔7～10 d,连续防治2～3次。细菌性叶斑病用77.2%可杀得2 000粉剂1 000倍液,或72%农用链霉素2 000倍液交替使用,全株喷施。虫害主要有白粉虱、红蜘蛛等,在温棚中用80%的敌敌畏乳油500～600倍液喷雾,密闭熏蒸。移栽后用10%的溴氰菊酯2 000倍液,10%的扑虱灵1 000～1 500倍喷雾,也可用黄板重机油诱杀。红蜘蛛用1.8%的阿维菌素3 000倍液喷雾防治。

(6)采收留种　天竺葵连续开花,种子陆续成熟,重瓣品种需人工授粉。授粉后果实在夏季35～40 d、冬春季40～50 d种子成熟。蒴果变黄时分批采收,过晚果实开裂,种子散落。采收后的果实放在纱网或布料上干燥,用木条拍打收取种子,种子白色,尾毛手工搓去,精选入库。

2.扦插繁殖

除6—7月植株处于半休眠状态外全年均可扦插,以春、秋季为好。插穗选顶端生长健壮的枝条,保留上端2～3片叶,长10 cm,老枝可不带叶片。插条切口干燥数日,形成薄膜后扦插于蛭石、河沙或珍珠岩中,或用0.01%吲哚丁酸液浸泡插条基部2 s,扦插。室温13～18℃,先置于半阴处,3～5 d后逐渐接触阳光。15～21 d生根,根长3～4 cm时上盆。二年生以上分枝较多的植株,在根茎部堆土并保持土壤湿润,基部生根后分栽。

3.组织培养

对于扦插不易成活、结实率低的重瓣品种,及一些雄性不育的育种材料,组织培养是一种最有效的繁殖方法。多以茎尖、茎段和叶片为外植体,以MS为基本培养基,加入100 mg/L

吲哚乙酸和激动素促使外植体产生愈伤组织和不定芽,促进生根。

4.杂交制种技术

天竺葵杂交制种有人工去雄杂交制种和利用雄性不育系制种 2 种方法。

(1)人工去雄杂交制种技术

①育苗管理　杂交制种育苗管理与常规制种相同,12 月上旬育苗,5 月陆地移栽定植,父母本定植比例 1∶2,父本集中种植,多留侧枝,增加开花数量。

②去雄授粉　天竺葵 6 月上旬开花,开花前及开花期清杂。选第二天要开放的母本花去雄,先除去花瓣,用镊子把雄蕊花药取掉,然后套上纸帽,防止自然传粉,可以全天去雄。去雄后第二天母本柱头分叉(开羽),分泌黏液时,摘取父本盛开的花朵直接对花授粉,或者制粉,授粉后套上纸袋,撕去 2 个萼片作标记,每序花选 8～10 个健壮的花朵授粉。

③授粉后管理　授粉后经过 3 d,母本花朵的子房膨大。授粉期 25～30 d,授粉结束后及时清除父本。在果实未成熟之前,注意防止水肥过多引起落花落果。及时清除侧芽、花蕾、自交果,种子成熟后要及时采收,妥善保存,采收方法与常规制种相同。

(2)利用雄性不育系制种　利用雄性不育系可以免去母本人工去雄,降低制种成本。但仍然需要人工授粉,育苗管理及授粉与人工杂交制种相同。雄性不育系繁殖采用扦插或组织培养技术,或者选育相应的保持系繁殖。

四、菊花制种

(一)生物学习性

菊花的繁殖有无性繁殖和有性繁殖两种方法。菊花在一般栽培中多用无性繁殖育苗。所谓无性繁殖亦即营养繁殖,是由植物体的任何一部分如根、茎、叶、花等,用扦插、分株、压条、嫁接以及组织培养等方法再生出新的有机体的一种方法,进行无性繁殖,可保持优良种性。

(二)种子生产

1.扦插繁殖

(1)种株的选择与养护　为防止品种退化、培育优良种苗,必须对菊花种株进行严格选择和精心养护。种株的选择要在菊花盛开的季节进行,选择品种纯正、具有本品种特征的无病菊株作为种株,并插好标记、编号,做好记载工作。种株开花后,留基部约 10 cm,剪去上部残株,除净残枝枯叶,越冬前脱盆剪除沿盆壁生长的滚毡须根,保留部分宿土,均匀喷洒多菌灵,如有残留蚜虫,加喷杀螟菊酯防蚜。而后按一定株行距栽种于地势高燥、背风向阳的高畦中,特别严寒时可用稻草等进行简易覆盖防寒。如栽培场地较小或家庭养花可原盆越冬,名贵品种及耐寒性较差的品种可移入温室越冬。冬季菊花种株宿根需水量较少,不必多浇水,只要保持土壤适当湿润即可。种株要能充分接触到自然低温,促使脚芽生长健壮,有利于提高插穗的素质。冬春期间宿根地下茎顶端逐渐出土萌发成脚芽,为使脚芽生长苗壮,宜增施干燥肥料和草木灰,草木灰可撒于土的表面,亦可酌施液肥。对生长过密的弱芽要及时疏去。萌发的脚芽并不直接作为插穗,而是作为繁殖的亲本。3 月脚芽长成高约 20 cm 的嫩枝时,可摘心;萌发较晚的脚芽或弱苗要等到旺盛生长后方能摘心。摘心后从叶腋萌发的腋芽逐渐长大,可摘取嫩梢作为插穗,在大量繁殖时,可反复多次摘取嫩梢作为插穗扦插或作为接穗用以嫁接。在每次采穗前都应喷洒药剂,以防病虫害。为了获得健壮、发根好的插穗,在摘心后的两周腋芽开始膨大时,追施速效性磷、钾肥,4月开始侧枝生长旺盛时,可每周追肥一次,追肥要均衡适度,氮肥不宜过多,要避免造成过肥状态,否则插穗过于柔嫩而易腐烂。追肥宜用速效性液肥,以便于控制并保持土壤湿润,但须防止过湿,一般摘取插穗的前一周应停止施肥并适当控制水分。

(2)扦插方法　主要可分为芽插和枝插两种。

①芽插　秋冬季节用脚芽扦插。此法一般用于引种和大立菊的栽培,在北方亦用于独本菊栽培。秋菊自现蕾开花时起至翌年春,菊株地下茎陆续萌发出土,初出土时为叶片尚未放开的芽头,称为抱头芽,以后叶片逐渐开展成为大芽。抱头芽扦插后生根快,易于成活。插穗的脚芽以选离母株较远的丰满抱头、节间均匀、秋末冬初萌发的第一代脚芽为佳,这样的脚芽生长健壮,具有较强的生命力,不易退化。而初春萌发的脚芽有可能是秋生新枝地下茎,第二、三代脚芽,则长势较弱且易退化,均不宜用作插穗。如果是引种繁殖,最好是在开花季节进行,此时可以观察到品种的形态特征,便于取舍,但这时萌发的脚芽不多,特别是生长势较弱的品种脚芽萌发较少,会给引种带来困难。挖取脚芽时可用小刀沿脚芽一侧插入土中割断基部,即可取出。挖取的脚芽最好随即扦插,如要携带应注意保湿,防止失水。扦插完毕,对脚芽进行编号,作好标记并按品种登记,做好记录。

②枝插　枝插是在春夏期间利用菊花的嫩枝进行扦插的一种方法,可大量繁殖,此法是菊花繁殖应用最广泛的方法。插穗可选用越冬母株脚芽摘心后萌发的嫩枝,以生长旺盛枝条顶部的嫩梢为最佳,如扦插材料不足时,也可用中段嫩枝,但生根缓慢,影响生长。扦插时间自4月至7月均可进行,通常在5月为大批扦插适期。由于品种特征不同、各种造型的需要和栽培目的要求的不同,可分期分批摘取嫩梢扦插育苗。

2.分株法

菊花宿根越冬后,萌发许多根状茎,长出脚芽,于3—4月间把这些带根的脚芽分开,移栽后浇透水,适当遮阴,缓苗后使之见光,成活后施薄肥,以后生长成新株。分株幼苗带根,很易成活,生长速度快,但繁殖数量不多,长期采用分株法繁殖,因植株未能彻底更新易发生退化。此法多用于引种和培育大立菊。

3.压条法

将菊株的枝条弯下埋于湿润疏松土壤中,使枝条顶稍露于土面或行高,在枝条壅土的部位适当环状剥皮或割伤促使生不定根,生根后将枝条切断与母株分开成一新植株的繁殖方法叫压条法,此法应用较少,可用于优良变异和矮化植株。

4.嫁接法

菊花嫁接多采用劈接法,此法是用菊株的嫩梢作接穗,以具有根系的青蒿作砧木。采用青蒿作砧木主要是利用青蒿的适应性、抗逆性强,根系发达,生长势旺盛的优点,为接穗提供丰富的营养而长成一株枝繁叶茂的菊株。此法多用于培育大立菊、塔菊等。具体方法是:从菊株上取5 cm的嫩梢作为接穗,用快刀将接穗基部2～3 cm削成楔形;同时将青蒿侧枝截干,截干处的粗细要适度,去顶后纵劈,深度2～3 cm,比接穗的斜面略长,劈后立即将接穗插入砧木的劈缝中,一直插到接枝裂口的底部并使接穗与砧木的形成层相互对齐,而后用塑料薄膜条缚缠接口,接口处可再用纸裹住以防曝晒和雨水侵入,以利于愈合。嫁接后可经常在接穗上适当喷水,以防接穗萎蔫,提高成活率。嫁接后约20 d除去缚绑物并将接口以下砧木上的蒿叶摘除。

5.组织培养

在进行植物组织和器官培养时,需要具有一定的实验室设备以供洗涤、消毒、灭菌、药剂和培养基的配制以及培养组织等,菊花的组织培养多用茎离体培养,以比较幼嫩的部位为试验材料,因为幼嫩部位的细胞具有旺盛的再生能力,易于获得成功。

任务四 球根花卉种子生产

球根花卉都是多年生草本,是由地下茎或根变态形成的膨大部分,以度过寒冷的冬季或干旱炎热的夏季休眠。在适宜的环境萌发生长,出叶开花,再度产生新的膨大部分或增生仔球繁殖,包括鳞茎类、球茎类、块茎类、根茎类、块根类等。

一、百合花制种

(一)生物学习性

百合花,别名番韭、百合蒜、强瞿等,百合科百合属多年生草本。原产中国、日本,适应性强,分布广,可作花卉观赏、食用、药用等。

百合花为无被鳞茎类,鳞茎球形、卵形、椭圆形或圆锥形,大小因品种而异。基生根健壮、分枝,分布深,秋天不起球,可连续生存2年。茎生根为纤维性根,分布于土壤表层,所吸收营养供新鳞茎发育。多数种类茎直立,少数为匍匐茎。叶有线形、披针形、卵形、倒长卵形或心脏形,旋生或轮生。叶脉平行,叶有柄或无柄。花单生于茎顶,多花种为总状花序或不典型伞形花序。花被内外两轮,各3枚。花瓣基部有蜜腺,芳香。重瓣花有花瓣6~10枚,雄蕊6枚,花药丁字形着生;柱头3裂,子房上位,蒴果。花期初夏至早秋。

1.对环境条件的要求

百合适应性较广,南北方均可栽培。鳞茎耐寒性很强,生长适温15~25℃,低于10℃或高于30℃生长不良。鳞茎发芽期,要求地温14~16℃,气温16~24℃,生长迅速。鳞茎膨大期,日平均温度24~29℃。百合的根无根毛,吸收能力弱,需要较高的土壤湿度。土壤积水植株死亡,需高畦栽培。喜光,耐半阴环境。适于在pH 5.5~6.5的偏酸性土壤及富含腐殖质的土壤生长。

2.品种与主要变种

百合的原种和变种很多,现代栽培的品种是由多个种反复杂交育成。园艺上通常根据花型分为4群,即喇叭形群、漏斗形群、杯形群和钟形群。

3.花芽形成与发育

经过春化的鳞茎,在15~25℃适宜的温度下形成花芽。在发育过程中,温度高,发育加快,营养生长缩短,花茎短。超过30℃以上花芽分化受抑制,幼蕾发育到3 mm大小停止发育。花蕾6 cm大小,保持温度13℃以上,温度过低会出现畸形花和盲枝。日长对花发育无明显作用,在花蕾2~3 cm时,如遇弱光则对花芽发育不利。

(二)种子生产

1.种子繁殖

种子播种可在短期内获得大量子球,供鳞茎生产和培育鲜切花。

(1)适于播种繁殖的百合种类 包括野百合、麝香百合、二倍体卷丹、渥丹、王百合、台百合、川百合、毛百合、青岛百合、湖北百合、药百合等。

百合种子发芽有子叶出土和子叶留土两种类型。子叶出土:播种后15~30 d子叶露出土表,如王百合、川百合、麝香百合等;子叶留土:种子在冬季土中形成小鳞茎,翌年春天小鳞茎长出第一片真叶,如毛百合、青岛百合、药百合等。

(2)播种 春、秋播种,种子在温度5℃以下,或30℃以上休眠,用10%~15%次氯酸钠浸种15 min可打破休眠。播种用土可用2份肥土、2份粗沙和1份泥炭和少量的磷肥配制。麝香百合、王百合、台湾百合、川百合等子叶出土类型,3~4月播种,覆土厚度为1~2 cm,播后保持温度15~25℃,部分品种6个月后即可开花,王百合、湖北百合等要到次年才能开花。毛百合、青岛百合、药百合等子叶留土类型,播种后发芽迟缓,秋播至11月即可抽出胚根,次年2—3月长出第一片真叶,3~4年后开花。幼苗移栽在子叶刚出土表至子叶展开时进行,越冬及第二年田间管理参照鳞茎繁殖技术。

(3)收获留种 百合多数种自花结实率高,但长期营养繁殖,后代有自花不亲和现象,采用异花授粉可提高结实率。早花种授粉后约60 d种子成熟,中花种80~90 d,晚花种需150 d左右。种子在普通条件下保持2年,低温、干燥条件下保持3年。

2.鳞茎繁殖

北方百合秋播,鳞茎选扁圆端正,无病虫,含4个鳞瓣的成品鳞茎。

(1)鳞茎种植 定植前,剪去须根,畦面开横沟,沟距30 cm,深20 cm。沟内撒腐熟堆肥与土拌匀,薄盖一层土,按株距20~25 cm播种,覆土,种球用量250 kg/亩。

(2)田间管理 第2~3年,早春出苗前,撒施农家肥2 500~4 000 kg/亩,出苗后锄入土中,苗高7~10 cm,地下茎基部须根长出前,用饼肥150~200 kg/亩,撒施行间,随即中耕培土。如不留种子,摘除花蕾,产生的珠芽不摘除,用作繁殖。

(3)病虫害防治 百合病害主要有立枯病、根腐病。虫害有蚜虫、蛴螬、白蚁、地老虎等。种植前用3 000倍福尔马林浸种5 min,用塑料薄膜覆盖,闷种2 h,然后摊开晾干,播种。播前1~2周用1%等量波尔多液浇灌土壤消毒。出苗时,喷代森锰锌500~700倍液,以后15 d喷1次,连喷2~3次。发现病株及时拔除,病穴撒施石灰消毒,并注意防虫。

(4)收获及贮藏 北方地冻前采收鳞茎,南方立秋至秋分收获。新掘起的鳞茎避免日光曝晒,在阴凉、通风的室内、地窖贮藏,地上铺清洁的田土5~7 cm,将鳞茎放上,排列整齐,上面覆土3~4 cm,其上再倒放一层鳞茎,再覆土,分层堆叠,高约1.5 m,四周用土封严贮藏。贮藏期间,经常检查,防止堆内发热霉烂。

3.子球、小鳞茎及珠芽繁殖

(1)子球繁殖 百合分生的子球、鳞茎是主要的繁殖材料。对不易获得种子的百合种类,可用其茎生子球繁殖,即利用植株地上茎基部及埋于土中茎节处长出的鳞茎进行繁殖。先适当深埋母球,待地上茎端出现花蕾时,及早除蕾,促进子球增多变大;也可在植株开花后,将地上茎切成小段,平埋于湿沙中,露出叶片,经月余,在叶腋处长出子球。10月收取子球栽种,行距25 cm,株距6.7 cm,覆土4.5 cm,覆草保湿,次年可长成商品种球。

（2）小鳞茎繁殖　麝香百合、药百合、山百合等能形成多量小鳞茎。若母鳞茎发育肥大，形成小鳞茎少；母鳞茎发育不良，发生的小鳞茎数量多，但品种易退化。卷丹百合、萨生氏百合、鳞茎百合、硫花百合等可产生大量珠芽。珠芽于花期后自然脱落，成熟时及时收获，收获后播种更易成活。

（3）株芽繁殖　卷丹及其他杂交百合等叶腋能产生株芽，可用株芽繁殖。待株芽在茎上生长成熟，略显紫色，手一触即落时，采收株芽，将其播种于沙土中，覆土，刚能埋没株芽为准。搭棚遮阴，保持湿润，只喷水不浇水，1～2 周即可生根，20～30 d 出苗，出苗 1 周后即可将其移栽于苗床上，注意遮阴，冬季保持床土不结冰，次年即可长成商品种球。对不能形成株芽的品种，可切取带单节或双节的茎段，带叶扦插，也能诱导叶腋处长出株芽。

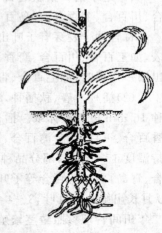

图 11-3　卷丹的鳞茎与珠芽

4.鳞片扦插

对既不易获得种子，又不易产生株芽、子球的百合种类，可用母球的鳞片扦插繁殖。花后鳞茎休眠前，挖起鳞茎，剥下鳞片，斜插于湿润的沙土基质中，鳞片的内侧向上。行距 15 cm，株距为 3～4 cm，保湿、防寒。麝香百合在 20℃下经 6～8 d，鳞片基部维管束表面形成愈伤组织，并由此形成不定根、不定芽和小鳞茎。形成小鳞茎需 10～30 d，每鳞片可形成 2.5 个小鳞茎。用 0.01%～0.05% 的 NAA 处理 2～6 h，可提高小鳞茎形成率。当小鳞茎有 5～6 枚鳞片，球径达 1～2 cm 时，伸出基生叶。秋季枯萎，小鳞茎进入休眠，为一龄鳞茎。翌年其顶芽形成地上部叶丛，不开花，秋季挖起，为二龄鳞茎。麝香百合二龄鳞茎可作商品成球出售。兰州百合需 3 年长成商品球，为加速培养，可用催芽法将小鳞茎湿润贮藏在 2～4.5℃下 8 周，可解除休眠，提前萌芽生长。

5.地上茎扦插和叶插

地上茎扦插，通常在花后生育旺盛期进行。将茎段平埋于湿沙中，露出叶片，可于叶腋形成珠芽。叶插也能成功，但应用不多。如麝香百合等，可用植株的茎生叶片扦插获得小鳞茎。方法是：将叶片自茎上揭下，插入适度湿润的基质中，保持 20℃左右，每日给予 16～17 h 的光照，经 3～4 周后，在其基部产生愈伤组织，并形成小鳞茎，45 d 后，小鳞茎发生新根，成为新的植株。

6.微型繁殖

人们形象地把用于快速繁殖优良品种的植物组织培养技术，叫作植物的微型繁殖技术，也叫快速繁殖技术。百合的鳞茎盘、鳞片、小鳞茎、珠芽、茎段、叶段、花柱等各部皆可作外植体分化成苗。

7.鳞茎切剖繁殖

对野生分布的野百合，或其他个头大的品种，在种球少又希望在进行繁殖的同时，能及早开花，可用切剖鳞茎法繁殖。即在秋季掘起大个头鳞茎，将其切成 4～5 块，再用干净的沙土栽培，次年即可形成较多的小苗，再进行分栽培育。

二、仙客来制种

(一)生物学习性

仙客来(图11-4)块茎扁圆球形或球形,肉质,木质化外皮暗紫色,肉质须根生于块茎下部。块茎顶部有顶芽,顶芽生长时侧方长叶片和腋芽,茎轴极短。叶似丛生状,心形、卵形或肾形,叶缘有细锯齿,叶面绿色,具有白色或灰色晕斑,叶背绿色或暗红色,叶柄较长,红褐色,肉质。花单生于腋内,花梗肉质细长,花朵下垂,花瓣向上反卷,犹如兔耳;花有复瓣,白、粉、红、淡紫、橙黄、橙红等及复色,基部常具深红色斑;花瓣边缘有全缘、缺刻、皱褶和波浪等形状。雄蕊 5 枚,花粉金黄色;雌蕊一枚,无蜜腺,花冠内有香味细胞。雌雄蕊发育不一致,自花传粉不易结实。蒴果球形,种子多数,呈多角形,刚收获的饱满,失水后皱缩,千粒重 6～7 g。

图 11-4　仙客来

2.对环境条件的要求

喜凉爽、湿润及阳光充足的环境。种子发芽、生长和花芽分化的适温 15～20℃,相对湿度 70%～75%;冬季花期温度不低于 10℃,温度过低,则花色暗淡,易凋落;夏季温度达到 28～30℃,植株休眠,高于 35℃ 以上,块茎易腐烂。幼苗较耐热。为中日照植物,适宜光照强度 28 000 lx,低于 1 500 lx 或高于 45 000 lx,则光合强度明显下降。要求疏松、肥沃、富含腐殖质,排水良好的微酸性沙壤土。花期 10 月至翌年 4 月。

(二)种子生产

1.仙客来种子生产

仙客来繁殖分为种子繁殖和块茎切块繁殖。种子繁殖简便易行,繁殖系数高,育苗费用低,植株生长健壮,是主要的繁殖方法,在低温温室进行。

①播种时间　仙客来苗期长,秋冬季节气候凉爽,可作为仙客来的播期。大花仙客来 9—10 月播种,播后 13～15 个月开花;中小花仙客来 1—2 月播种,播后 10～12 个月开花。一般选择在 8 月中旬播种,9 月下旬可顺利出苗。

②种子处理　种子休眠期很短,选择较饱满、新收获的种子,播前用 40～45℃温水浸泡 2～3 d,再捞出种子,放冰箱冷藏 10～15 d,完成春化后用 0.1% 的硫酸铜溶液浸泡 30 min,或用 0.02% 的高锰酸钾溶液消毒后播种。

③播种管理　7 月下旬准备苗床,营养土可选择优质田园土、细沙、木屑、油渣或鸡粪,按

6 : 2 : 1 : 0.5 : 0.5 配制，或用园土、腐叶土、堆肥、河沙按 4 : 3 : 2 : 1 配制。播种前晒土，并用福尔马林或高锰酸钾等消毒。苗床铺营养土 8～10 cm，或装营养钵、育苗盒的 2/3 满。蹲实后灌水，落干后播种。苗床按 3～5 cm 行距，划深 1.0～1.5 cm 浅沟双粒点播。种子入土 0.5 cm，种距 3 cm，盖细沙 0.5～1.0 cm。覆盖黑塑料薄膜保湿，保持棚温 15～20℃，播后 25～30 d 洒水，40～50 d 开始出苗。发芽期间温度不能过高或过低，长出子叶后除去覆盖物，幼苗逐渐见光，防止阳光直射。并注意灌水，但不宜过湿。

④小苗移栽　当幼苗长到 2 片真叶时，可进行移栽，分开双苗定植。9—10 月播种的大花仙客来，到翌年 1 月真叶可达 24 枚；1 月播种的中小花仙客来到 4 月可进行移栽。栽培用土为田园土、腐叶土、腐熟的羊粪、沙按 3 : 3 : 2 : 2 配制，加入少量草木灰。移栽时保留原土，减少伤根。球茎露出表土 1/3～1/2，充分灌水，遮光 2～3 d，以后逐渐加强光照。移栽后两周开始每月施肥 2 次，施尿素或腐熟的农家肥等。夏天气温达到 28℃ 以上球茎停止生长休眠，此时控制灌水，保持土壤疏松。

⑤定植管理　休眠球茎在初秋结束休眠，在种球开始萌发新芽时定植，地膜覆盖垄作栽培。定植方法与小苗移栽相同，待叶片展开时逐步增加灌水。10 月后温室保温，在现蕾期阳光充足。7～10 d 施 0.3% 的磷酸二氢钾复合肥（含锌、硼、钼、锰、镁、铜、铁、硫等微量元素）溶液浇施，150～200 mL/株，浅灌水，土壤见干见湿。忌土壤过干，否则根毛受伤，植株上部萎蔫。开花期不宜施氮肥，如果叶片过密，可适当疏除，使营养集中。摘叶或摘除残花时，喷 1 000 倍多菌灵防止软腐病。开始开花并继续形成花蕾时，室温应保持在 15～18℃，不低于 10℃，超过 28℃ 叶片发黄。仙客来 1～2 年生植株株龄小，营养器官不发达，人工授粉可获取少量种子。因此，采种以 2～3 年生植株为主。

⑥辅助授粉　在冬、春短日照条件下授粉，种子发育时间长，成熟好。夏季授粉因高温影响，果实发育不良，秕种子多。仙客来开花时，选择生长发育健壮、繁茂、无病虫害及花叶生长的植株做种株，淘汰杂劣株。每株选择 10～15 朵花授粉，开花后 3～5 d，花瓣初开至向上反卷 1～2 d，金黄色花粉散出时人工辅助授粉。同株同花授粉结实率较低，采用异株授粉。早晨温室中温度较低，湿度较大，花药不易开裂，散出花粉较少，不易采集花粉。因此，一般选择在上午 10—12 时采集花粉。采粉方法是：拿玻璃皿贴于雌蕊柱头处，用手指轻弹花柄上部，让雄蕊的花粉自行落于纸上。再用毛笔将花粉涂抹在柱头上，重复 1～2 次，每朵花仅留 1 枚花瓣，二次授粉后将留下的一枚花瓣摘除。当柱头分泌有光泽黏液时，是授粉的最佳时机。

⑦授粉后管理　授粉后 10 d，受精子房基部开始逐渐膨大，随着果实的发育增长，花梗弯曲下垂。用花盆繁种时应将花盆垫高，防止球果垂地或垂入盆土，并不断将母株叶片向周围分压，以保证良好的通风，抑制植株营养生长，促进果实成熟。授粉后均匀灌水，增补磷、钾肥，新生花蕾及时除去。

⑧采种留种　果实经过 90～120 d 后，种子成熟。当果实发黄变软，果柄（花柄）从果实基部开始萎蔫，花萼失水，果皮从柱头基部缓慢开裂，向外翻卷，露出棕褐色种子时采收。收获的果实在阴凉处放置 3～4 d 再晒干，用布袋或纸袋保存，置于阴凉、通风、干燥处贮藏。果实中有种子 30～70 粒，最高达到 120 粒，最低几粒。

2.块茎切块分植繁殖

①栽培要求　要求栽培条件好，管理水平高，灭菌、消毒条件好。把苗龄 5～6 年，形状扁平的球茎一分为二，或分为四块。经分植后的个体，必须是上部带芽、叶，下部带侧根 2～4 条，

植伤率低,无感染。

②分植方法 有两种,一种是将块茎分切成 2～3 块栽培于无菌基质中,或者在秋末冬初,将盆中表土取低,使球茎高于盆土。用消毒的锋利刀片,将球茎纵切 2 cm 深,在刀切面上,插一层黑色无菌或透明无菌的硬塑料纸隔离,或者将无菌不锈钢刀片直接切嵌在根体 2/3 处,分割时盆土稍干,温室高温(30%)高湿促进伤口愈合,以后在 20℃ 条件下管理。生长 2～3 个月后,将刀片和塑料纸取出分植即可,切球茎后采取下部渗吸的方式灌水。

思考与练习

一、名词解释

1.自花授粉 2.异花授粉 3.常异花授粉

二、填空题

1.宿根花卉的繁殖主要采用_____繁殖法和_____繁殖法。

2.三色堇育苗时父本与母本比例一般为_____,因品种不同而有所变化。

3.矮牵牛采用_____去雄方法,由于雌蕊后熟,在雄蕊散粉之前必须人工去雄,待母本花花瓣展平时直接用父本花授粉。授粉时间选在晴天上午 8—10 时。

4.菊花的育苗方法有_____、_____、_____、_____、_____。

三、简答题

1.为什么鸡冠花的种子以下部为佳?

2.简述矮牵牛杂交制种的技术要点。

3.菊花苗的生产方式有哪些?试分析各种方式的优缺点。

4.简述仙客来人工辅助授粉的方法。

5.简述三色堇杂交授粉的最佳时期及授粉的方法。

6.天竺葵种子如何采收?

7.菊花扦插种株如何选择?

8.仙客来授粉后如何管理?

参 考 文 献

［1］卢育华.蔬菜栽培学各论(北方本).北京：中国农业出版社,2000.

［2］焦自高,徐坤.蔬菜生产技术(北方本).北京：高等教育出版社,2002.

［3］吴殿林,张桂源.茄子嫁接栽培技术.沈阳：辽宁科技出版社,1997.

［4］张清华.蔬菜栽培(北方本).北京：中国农业出版社,2001.

［5］龚维江.园艺植物种苗生产技术.苏州：苏州大学出版社,2009.

［6］葛红英,江胜德.穴盘种苗生产.北京：中国林业出版社,2003.

［7］孙新政.园艺植物种子生产.北京：中国农业出版社,2006.

［8］景士西.园艺植物育种学总论.北京：中国农业出版社,2000.

［9］毕辛华,戴心维.种子学.北京：中国农业出版社,1993.

［10］傅润民.果树无病毒苗与无病毒栽培技术.北京：中国农业出版社,1998.

［11］中国农业标准网 http://www.chinanyrule.com/nybiaozhun.asp

［12］赵庚义.花卉育苗技术手册.北京：中国农业出版社,2000.

［13］吴少华.园林花卉繁育技术.北京：科学技术文献出版社,2001.

［14］葛红英,江胜德.穴盘种苗生产.北京：中国林业出版社,2003.

［15］吴少华,张钢,吕民英.花卉种苗学.北京：中国林业出版社,2009.

［16］麻浩.孙庆泉.种子加工与贮藏.北京：中国农业出版社,2007.

［17］颜启传.种子检验原理与技术.杭州：浙江大学出版社,2001.

［18］王伟,江胜德.花卉生产综合实训教程.北京：中国农业大学出版社,2019.

［19］吴会昌.园艺专业立德树人教育.北京：中国农业出版社,2018.

［20］朱立新,朱元娣.园艺通论.5版.北京：中国农业大学出版社,2020.

［21］唐义富.园艺植物识别与应用.北京：中国农业大学出版社,2013.